高等学校工程创新型"十二五"规划教材
电子信息科学与工程类

通信系统与网络

郑林华　丁　宏　向良军　编著

電子工業出版社·

Publishing House of Electronics Industry

北京·BEIJING

内 容 简 介

现代通信系统与网络是现代通信技术的集成。本书系统地介绍了当代应用最广泛的几种通信系统的基本原理、系统结构、工程设计。

全书共分 7 章,内容包括:通信系统概述、微波中继通信系统、卫星通信系统、光纤通信系统、短波通信系统、军事通信网、信息化战争中的战术数据链系统。注重介绍一些技术发展方向的内容,是本书的最大特点,对读者的进一步学习会有一定帮助。

本书为配合教育部"卓越工程师教育培养计划",以及军队院校教学改革,采用分散式结构编写。各章内容安排既做到前后呼应,又自成一体。各章节可分拆独立教学,读者可根据教学需求选择。本书可供高等院校通信工程专业、电子工程专业、信息工程专业、无线电技术专业和计算机通信专业作为教材和参考书,也可作为从事信息、通信及相关专业的工程技术人员的培训和参考用书。

图书在版编目(CIP)数据

通信系统与网络 / 郑林华,丁宏,向良军编著. —北京:电子工业出版社,2014.7
ISBN 978-7-121-23653-2

Ⅰ. ①通… Ⅱ. ①郑… ②丁… ③向… Ⅲ. ①通信系统—高等学校—教材②通信网—高等学校—教材 Ⅳ.
①TN91

中国版本图书馆 CIP 数据核字(2014)第 139935 号

策划编辑:陈晓莉
责任编辑:陈晓莉
印　　刷:北京虎彩文化传播有限公司
装　　订:北京虎彩文化传播有限公司
出版发行:电子工业出版社
　　　　　北京市海淀区万寿路 173 信箱　　邮编　100036
开　　本:787×1 092　1/16　印张:18.5　字数:474 千字
版　　次:2014 年 7 月第 1 版
印　　次:2022 年 1 月第 6 次印刷
定　　价:42.00 元

凡所购买电子工业出版社图书有缺损问题,请向购买书店调换。若书店售缺,请与本社发行部联系,联系及邮购电话:(010)88254888。

质量投诉请发邮件至 zlts@phei.com.cn,盗版侵权举报请发邮件至 dbqq@phei.com.cn。

服务热线:(010)88258888。

前　言

通信理论与技术是当代人们研究的热点内容之一。随着通信技术的飞速发展和人们需求的提升，通信系统及其设备内容的更新周期越来越短，信息与通信工程学科及相关学科对人才培养的要求也不断提高。为适应发展的要求，配合教育部"卓越工程师教育培养计划"及军队院校教学改革，我们在郑林华、陆文远同志编写的《通信系统》教材的基础上，结合多年的教学与科研工作实践，经过大幅度更新写成《通信系统与网络》一书。

在教材中，如何处理好加强基础知识与引入新的理论与技术之间的关系，注意开拓学生的知识面和培养提高创新能力，是一个值得探讨的永久课题，也是评判一本教材质量的关键指标。在这方面，我们进行了一些尝试。

全书共分 7 章。第 1 章简述了通信系统的发展历史、现状和发展趋势，概括性地介绍了现代通信系统的一般概念、系统模型及分类等；第 2 章较全面地讨论了数字微波中继通信系统的组成与设计，对数字微波发信设备、收信设备、中继站的转接方式、系统指标分配计算、波道配置、中频频率和调制方式的选择、监控系统与勤务电话等进行了介绍；第 3 章讲述了卫星通信基本概念、卫星网的组成、卫星和地面站的组成、多址方式、线路设计、军事通信卫星网等内容；第 4 章介绍了光纤通信的特点与组成，光纤及光缆、光发射机、光接收机、光中继器、光路无源器件、光纤通信系统的总体设计及光纤通信新技术等内容；第 5 章介绍了现代短波通信基本概念、短波单边带通信技术、短波自适应选频技术、短波跳频通信技术等内容；第 6 章介绍了军事通信网基本概念及发展、军事通信网的应用、军事通信网的规划与管理等内容；第 7 章介绍了战术数据链的基本概念及结构、Link 系列战术数据链、战术数据链的网络管理、战术数据链在指挥控制及武器系统中的应用等内容。

本书的第 1~3 章由郑林华同志编写；第 5、6 章由丁宏同志编写；第 4、7 章由向良军同志编写。本书的编写得到了国防科学技术大学电子科学与工程学院各级领导的关心与支持，金国平、钟华、何峰、谢卫华、王梓斌、王礼德等同志在本书的绘图、校对等方面做了大量的工作，在此对他们表示衷心的感谢。此外，本书的编写参考了国内外众多的书籍及文献，仅将主要参考资料附书后，同时，对参考文献的作者表示深深的谢意。

由于教材编写的内容覆盖面较广，加之作者水平有限，错漏之处诚请读者批评指正。

编　者

于国防科技大学

目　　录

第1章　通信系统与网络概述

自有人类以来,就离不开消息的传递,因为消息中包含了收信者所需要的信息。我国古代利用烽火传送边疆警报,用驿站间的快马接力传送各种文件,都是一种原始的通信手段。随着社会的进步,这些古老的通信方式早已不能适应社会发展的需要。为了能在远距离快速、准确地传递信息,就必须寻找新的通信方式。进入 19 世纪,人们发现电能以光速沿导线传播。基于这一发现,1837 年莫尔斯(Morse. 1791—1872)发明了电报,1876 年贝尔(Bell. 1847—1942)又发明了电话。1864 年,麦克斯韦(Maxwell. 1831—1879)从理论上证明了电磁波的存在,这一理论于 1887 年被赫兹(Hertz. 1857—1894)用实验证实。接着马可尼(Marconi. 1874—1937)和波波夫(Popov. 1859—1906)等人利用电磁波做了远距离通信的试验,获得了成功。从此通信进入了电通信的新时代。到了 20 世纪 30 年代,尤其是在 50 年代之后,在通信理论上先后形成了香农信息论、纠错编码理论、调制理论、信号检测理论、信号与噪声理论、信源统计特性理论等,这些理论使现代通信技术日趋完善。尤其是晶体管、集成电路相继问世后,不仅更加促进像电话通信那样的模拟通信的高速发展,而且出现了具有广阔发展前景的数字通信。20 世纪 50 年代,1 吉赫以下频段的小容量微波中继通信系统投入使用;70 年代,数字微波中继通信系统开始用于通信。1965 年美国的对地静止卫星"国际通信卫星"I 号和前苏联的对地非静止卫星"闪电"I 号相继发射成功,标志卫星通信技术进入实用阶段。1966 年,美籍华裔科学家高锟发表了光纤技术的奠基性论文。1977 年,第一代光纤通信系统投入运行。此后光纤通信技术进入了快速发展阶段,80 年代以后光纤通信逐步成为固定通信网中最主要的传输手段。计算机问世后,不仅使通信技术中的许多环节实现了微机控制和管理,而且使通信的对象由人与人之间的通信扩大到人与机器和机器与机器之间的通信。通过传输系统和交换系统将大量的用户终端(如电话、传真、电传和计算机等)联接起来的现代通信网,已不再是单一的电话网或电报通信网,而是一个综合性的为多种信息服务的通信网。现代通信已经成为支撑现代文明社会和工农业生产的重要基础结构之一,随着信息高速公路的建立,将把世界构筑成为一个全球性的信息社会。

1.1　通信系统的组成

传递信息所需的一切技术设备的总体称为通信系统。通信系统的种类繁多,对于最简单的点对点通信来说,一般都可以用图 1.1 所示的基本模型来表示。它包括以下几部分。

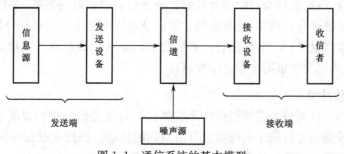

图 1.1　通信系统的基本模型

1. 信息源

信息源产生消息。发信者可以是人，也可以是机器。根据信源输出信号的性质不同可分为连续信源和离散信源。连续信源（如电话机、摄像机）输出连续幅度的信号；离散信源（如传真机、计算机）输出离散的符号序列或文字。模拟信源可通过抽样和量化变换为离散信源。信源的另一个作用是把待传送的消息（语音、报文、数据和图像等）转变为原始电信号。原始电信号包含了较多的低频分量，常称其为基带信号。

2. 发送设备

发送设备的任务的是将基带信号改变为适合在给定信道中传输的信号，以提高传输质量和效率。其中最主要的一种变换是调制。经过调制后的信号，不仅适于在信道中传输，并且能够提高抗干扰能力和实现多路复用。

3. 信道

传输信号的通路称为信道。信道是通信系统的重要组成部分，一方面它为信号提供传输的通路，另一方面它又对信号造成损害（如使信号产生畸变）。有两种划分信道的方法：如果仅包含传输媒质，就是狭义信道；如果不仅包含传输媒质，还包括收/发设备就是广义信道。狭义信道又可分为有线信道和无线信道两大类。前者如架空明线、同轴电缆及光纤等，后者如中长波地表波传播、超短波及微波视距传播和短波电离层反射，等等。广义信道又可分为调制信道和编码信道两大类，将在后面介绍。

在传输过程中产生的各种噪声均以噪声源集中表示。

4. 接收设备

接收设备的基本功能是完成和发送设备相反的变换，如解调、译码等。其任务是从传输媒质输出的带有噪声和干扰的信号中恢复出原始消息。

5. 收信者

收信者是将复原的原始电信号转换为相应的消息（如耳机、扬声器将恢复的原始电信号变换为语声）。

图1.1所示通信系统模型是单向的。通常点对点通信系统都应该是双向的，即通信的双方都拥有收/发信设备和终端设备。

1.2　通信系统的分类

1. 按消息的物理特征分类

根据消息的物理特征的不同，可分为电报通信、电话通信、数据通信和图像通信等。这些系统可以是专用的，但通常是兼容的或并存的。由于电话通信最为普遍，因而其他通信常常借助公共电话通信系统进行。例如，电报通信常常是从电话电路中分出一部分频带传送，或者是用一个话路传送多路电报；又如，伴随着计算机发展而迅速发展起来的数据通信，近距离多用专线传送，而远距离则常常借助电话通信线路传送。

2. 按传输媒质分类

按传输媒质的不同可分为有线通信和无线通信。有线通信的传输媒质可以是架空明线、电缆和光缆。无线通信是借助于电磁波在自由空间的传播。根据电磁波波长的不同又可分为中、长波通信、短波通信和微波通信等类型，如表1-1所示。

3. 按传输信号的特征分类

由信源发出的离散消息或连续消息,均能变换为相应的电信号(基带信号),因而电信号也相应地分为两大类。一类称作模拟信号,通常它在时间上和取值上都是连续的;另一类称作数字信号,它在时间上和取值上都是离散的。在实际应用中,往往将模拟信号笼统地称为连续信号,而将数字信号称作离散信号。

表 1-1　电磁波波段划分和常用传输媒质

频段和波段名称		频率范围和波长范围	传输媒质	主要用途
极低频(ELF) 极长波		30~3000Hz 10~0.1km	有线线对 极长波无线电	对潜艇通信、矿井通信
甚低频(TLF) 超长波		3~30kHz 100~10km	有线线对 超长波无线电	对潜艇通信、远程无线电通信、远程导航
低频(LF) 长波		30~300kHz 10~1km	有线线对 长波无线电	中远距离通信、地下通信、矿井无线电导航
中频(MF) 中波		300~3000kHz 1000~100m	同轴电缆 中波无线电	调幅广播、导航、业余无线电
高频(HF) 短波		3~30MHz 100~10m	同轴电缆 短波无线电	调幅广播、移动通信、军事通信、远距离短波通信
甚高频(THF) 超短波		30~300MHz 10~1m	同轴电缆 超短波无线电	调幅广播、电视、移动通信、电离层散射通信
微波	特高频(UHF) 分米波	0.3~3GHz 100~10cm	波导 分米波无线电	微波接力、移动通信、空间遥测雷达、电视
	超高频(SHF) 厘米波	3~30GHz 10~1cm	波导 厘米波无线电	雷达、微波接力、卫星和空间通信
	极高频(EHF) 毫米波	30~300GHz 10~1mm	波导 毫米波无线电	雷达、微波接力、射电天文
紫外、可见光、红外		10^5~10^7GHz 3×10^{-1}~3×10^{-6}cm	光纤、激光空间传播	光通信

传输模拟信号的通信系统称为模拟通信系统,而传输数字信号的通信系统则称为数字通信系统。

应当指出,并非模拟信号一定得在模拟通信系统中传输。如将模拟信号变换为数字信号,就可按数字通信方式进行传输,但必须在接收端再进行相反的变换,以还原出模拟信号,数字电话就是按这种方式传输的典型例子。同样,数字信号也可以借用模拟通信系统进行传输,当然必需配置相应的设备。

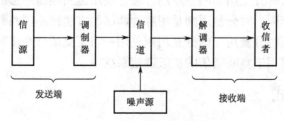

图 1.2　模拟通信系统模型

图1.2为模拟通信系统模型。图中调制器的作用是将基带信号的频谱搬移到频率较高的载体上进行传输。经过调制的信号称为已调信号。在接收端,解调器的作用相反,它将已调信号进行反变换,恢复原来的基带信号,再由收信者还原为原始消息。由于从调制器的输出端到解调器的输入端传输的是已调制的模拟信号,常将这一段通道称为调制信道。

模拟通信系统可以传输电话、电报、数据和图像等信息。与数字通信相比,模拟通信设备简单,占用频带窄,但抗干扰能力差。

图1.3为数字通信系统模型。在发送端增加了信源编码器和信道编码器,前者的作用是将模拟信号变换为数字信号,后者则是使数字信号与信道匹配,以提高传输的可靠性和有效性。数字调制器的作用是将数字基带信号变换为适合于信道传输的已调信号。在接收端进行相反的变换,数字解调器是将已调信号还原为数字基带信号,再由信道译码器和信源译码器将基带信号还原为模拟信号,最后再把模拟信号送到用户设备。由于从信道编码器的输出端到信道译码器的输入端传输的是经过编码的数字信号,所以把这一段通路称为编码信道。显然,编码信道包含了调制信道。

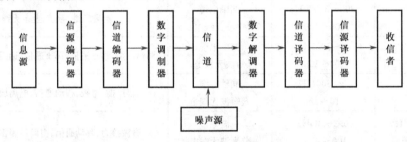

图1.3　数字通信系统模型

和模拟通信相比,数字通信抗干扰能力强,有较好的保密性和可靠性,易于集成化,数字通信系统可以兼容数字电话、电报、数据和图像等各种信息的传输。其缺点是占用频带较宽,并且需要有较复杂的同步系统。

4. 按调制方式分类

根据是否采用调制,可将通信系统分为基带传输和调制传输两大类。基带传输是将未经调制的信号直接在线路上传输,如音频市内电话和数字信号的基带传输等。调制传输是先对信号进行调制后再进行传输。调制传输又称作频带传输。

5. 按复用方式分类

在通信系统中,信道能提供比基带信号宽得多的带宽,倘若在信道中只传输一路信号,信道利用率就不高,并且是一种浪费。解决的方法是多路信号同时传送,这就是复用技术。有三种复用方式:频分复用、时分复用和码分复用。频分复用是用频谱搬移的方法使各路基带信号分别占用不同的频率范围。时分复用则是用脉冲调制的方法使不同路数的信号占据不同的时间区间。数字通信采用时分复用。码分复用则是用一组正交的脉冲序列来分别携带不同路数的信号。码分复用主要用于空间通信的扩频通信系统中。

1.3　通信方式

1. 点对点通信

如果通信仅在点与点之间进行,按消息传送的方向与时间,有下述几种通信方式。

（1）单向通信和双向通信

一方发送，另一方只能接收信息的通信方式称为单向通信。如广播、遥控和无线电寻呼就属于这一类通信。若双方能进行发信和收信，就称为双向通信。

双向通信系统中又有单工、双工和半双工三种通信方式。

① 单工通信。通信双方都能进行发信和收信，但不能同时进行，即要求通信者"按键发话、松键收话"，如图 1.4 所示。根据使用频率的异同，又分为同频单工和异频单工。

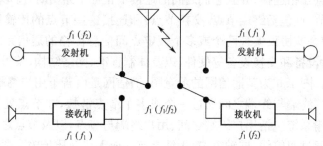

图 1.4　单工通信

采用同频单工的双方使用同一频率 f_1 进行通信。由于收/发交替工作，收、发信机可以共用一副天线。同频单工设备简单，节约频谱，但操作不便。在移动通信中，单工通信的一方是基地台，若基地台有多部发信和收信设备，则各发信机使用的频率必须相距较远，否则会产生邻道干扰。在这种情况下可采用异频单工方式工作，使用频率如图 1.4 中括号所示。通信双方的发信机分别使用两频率 f_1 和 f_2，也就是本台的发、收使用的频率。若基地台需设置多部发射机和接收机，则往往将接收机频率设置在某一频段（如较低频段），而发射机频率设置在另一频段（如较高频段），只要两频段有足够的频差，借助于滤波器等选频电路，就可大大减少发信机对收信机的干扰。

② 双工通信（或称全双工）。双方可以同时进行发信和收信的通信方式称为双工方式，如图 1.5 所示。按这种工作方式的通信双方可以像普通电话那样进行通信。在双工方式中，收/发双方分别使用不同的频率（f_1 和 f_2），这两个频率称作一对信道（或波道、频道）。图中的双工器是为了使发射和接收天线共用。双工电台操作方便，但占用信道多，电源消耗大（发射机长期处于工作状态）。

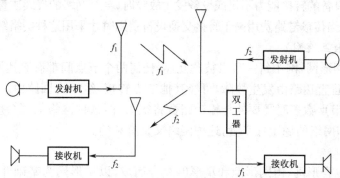

图 1.5　双工通信

③ 半双工通信。其频率使用和设备与图 1.5 相似，所不同的是有一方采用异频单工电台，即以"按键发话、松键收话"的方式进行通信。这种半双工系统可以与全双工系统兼容，因而获

得了广泛的应用。

（2）串序/并序传输方式

在数字通信中，多数采用串序传输方式，它只占用一条通路，数字信号按时间顺序依次在信道中进行传输，有时也采用并序传输方式，这时需要占用两条以上的通路。

2. 通信网

当有多个通信点互相连接，并且它们之间的连接不止一个路由时，就形成了通信网。通信网是由一定数量的节点（包括终端节点、交换节点）和连接这些节点的传输系统有机地组织在一起的，按约定的信令或协议实现两个或多个规定点间信息传输的通信系统。现代通信网由用户终端设备、传输设备和交换设备等硬件，以及体制标准、网络结构、编号计划、信令方式、网络管理等软件构成。图 1.6 为某通信网的示意图，通信网是由若干用户终端 A、B、C⋯⋯通过传输系统链接起来。终端与终端之间通过一个或多个节点链接，在节点处提供交换、处理、网络管理等功能。传输系统包括用户终端之间、用户终端与节点，以及节点之间的各种传输介质和设备。信号可以通过双绞线、同轴电缆、光纤等有线或无线介质传输。通信网根据业务内容可分电话通信网、电报通信网和数据通信网等。

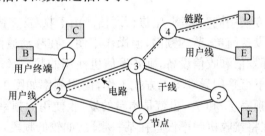

图 1.6　通信网示意图

通信网的网络形式大体可以分为五类：星形网、网形网、复合形网、环形网和总线形网，如图 1.7 所示。

（1）星形网（辐射网）

图 1.7(a)为星形网，这种网络需要设置转接中心，网中任一节点均通过转接中心进行交换。节点数多时较网形网能节省大量的传输链路。但这种网的安全性最差，若转接中心出故障，会影响全网，转接交换设备的转接能力不足或设备发生故障时，会对网络的接续质量和网络的稳定性产生影响。一般是当传输链路费用高于转接交换设备费用时才采用这种网络结构。

（2）网形网（全互连网）

图 1.7(b)为网形网，网中每一节点彼此互连，任何两个节点间都有直达路由，因此连接迅速。另外，如果一旦直达路由发生故障，可经其他节点转接，组织迂回路由。这是一种经济性较差的网络结构，节点数多时需要的传输链路数将很大，但这种网络的冗余度较大。因此，从网络的接续质量和网络的稳定性来看，这种网络又是有利的。

（3）复合形网

图 1.7(c)为复合形网，由网形网和星形网复合而成，以星形网为基础并在通信量较大区间构成网形网结构。这种网络结构兼取了上述两种网络的优点，比较经济合理且有一定的可靠性。

（4）环形网

图 1.7(d)为环形网，每个节点除了收/发本节点的信息外，还必须转发其他节点的信息。

在这种网中,信息速率较高,要求各节点有较强的信息识别能力和信息处理能力。

（5）总线形网

图 1.7(e)为总线形网,所有节点都连接在一个公共传输通道——总线上,这种网传输链路少,但稳定性差。

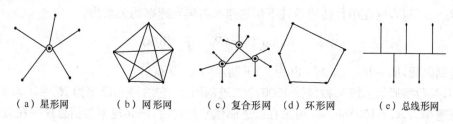

（a）星形网　　　（b）网形网　　　（c）复合形网　（d）环形网　　　（e）总线形网

图 1-7　通信网的网络形式

1.4　通信系统主要性能指标

衡量通信系统性能的指标很多,但其最主要的指标有两个。这就是传输信息的有效性和可靠性,前者表示通信系统传输信息的数量多少,后者表示通信系统传输信息的质量好坏。在实际的通信系统中,这两项要求经常是矛盾的,亦即提高传输信号的有效性会降低可靠性;反之亦然。例如,在传输数字信号时,在数字信号序列中引进一些监督码元(由信道编码器来完成),以实现自动检错和纠错,提高传输信号的可靠性。但是,由于监督码元的加入使信号长度增加,因此信号传输的速率降低,亦即有效性下降。在设计系统时,通常只能要求在满足一定可靠性指标下,尽量提高通信系统的有效性。下面分别对模拟通信系统和数字通信系统提出具体的性能要求。

在模拟通信系统中,信号传输的有效性通常可用有效传输频带来衡量。当给定信道的容许传输带宽后,就可根据每路信号的带宽来确定信道容许同时传输的最大通路数,这就是多路频率复用。例如,在频分制多路载波通信系统内使用同轴电缆作为传输线路,则其容许传输带宽可以容纳 10800 路语音信号(每路语音带宽按 3000Hz 计算)。

模拟通信系统的可靠性常用系统输出端的信噪比来衡量。信噪比越高,通信质量就越好。通常电话要求信噪比为 20dB 以上,电视则要求信噪比为 40dB 以上。输出信噪比一方面与信道内噪声大小和信号功率有关,同时又和调制方式有很大关系。

对于数字通信系统,有效性可用信息传输速率来衡量。传输速率有如下三种表示方式。

1. 码元速率 R_B

码元速率又称信号速率或波形速率,它是指每秒传输的码元数,单位为波特。目前在短波单边带线路上最常用的是每秒发送 50 个码元的电报机,即信道的传输速率为 50 波特。若码元长度或脉冲宽度为 T_S,则码元速率:

$$R_B = \frac{1}{T_S}（波特） \tag{1-1}$$

2. 信息速率 R_b

信息速率是指每秒传送的信息量,单位为比特/秒(b/s)。

比特是信息量的单位。当二进制数字"0""1"取等值概率时,传送一个二进制字的信息量就是 1 比特(1bit),因此信息速率又称为比特率。显然,当信道一定时,比特率越高,有效性也就越好。

为了提高有效性，可以采用多进制传输，此时每个码元携带的信息量超过 1 比特。为了计算其信息速率，可将其折算为二进制码元计算。

设有一 M 进制码元，每一码元可表示为 k 个二进制数，设 M 进制的码元宽度仍为 T_S（码元速率 $R_B=1/T_S$），则在串行传输条件下信息速率与码元速率的关系为：

$$R_b=R_B\log_2 2^k=kR_B=\frac{k}{T_S} \ (\text{b/s}) \tag{1-2}$$

对于二进制码元，$R_b=R_B$。若 $M=8(=2^3)$ 进制，则 $R_b=3R_B$。

例如，某数字通信系统每秒传输 1000 个二进制码元，它的码元速率为 $R_B=1000$ 波特，则它的信息速率为 $R_b=1000\text{bit/s}$。可见在二进制信号传输时，码元速率与信息速率在数值上相等。如系统每秒传输 1000 个八进制码元（各种码元等概率出现），其码元速率为 $R_B=1000$ 波特，则其信息速率为 $R_b=1000\log_2 8=3000\text{bit/s}$。

3. 数据传输速率

数据传输速率是指单位时间内传送的数据量。数据量的单位可以是比持、字符、码组等。时间单位可以是秒、分、小时等。通常用字/分为单位。

比较不同的数字通信系统的效率时，仅看其信息传输速率是不够的，因为即使是两个系统的信息传输速率相同，由于调制方式不同，其占用的频带宽度也可能不同，从而效率不同。对于相同的信道频带，传输的信息量越大则效率越高。

数字通信系统的可靠性用误码率或误比特率表示。其定义为：

误码率 $\qquad P_e=\lim_{N\to\infty}\dfrac{\text{错误码元数}\ n}{\text{传输总码元数}\ N}$

误比特率 $\qquad P_b=\lim_{M\to\infty}\dfrac{\text{错误比特数}\ m}{\text{传输总比特数}\ M}$

显然，在二进制中，$P_e=P_b$。

不同信号对错误率的要求不同，如传输数字电话时，误比特率通常要求为 $10^{-3}\sim10^{-6}$，而传输计算机信息时，要求更高。当信道不能满足要求时，必须加纠错措施。

习题与思考题

1.1　什么叫通信系统？画出最简单的点对点通信系统框图，并对模型各部分的功能进行简述。

1.2　简述模拟通信系统基本模型，并对模型各部分功能进行简述。

1.3　简述狭义信道含义及广义信道含义。

1.4　简述一般数字通信系统基本模型，并简要说明模型各部分的作用。

1.5　点对点通信方式有哪几种？并分别说明它们的工作方式。

1.6　衡量通信系统性能的指标有哪些？通信系统信息传输的有效性、可靠性分别表示什么？模拟通信系统和数字通信系统的有效性和可靠性分别是用什么来衡量的？

第 2 章 微波通信系统

2.1 概述

微波通信是一种无线通信方式,它是利用微波(射频)来携带信息,通过电波空间同时传送若干相互无关信息,常采用中继方式实现信息远距离传输。微波频率范围为 300MHz～300GHz,波长范围为 1m～1mm,可细分为特高频(UHF)频段/分米波频段、超高频(SHF)频段/厘米波频段和极高频(EHF)频段/毫米波频段。因而它同时具有通信容量大,传输质量高,投资少,建设快等特点,所以得到了广泛的应用。因而微波通信与光纤通信、卫星通信一起称为现代通信传输的三大支柱。微波通信可分为模拟微波通信和数字微波通信两类。微波通信主要用于长途电话、电视广播、数据以及移动通信系统基站与移动业务交换中心之间的信号传输,还可用于跨越河流、山谷等特殊地形的通信线路。微波通信有以下主要特点:

(1) 传输容量大

微波频段占用的频带约占 300GHz,而全部的长波段、中波段和短波频段占有的频带总和不足 30MHz。占用的频带越宽,通信容量也越大。一套短波通信设备一般只能容纳几条话路同时工作,而一套微波中继通信设备能够同时传输数千路的数字电话。

(2) 受外界干扰的影响小

工业干扰、天电干扰及太阳黑子的活动严重影响短波以下频段的通信,但对频率高于100MHz 的微波通信的影响极小。

(3) 通信灵活性较大

微波中继通信在跨越沼泽、江河、湖泊和高山等特殊地理环境,以及抗地震、水灾、战争等灾祸时,比电缆、光缆通信具有更大的灵活性。

(4) 天线的方向性强、增益高

点对点的微波通信一般采用定向天线,定向天线把电磁波聚集成很窄的波束,使其具有很强的方向性。另外,当天线面积给定时,天线增益与工作波长的平方成反比。微波波长短,所以容易制成高增益天线。

建立在微波通信和数字通信基础上的数字微波通信同时具有数字通信与微波通信的优点,更是日益受到人们的充分重视。

2.1.1 数字微波通信系统的构成

2.1.1.1 微波通信网组成

图 2.1 是一条数字微波中继通信线路的示意图,其主干线可长达几千千米,另有两条支线电路,除了线路两端的终端站外,还有大量的中继站和分路站。对于使用微波在地面上进行长距离通信,必须配置中继站,这是因为:①微波除具有无线电波的一般特性,还具有视距传播特性,即电磁波沿直线传播,而地球是个椭圆体,地球表面是曲面,若实现长距离直接通信,因天

线架高有限,超过一定距离时,微波传播将受到地面的阻挡。为了克服地球表面曲率的影响,需要在长距离通信两地之间设立若干中继站,进行微波转接;②微波在空间传播有损耗,必须采用中继方式对损失的能量进行补偿,采用逐段接收、放大和发送实现长距离通信。

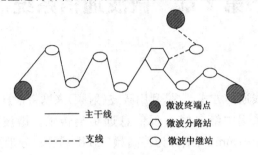

图 2.1 数字微波中继通信线路的示意图

组成此通信线路的设备连接方框图如图 2.2 所示,它分以下几大部分。

（1）用户终端

用户终端指直接为用户所使用的终端设备,如自动电话机、电传机、计算机、调度电话机等。

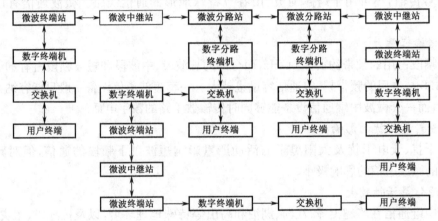

图 2.2 数字微波中继通信系统连接方框图

（2）交换机

交换机是用于功能单元、信道或电路的暂时组合以保证所需通信动作的设备,用户可通过交换机进行呼叫连接,建立暂时的通信信道或电路。这种交换可以是模拟交换,也可以是数字交换。

（3）数字电话终端复用设备(即数字终端机)

数字电话终端复用设备的基本功能是把来自交换机的多路音频模拟信号变换成时分多路数字信号,送往数字微波传输信道,以及把数字微波传输信道收到的时分多路数字信号反变换成多路模拟信号,送到交换机。

数字电话终端复用设备可以采用增量调制数字电话终端机,也可以采用脉冲编码调制数字电话终端机,它还包括二次群和高次群复接器－保密机及其他数字接口设备。按工作性质不同,可以组成数字终端或数字分路终端机。

（4）微波站

微波站的基本功能是传输数字信息。按工作性质不同,可分成数字微波终端站、数字微波中继站、数字微波分路站和数字微波枢纽站。终端站是处于线路两端的微波站,它对一个方向收、发,且收、发射频不同,可以上、下话路或数据。终端站的结构示意图如图 2.3 所示。中继站是线路的中间转接站,它对来自两个方向的微波信号放大、转发,但不上、下话路。中继站的结构示意图如图 2.4 所示。分路站除具有中继站的功能,且可上、下话路。枢纽站是指在微波中继通信网中,两条以上的微波线路交叉的微波站,它可以从几个方向分出或加入话路或数据信号。微波分路站和枢纽站统称微波主站,其系统连接(含备用设备)如图 2.5 所示。微波站的主要设备为:数字微波发信设备、数字微波收信设备、天线、馈线、铁塔,以及为保障线路正常运行和无人维护所需的监测控制设备、电源设备等。

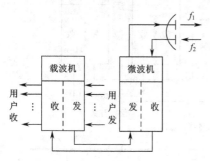

图 2.3 微波终端站结构示意图

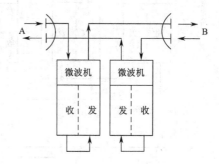

图 2.4 微波中继站结构示意图

2.1.1.2 数字微波发信设备

数字微波发信设备通常有如下两种组成方案:

(1)微波直接调制发射机

微波直接调制发射机的方框图如图 2.6(a)所示。来自数字终端机的数字信码经过码型变换后直接对微波载频进行调制。然后,经过微波功放和微波滤波器馈送到天线振子,由天线发射出去。这种方案的发射机结构简单,但当发射频率处在较高频率时,其关键设备微波功放比中频调制发射机的中频功放设备制作难度大。而且,在一种系列产品多种设备的场合下,这种发射机的通用性差。

(2)中频调制发射机

中频调制发射机的方框图,如图 2.6(b)所示。来自数字终端机的信码经过码型变换后,在中频调制器中对中频载频(中频频率一般取 70MHz 或 140MHz)进行调制,获得中频调制信号,然后经过功率中放,把这个已调信号放大到上变频器要求的功率电平,上变频器把它变换为微波调制信号,再经微波功率放大器,放大到所需的输出功率电平,最后经微波滤波器输出馈送到天线振子,由发送天线将此信号送出。可见,中频调制发射机的构成方案与一般调频的模拟微波机相似,只要更换调制、解调单元,就可以利用现有的模拟微波信道传输数字信息。因此,在多波道传输时,这种方案容易实现数字—模拟系统的兼容。在不同容量的数字微波中继设备系列中,更改传输容量一般只需要更换中频调制单元,微波发送单元可以保持通用。因此,在研制和生产不同容量的设备系列时,这种方案有较好的通用性。

2.1.1.3 数字微波收信设备

数字微波收信设备的组成一般都采用超外差接收方式,其组成方框图如图 2.7 所示。它由射频系统、中频系统和解调系统等三大部分组成。来自接收天线的微弱的微波信号经过馈

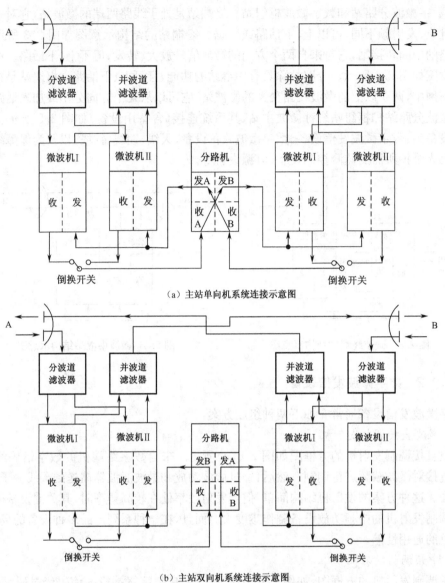

（a）主站单向机系统连接示意图

（b）主站双向机系统连接示意图

图 2.5　微波主站系统连接示意图

线、微波滤波器、微波低噪声放大器和本振信号进行混频，变成中频信号，再经过中频放大器放
大、滤波后送解调单元实现信码解调和再生。

　　射频系统可以用微波低噪声放大器，也可以不用微波低噪声放大器，而采用直接混频方
式，前者具有较高的接收灵敏度，而后者的电路较为简单。天线馈线系统输出端的微波滤波器
是用来选择工作波道的频率，并抑制邻近信道的干扰。

　　中频系统承担了接收机大部分的放大量，并具有自动增益控制的功能，以保证到达解调系
统的信号电平比较稳定。此外，中频系统对整个接收信道的通频带和频率响应也起着决定性
的作用，目前，数字微波中继通信的中频系统大多采用宽频带放大器和集中滤波器的组成方
案。由前置中放和主中放完成放大功能，由中频滤波器完成滤波的功能，这种方案的设计、制

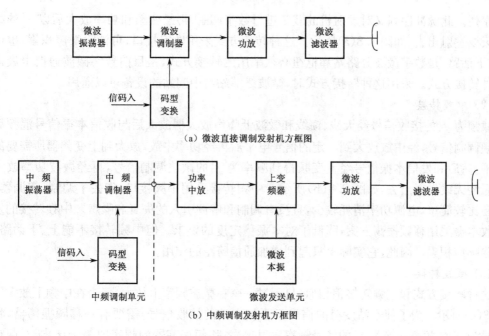

（a）微波直接调制发射机方框图

（b）中频调制发射机方框图

图 2.6　发信设备方框图

造与调整都比较方便，而且容易实现集成化。

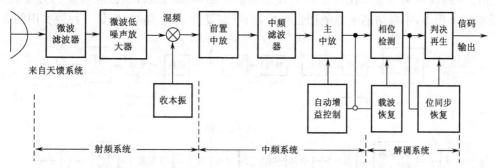

图 2.7　收信设备方框图

　　数字调制信号的解调有相干解调与非相干解调两种方式。由于相干解调具有较好的抗误码性能，故在数字微波中继通信中一般都采用相干解调。相干解调的关键是载波提取，即要求在接收端产生一个和发送端调相波的载频同频、同相的相干信号。这种解调方式又称为相干同步解调。另外，还有一种差分相干解调，也叫延迟解调电路，它是利用相邻两个码元载波的相位进行解调，故只适用于差分调相信号的解调。这种方法电路简单，但与相干同步解调相比较其抗误码性能较差。

2.1.1.4　中间站的转接方式

　　数字微波中继通信系统中间站的转接方式可以分为：再生转接、中频转接和微波转接三种。

（1）再生转接

　　载频为 f_1 的接收信号经天线、馈线和微波低噪声放大器放大后与接收机的本振信号混频，混频输出为中频调制信号，经中放后送往解调器，解调后信号经判决再生电路还原出信码脉冲序列。此脉冲序列又对发射机的载频进行数字调制,再经变频和功率放大后以 f_1' 的载频经由天线发射出去,如图 2.8(a)所示。这种转接方式采用数字接口,可消除噪声积累,也可直接上、下话路,是数字微波分路站和枢纽必须采用的转接方式,是目前数字微波通信中最常用的一种转接方式。采用这种转接方式时,微波终端站与中间站的设备可以通用。

(2) 中频转接

载频为 f_1 的接收信号经天线、馈线和微波低噪声放大器放大后与收信本振信号混频后得到中频调制信号,经中放放大到一定的信号电平后再经功率中放,放大到上变频器所需要的功率电平,然后和发信本振信号经上变频得到频率为 f_1' 的微波调制信号,再经微波功率放大器放大后经天线发射出去,如图 2.8(b)所示。中频转接采用中频接口,省去了调制、解调器,因而设备比较简单,电源功率消耗较少,且没有调制和解调引入的失真和噪声。中频转接的发本振和收本振采用移频振荡方案,降低了对本振稳定度的要求。但中频转接不能上、下话路,不能消除噪声积累。因此,它实际上只起到增加通信跨距的作用。

(3) 微波转接

这种转接方式和中频转接很相似,只不过一个在微波频率上放大,一个在中频上放大。如图 2.8(c)所示。为了使本站发射的信号不干扰本站的接收信号,需要有一移频振荡器,将接收信号为 f_1 的频率变换为 f_1' 的信号频率发射出去,移频振荡器的频率即等于 f_1 与 f_1' 两频率之差。此外,为了克服传播衰落引起的电平波动,还需要在微波放大器上采取自动增益控制措施。这些电路技术实现起来比在中频上要困难些。但是,总的来说,微波转接的方案较为简单,设备的体积小,中继站的电源消耗也较少,当不需要上、下话路时,也是一种较实用的方案。

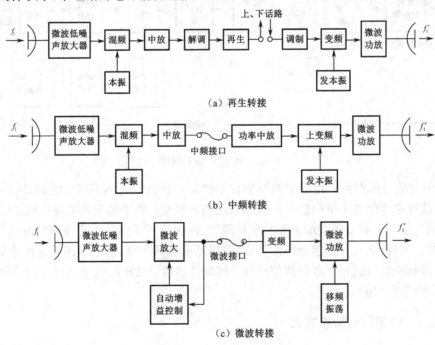

图 2.8 中继站的转接方式

无论数字信号还是模拟信号,经过长距离传输,特别是经一站一站的转接,将在原始信号上叠加各种噪声和干扰。而且,由于实际信道的频带是有限制的,其信道特性也不会十分理想,因而会引入不同形式的失真,使信号质量下降。对模拟微波中继通信系统来说,中频转接和微波转接失真较小,群频转接由于在中继站内又经过一次调制、解调,因而失真较大。而且,随着转接站数增加其失真和噪声是逐站积累的。因此,模拟微波中继通信系统一般都采用中频转接方案,只有分路站才采用群频转接方式。对数字微波中继通信系统来说,再生电路可以消除噪声和干扰,避免噪声的沿站积累。因此,数字微波中继通信系统一般采用再生转接。有时为了简化设备,降低功耗以及减少由于信号再生引入的位同步抖动,也可以在两个再生中继站之间的一些不需要上、下话路的站采用中频转接或微波转接的方式。

2.1.2　微波传播特性

收/发天线之间的微波传播除了视距传播外,大气、地形和地物等因素都对其有较大的影响。因此,在进行微波线路设计时,必须考虑这些因素。在工程上,为了简化微波传播计算,通常先假设微波在自由空间传播,得到自由空间的传播特性,然后再考虑地形、大气等因素对其影响。

2.1.2.1　天线高度与传播距离

由于微波的直线传播和地球表面的弯曲,因而在天线高度 h 一定时最大视距传播距离 d 就随之确定了。可利用图 2.9 来求 h 与 d 之间的关系。显然,d_1 为:

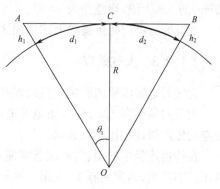

$$d_1 = R\theta_1 \tag{2-1}$$

式中,R 为地球半径,6378km;θ_1 为圆心角(单位弧度),它可表示为:

$$\theta_1 = \text{arctg}\frac{\sqrt{(R+h_1)^2 - R^2}}{R} \tag{2-2}$$

图 2.9　视距与天线高度

由于 $R \gg h_1$,所以:

$$\theta_1 = \text{arctg}\sqrt{2h_1/R}$$

而 $x \ll 1$ 时 $\text{arctg}\, x \approx x$,所以有:

$$\theta_1 = \sqrt{2h_1/R}$$

于是,

$$d_1 = \sqrt{2Rh_1} \tag{2-3}$$

同理可得:

$$d_2 = \sqrt{2Rh_2} \tag{2-4}$$

因此,最大传播距离 d 为:

$$d = d_1 + d_2 = \sqrt{2R}(\sqrt{h_1} + \sqrt{h_2}) = 3.57[\sqrt{h_1} + \sqrt{h_2}](\text{km}) \tag{2-5}$$

式中 h_1、h_2 的单位为 m。比如,当 $h_1 = h_2 = 50\text{m}$ 时,$d = 50\text{km}$。

2.1.2.2　自由空间传播损耗

自由空间传播损耗由式(2-6)确定。式中的 d 为通信距离;f 为发射频率,即:

$$L_S(\text{dB}) = 32.4 + 20\lg f(\text{MHz}) + 20\lg d(\text{km}) \tag{2-6}$$

在实际通信系统中,天线是有方向性的,并用"天线增益"来表示。对于发射天线来说,它是天线在某一个方向上每单位立体角的发射功率,和无方向天线每单位立体角发射功率之比。也就是说,发射天线增益(用 G_T 表示)是该天线在所考虑方向上辐射功率比无方向天线在该方向上辐射功率所增加的倍数或分贝数。对于接收天线来说,天线增益 G_R 是接收到的功率与天线为无方向天线时接收到的功率的倍数或分贝数。

在考虑到发射天线增益 G_T 和接收天线增益 G_R 后,这种有方向性的传播损耗 L_D 为:

$$L_D(dB) = 32.4 + 20\lg f(MHz) + 20\lg d(km) - 10\lg G_T - 10\lg G_R$$
$$= L_S - 10\lg G_T - 10\lg G_R \tag{2-7}$$

微波通信系统中,通常采取卡塞格伦天线,其增益为:

$$G = \eta \left(\frac{\pi D}{\lambda}\right)^2 \tag{2-8}$$

式中,D 为抛物面天线直径;η 为天线效率,可取 0.6 左右;λ 为电波波长。对于 2GHz($\lambda =$ 15cm)的 3m 天线,增益约为 33dB。

微波的自由空间传播除上述损耗之外,还要受到大气和地面的影响,下面分别进行讨论。

2.1.2.3　大气效应

大气对电波传输的影响主要表现在吸收损耗,降雨引起的损耗和大气折射三个方面。

大气对频率在 12GHz 以下电波的吸收附加损耗很小,在 50km 的跨距时小于 1dB,与自由空间传播损耗相比可以忽略。

在传播途径中的雨、雪或浓雾将使电波产生散射,引起附加损耗,但在 10GHz 以下的频段并不特别严重,通常只有 1~3dB。对于高于 10GHz 的通信系统,降雨引起的损耗必须予以特别的考虑。

大气折射是由于空气的折射率(n)随高度(h)的变化而产生的。此时,电波传播路径不再是直线而产生弯曲。不同气候条件时,dn/dh 的变化很大。当 dn/dh 为负时,电波传播路径将向下低垂,此时的传播路径有可能被地面障碍物所阻挡而造成严重的衰落。

2.1.2.4　地面效应

电波传播受地面的影响主要表现在障碍物阻挡引起的附加衰耗和平滑地面反射引起的多径传播,进而产生接收信号的干涉衰落。

1. 费涅尔半径和余隙

在电波传播中,当波束中心线刚好擦过障碍物时,电波也会受到阻挡衰落。为了避免或减小阻挡衰落,设计的电波传播路径在最坏大气条件时,仍离障碍物顶部有足够的"余隙",如图 2.10 所示的 h_c,即收/发天线的连线与障碍物最高之间的垂直距离。

根据惠更斯—费涅尔原理,若要求收信点的场强幅值等于自由空间传播场强幅值,只要能保证一定的费涅尔区不受障碍,而第一阶费涅尔区在微波能量传输中起十分重要的作用。

为了确定余隙,利用费涅尔绕射原理。在工程设计中,可利用附加衰减与费涅尔相对余隙之间的关系曲线(如图 2.11 所示)。图中相对余隙是余隙 h_c 对一阶费涅尔半径 h_1 的归一化值。可以看出,当余隙为 0,即波束中心线刚擦过障碍物顶部时,附加衰耗为 6dB(这是刃形障碍物的情况。对于平滑表面的障碍物,附加衰耗还要大)。而相对余隙大于 0.5 时,附加衰耗才可忽视。

根据惠更斯—费涅尔原理，一阶费涅尔半径 h_1 为：

$$h_1 = \left(\frac{\lambda d_1 d_2}{d_1 + d_2}\right)^{1/2} \tag{2-9}$$

比如，对于 4GHz 的频段，$\lambda = 7.5\text{cm}$，若 $d_1 = d_2 = 25\text{km}$，则 $h_1 = 30.6\text{m}$。于是，电波波束中心线离障碍物顶端应有大于 15.3m 的余隙，相对余隙大于 0.5，否则障碍物阻挡将带来明显的附加损耗。

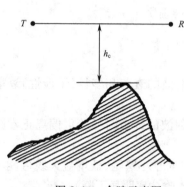

图 2.10　余隙示意图

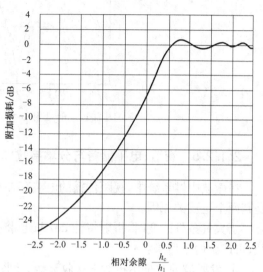

图 2.11　阻挡损耗和相对余隙的关系

2. 地面反射

电波在较平滑的地面（如水面、沙漠、草原及小块平地等）将产生强的镜面反射。电波经过这一反射路径也可到达接收天线，形成多径传播。也就是说，接收信号是来自于直射波和反射波信号的叠加干涉。如果天线足够高，可认为直射波是自由空间波，其场强为 E_0。反射波的大小和相移与地面的反射能力以及反射波经过的路径有关，即反射波场强为：

$$E_1 = E_0 \rho \mathrm{e}^{-\mathrm{j}2\pi\Delta r/\lambda} \tag{2-10}$$

收信点的合成场强 E 为：

$$E = E_0 (1 - \rho \mathrm{e}^{-\mathrm{j}2\pi\Delta r/\lambda}) \tag{2-11}$$

式中，ρ 为地面反射系数，$0 \leqslant \rho \leqslant 1$。$\rho = 1$ 为全反射，$\rho = 0$ 为无反射；Δr 为反射波与直射波的行程差；$2\pi\Delta r/\lambda$ 为行程差引起的直射波与地面反射波的相位差。

由式（2-11）可见，考虑反射波的影响，收信点的场强比自由空间场强相差一个衰减因子 α，即

$$\alpha = |E| / |E_0| = [1 + \rho^2 - 2\rho\cos(2\pi\Delta r/\lambda)]^{1/2} \tag{2-12}$$

α 与 Δr 的关系如图 2.12 所示。

合成场强与地面反射系数和由于不同路径延时差造成的干涉信号间的相位差有关。当来自不同路径信号相位相同时，合成信号增强；而相位相反时，相互抵消。由于反射系数随地面条件而改变，反射点也可能不一样（使多径信号相位差变化），因此接收的合成信号电平将起伏不定，形成所谓多径干涉型衰落。由图 2.12 可见，收信点的场强随着 Δr 周期变化，从零变化到 $2|E_0|$，场强为零时表示直射波完全被反射波抵消。在 $\Delta r = \lambda$，2λ 等整数倍波长的情况下，

衰减达到极大值。ρ 越大,曲线的起伏程度越大。为了避免收信点的场强明显起伏,特别是场强趋近零的情况,在进行微波站的站址选择和线路设计时,应充分注意反射点的地理条件,充分利用地形地物阻挡反射波,使接收信号电平稳定。

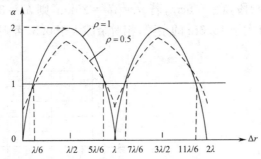

图 2.12　$\rho=1$ 和 $\rho=0.5$ 时 α 与 Δr 的关系曲线

2.1.2.5 衰落、电平储备与分集接收

在微波中继系统中,视距传播的电波存在衰落现象。直射波的衰落和多径(干涉性)衰落是其两个主要的原因。

当大气条件改变时,折射特性 $\mathrm{d}n/\mathrm{d}h$ 也将变化。可使直射波的传播路径严重偏离正常路径,可产生两个后果:

① 发射波的主瓣不再对准接收天线,接收信号功率下降(对于小跨距、低增益天线可能不是严重问题,但对大跨距和使用波束窄的高增益天线时会使接收功率明显下降);

② 偏离后的电波可能被障碍物阻挡或部分阻挡,使接收信号功率下降,甚至通信中断。这是直射波衰落的情况。

多径衰落是微波中继系统电波衰落的最主要的原因,除上述通常出现的地面反射路径外,还有某些气象条件下(夜间低温、早晨太阳出来后温升较快,或高气压区,静海面等)出现的大气波导层反射路径,以及通过大气中局部不均匀体散射后到达接收端的电波路径等,这些路径传输的信号都将在接收端形成干涉衰落。

多径干涉是 10GHz 以下频段视距传播深衰落的主要原因。干涉合成信号的模(包络)服从瑞利分布。在实际的工程设计中都是用经验公式来计算衰落深度等于和小于某衰落储备门限 $F(\mathrm{dB})$ 的概率(即中断率)U:

$$U = A \cdot Q \cdot f^B \cdot d^C \cdot 10^{-F/10} \tag{2-13}$$

式中,d 为路径长度(km);而 f 为频率(GHz);A 为气候因子,Q 为地形因子,B 和 C 为常数。

不同国家根据测试统计提出了系数的不同取值:

在日本:$B=1.2$,$C=3.5$,$A=0.97\times10^{-9}$,而

$$Q = \begin{cases} 0.4 & \text{(山区)} \\ 1.0 & \text{(平原)} \\ 72\Big/\Big[\dfrac{(h_1+h_2)}{2}\Big]^{1/2} & \text{[海岸或跨海地区,h_1,h_2 为天线相对水面高度(m)]} \end{cases}$$

在美国,$B=1$,$C=3$,而

$$A = \begin{cases} 1\times10^{-6} & \text{(低纬度、海洋、内陆高温高湿区)} \\ 6\times10^{-7} & \text{(大陆性气候、中纬度岛屿区)} \\ 3\times10^{-7} & \text{(高纬度地区或干燥山区)} \end{cases}$$

$$Q = \begin{cases} 3.35 & （平滑地面，上限值） \\ 1.0 & （一般地区，中间值） \\ 0.27 & （粗糙地面，下限值） \end{cases}$$

一般地面指一千米范围内地面高度标准偏差为 15.2m，平滑、粗糙地面的偏差分别为 6m 和 42m。

在东北欧：$B=1$，$C=3.5$，$A=1.4\times10^{-8}$，$Q=1$。

例　对于 4GHz 的微波中继系统，若中继长度 $d=50$km，要求的中断率低于 0.0025%，求出不同气候、地形条件时所需的衰落储备。

解：采用美国所惯用的系数，分别求低纬度海洋（平滑地面）和干燥山区（粗糙地面）的衰落储备。由式(2-13)可得：

$$F(\text{dB}) = 10\lg\frac{AQf^Bd^C}{U}$$

已知 $B=1$，$C=3$、$f=4$、$d=50$，则：

① 海洋（平滑地面）：$A=1.4\times10^{-6}$，$Q=3.35$

$$F = 10\lg\frac{3.35\times10^{-6}\times4\times50^3}{2.5\times10^{-5}} = 48.3(\text{dB})$$

② 干燥山区（粗糙地面）：$A=3\times10^{-7}$，$Q=0.27$

$$F = 10\lg\frac{3\times0.27\times10^{-7}\times4\times50^3}{2.5\times10^{-5}} = 32.1(\text{dB})$$

通常，系统设备能力有 30~40dB 的电平储备量，对于一般的地形和气候可以满足要求。但对于沿海或高温高湿地区，存在严重的深衰落，上述储备量是不能满足要求的，即不能保证给定的中断率。

为了在深衰落严重的地区保证正常通信，进一步提高设备能力是不经济的；而通常是采用分集接收的方法来克服衰落。

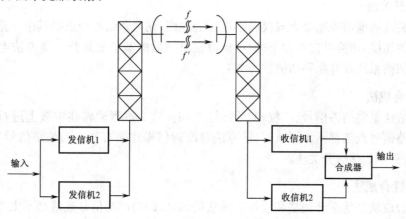

图 2.13　频率分集

分集是利用多个接收机（或天线），以获得同一信号的多个接收样品，而且各样品的衰落是互不相关的。然后将各样品按适当方式合并后作为接收信号。由于各接收信号（样品）此起彼伏，相互补充，使合成的接收信号电平比较稳定，可在很大程度上消除信号的衰落。

分集的方式常用的有空间分集、频率分集和混合分集等。频率分集是用多个载频通道传送同一信号，以便收端获得多个接收信号样品，如图 2.13 所示，一般要求两个频率的相对间隔

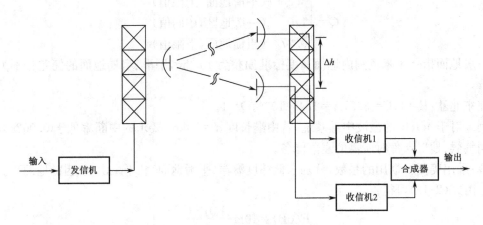

图 2.14　空间分集

大于 1%。由于工作频率不同,电磁波之间的相关性很小,衰落概率也不同。频率分集抗频率选择性衰落特别有效。但这还需要增加一套收/发信机,占用多一倍的频带,降低了频谱利用率。空间分集是在接收端利用空间位置相距足够远的两副天线,同时接收同一个发射天线发出的信号,以此取得两个直射波和反射波衰落不同的信号,如图 2.14 所示。因为电磁波到达高度差为 Δh 的两副天线的行程差不同,当一副天线收到的信号发生衰落时,另一副天线收到的信号不一定也衰落,当 Δh 足够(一般 $\Delta h > 6\text{m}$)时,对几乎所有的深衰落是不相关的。空间分集需要增加一套收信机和接收天线,其频谱利用率比频率分集高。混合分集是将频率分集与空间分集结合,以保持两种分集的优点。

无论采用那种分集接收技术,都要解决信号合成的问题,常用的合成方法有:优选开关法、线性合成法和非线性合成法。

1. 优选开关法

优选开关法依据信噪比最大或误码率最低的准则,在两路信号中选择其中一路作为输出,并由电子开关切换,切换可在中频上进行,也可在解调后的基带上进行。该方法电路简单,并且多数备份切换系统具有此种功能。

2. 线性合成法

线性合成法是将两路信号经"校相"后线性相加。这一过程通常在中频上进行,电路比较复杂。当两路信号衰落都不太严重时,该方法对改善信噪比很有利。当某路信号发生深衰落时,其合成效果不如优选开关法。

3. 非线性合成法

非线性合成法是优选开关法和线性合成法的综合,即当两路信号衰落都不太严重时,采用线性合成法;当某路信号发生深衰落时,采用优选开关法。该方法综合了前面两种方法的优点,使分集接收效果好。

定义分集改善系数 I 表示无分集中断率 U_n 和有分集中断率 U_d 之比,即

$$I = U_\text{n}/U_d \tag{2-14}$$

在不同高度安装两个天线可实现两重空间分集。其分集改善系数的经验公式为:

$$I = \frac{1.2 \times 10^{-3} \times f \times S^2}{d} \times 10^{0.1F} \tag{2-15}$$

式中，S 为两天线的垂直距离（m）；F 为系统设备的电平储备。比如，$f=4\text{GHz}$，$S=9\text{m}$，$d=50\text{km}$，若 $F=30\text{dB}$，则 $I=9\text{dB}$；而 $F=35\text{dB}$ 时，$I=14\text{dB}$。

2.2　数字微波中继通信系统设计

设计一个数字微波中继系统涉及的面很广，它包括通信设备研制与生产的设备设计和有关通信线路建设与使用的线路工程设计等方面的内容。本节将介绍其中的假设参考电路与传输质量标准、射频波道配置、中频频率选择、调制方式选择、性能估算与指标分配等。

2.2.1　假设参考电路与传输质量标准

由于不同用户对通信系统的要求各不一样，因此，对各种不同线路、不同系统的构成很难定出一个统一的质量标准。为了比较各种通信设备的性能，必须先规定一条假设的参考电路，在这种条件下考察通信系统的传输质量。

2.2.1.1　假设参考电路

国际无线电咨询委员会（Consultative Committee International Radio，CCIR）按照通信距离、传输质量要求以及信道容量不同，规定了高级、中级和用户级三类假设参考电路。

1. 高级假设参考电路

① 容量在二次群以上的高级假设参考电路的长度为 2500km；

② 在每个传输方向上，该电路包含有 9 组符合国际电报电话咨询委员会（CCITT）建议的标准系列的数字复用设备，每组数字复用设备应理解为包括一套并路设备和一套分路设备；

③ 包含两次 64Kb/s 数字信号转接。

图 2-15 中所示的数字微波段是指相邻两组数字复接设备之间的区段，一个数字微波段可包含若干个微波中继段。高级假设参考电路适用于国际与国内的远距离通信干线。

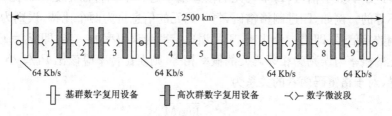

图 2.15　高级假设参考电路

2. 中级假设参考电路

① 容量在二次群以上的中级假设参考电路的基本长度为 1220km；

② 该电路由传输质量不同的 4 类假设参考数字微波段组成，第 Ⅰ 类和第 Ⅱ 类假设参考数字微波段的长度为 280km，第 Ⅲ 类和第 Ⅳ 类假设参考数字微波的长度为 50km。

该电路的组成情况如图 2.16 所示。图中 1 为第 Ⅳ 类假设参考数字微波段，2 为第 Ⅲ 类假设参考数字微波段，3、4、5、6 为第 Ⅱ 类或第 Ⅰ 类假设参考数字微波段。这 4 类假设参考数字微波段可以根据具体情况组合，并允许其总长度不限于基本长度 1220km。中级假设参考电路主要用于国内支线电路。

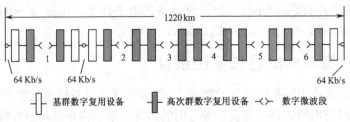

图 2.16 中级假设参考电路

3. 用户级假设参考电路

用户级假设参考电路的长度为 50km，主要用于本地数字交换端局与 64Kb/s 用户之间的微波通信。该电路的组成情况如图 2.17 所示。

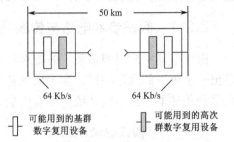

图 2.17 用户级假设参考电路

2.2.1.2 传输质量标准

数字微波中继通信系统和模拟微波中继通信系统不同，无论传输信息是语音、图像或数据，在数字微波信道中传送的都是离散的数字序列，终端复用设备的编码质量和微波信道的数字信息传输质量综合起来决定了一个数字通信系统的质量。因此，对于不同的传输对象，都可以用误码率 P_e 这项指标来表示信道的传输质量。它的定义为

$$P_e = \frac{\text{错误接收消息的码元数}}{\text{传输消息的总码元数}} \tag{2-16}$$

也有用误比特率 P_b 这个指标的，它定义为

$$P_b = \frac{\text{错误接收消息的比特数}}{\text{传输消息的总比特数}}$$

对于传输二进制数字信号，因为一个码元就是一个比特，所以误码率等于误比特率。对于四进制或更多进制的数字信号，每个码元的信息量不是一个比特而是更多的比特，因此，一般说来两数是不等的。例如，四进制格雷码，每个码元的信息量为两个比特，误判为相邻码元时，错一个二进制数字信号，即错一个比特，于是误比特率为误码率的一半，即 $P_b = P_e/2$。如果误判为其他码元的概率与误判为相邻码元的概率相等，则误比特率应该比 $P_b/2$ 小一些。

略去推导，对于格雷码两者的关系为

$$P_b \approx \frac{P_e}{\log_2 M} \tag{2-17}$$

式中 M 代表进制数（或状态数，电平数）。

但在本章中，我们将只用误码率这个指标。关于误码率的指标，国际无线电咨询委员会（CCIR）针对不同等级的假设参考电路，规定有不同的误码性能指标。一条实际的数字微波电路在长度及组成等方面往往与假设参考电路有很大的不同，这时，可以以相同等级的假设参考电路的误码率指标作为参考。

1. 高级假设参考电路的误码性能

① 一年中的任何月份，在 1 分钟统计时间内，误码率大于 1×10^{-6} 的时间率不能超过 0.4%，该统计时间称为恶化分，该误码指标称为低误码指标。这时的误码主要是由于设备性能不完善和干扰等因素造成的。

② 一年中的任何月份，在 1 秒钟统计时间内，误码率大于 1×10^{-3} 的时间率不能超过

0.054％,该统计时间称为严重误码秒,该误码指标称为高误码指标。这时的误码主要是传播衰落造成的。

③ 一年中的任何月份,误码秒(指在 1 秒钟内出现一个或多个误码的秒)累计时间率不大于 0.32％。此项指标主要是针对数据传输而规定的,主要取决于设备性能的完善程度。

当实际数字微波中继通信线路作为通信网络的高级链路,且其长度 L 介于 280～2500km 之间时,误码性能应在上述各项时间率的基础上乘以系数 $L/2500$,当小于 280km 时,按 $L=$ 280km 规定其误码性能。

2. 中级假设参考电路的误码性能

① 一年中的任何月份,在 1 分钟统计时间内,误码率大于 $1×10^{-6}$ 的时间率不能超过 1.5％。

② 一年中的任何月份,在 1 秒钟统计时间内,误码率大于 $1×10^{-3}$ 的时间率不能超过 0.04％。

③ 一年中的任何月份,误码秒累计时间率不大于 1.2％。

组成中级假设参考电路的 4 类假设参考数字微波段的误码性能如表 2-1 所示。

表 2-1　4 类假设参考数字微波段的误码性能

时间率％(任何月份)　　　　数字微波段类别(长度)　　误码性能项目	第 Ⅰ 类 *(280km)	第 Ⅱ 类(280km)	第 Ⅲ 类(50km)	第 Ⅳ 类(50km)
恶分化(BER)×10^{-6} 的分	≤0.045％	≤0.2％	≤0.2％	≤0.5％
严重误码秒(BER)×10^{-6} 的秒	≤0.006％	≤0.0075％	≤0.003％	≤0.007％
误码秒(最少含有一个误码的秒)	≤0.036％	≤0.16％	≤0.16％	≤0.4％

* 第 Ⅰ 类假设参考数字微波段也适用于高级假设参考电路。

3. 用户级假设参考电路的误码性能

① 一年中的任何月份,在 1 分钟统计时间内,误码率大于 $1×10^{-6}$ 的时间率不能超过 0.75％。

② 一年中的任何月份,在 1 秒钟统计时间内,误码率大于 $1×10^{-3}$ 的时间率不能超过 0.0075％。

③ 一年中的任何月份,误码秒累计时间率不大于 0.6％。

我们再讨论一下误码率指标怎样在每个中继段上进行分配的问题,假定:

① 全程共 m 个中继段,其特性相同;

② 衰落是造成高误码率的主要原因,而各个中继段的衰落是相互独立的;

③ 符号间干扰及来自其他系统的干扰是造成低误码率的主要原因,而在低误码率的统计时间间隔内,这些干扰具有平稳的各态遍历性。

假设全程超过高误码率 $P_{eh}^{(m)}$ 时间百分数为 $K_h^{(m)}$,分配给每个中继段的各为 $P_{eh}^{(1)}$ 和 $K_h^{(1)}$;全程超过低误码率 $P_{el}^{(m)}$ 的时间百分数为 $K_l^{(m)}$,分配给每个中继段的各为 $P_{el}^{(1)}$ 和 $K_l^{(1)}$。

根据前面假定可以近似认为:

$$\left.\begin{aligned} P_{el}^{(1)} &= P_{el}^{(m)}/m \\ K_l^{(1)} &= K_l^{(m)} \end{aligned}\right\} \tag{2-18}$$

$$\left.\begin{aligned} P_{eh}^{(1)} &= P_{eh}^{(m)} \\ K_h^{(1)} &= K_h^{(m)}/m \end{aligned}\right\} \tag{2-19}$$

上面两式的意义是：低误码率指标按误码率数值在各中继段均匀分配，而时间百分数不变；高误码率指标按时间百分数在各中继段均匀分配，而误码率数值不变。

2.2.1.3　可用性

可用性是数字微波中继通信系统的另一项重要质量指标。

通信系统的可用性是一个综合性问题，它贯穿在产品设计、生产和使用的全过程，与方案选择、电路组成、元部件、结构工艺、使用维护、技术管理等都有密切关系。

假设参考数字通道（或数字段）的可用性定义如下：

$$可用性＝1－不可用性＝\frac{可用时间}{可用时间＋不可用时间}×100\% \tag{2-20}$$

其中不可用时间定义为，在至少一个传输方向上，只要下述两个条件中有一个连续出现10秒钟，即认为该通道不可用时间开始（这10秒钟计入不可用时间）：①数字信号阻断（即定位或定时丧失）；②每秒平均误码率大于$1×10^{-3}$。

可用时间定义为，在两个传输方向上，下述两个条件同时连续出现10秒钟，即认定该通道可用时间开始（这10秒钟计入可用时间）：①数字信号恢复（即定位或定时恢复），②每秒平均误码率小于$1×10^{-3}$。

2.2.1.4　传输容量

目前对于大多数通信用户来说，电话依然是一种主要的业务内容。因此，数字微波中继通信系统的传输容量基本上是按照多路数字电话的容量等级来规定的。

关于多路数字电话的群路等级，国际电报电话咨询委员会（CCITT）曾规定过两种标准，一种是西欧各国主要采用的32路系列，一种是日本和北美各国主要采用的24路系列，如表2.2所示。其他一些数字业务（如频分多路模拟电话的群编码信号、彩色电视编码信号、数据信号等）的比特率应纳入表2-2的系列，或者复用成64Kb/s。

表2-2　脉冲调制数字电话的两种系列

系列	级别	标称话路数	比特率（Mb/s）	比特组成（Kb/s）
30路系列	基群	30	2.048	＝32×64
	二次群	120	8.448	＝4×2 048＋256
	三次群	480	34.368	＝4×8 448＋576
	四次群	1 920	139.264	＝4×34 368＋1 792
	五次群*	7 680	564.992	＝4×13 926＋7 936
24路系列	基群	24	1.544	＝24×64＋8
	二次群	96	6.312	＝4×1 544＋136
	三次群	480（日）	32.064	＝5×6 312＋552
		672（美）	44.736	＝7×6 312＋552
	四次群	1 440（日）	97.728	＝3×32 064＋1 536
		4 032（美）	274.176	＝6×44 736＋5 760
	五次群*	5 760（日）	297.300	＝4×97.728＋6 288

* 国际电报电话咨询委员会尚未形成建议。

我国数字微波中继通信的传输容量采用脉码调制32路系列和增量调制系列混合传输的

体制。为了满足用户的更广泛要求,在脉码调制 32 路标准系列基础上,又增设了几种中间等级的非标准系列。如 60 路、240 路、960 路等。表 2-3 给出了我国数字微波中继通信系统的传输容量系列。按照人们一般的习惯,认为比特率 100Mb/s 以上为大容量数字微波系统,10~100Mb/s 为中容量数字微波系统。10Mb/s 以下为小容量数字微波系统。

表 2-3　我国数字微波中继通信系统的传输容量系列

级别	比特率	标称话路数
四次群	139.264Mb/s	PCM1920 路
两个三次群	2×34.368Mb/s	PCM960 路
三次群	34.368Mb/s	PCM480 路
两个二次群	2×8.448Mb/s	PCM240 路
二次群	8.448Mb/s	PCM120 路
两个基群	2×2.048Mb/s	PCM60 路
基群	2.048Mb/s	PCM30 路或 ΔM64 路
子群 1	1.024Mb/s	ΔM32 路
子群 2	512kb/s	ΔM16 路
子群 3	256kb/s	ΔM8 路

2.2.1.5　基带接口

基带接口是指微波设备与数字复用设备之间或者再生转接中间站收/发信机之间的接口。

(1) 两种接口方式

① 近距离接口:当微波机与数字复用设备相隔较近(20m 左右)时,这时一般采用电缆进行信码和定时脉冲信号的直接连接。

② 远距离接口:当微波机与数字复用设备相隔较远,这时可用射频电缆或用轴电缆连接。通常在发端将信码脉冲变换成适合于线路传送的某种基带波形码(如 AMI 码、HDB3 码等),通过电缆将信号送到接收端,在接收端提取定时信号,进行信码再生。

(2) 接口参数指标

基带接口参数是数字微波设备的一项重要指标。为了便于不同设备在组成通信网时能够互相连接,基带接口必须标准化,对于脉码调制系列的各种群路等级,CCITT 的 G703 和 G823 建议已规定了数字接口的物理/电气特性及抖动特性。对数字接口一般需考虑以下几项性能指标:

① 基带接口的信号形式,包括速率、码型、波型、信码和定时的时间关系等;

② 阻抗和回波损耗;

③ 电平;

④ 定时抖动特性;

⑤ 信息码流的统计特性。如会不会出现连"1"、连"0",或"1"、"0"交替的码组,从而决定在微波设备入口处要不要加扰码措施;

⑥ 当需要在信码码流中插入附加的码来测量误码或传送公务信号时,必须规定附加的比特数和插入方式。

2.2.2　射频波道配置

2.2.2.1　频率配置的基本原则

一条微波通信线路有许多微波站,每个站上又有多波道的微波收/发信设备。为了减小波道间或其他路由间的干扰,提高微波射频频带的利用率,对射频频率的选择和分配就显得十分重要了,而频率的配置一般应符合下面的基本原则:

① 在一个中间站,一个单波道的收信和发信必须使用不同频率,而且有足够大的间隔,以避免发送信号被本站的收信机收到,使正常的接收信号受到干扰;

② 多波道同时工作时,相邻波道频率之间必须有足够的间隔,以免互相发生干扰;

③ 整个频谱安排必须紧凑,使波道的频段能得到经济的利用;

④ 因微波天线和天线塔建设费用很高,多波道系统要设法共用天线,所以选用的频率配置方案应有利于天线共用,达到天线建设费用低,又能满足技术指标的目的;

⑤ 对于外差式收信机,不应产生镜像干扰,即不允许某一波道的发信频率等于其他波道收信机的镜像频率。

2.2.2.2 波道频率配置

在数字微波通信中,由于调制方式不同,射频已调波的带宽也不同。所以波道频率配置还取决于传输容量,调制方法,码元传输速率,波道间隔带外泄漏功率等。对于数字微波通信的频率配置所考虑的因素如下:

① 相邻波道间隔 $\Delta f_{ch}=xf_s$,取 $1<x<2$,f_s 为码元速率,x 的下限取决于滤波器选择性和允许的码间干扰量,上限取决于射频频带的利用率;

② 相邻收/发间隔 $\Delta f_{rt}=yf_s$,取 $2<y<5$,y 的下限取决于滤波器的选择性和天线方向性,上限取决于射频频带的利用率;

③ 频段边沿的保护间隔 $\Delta f_g=zf_s$,取 $0.5<z<1$。z 的选择要考虑到和邻近频段的相互干扰等因素(即考虑带外泄漏);

④ 交叉极化鉴别率 XPD,这项指标影响到波道频率再用的方案选择,XPD 小于 15dB 时,不能采用同波道型的频率再排列,而只能采用 $x=2$ 的插入波道型的频率再用方案,若 XPD 大于 15dB,则两种方案都可采用,x 值可以小于 2,波道频率再用方案如图 2.18 所示。

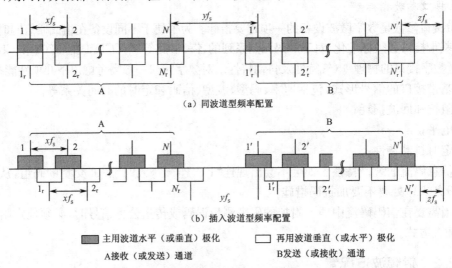

(a) 同波道型频率配置

(b) 插入波道型频率配置

▨ 主用波道水平(或垂直)极化　　□ 再用波道垂直(或水平)极化

A接收(或发送)通道　　B发送(或接收)通道

图 2.18 射频波道频率配置方案

在设计微波中继通信网时,在有限的频段中选择频谱,有时不得不在有限地区内,重复使用同样的频率,甚至在一个中继站内也要几次重复使用一个频率。这种情况称为同波道型频率再用。

微波中继通信系统中,在一个方向用几个微波波道传送时,称为平行工作;从一处向几个方向传送时,称为交叉工作。

选择频率的主要目的,就是要防止各波道之间的相互干扰,至少要把干扰限制在最小的允许范围之内,使用分割制把一个站所用发送和接收的频率分别集中,可以大大减小收与发之间的相互干扰。

当有几个波道平行工作时,必须考虑相邻波道的频谱重叠可能引起的干扰。此时相邻波道最好采用不同极化的天线,可以减小干扰。

当两条微波线路交叉时,在交叉点要求仍保持上述同波道工作的去耦度。交叉角度越尖锐,这个去耦度越难满足。这时应使用去耦度较高的喇叭抛物面天线。

2.2.2.3　数字微波频率配置方案举例

美国 MDR—11 微波设备,采用八相依相键控(8PSK),容量为 90Mb/s。其射频频率配置如图 2.19 所示,各波道的射频工作频率如表 2-4 所示。表中:

射频频段　　　　　　$10.7\sim11.7\text{GHz}$
中心频率　　　　　　$f_0=11200\text{MHz}$
下半频段频率　　　　$f_n=f_0-525+40n$
上半频段频率　　　　$f'_n=f_0+5+40n$
波道序号数　　　　　$n=1,2,3,\cdots,12$

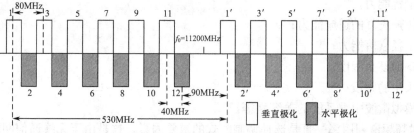

图 2.19　MDR—11 微波设备的波道频率配置

表 2-4　MDR—11 微波设备的射频频率配置

波道序号	射频频率(MHz)	波道序号	射频频率(MHz)
1	10715	1'	11245
2	10755	2'	11285
3	10795	3'	11325
4	10835	4'	11365
5	10875	5'	11405
6	10915	6'	11445
7	10955	7'	11485
8	10995	8'	11525
9	11035	9'	11565
10	11075	10'	11605
11	11115	11'	11645
12	11155	12'	11685

2.2.3　中频频率选择

对于调相制的数字微波中继设备,中频频率的选择要考虑数码率的高低。令:

$$K_f = \frac{f_0}{f_s} \tag{2-21}$$

式中,f_0 为中频载波频率;f_s 为符号速率;K_f 实际上表示一个符号周期中包含多少个中频载波周期。

K_f 太小,信号的相对带宽较宽,对中放、解调等电路的传输畸变较敏感。但 K_f 也不能选得太大,K_f 选大了,一个码元中包含的载波数过多,在延迟检波场合对延迟线稳定度要求过高,在同步检波场合对载波恢复锁相环的等效 Q 值要求过高。一般选 K_f 为 3～10 右左。

目前,模拟微波系统的标准中频有 70MHz、140MHz,这个频率也可以作为数字微波系统的标准中频。其中 70MHz 可用于二次群及三次群系统,140MHz 可用于三次群以上系统。基群及子群系统若在 70MHz 中频上进行解调有困难,可以考虑采用第二中频(如 10MHz),四次群以上的系统一般要选用高于 140MHz 的中频,选择中频的原则仍是使 K_f 值在 3～10 之间。

2.2.4　调制方式选择

在选择数字微波中继通信系统的调制方式时,要考虑以下几个因素:

① 频谱利用率;
② 抗干扰能力;
③ 对传输失真的适应能力;
④ 抗多径衰落能力;
⑤ 设备的复杂程度;
⑥ 所采用的频段;
⑦ 和模拟微波中继系统的兼容性等。

提高射频频谱利用率一直是选择调制方式的重要因素。这是由于无线通信网的发展使得电磁波的频率资源十分紧张,在一些频率比较拥挤的频段,希望进一步提高单位频带内所传送的比特(即频谱利用率 $\eta_B = f_b/B$,其中 f_b 为比特率;B 为所需带宽)。这个问题对于大容量数字微波中继通信系统来说显得更加突出。

目前,在数字微波中继通信系统中提高频谱利用率的措施主要有三个:

① 采用多进制调制技术,以提高每个符号所传送的比特数。如 16QAM、64QAM 等技术;

② 用频谱成形技术,以压缩发送信号所占据的带宽,如部分响应技术、升余弦滚降技术等;

③ 采用交叉极化频率再用技术,以增加同一频段内的工作波道数。

频谱利用率的提高势必要损失一些抗干扰能力,即为达到相同的误码性能需增加归一化信噪比。图 2.20 给出了几种常用调

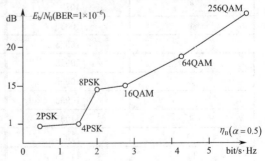

图 2.20　几种常用调制方式的 $E_b/N_0 - \eta_B$ 曲线

制方式的归一化信噪比 E_b/N_0 和频谱利用率 η_B 的关系曲线,其中 E_b/N_0 是在理想相干解调下误码率 BER＝10^{-6} 时所需的归一化比特信噪比,η_B 是当升余弦滚降系数 $\alpha＝0.5$ 时的频谱利用率。从图可以看出,2PSK 及 8PSK 不是好的选择,因为它们分别和 4PSK 及 16QAM 需要相同的(或近似相同的)归一化信噪比,但频谱利用率却要比后者低得多。

经过十几年的研究、开发,在 2～11GHz 频段内数字微波中继通信系统的调制方式目前基本上已经定型。

小容量与中容量系统(2Mb/s、8Mb/s,34Mb/s)以 4PSK 为主。在频谱利用率要求不高的场合,为使设备简单也可用 2PSK。今后随着无线通信网的进一步发展、电磁波的频率资源日趋紧张,有可能会在某些频段采用 16QAM 技术。

大容量系统(140Mb/s)以 16QAM 为主。在某些相邻波道间隔较宽的频段(如 11GHz)可以采用严格限带(即滚降系数 α 较小)的 4PSK。在电路技术进一步发展的基础上,大部分频段的大容量系统将采用频谱利用率更高的 64QAM 技术;今后进一步发展将可能采用 256QAM 等技术。

无论是大容量还是中、小容量系统,目前新型的设备中几乎毫无例外地都要采取一些限带措施(如发送谱的升余弦滚降技术),以防止或减少对相邻波道的干扰。

必须指出,多进制调制技术和限带技术的采用,将使整个中继系统对传输失真与多径衰落极为敏感。其中最突出的问题之一是信道的非线性失真。这是因为多进制正交调幅及限带技术都会使键控信号的幅度上携带信息并产生起伏,经过非线性信道以后造成频谱展宽及误码性能恶化,因而降低了系统的频谱利用率和抗干扰性能,严重时甚至无法正常工作。其他如传输信道的幅频畸变、群时延畸变,以及调制误差、解调误差等也会产生较大影响。多径衰落产生的色散,将给限带的多进制调制系统带来严重的码间干扰,这是传播中断的主要来源,如不采取必要的抗多径衰落措施,整个系统也是无法工作的。由此可见,一个具有较高频谱利用率的多进制限带传输系统,需要有一个具有良好线性的、幅频与群时延响应平坦的微波收/发信通道和高精度的调制与解调单元,还要有一整套对抗多径衰落的辅助电路或部件。频谱利用率的提高必须在设备复杂性及设备的成本、价格上付出相当的代价。

对于一些较高的工作频段(如 11GHz 以上),由于电磁波的频率资源尚未充分利用,对频谱利用率要求不高,再考虑到电路技术及成本价格等原因,往往采用一些最简单的调制方式,如二进制的 PSK、FSK 及 ASK 等。

在选择调制方式时,还要考虑和模拟微波中继通信系统的兼容问题。这里所说的兼容,包括在频段及波道配置上的兼容,也包括在设备方面的兼容。

2.2.5　性能估算与指标分配

性能估算是总体设计的一项重要内容,将根据给定的传输质量标准确定各分机的主要技术指标,或者根据分机性能估算此设备的通信能力,如跨距、中断率,以及在某些地理条件下要不要采用分集接收等。

数字微波中继通信系统通常是一种再生中继型的通信系统。在中继段所遇到的各种干扰和传输畸变只要不超过产生误码的门限,则对于整个系统的性能没有影响。因此,数字微波中继系统的设备能力估算主要根据误码率这项指标。

为了分析一下误码产生的原因,让我们考虑数字信息在微波通道上的传输过程,如图 2.21 所示,图中的信道包括天馈系统及自由空间传播。发射功率 P_t 经信道传输后在收信入

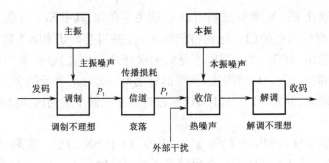

图 2.21　数字微波通道传输模型

口处得到的功率为 P_r，P_r 的大小还与传播衰落有关。收信机将一定信噪比的中频信号送给解调器还原成和发端相同的信码，如果干扰与失真超过一定限度就会产生误码。

在一个正常的数字微波中继系统中，通常把干扰用高斯噪声来近似。因此，根据加性高斯白噪声信道中的误码率计算公式，就可以将误码率指标转化为对归一化信噪比的要求。外部干扰、码间干扰及调制、解调不理想等对误码的影响，可以看成是一种恶化因素，即看成有效信噪比的降低。

性能估算通常包括以下几个步骤：

① 根据传输质量标准确定接收机入口处归一化信噪比的理论门限值；

② 估计设备的各种恶化及干扰因素，确定恶化储备量及干扰储备量，从而得到考虑了恶化及干扰诸因素后所必须的归一化信噪比的实际门限值；

③ 将恶化储备量及干扰储备量在各个分机或部件上进行分配，确定各分机及部件的有关技术指标；

④ 将归一化信噪比的实际门限值和其他设备参数、线路参数等代入视距传播方程，求出在一定站距、塔高下的电平余量；

⑤ 根据给定的传播中断率指标计算不同站距下所要求的衰落储备量，看看是否满足要求，从而确定要不要加分集措施，或者重新修订对分机指标的要求。

下面以 2GHz PCM—120 路数字微波中继通信设备为例，介绍一下性能估算与指标分配过程。

1. 传输质量标准及在每跳上的分配

有关传输质量的标准如下。

① 低误码率：全年任何月份统计时间为 10 分钟的平均误码率大于 10^{-7} 的时间不超过 5%；

② 高误码率：全年任何月份按秒为单位，统计的平均误码率大于 10^{-3} 的时间不超过 0.05%；

③ 残余误码率：不超过 2.4×10^{-9}；

④ 可用性：不低于 99.96%。

以上各项质量标准在总体设计时只对高误码率、低误码率及可用性进行估算，在估算以前，需要将这几项质量标准分配给每跳。该设备采用二相差分相移键控，延迟相干解调，共 20 个再生中继段。

① 高误码率：根据式(2-16)将时间百分数在每跳进行分配，得到的每跳指标为

$$10^{-3}/0.0025\%（误码率/时间百分数）$$

② 低误码率:根据式(2-15)将误码率数值在每跳进行分配,得到的每跳指标为:

$$5 \times 10^{-9}/5\% \text{(误码率/时间百分数)}$$

③ 可用性全程双工总的中断率为 4×10^{-4},往返共 40 跳。分配给每跳的中断率为 10^{-5}。

2. 门限接收电平

二相差分相移键控(DPSK)情况下,误码率与信噪比之间的关系为:

$$P_e = 0.5e^{-E_s/N_0} \tag{2-22}$$

由此式可求出低误码率与高误码率所对应的归一化信噪比,如表 2-5 所示。从表可以看出,低误码率所对应的信噪比与高误码率所对应的信噪比只差 4.9dB,而一般的系统设备的衰落储备量都在 20~30dB 以上。因此,若在衰落发生时,$10^{-3}/0.0025\%$ 的误码率指标满足的话,则在无衰落时 5×10^{-9} 误码率指标一般都可以满足,我们就取与 10^{-3} 误码率相对应的归一化信噪比 7.9dB 作为估算的标准,称为理论门限信噪比。而 0.0025% 则是中断率指标。

表 2-5　不同误码率下的归一化信噪比

误码率	归一化信噪比
$1 \times 10^{-3}/0.0025\%$	7.9dB/0.0025%
$5 \times 10^{-9}/5\%$	12.8dB/5%

实际上,数字信息在微波通道上传送时将遇到各种恶化与干扰,这种恶化与干扰大致可以分为两大类:一类和信号强度有关,可以等效为信号电平的降低,用信号能量损失的分贝数来表示;另一类和信号强度无关,用干扰功率相加来表示。一般来说,设备恶化属于前一类,外部干扰属于后一类。

假设归一化信噪比的理论门限值为 E_s/N_0,考虑到设备恶化与外部干扰后的实际门限值为 E'_s/N_0,就有:

$$\frac{E_s}{N_0} = \frac{E'_s/L}{N_0 + N_I} \tag{2-23}$$

式中,L 代表由于设备恶化引起等效信号能量下降的倍数;N_I 为外部干扰的功率密度。此式说明实际门限信噪比"扣除"设备恶化及外部干扰的影响以后,净得到的有效信噪比必须等于理论门限信噪比,才能保证总体设计所要求的误码性能。

式(2-23)还可以写成如下形式:

$$\frac{E'_s}{N_0} = \frac{E_s}{N_0} \cdot L \cdot \frac{N_0 + N_I}{N_0} \tag{2-24}$$

或表示成分贝的形式:

$$\left[\frac{E'_s}{N_0}\right]_{dB} = \left[\frac{E_s}{N_0}\right]_{dB} + [L]_{dB} + \left[\frac{N_0 + N_I}{N_0}\right]_{dB} \tag{2-25}$$

我们给定本系统的恶化储备量为 7.3dB,干扰储备量为 2.5dB,这样就可以得到实际门限信噪比,即

$$\frac{E'_s}{N_0} = 7.9dB + 7.3dB + 2.5dB = 17.7dB$$

与门限信噪比相应的接收机入口处的电平称为门限接收电平。它们存在以下关系:

$$P_{r0} = \frac{E'_s}{N_0} \cdot N_F \cdot kT_0 \cdot f_b \tag{2-26}$$

式中,P_{r0} 为门限接收电平;N_F 为接收机噪声系数;k 为玻尔兹曼常数;T_0 为环境温度;f_b 为数

字信息的比特率。将 $k=1.38\times10^{-23}$ J/K, $T_0=300$ K 代入式(2-26)得到:

$$P_{r0}=-144+10\lg f_b(\text{MHz})+N_F(\text{dB})+\frac{E'_S}{N_0}(\text{dB})(\text{dBW}) \tag{2-27}$$

在本系统中, $f_b=139.264$ MHz, $N_F=5$ dB, $E'_S/N_0=17.7$ dB,代入式(2-27)求出:

$$P_{r0}=-144+21.4+5+17.7=-99.9(\text{dBW})=-69.9(\text{dBm})$$

3. 系统增益

定义系统增益为:

$$G=P_T-P_{r0}+2G_A(\text{dB}) \tag{2-28}$$

式中, P_T 为发送功率(dBW); P_{r0} 为门限接收电平(dBW); G_A 为天线增益。

在本系统中, $P_T=-6$ dBW, $G_A=44$ dB(2m 口径的抛物面天线),门限接收电平按高误码门限计算,即 $P_{r0}=-99.9$ dBW,代入式(2-28)得到:

$$G=181.9(\text{dB})$$

4. 传输损耗和电平余量

自由空间损耗的计算公式:

$$L_S=92.4+20\lg f(\text{GHz})+20\lg d(\text{km})(\text{dB}) \tag{2-29}$$

已知:工作频率 $f=2$ GHz,每跳跨距 $d=28$ km,就可求出:

$$L_S=127.4(\text{dB})$$

此外还有馈线损耗 $L_f=3.5$ dB,天线公用器损耗 $L_c=1$ dB,求得在无衰落情况下传播路径的总损耗为:

$$L=L_S+2L_f+2L_c=136.4(\text{dB})$$

由此算得电平余量:

$$F=G-L=45.5(\text{dB})$$

5. 高码率指标验算

根据式(2-13)计算多径衰落深度超过某个门限值的时间百分数。

$$U=A\times Q\times f^B\times d^C\times 10^{-F/10}$$

按日本的统计结果,取 $A=0.97\times10^{-9}$, $Q=1$, $B=1.2$, $C=3.5$;又已知本系统 $f=2$ GHz, $d=28$ km, $F=45.5$ dB,代入求得:

$$U=7\times10^{-9}<0.0025\%$$

满足高误码率时间百分数的要求。

6. 恶化储备量的分配

恶化储备量共 7.3 dB,分配给调制器与解调器不理想,信道失真、勤务调频、逻辑运算的误码扩散等,如表 2-6 所示。

表 2-6　误码率为 10^{-3} 时设备不完善引起的恶化量

恶化因子	指标	S/N 恶化量($P_e=10^{-3}$)(dB)
码间干扰	$BT=1.5$	1.5
线性振幅失真	$\alpha=0.4$	0.3
回波失真		0.3
时延失真		忽略

续表

恶化因子	指标	S/N 恶化量($P_e=10^{-3}$)(dB)
调制相位误差	$10°$	0.3
载波恢复相位抖动	$\sigma_\varphi \leqslant 0.2$	0.25
解调相位误差	$10°$	0.13
判决电路电平误差	$\delta_T < 10\%$	0.9
位同步偏离	$25°$	0.2
DPSK 解调相位误差	$34°$	1.6
放大器锁定带宽		0.8
温度变化因子		0.5
其他因素如老化、勤务调频等		0.4
调制幅度失真	AM/PM $= 5°$	0.1
总　计		7.3

7. 干扰储备量

为了考虑衰落的影响,通常把包括热噪声在内的干扰分为两类:凡是和有用信号同时衰落的干扰,其信号干扰功率比不随时间而变化,称为恒定干扰,如同一路径同一频率的干扰就属于这种情况,凡是不随有用信号同时衰落的干扰,其信号干扰功率比将随着衰落而发生变化,称为变动干扰,如不同传播路径的干扰以及接收机内部热噪声均属此类。本系统的干扰储备量为 2.5dB。

8. 可用性指标验算

可用性指标验算即中断率指标验算。通常分配给设备故障引起的中断和传播引起的中断,例如,本系统每跳中断率为 10^{-5},分配给设备故障中断率为 0.25×10^{-5},传播中断率为 0.75×10^{-5}。

设备故障中断率要根据每跳的简化传输模型,由各个分机或部件的平均可用时间与平均修理时间按可靠性连接方式进行估算。传播中断率可根据有关资料进行估算。

2.3　数字微波中继通信的监控设备

监控设备是保障数字微波中继通信线路正常运行所不可缺少的设备,监控是对微波通信线路和设备进行监视、控制和检测的简称。本节重点介绍微机监控设备,包括监控设备的组成和功能、控制线路类型、监控信号传送方式和提高传输可靠性的措施。

2.3.1　概述

1. 监控设备的必要性

通常一条较长的微波中继线路有几十个、甚至上百个微波中继站,其中任意一个中继站发生故障都会造成整个线路中断。现代微波通信对可靠性要求非常高,CCIR(国际无线电咨询委员会)在 557 号建议中规定:在 2500km 的假设参考电路中、在一年或更长的使用时间内,有效率应为 99.7%。也就是说允许整个线路的中断率为 0.3%,即线路的中断时间只占使用时间的千分之三。为此在中继通信中除主用信道外,还有一个或一个以上的备用信道,一旦主用信道出现故障或传播衰落过大,立即自动转入备用信道,主备间的转换要依靠监控设备对线路进行良好的监视与控制。

微波通信距离长、中继站多、设备复杂、技术难度大,要使一条通信线路时刻保持畅通,就必须确保那些日夜连续工作的,为数众多的微波站全部处于正常工作状态,这也要求有可靠、先进的监控设备随时对全线路上设备的工作状态进行监视、测量,及时故障报警和必要的控制,排除故障,防患于未然,或不停机维修。

除此,有些中继站是架设在交通不便、条件恶劣的边远地区或高山上,迫切需要实现微波站的无人值守和自动化管理。

所以监控设备虽然是中继通信中的辅助电路,但它却是保障线路畅通必不可少的部分。随着大规模集成电路和微机技术的迅速发展,制造先进、可靠、灵活、智能的微机监控系统已成为现实。

2. 监控的主要内容

如前所述,监控设备是为保障微波中继通信线路正常运行而设置,因此监控设备的主要内容包括以下两方面:

① 监视、测量每个微波站设备的运行情况和本站机房内门窗油机等情况,一旦发现故障能及时实施控制和报警,同时提供本站勤务电话。

② 对主管一个区间多个中继站的主站(也称主控站),除具备上述功能外,还应能及时掌握所管各站的情况,并实施必要的遥控、遥调,特别是对那些无人值守的各站。

3. 监控系统的组成与功能

图 2.22 所示为监控系统简单组成框图。

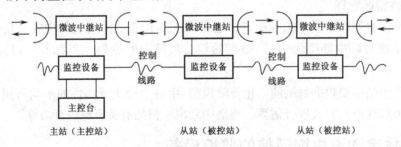

图 2.22　监控系统的简单组成框图

每个站都配备监控设备,主控站另配有显示、打印、控制设备,被控站可以有人值守,也可以无人值守。由主站和若干个被控站的监控设备构成监控系统。

通常监控系统采用集中控制,即在主站借助监控系统的遥信(监视)、遥测(测量)、遥控(控制)和遥调(调谐),对所管各站进行集中监控,显然集中监控便于管理和维修。集中监控把微波通信线路划分成若干区间,每一区间设立一个主站和若干个被控站,区间大小视通信设备的可靠性、允许的故障修复时间、监控系统的能力等具体条件而定,区间可以按通信线路的线段划分,也可以按地区划分。采用微机监控系统可以实现三级集中管理,分别为中心站、主站和被控站。

监控系统的功能按被控站和主控站分类,并归纳如下。

被控站监控设备应完成如下功能:①对本站设备进行开机前闭环自查,对监控设备本身自检;②采集本站重要状态和测量电量;③当状态或电量出现异常,实施自动切换,接入备份部件并告警;④接受主站查询,及时汇报本站运行情况,并中转其他被控站的监控信号;⑤具有勤务电话。

主站监控设备除完成上述功能外,还应能显示、记录本段内各站运行情况,主动查询段内任何站任何项的状态或电量,能对段内任何站实施控制,能与段内任一站勤务通话,如采用三级集中控制,则各主站均向中心站汇报本段内各站运行情况,以便中心站显示、记录全线情况、故障次数、故障部位等。

4. 监控设备实现方法

监控信号可以用音频编码等模拟信号表示,也可以用二进制状态"1"、"0"表示;监控设备可以用模拟电路实现,也可以用数字电路实现;可以分散管理,也可以集中管理;可以用分布逻辑的方式实现管理,也可以采用单片机或计算机实现管理,所有这些取决于通信设备要求。在计算机广泛应用的今天,通常采用数字方式由计算机实现监控功能。

由于监控系统本身是一种保证主信道正常运行的设备,因此,对监控系统的主要要求便是可靠性,在此前提下希望能正确及时判断状态,准确测量电量,迅速无误地实施控制,形象直观地显示、记录各站运行情况。

2.3.2　监控线路

2.3.2.1　监控线路类型

在微波通信中,把传送主信码的线路称为主信道,把传送监控信号的监控线路称为副信道。为了使监控信号可靠传输,原则上希望监控线路与主信道无关,即监控系统独立于主信道而工作,但这样要为监控信号建立独立的信道与传输设备,需要付出较大代价。常用的监控线路主要有复合调制、插入数据通道、微波辅助信道、有线通道和主信道话路信道等类型。其中复合调制与插入数据通道是目前中小容量数字微波通信中应用最广的类型。

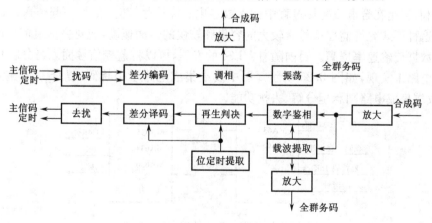

图 2.23　复合调制

(1) 复合调制

复合调制是对已调信号进行再调制,使两种信号用同一载波获得各自的通道。在数字微波通信系统中,监控信号可对已调的主信道信号进行再调制建立监控线路,其原理框图如图2.23所示。图中所示是目前采用较多的主信号调相、监控信号对已调相的主信道进行再调频的 PSK-FM 方式。由于主副信道共用同一载波,相互间不可避免地存在干扰。同步解调时,监控码对主信码的干扰可看作是造成了主信码相位漂移如图2.24(a)所示,该相移随复合调制指数的增大而增加,使接收端再生主信码的眼图随复合调制指数的增大而变小,当复合调制指数大到一定值时,锁相环将失锁产生误码。同时主信道对监控信道的影响更为严重,这是由于主信道的传输频带总是有限的,一个限带的二相相位键控信号经过平方律器件后不可能完全消除相位调制,在2倍主信码频率附近存在较多的调制谱分量,这些分量会对监控信道产生

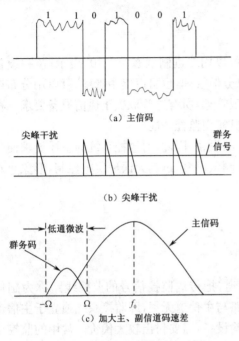

（a）主信码

（b）尖峰干扰

（c）加大主、副信道码速差

图2.24 监控码对主控码的干扰

干扰,尤其是监控解调信号经过微分电路时,主信码相位0,π间的跳变将对监控信号产生尖峰干扰,且幅度大于监控信号如图2.24(b)所示。显然,增大复合调制指数可减少主信码对监控信码的干扰,但却增加了监控信号对主信码的干扰,同时也会使监控信道的非线性失真加大,此外主信道的热噪声也是监控信道的一种干扰源。

要减小主信道对监控信道的干扰,除调制指数及调制解调电路的合理选择外,一个行之有效的方法是尽量降低监控信码速率、提高主信码速率,在解调基带信号中用低通滤波器滤去主信码的主要频谱分量,这样就大大减小了主信码对监控信码的干扰,又不影响主信码的解调如图2.24(c)所示。当主信码速率为1024Kb/s,监控码速率为1Kb/s,则主信道对监控信道的干扰可控制在1dB。

(2) 插入数据通道

这种方式在频带有效利用和设备的经济性方面较有利,它是在合群或复接过程中插入数字化监控信号,与主信号一起传送,从而建立监控线路。这种形式允许监控信号有较大的容量和较快的传输速度,但对主信道依赖性较大,并使主信道数据传输速率提高。目前随着VLSI的发展,可以将监控信号插入与分解功能用二、三块集成电路来实现,如图2.25所示。图中发端集成电路承担扰码、复合、产生帧格式等功能,反之收端集成电路则承担分解、去扰功能。

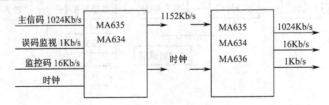

图2.25 插入数据方式

(3) 微波辅助信道

在主信道传输频段上分配信道时,在频段的两端或中央插入窄带的辅助信道用作监控线路。图2.26是国际无线电咨询委员会(CCIR)建议的一种辅助信道的分配方式。在6GHz频段500MHz频带内除了配置8对双向主信道外,还分配了两对辅助信道,提供了一个四频制双向线路,除天线和主信道共用外,其他设备(微波收、发信机,调制解调器等)都是独立的,但

因主、副信道在同频段工作,使用时应注意防止两者间中频干扰,同时监控线路的发信功率不应过大,以免对主信道造成干扰,一般应在 100mV 以下,或为主信道发信功率的 1% 左右。这种方式常用于大容量干线通信。

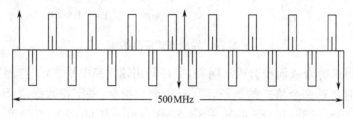

500MHz

图 2.26　微波辅助信道

（4）有线通道

沿微波中继线并行开设的明线或电缆线路用作监控线路,这是比较稳定、可靠、受外界条件影响小的方式,但花费成本大,只能在大容量微波干线或有现成线路可用的情况下才使用。

（5）主信道话路

一些小容量或特殊使用的通信系统,有时直接从主信道取出一个话路作监控线路。这种话路有频带为 0.3～3.4kHz 的模拟话路,也有监控信号与勤务话合用 64Kb/s 的数字话路。

2.3.2.2　监控信号传送方式

监控线路形成便建立了监控信号的传输通道,监控信号的传送方式如下。

（1）共线式和链路式

共线式是指各站监控设备只对本站址的信号进行处理,对非本站址的信号仅作转发;链路式则对所有经过本站址的信号作差错控制,确认传送正确后才接收或转发,前者传输速度快,但存在误码累积,后者传输时延大,但不会产生误码累积,通常对反映站内设备运行情况的监视、控制项采用后者,而中继线上的勤务话则用前者。

（2）询问和汇报

主控站对被控站实施监控,可以采用询问方式,也可以采用汇报方式。询问方式是由主控站向各被控站依次发出询问指令,或发出遥控命令,被控站收到询问指令后向主控站发回本站所有监视点的状态信号,或执行遥控命令产生相应的开关动作。询问可以是轮询或专站询问。

汇报方式是被控站不停地主动向主控站发出本站状态信号和测量值。询问方式属被动方式、即使发生状态异常或测量故障,也只能在询问到本站时向主控站汇报,汇报方式属主动方式,被控站在任何时候都可以向主控站汇报,但增加了主控站的负担和监控线路信息流量。

另外,还可以采用询问与汇报相结合的方式,即当被控站出现状态异常或故障时能主动汇报,主控站也可在必要时询问被控站,这样主控站既能及时了解情况,又不至造成监控线路信息流量过大。

（3）异步方式和同步方式

主控站的询问指令,遥控命令和被控站的汇报信号,可以用异步方式,也可以用同步方式

传送。异步方式信息格式如图 2.27 所示。每个字符都是从起始位到停止位、由低位到高位逐

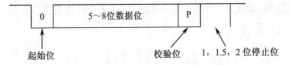

图 2.27　异步方式信息格式

位传送。检验位可选择奇或偶校验或汉明码,字符间用输出高电平表示"空闲"。图 2.28 是采用异步方式传送时各种命令格式的例子,图(a)为询问指令,每字符数据位:$S_1S_2S_3S_4$ 为 16 个站址编码,$P_1=S_3\oplus S_1\oplus S'$, $P_2=S_4\oplus S_2\oplus S''$, $S'\oplus S''=0$。图(b)为汇报信号,每字符数据位:D 为监视点状态,如 D=1 为故障,则 D=0 为正常,下标 10、11、12······表示监视点编号,传送时按编号顺序传送。图(c)为控制命令,每字符数据位:$C_1C_2C_3C_4C_5$ C_6 为 64 种控制命令编码,C_7C_8 为 4 种控制功能编码,P 为校验位,$P_1=C_1\oplus C_3\oplus C_5$, $P_2=C_2\oplus C_4\oplus C_6$。同步方式又有面向字节的同步方式(如单同步,双同步和外同步方式)和面向比特(位)的同步方式(如 HDLC 和 SDLC 方式),由于面向比特(位)的同步方式传输可靠、透明、格式统一、扩充性好,被优先采用,HDLC 或 SDLC 方式的帧结构如图 2.29 所示。图中 F 为标志段占 8 位、规定为 7EH;A 为地址段占 8 位,表示次站地址;C 为控制段占 8 位,用于信息传输时的差错控制;I 为信息段任意位,表示所传播的信息;CRC 为循环冗余码检验位 16 位,其生成多项式为 CRC−16($x^{16}+x^{15}+x^2+1$)或 CCITT($x^{16}+x^{12}+x^5+1$)。

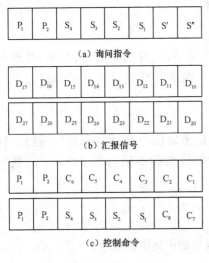

（a）询问指令

（b）汇报信号

（c）控制命令

图 2.28　各种命令格式

F	A	C	I	CRC	F	
8位	8位	8位	任意位	16位	8位	

图 2.29　HDLC 帧结构

　　若采用 HDLC 方式,监控信号编码作为 I 信息段内容被传送可以用长帧,即将监视、测量放在一帧中传送,也可用短帧分帧传送,帧长取决于信道质量,可根据传输可靠性和传输时间折中选取。

2.3.2.3　监控信号类型

　　全数字化的监控系统,必须把本站所监视的状态、测量的电量转换成数字信号经监控线路传送主控站,同时把主控站传来的数字化遥控、遥调命令转换成受控电路能识别和执行的信号去控制或调谐受控电路。目前常用的监控信号可分为遥信、遥测、遥控、遥调。

1. 遥信（监视）

　　遥信是被控站向主控站发送表示本站设备工作状态"正常"或"异常"信号的过程。首先应把表示监视点"正常"或"异常"的信号转换成"1""0"的二元信息,然后经接口电路送入本站监控设备,再由监控设备把它组成监视帧输出,并逐站传送到主控站,其示意图如图 2.30 所示。

图中本站监视点是对本站全部设备必须监视的部位进行编号，图中表示共有 24 个监视点。检测电路的作用是把监视点的工作状态变换成逻辑电平"H""L"，即二元信号"1""0"，如发射机末级功放管温度保护电路，当末级功放温度小于 90℃时为"正常"，温度大于或等于 90℃时为"异常"，为此在功放管散热片上安装热敏电阻，通过测量热敏电阻两端电压来监视功放管温度是否正常，检测电路的例子如图 2.31 所示。图中当选择分压比使 $t \geqslant 90$℃时 U_{Rt} 变小，z_1 输出为"1"表示异常状态；$t < 90$℃，U_{Rt} 变大，z_1 输出为"0"表示正常状态。接口电路可以是缓冲存储器，如 74LS244 等，也可以用专用接口电路如 Z80PIO、8255 等。监控计算机分别从各接口电路以并行方式读取状态信息存入内存，构成规定的格式以串行方式同步输出。如果需要也可以在本站显示故障情况。

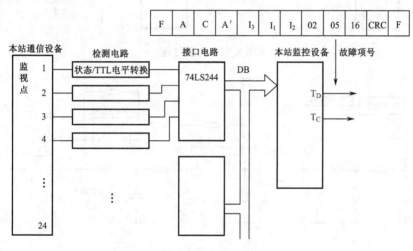

图 2.30　遥信过程

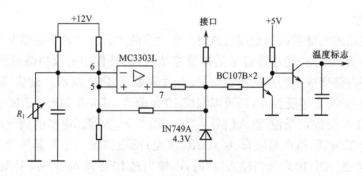

图 2.31　遥信检测电路

2. 遥测（测量）

遥测是主控站对被控站重要参量进行测量的过程，遥测过程（如图 2.32 所示）同样要对本站全部设备全部测试点进行编号。图中表示其有 16 个测试点，先对被测信号检波放大，使之变成符合 ADC 要求的直流电平，然后经 ADC 变换成数字信号，再经接口电路并行送入监控计算机，由监控计算机构成测量帧串行输出，从而逐站传送到主控站，对 610～960MHz 发射机输出功率测量的电路如图 2.33 所示，从定向耦合器取出一部分功率经检波放大送至 ADC（如采用 ADC0809、模拟输入电压范围 0～5V、参考电压 5V）。

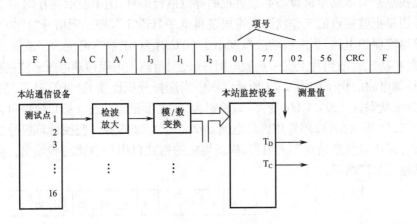

图 2.32   遥测过程

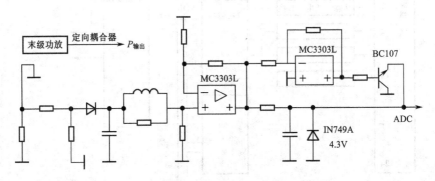

图 2.33   遥测电路

3. 遥控(控制)

遥控是主控站控制被控站的受控点执行某个动作的过程。通常主控站发出的控制命令是一串按一定规则构成的码,经逐站传送到达被控站后,由被控站的监控微机将该码变成"1"、"0"信号,经控制电路变成受控点的控制信号,其过程如图 2.34 所示。显然,要对每个站的受控点进行编号,假设有 5 个受控点,则可以编成 10 条命令,其关系如表 2-7 所示。图中命令项号为 01 表示第 1 个受控点受控,输入信号为"0"。图 2.35 为控制电路的例子,图(a)表示当输入"1"时,晶体管 T 导通、继电器吸合、触点 AC 接通;反之当输入"0",晶体管 T 截止、继电器释放、触点 BC 接通。图(b)表示当输入"1"时,V_0 输出选 B;当输入"0"时,V_0 输出选 A。

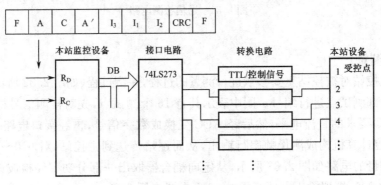

图 2.34   遥控过程

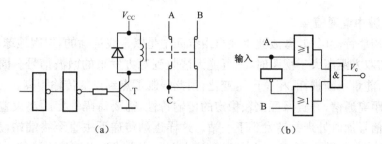

图 2.35　控制电路

表 2-7　遥控电路对应值

控制命令项号	受控点	受控点输入
01	1	0
02	1	1
03	2	0
04	2	1
05	3	0
06	3	1
07	4	0
08	4	1
09	5	0
0A	5	1

4. 遥调（调谐）

　　遥调与遥控类似，不同的是受控点识别的是模拟信号，为此用数/模变换电路代替控制电路，把监控设备收到的数字信号变换成模拟电压。如图 2.36(a)所示，与遥测类似，发遥调命令时监控微机输出的数字、相应的模拟电压和受控量（如频率值）有一定关系，只要按此关系发遥调命令即可。

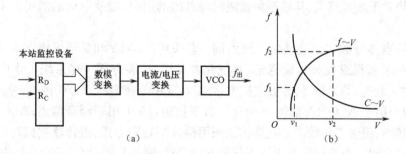

图 2.36　遥调过程

2.4　微波通信系统组网与应用

2.4.1　微波通信应用形式

　　数字微波通信通常分为地面微波中继通信、一点对多点微波通信、微波卫星通信和微波散射通信等具体应用形式。

1. 地面微波中继通信

由微波的传播特性可知,微波波束在自由空间中是以直线传播的,但因地球表面是个椭球面,所以当通信双方距离大于视距时,很可能无法收到对方发来的微波信号。同时,微波信号在空间传播时,能量不断损耗,相位产生变化,因此限制了点到点的传输距离。

为实现远距离通信,并且保证比较稳定的传输特性,需要每隔一定距离设置一个中继站,将前站传来的信号加以处理并转发到下一站。这样逐站传递下去直至终端站,从而构成一条微波中继通信线路,如图 2.37 所示。所以微波中继通信也称为微波接力通信。

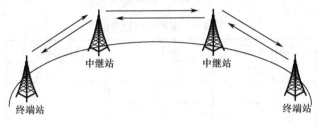

图 2.37　地面微波中继通信

在微波通信中,通常采用架高天线的方法,满足相邻中继站间的视距传输需求。微波天线一般安装在铁塔、屋顶或山顶上,高度应保证相邻中继站间的电波传播满足视距传播的要求。

2. 一点对多点微波通信

一点多址微波通信系统是在视距范围或经中继转接,以微波波段电磁波为介质,进行语音、数据、图像等信息传递的通信系统。如图 2.38 所示,系统由中心站(基站)和用户站构成。其中,中心站采用全向天线向四周发射,在视距以内,可以有多个点放置用户站,用户站采用小型定向天线与中心站通信,从用户站再分出多路电话分别接至各用户使用。每个用户站可以分配十几或几十个电话用户,在必要时可通过中继站延伸至数百千米外的用户使用。一点对多点

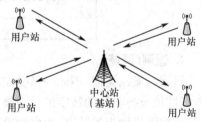

图 2.38　一点对多点微波通信

微波通信系统对于城市郊区、县城至村镇或沿海岛屿的用户,以及分散的居民点十分适用,较为经济。

以某型一点多址数字微波通信系统为例。它采用 TDMA 和星形配置方式,根据需要可提供 PCM 话路、数据或视频传输通道,系统配置灵活、扩展方便。在系统工作中,中心站以 TDM 广播方式发送,TDMA 时分方式接收,外围站采用分帧突发、TDM 接收;一帧分为 26 个分帧,其中两个用于 ALOHA 信道,8 个用于数据信道,16 个用于语音信道;ALOHA 信道供外围站申请频率、报告工作状态。数据信道采用预分配轮询方式,需传输数据时可连续发,不传数据时信道空闲。语音信道采用按需分配方式,当外围站要和中心站通话时,先通过 ALOHA 信道提出申请,中心站隔一个分帧做出响应,如有空闲信道,则双方可沟通对话。外围站之间通信需通过中心站才能接通。

3. 微波卫星通信

微波卫星通信是一种特殊的微波中继通信方式。特殊性体现在将中继站设在离地面约 300～36000km 的通信卫星上,利用卫星上的微波转发设备,将地球站发射来的微波信号接收并加以放大等处理后,再转发给另一地球站,完成中继通信任务,如图 2.39 所示。

4. 微波散射通信

微波散射通信是通过大气对流层不均匀气团的散射作用,将部分微波信号反射回地面,实现远距离通信。其一跳通信距离可达数百千米,如图 2.40 所示。该方式需要采用大功率发射、高增益低噪声接收技术,才能保证通信的可靠性。这主要是因为利用散射到达接收端的微波信号过于微弱。为了减少和克服散射信号不规则变化带来的影响,还应采用分集接收技术。微波散射通信主要用于军事通信方面。

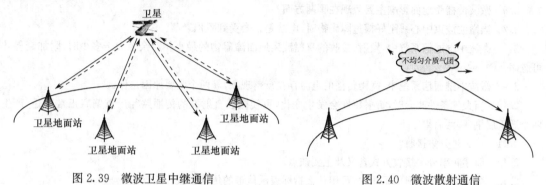

图 2.39　微波卫星中继通信　　　　　　　　图 2.40　微波散射通信

2.4.2　地面微波通信的应用场合

与光纤通信和卫星通信相比,地面微波通信由于具有组网灵活、建设周期短、成本低等优点,特别适合于在山区、铁路等不便于铺设光缆的地区使用。目前主要应用在以下 4 个方面。

（1）干线光纤传输的备份及补充

点对点的 SDH 微波、PDH 微波主要用于干线光纤传输系统在遇到自然灾害时的备用线路,以及由于种种原因不适合使用光纤的地段和场合。如在 1976 年的唐山大地震中,京津间的同轴电缆全部断裂,而 6 个微波通道却全部安然无恙;1998 年,在抗击长江中下游特大洪灾中,微波通信又一次显示了它的巨大威力。

（2）在农村、海岛等边远地区和专用通信网中使用

在这些场合可以使用微波点对点、一点对多点系统,为用户提供语音、数据、图像等业务。

（3）城市内的短距离支线连接

如移动通信基站之间、基站控制器与基站间的互联、局域网间的无线联网等,既可使用中小容量点对点微波,也可使用无需申请频率的数字微波扩频系统。

（4）宽带无线接入

宽带无线接入技术以投资少、见效快、组网灵活等优势,在接入市场具有较强的竞争力,并能在日趋激烈的高速数据业务竞争中快速占领市场。

作为宽带无线接入系统的代表,LMDS（本地多点分配业务）技术已日益成熟。LMDS 是 20 世纪 90 年代发展起来的一种宽带无线接入技术,能够在 3～5km 的范围内,以点对多点的广播信号传送方式,传输语音、视频和图像等多种宽带交互式数据及多媒体业务,速率可达 155Mb/s。与光纤等有线接入手段相比,LMDS 具有建设成本低、建设周期短、维护费用低等诸多优势。

习题与思考题

2.1　微波通信特点有哪些?

2.2　微波通信系统的设备包括哪些?

2.3　微波中继通信系统中间站的转接方式通常有哪几种?简要说明其各自工作原理。

2.4　什么是发射天线增益,什么是接收天线增益?

2.5　大气对电波传输的影响主要表现在哪些方面?

2.6　微波传播受地面影响主要表现在哪两方面?

2.7　当微波波束中心线刚好擦过障碍物时,电波是否会受到阻挡衰落?

2.8　微波中继通信系统中,发射、接收的直射波离地面障碍物的最小相对余隙大于多少时,附加衰耗才可忽略。

2.9　微波中继通信系统中,视距传播的电波存在衰落现象,其两个主要原因是什么?

2.10　当大气条件改变时,折射特性会发生变化,可使微波直射波的传播路径严重偏离正常路径,产生两个严重后果,哪两后果?

2.11　什么是分集接收?

2.12　简述频率分集接收方式含义及主要缺点。

2.13　数字微波中继通信系统中,可用什么指标表示信道的传输质量。

2.14　微波通信系统中,高误码率、低误码率的成因,高误码率、低误码率如何分配?为什么这么分配?

2.15　微波通信中,采用同波道型的频率再用方案时,要求交叉极化鉴别率 XPD 大于多少。

2.16　什么是平行工作?什么是交叉工作?

2.17　数字微波中继通信系统中,中频频率选择时 K_f 值应为多少。

2.18　微波通信系统常用的监控线路主要有哪几种。

2.19　什么叫复合调制?

2.20　在微波监控线路中,对于复合调制是主副信道共用一载波,相互间是否存在干扰。

2.21　什么叫微波监控系统中的插入数据通道方式?其对主信道依赖性如何?

2.22　简述监控信号传送方式中,共线式和链路式、询问和汇报的工作方式。

2.23　微波通信中设备备份、波道备份含义。

2.24　无分集系统的可靠性指标为每中继段 99.99%。假定这个系统工作于有某些粗糙度的普通地面,载频为 1.8GHz,在系统发射机、接收机增益为 105dB,收/发信天线直径为 3m、效率为 0.6 时,计算微波站之间的最大路径长度(采用美国惯用系数)。

2.25　一条微波线路可允许的业务中断率为每中继段 0.001%。若工作频率为 2GHz 频段,收/发信天线直径为 2.4m,效率为 0.6,中继段的长度为 40km,求所需的系统发射、接收增益(采用美国惯用系数)。

2.26　假定在 $B=20$MHz 的允许带宽内需要传输 $f_b=90$Mb/s 的数据,应该考虑哪一种调制技术?为什么?

2.27　设计一传输距离为 1700km,传输信息为五路四次群数字信号的微波通信系统,该系统总误码率指标为统计时间为 10 分钟的平均误码率大于 $5×10^{-8}$ 的时间百分数在任何月份都不超过 4.5%,统计时间为 1 秒的平均误码率 $6×10^{-4}$ 的时间百分数在任何月份都不超过 0.048%,工作频率为 11GHz,发射功率为 -6dBW,收/发天线为 2m 口径的抛物面天线,恶化储备量为 5dB,干扰储备量为 1dB,馈线损耗、天线公用器损耗均为 1dB,中继站的距离按标准距离来考虑(计算结果精确到小数点后两位)。

(1)写出系统设计的主要步骤,并说明需要多少中继站。

(2)画出频道配置示意图,简述其配置原则。

(3)请分析该系统是否满足实用要求。

第3章 卫星通信系统

3.1 卫星通信基本概念

3.1.1 卫星通信的定义及特点

卫星通信是指利用人造地球卫星作为中继站转发或反射无线电波,在两个或多个地球站之间进行的通信。由于作为中继站的卫星处于外层空间,这就使卫星通信方式不同于其他地面无线电通信方式,而属于宇宙无线电通信的范畴。通常,以宇宙飞行体或通信转发体为对象的无线电通信称为宇宙通信。它包括三种形式:

① 地球站与宇宙站之间的通信;

② 宇宙站之间的通信;

③ 通过宇宙站的转发或反射进行地球站之间的通信。人们通常把这第三种形式称为卫星通信,而把用于实现通信目的的人造卫星称为通信卫星。

1945年10月英国空军雷达专家 A. C. Clarke 提出利用人造卫星进行通信的科学设想:在赤道轨道上空,高度为35 768km处放置一颗卫星,以与地球同样的角速度绕太阳同步旋转,就可实现洲际间通信。若在该轨道放置三颗这样的卫星就可以实现全球通信,这就是著名的卫星覆盖通信说。

1957年10月,前苏联发射了第一颗人造地球卫星 SPUTNIK(闪电号,见图3.1),揭开了卫星通信的序幕。1964年8月美国宇航局(NASA)成功发射了第一颗同步卫星 SYNCOM—3(见图3.2),通过它成功地进行了北美与太平洋地区间的电话、电视、传真的传输实验,并于次年转播了东京奥运会。1965年国际通信卫星组织(INTELSAT)成立,该组织于1965年4月发射第一颗商用静止轨道通信卫星 INTELSAT I(见图3.3),开始进行商业通信业务。

  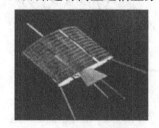

图3.1 SPUTNIK　　　　图3.2 SYNCOM—3　　　　图3.3 INTELSAT I

自从提供商业通信以来,卫星通信现已成为最主要的通信手段之一。概括起来,卫星通信可分为几个发展阶段。

① 国际卫星通信:20世纪60年代中期至70年代中期,卫星通信位于国际通信领域的最新、最重要的地位。在这一期间,许多国际卫星组织相继出现,并建立了多种国际卫星通信系统,为国际通信和电视传输增添了新的一页。

② 国内卫星通信:20世纪70年代中期至80年代中期,是国内卫星通信领域发展的鼎盛

时期。在这一时期里,许多国家都相继建立了自己的国内卫星通信系统,特别对于一些幅员辽阔,自然条件、地理条件恶劣的国家和地区,卫星通信已是其唯一的选择。

③ 甚小孔径终端(Very Small Aperture Terminal,VSAT):20 世纪 80 年代初至 90 年代初,卫星通信迎来了一场革命性的变革,那就是 VSAT 系统的出现和推广。VSAT 的诞生为卫星通信的应用开拓了更加广泛的市场。

④ 空间信息高速公路:从 20 世纪 90 年代初至今,发展移动卫星通信和宽带卫星通信。随着地面移动通信的飞速发展,人们提出了个人通信的新概念,而要实现个人通信,就需要有无缝隙的通信网。显然,只有卫星通信技术,才能真正实现这一要求。这样,卫星通信就被推进到移动通信的时代。就在同一时期,基于光纤通信的成熟发展,人们又提出了信息高速公路的新设想。起初人们几乎忽略了卫星通信在信息高速公路的建设中可能发挥的作用,但是不久就发现,卫星宽带通信正在悄悄崛起,并形成了卫星通信发展的另一个热点,这就是信息高速公路。

特别是自 20 世纪末开始,多波束天线、星上处理与交换、星间链路、激光通信等各种新技术不断被应用于通信卫星,出现一批具备新型技术特征和应用能力的卫星通信系统。

由于通信卫星具有其他方式所不可替代的优点,因此卫星通信始终受到各军事强国的高度重视,卫星通信已成为实现信息化作战的重要手段,现代几场高技术局部战争也证明了卫星通信的重要作用。

通信卫星按其结构可分为无源卫星和有源卫星。

按其运转轨道可分为:

① 赤道轨道卫星,其轨道面与赤道面重合;

② 极轨道卫星,其轨道面与赤道面垂直。这种卫星穿过地球南、北极的上空;

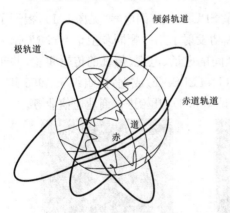

图 3.4　通信卫星的轨道

③ 倾斜轨道卫星,其轨道面相对于赤道面是倾斜的(如图 3.4 所示)。

按卫星离地面最大高度 h 的不同可分为:

① 低高度卫星,$h < 5000 \text{km}$;

② 中高度卫星,$5000 \text{km} < h < 20000 \text{km}$;

③ 高高度卫星,$h > 20000 \text{km}$。

按卫星的运转周期以及卫星与地球上任一点的相对位置关系不同可分为运动卫星(非同步卫星)和静止卫星(同步卫星)。目前,在通信中应用最广泛的是有源静止卫星。所谓静止卫星就是发射到赤道上空约 35860km 处圆形轨道上的卫星,它运行的方向与地球自转的方向相同,绕地球一周的时间,即公转周期恰好是 24 小时,与地球的自转周期相等,从地球上看去,如同静止一般。由静止卫星作中继站组成的通信系统称为静止卫星通信系统或称同步卫星通信系统。图 3.5 为一个简单的卫星通信系统。

由图 3.5 可知,地球站 A 通过定向天线向通信卫星发射的无线电信号,首先被卫星的转发器所接收,经过卫星转发放大和变换后,再由卫星天线转发到地球站 B,当地球站 B 接收到信号后,就完成了从 A 站到 B 站的信息传递过程。从地球站发射信号到通信卫星所经过的通信路径称为上行线路。同样,地球站 B 也可以向地球站 A 发射信号来传递信息。

图 3.6 是静止卫星与地球相对位置的示意图。从卫星向地球引两条切线,切线夹角为 17.34°。两切点间弧线距离为 18101km,其覆盖面积可达地球总面积的 40% 左右,在这颗卫星电波波束覆盖区内的地球站都能通过该卫星的转发器来实现通信。若以 120° 的等间隔在静止卫星轨道上配置三颗卫星,则地球表面除了两极区未被卫星波束覆盖外,其他区域都在覆盖范围之内,而且其中部分区域为两个静止卫星波束的重叠地区,因此借助于在重叠区内地球站的中继(称之为跳跃),可以实现在不同卫星覆盖区内地球站之间的通信。由此可见,只要三颗等间隔配置静止卫星就可以实现除地球两极以外的全球通信,这一特点是任何其他通信方式所不具备的。

图 3.5　简单的卫星通信示意图

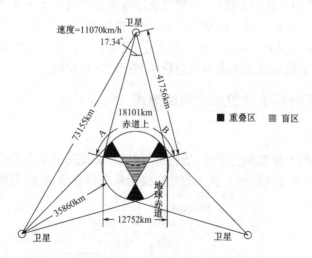

图 3.6　静止卫星配置的几何关系

目前国际卫星通信和绝大多数国家的国内卫星通信大都采用静止卫星通信系统。例如,国际卫星通信组织负责建立的世界卫星通信系统(INTELSAT),简称 IS,就是利用静止卫星按上述原理来实现全球通信的,静止卫星所处的位置分别在太平洋、印度洋和大西洋上空。其中,印度洋卫星能覆盖我国的全部领土,太平洋卫星能覆盖我国的东部地区,即我国东部地区为印度洋卫星和太平洋卫星的重叠覆盖区。

与其他通信手段相比,卫星通信的主要优点是:

① 通信距离远,且费用和通信距离无关;

② 工作频段宽,通信容量大,适用于多种业务传输;

③ 通信线路稳定可靠,通信质量高;

④ 以广播方式工作,具有大面积覆盖能力,可以实现多址通信和信道的按需分配,因而通信灵活机动;

⑤ 可以自发自收进行监测。

静止卫星通信也存在某些不足:

① 两极地区为通信盲区,高纬度地区通信效果不佳;

② 卫星发射和控制技术比较复杂;

③ 春分和秋分前后存在星蚀(卫星进入地球的阴影区)和日凌中断(卫星处于太阳和地球之间,受强大的太阳噪声影响而使通信中断)现象,如图 3.7 所示。

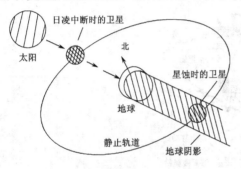

图 3.7 星蚀和日凌中断的示意图

④ 有较大的信号延迟和回波干扰;

⑤ 卫星通信需要有高可靠,长寿命的通信卫星;

⑥ 卫星通信要求地球站有大功率发射机,高灵敏度接收机和高增益天线。

总而言之,卫星通信有优点,也存在一些缺点,这些缺点与优点相比是次要的,而且有的缺点随着卫星通信技术的发展,已经得到或正在得到解决。

还需指出,在整个卫星通信系统中,需要设立跟踪遥测及指令系统对卫星进行跟踪测量,发射时控制其准确进入静止轨道上的指定位置,并对在轨卫星的轨道、位置及姿态进行监视和校正。同时,为了保证通信卫星的正常运行和工作,还要有监控管理系统对在轨卫星的通信性能及参数进行业务开通前的监测和业务开通后的例行监测和控制。

3.1.2 卫星通信系统的组成及网络形式

1. 系统的组成

一个卫星通信系统是由空间分系统、通信地球站群、跟踪遥测及指令分系统、监控管理分系统四大部分组成,如图 3.8 所示。其中有的直接用来进行通信,有的用来保障通信的进行。

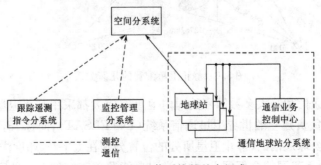

图 3.8 卫星通信系统的基本组成

（1）空间分系统

空间分系统即通信卫星，通信卫星主要是起无线电中继站的作用。它是靠星上通信装置中的转发器和天线来完成收、发信号。一个卫星的通信装置可以包括一个或多个转发器，每个转发器能接收和转发多个地球站的信号。显然，当每个转发器所能提供的功率和带宽一定时，转发器越多，卫星的通信容量就越大。

（2）通信地球站群

地球站群一般包括中央站（或中心站）和若干个普通地球站。中央站除具有普通地球站的通信功能外，还负责通信系统中的业务调度与管理，对普通地球站进行监测控制以及业务转接等。

地球站具有收、发信功能，用户通过它们接入卫星线路，进行通信。地球站有大有小，业务形式也多种多样。一般来说，地球站的天线口径越大，发射和接收能力越强，功能也越强。

（3）跟踪遥测及指令分系统

跟踪遥测及指令分系统也称为测控站，它的任务是对卫星跟踪测量，控制其准确进入静止轨道上的指定位置；待卫星正常运行后，定期对卫星进行轨道修正和位置保持。

（4）监控管理分系统

监控管理分系统也称为监控中心，它的任务是对定点的卫星在业务开通前、后进行通信性能的监测和控制，如对卫星转发器功率、卫星天线增益，以及各地球站发射的功率、射频频率和带宽、地球站天线方向图等基本通信参数进行监控，以保证正常通信。

2. 网络形式

与地面通信系统一样，每个卫星通信系统都有一定的网络结构，使各地球站通过卫星按一定形式进行联系。由多个地球站构成的通信网络，可以是星形的，也可以是网格状的，如图 3.9 所示。在星形网络中，外围各边远站仅与中心站直接发生联系，各边远站之间不能通过卫星直接相互通信，必要时需经中心站转接才能建立联系。这样，中心站为大站，而众多的边远站可以为尺寸较小的小站，以便大幅度降低建设费用。网格状网络中的各站，彼此可经卫星直接沟通。除此之外，也可以是上述两种网络的混合形式。网络的组成形式，应根据用户的需要在系统总体设计中加以考虑。

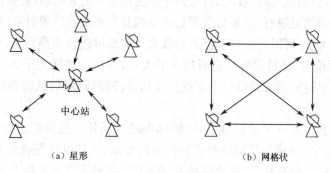

（a）星形　　　　　　　　　　　　（b）网格状

图 3.9　卫星通信网络结构

在静止卫星通信系统中，大多是单跳工作，即只经一次卫星转发后就被对方接收。但也有双跳工作的，即发送的信号要经两次卫星转发后才能被对方接收。发生双跳大体有两种场合：一是国际卫星通信系统中，分别位于两个卫星覆盖区内，且处于其共视区外的地球站之间的通信，必须经其共视区的中继地球站，构成双跳的卫星接力线路，如图 3.10（a）所示。图（b）所示

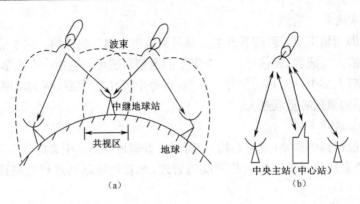

图 3.10　卫星通信双跳工作示意图

则是在同一卫星覆盖区内的星形网络中,边远站之间,需经中心站的中继,两次通过同一卫星的转发来沟通通信线路。

3.1.3　卫星通信线路的组成

卫星通信线路,就是卫星通信电波所经过的整个线路,它不仅包括通信卫星和地球站等各主要单元,而且还包括电波在各单元之间的传播途径。图 3.11 为卫星通信线路的组成方框图。下面结合图示来说明各单元部件的工作原理和信息传递的过程。

来自地面通信线路的各种信号(可以是电报、电话、数据或电视信号),经过地球站 A 的终端设备(可以是模拟终端或数字终端)输出一个对模拟信号采用频率复用,对数字信号采用时间复用的多路复用信号,即基带信号。基带信号通过调制器把它们调制到一个较高的中频(如70MHz)信号上。调制方法通常采用调频(模拟信号)或相移键控(数字信号)。调制器输出的已调中频信号在发射机的上变频器中变成频率更高的发射频率 f_1(如 6GHz 左右),最后经过发射机的功率放大器放大到足够高的电平(可达约 30dBW),通过双工器由天线向卫星发射出去。这里的双工器的作用是把发射信号与接收信号分开,使收/发信号共用一副天线。

从地球站 A 发射的射频信号,穿过大气层以及自由空间,经过一段相当远的传输距离,才能到达卫星转发器,射频信号在这段上行线路中要受到很大的衰减,并且要混进大量的各种噪声。当射频信号传输到卫星时,卫星转发器的接收机首先将接收到的射频信号变成中频信号,并且进行适当的放大(也可以对射频直接进行放大),然后再进行频率转换,变成频率为 f_2(如4GHz 左右)的射频信号,经过发射机进行功率放大,最后由天线转发下来。为了使比较强的转发信号不致于通过转发器天线反过来干扰接收信号,转发器发射载波频率与接收频率之间必须有足够的频差。

由于卫星转发器转发下来的射频信号,同样要经过很长一段传输途径,才能到达地球站 B。在这段下行线路中,射频信号同样要受到很大的衰减,并且也要混进大量的各种噪声。由于卫星转发器发射的功率比较小,故地球站 B 接收到的信号强度就显得更加微弱了。

地球站 B 的接收机,经天线把微弱的转发信号接收下来,一般先经过低噪声放大器(LNA)加以放大,再变成(在下变频器中)中频信号,进一步放大后经解调器把其基带信号解调出来。最后通过终端设备把基带信号分路,再送到地面其他通信线路。

以上就完成了卫星通信线路的一个单向通信过程。反过来,从地球站 B 向地球站 A 的通信过程也是相似的,这时,上行线路采用与 f_1 稍有差别的频率 f_3,下行线路频率采用与 f_2 稍

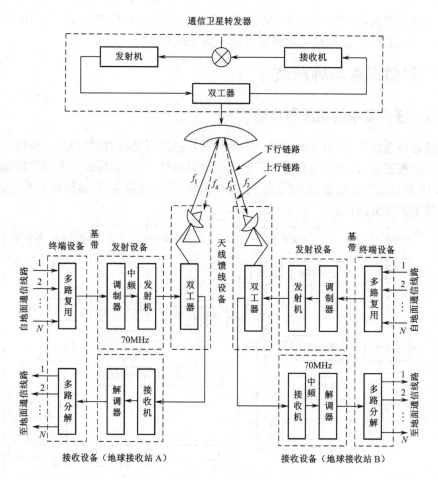

图 3.11　卫星通信线路的组成框图

有差别的频率 f_4（如图 3.11 中虚线所示），以避免相互干扰。

3.1.4　卫星通信的工作频段

卫星通信工作频段的选择是一个十分重要的问题，它直接影响到系统的传输容量、转发器及地球站的发射功率、天线尺寸和设备的复杂程度，还影响与其他通信系统的协调。工作频段的选择主要考虑下列因素：工作频段的电磁波能穿透电离层到达卫星所在的轨道空间；传输损耗和外界噪声要小；应具有较宽的可用频段；与其他无线系统（如地面微波中继通信系统、雷达系统等）之间的相互干扰要尽量小；能充分利用现有技术设备，并便于与现有通信设备配合使用等。

综合考虑上述各方面的因素，应将工作频段选在电波能穿透电离层的特高频或微波频段。

目前，非同步卫星或移动业务的卫星通信主要使用 400/200MHz（UHF 频段）、1.6/1.5GHz（L 频段）。大部分国际、国内卫星使用 6/4GHz（C 频段），上行线为 5.925～6.425GHz，下行线为 3.7～4.2GHz，转发器带宽可达 500MHz。许多国家的政府和军事卫星用 8/7GHz（X 频段），上行线为 7.9～8.4GHz，下行线为 7.25～7.75GHz。目前已开发和使用 14/11GHz（Ku 频段），上行线采用 14～14.5GHz，下行线为 11.7～12.2GHz，或 10.95～11.2GHz，以及 11.45～11.7GHz，并已用于民用卫星通信和广播卫星业务。卫星通信用的频段正在向更高频发展,30/20GHz(Ka 频段)已开始使用,其上行频率为 27.5~31GHz,下行频率为 17.7~21.2GHz。该频段可用带宽可达 3.5GHz。

3.2 通信卫星与地球站

3.2.1 通信卫星的组成和功能

在卫星通信系统中,所有地面站发出的信号都是经过卫星转发到对方地面站的。因此,除了要在卫星上配置收/发无线电信号的天线及通信设备外,还要有保证完成通信功能的其他设备。图 3.12 是通信卫星的组成方框图。它是由天线系统、通信系统、遥测指令系统、控制系统及电源系统五大部分组成。

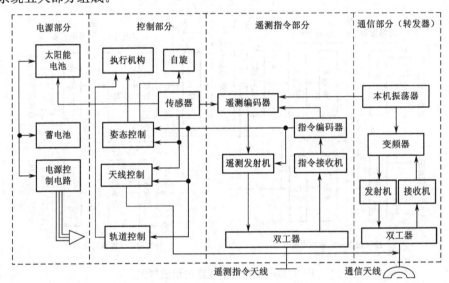

图 3.12　通信卫星的组成

1. 天线系统

(1) 天线的类型

天线系统包括通信用的微波天线和遥测、遥控系统用的高频或甚高频两种天线。后者一般是全向天线,以便在任意卫星姿态下可靠地接收遥控指令和向地面发射遥测数据及信标,常用的形式有鞭状天线、螺旋状天线和绕杆天线。通信用的微波天线都采用定向天线,根据波束的宽、窄又分为覆球波束天线、赋形波束天线(区域波束天线)、点波束天线,如图 3.13 所示。

① 覆球波束天线:也称全球波束天线,或简称为球波束天线。其波束恰好能覆盖卫星对地球的整个视区(约为地球总表面积的 40%),波束半功率宽度为 17.4°。

② 赋形波束天线:覆盖区轮廓不规则,视服务区的边界而定。如覆盖某一国家版图的国内波束天线,以及区域波束天线、半球波束天线和多波束天线等。

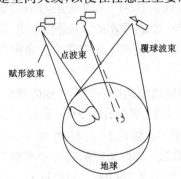

图 3.13　覆球波束、赋形波束和
点波束示意图

为使波束成型,有的是通过修改反射器形状,更多的是利用多个馈源从不同方向经反射器产生多波束的组合来实现,如图 3.14 所示。波束截面的形状除与馈源喇叭的位置排列有关外,还取决于馈给各喇叭的信号功率与相位,通常用一个波束形成网络控制。

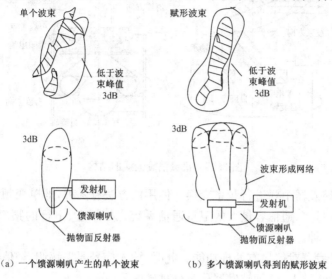

（a）一个馈源喇叭产生的单个波束　　（b）多个馈源喇叭得到的赋形波束

图 3.14　赋形波束的形成

③ 点波束天线:它的覆盖面积小,且一般为圆形,其波束半功率宽度只有几度或更小,因此也称窄波束天线。这种天线一般为抛物面天线。由于其波束较窄,因而天线增益高。

（2）稳定方式

卫星主要采用三轴稳定法和自旋稳定法使通信天线的波束对准地球上的通信区域。卫星采用三轴稳定方式的星体本身不旋转,故不需要采用消旋天线。对于卫星星体是旋转的(需采用自旋稳定方式以保持卫星的姿态稳定),要采用消旋天线使波束始终对准要通信的区域。现在就常用的两种方法分别叙述如下。

① 机械消旋天线:图 3.15(a)是一种典型的机械消旋天线的结构。这种天线装在星体上端的自旋轴上。它由平板反射器、消旋驱动电机、消旋控制,以及空间转发器连接的圆波导和接头等组成。漏斗形号角天线的轴与卫星自旋轴方向完全一致,而号角上面的平板反射器则与轴成 45°角。当电波传播到反射器时,就以垂直于卫星轴的平行波束射向地面。并且,当反射板与卫星的自旋速度大小相等,方向相反时,就可以使天线波束始终指向地球了。如果天线的波束指向产生偏差,就由控制系统加以消除。

图 3.13(b)是另外一种机械消旋天线。它把天线装在消旋平台上,消旋平台由电机驱动。这样,可以在消旋平台上安装更多的天线。

② 电子消旋天线:电子消旋天线利用电子线路控制天线波束,使其旋转速度与卫星大小相等,方向相反,从而使波束始终指向地球。

2. 通信系统

卫星上的通信系统又叫转发器,其任务是把接收的信号放大,并利用变频器变换成下行频率后再发射出去,它实质上是一部宽频带收、发信机,对它的要求是工作稳定可靠,附加的噪声小。

转发器的电路结构随性能要求而有所不同,为使收、发信号能有效地隔离,上、下行的频率

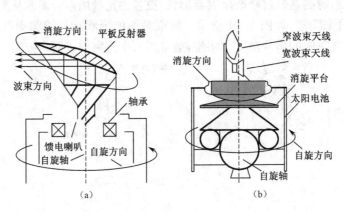

图 3.15　机械消旋天线的结构

应有所不同,故在转发器中要进行频率变换。使用的方法有两种,即单变频和双变频方式。前一种适用于载波数量多,通信容量大的卫星通信系统。如果上、下行的频率很高,所需频带又较窄,则可采用后一种。

有时还要求转发器对信号有处理功能。此时,输入信号要先解调,经信号处理后再将基带信号调制到输出的载波上,这种转发器称为处理转发器。

(1) 双变频转发器

这种转发器的组成如图 3.16 所示,它是先把接收的信号变为中频,经放大、限幅,然后变换为发射频率,再经行波管功率放大,最后由天线发向地面站。

国际通信卫星 IS—I 就是采用这种方案,地面站发来的 6GHz 信号,先送入带宽为 25MHz 的两组转发器中,把它变为中频信号,经中频放大并分离出指令信号,然后以遥测信号对中频信号调相,再经限幅器后,由变频器将它变成 4GHz 的信号,两组信号合在一起经行波管放大后,由天线辐射出去。转发器中的收、发信机本振信号是利用同一个晶振源经不同倍频次数得到的。

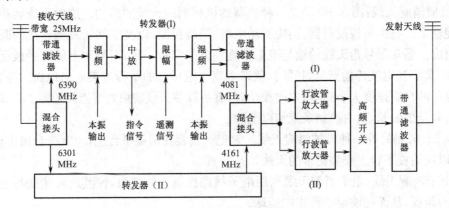

图 3.16　双变频转发器组成方框图

双变频转发器的优点是中频增益高,转发器增益可达 80~100dB,电路工作稳定;缺点是中频带宽窄,不适合多载波工作。

(2) 单变频转发器

这种转发器是先将输入信号进行直接放大,而后变为下行频率,经功率放大后转发给地面站,它是一种微波式转发器,射频带宽可达 500MHz。由于转发器的输入、输出特性是线性的,所以允许多载波工作,适于多址连接。目前,大都采用此种转发器。

图 3.17 是 IS—V 单变频转发器的组成方框图。由覆球波束天线来的 6GHz 信号,经环行器加到由 4 级晶体管组成的前置放大器,其增益为 23dB,噪声系数为 5.6dB。混频器由二极管和微带线组成。混频器之后是带通/带阻滤波器以抑制带外信号,输出频率为 3.7~4.2GHz。再后是一个由三级晶体管组成的标称频率为 4GHz 的晶体管放大器,它的输出加到可控 PIN 二极管组成的衰减器上,衰减范围在 0~7.5dB 内可调。可变衰减器输出的信号加到激励单元中的环行器上,以便与前端单元形成良好的隔离,再通过滤波器组加到由 5~6 级晶体管组成的激励放大器中,最后的输出功率为 1.3dBmW。

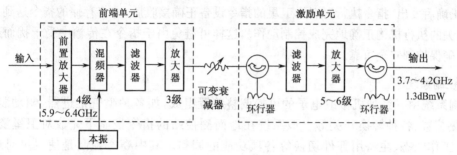

图 3.17 IS—V 单变频转发器组成方框图

(3) 处理转发器

目前,双变频和单变频转发器主要用于模拟卫星通信系统。在数字卫星通信系统中,还可采用处理转发器。这种转发器的组成方框图如图 3.18 所示。首先,接收到的信号经微波放大和下变频后变为中频信号,进行相干检测和数据处理,从而得到基带数字信号。在发射机中,先将上述基带数字信号调制到某一中频(如 70MHz)上,而后再上变频到下行频率上,最后由功率放大器经发射天线转发到地面。

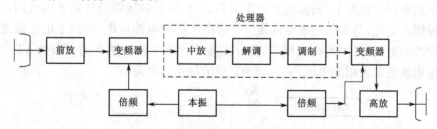

图 3.18 处理转发器组成方框图

在数字卫星通信系统中,采用处理转发器可以消除噪声的积累,因此在保证同样通信质量的情况下,可以减少转发器的发射功率;其次,上行线路和下行线路可以选用不同的调制方式,从而得到最佳传输;另外,还可以在处理转发器中对基带信号进行其他各种处理,以满足不同的需要。当然,处理转发器的设备,相对前两种转发方式而言要复杂一些。

3. 遥测指令系统

这个系统完成三项任务:一是为了使地面站天线能跟踪卫星,卫星要发射一个信标信号。此信号可由卫星内产生,也可由一个地面站产生,经卫星进行频率变换后转发到地面。常用的方法是将遥测信号调制到信标信号上,使遥测信号和信标信号一起发向地面。二是为了保证通信卫星正常运行,需要了解其内部各种设备的工作情况,通过各种传感器和敏感器件,不断测出卫星的在轨位置、姿态、各设备的工作状态(如电流、电压、温度、控制用气体压力等,以及设备是否正常)等数据,经遥测发射设备发给地面的跟踪遥测指令站(TT&C 站),也可称测控站。三是接收测控站发来的控制指令,处理后送给控制分系统执行。

遥测和遥控的基本工作过程是先由遥测部分测得卫星的上述各种数据发给测控站。测控站接收并检测出卫星发来的遥测信号,转送给卫星监控中心进行分析处理;需要实施指令控制时,将指令信号回送给测控站,由测控站向卫星发出有关姿态和位置校正、星体内温度调节、主备用部件切换、转发器增益调整等控制指令信号。卫星上的指令部分收到测控站发来的指令并进行解调与译码后,一方面将其暂存起来,另一方面经遥测设备发回测控站进行校对。测控站核对正确后发出"指令执行"信号,卫星的指令设备正确接收后,才将存储的指令送到控制系统,使有关的执行机构正确地完成控制动作。这样可避免由于指令在传输中受干扰而造成错误动作,确保控制安全可靠。

4. 控制系统

控制系统由一系列机械或电子的可控调整装置组成,如各种喷气推进器、驱动装置、加热及散热装置、各种转换开关等。该系统在地面测控站的指令控制下完成对卫星姿态、轨道位置、工作状态、主备用部件切换等各项功能的调整。其中姿态控制是使卫星对地球或其他基准物保持正确的姿态。对同步卫星来说,主要是用来保证天线波束始终对准地球,以及太阳能电池帆板对准太阳。位置控制系统用来消除摄动的影响,以便使卫星与地球的相对位置固定。

5. 电源系统

通信卫星的电源要求体积小,重量轻和寿命长。它由太阳能电池、化学电池、稳压控制电路等组成,如图 3.19 所示。太阳能电池由光电器件组成,一般制成 $1 \times 2cm^2$ 或 $2 \times 2cm^2$ 小片,再按所需的电流、电压大小,经串、并联构成微型组件,在组件下面垫上绝缘薄膜,贴在卫星星体表面上或专用的帆板上,其输出的电压很不稳定,须经电压调节器后才能使用,化学电池大多采用镍镉蓄电池,与太阳能电池并接。平时由太阳能电池供电,同时蓄电池被充电;当卫星进入地球的阴影区时,由蓄电池供电,保证卫星不间断工作。图中的二极管 VD_1 用来阻止蓄电池放电电流流向太阳能电池;VD_2 则为蓄电池提供放电通路。

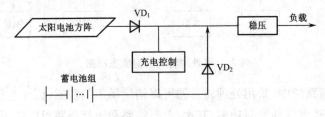

图 3.19　通信卫星电源方框图

3.2.2　通信卫星举例

目前已发射的通信卫星很多,下面主要介绍正在使用的 IS—V 系列的转发器及与通信有关的部分。

(1) IS—V 系统特性

IS—V 是大容量商用通信卫星,在三大洋上空共有 6 颗同时工作,以沟通 300 多个地面终端。每颗卫星有 12 000 路双向电话和两路电视。主要用于国际通信,但也可用于国内和区域通信。该系统的主要特性示于表 3-1 中。

表 3-1　IS—V 系统特性(部分数据)

项　目	性　能
总体特征	三轴稳定
星本体尺寸	$(1.66 \times 2.01 \times 1.77) m^3$
星体高度	6.49m
轨道上重量(寿命结束时)	815 kg
覆球波束天线	18°角喇叭天线
发射(4GHz)	22°角喇叭天线
接收(6Hz)	
半球/区域波束天线	2.44m,抛物面反射器
发射(4Hz)	1.56m,抛物面反射器
接收(6GHz)	
点波束天线(收、发共用)	1.12m,抛物面反射器(可控)
东向(14/11GHz)	0.96m,抛物面反射器(可控)
西向(14/11GHz)	
接收机和上变频器	11 台(5 台工作)
6～4GHz	4 台(2 台工作)
14～4GHz	10 台(6 台工作)
4～11GHz	
太阳能电池翼(每翼)	$(6.05 \times 1.694) m^2$
电池片尺寸及数量	$(2.1 \times 4.04) m^2$,共 17568 块
功率	1724W(初期),1270W(末期)
设计寿命	7 年

IS—V 卫星采用了多种新技术,如点波束天线、正交圆极化隔离、频率多重再用等。此外还开辟了 14/11GHz 的新频段和第一次使用三轴稳定方式,并获得了较高的姿态和位置控制精度。太阳能电池翼提供了 1270W 以上的功率,在 IS—V 系列的最后三颗卫星上还装有专供海上船舶通信用的海事通信转发器。

(2)频率再用与波束配置

卫星通信在 6/4GHz 和 14/11GHz 频段的带宽各约 500MHz,为了充分利用频率资源,IS—V 卫星使用了频率再用技术,在 6/4GHz 频段复用 4 次,在 14/11GHz 频段复用两次,从而把可用带宽增加到 2.137GHz。

IS—V 卫星在同一个天线上采用空间分割和极化隔离的频率再用技术。在 6/4GHz 波段具有东、西半球波束和区域波束,在 14/11GHz 波段具有东、西点波束。

IS—V 在太平洋覆盖区的各种波束的配置如图 3.20 所示。这些波束的形状是根据地面站的分布情况确定的,而以“成形”波束天线来完成。东区点波束为椭圆形,西区点波束为圆形。

虽然区域波束是在半球波束以内,但通过极化隔离技术,可将 6/4GHz 波段同时用于上述两种波束。例如,对东半球下行半球波束用右旋圆极化,东半球下行区域波束用左旋圆极化。对上行波束而言,极化方向则正好与上述情况相反。因此,空间分割和极化隔离相结合,使6/4GHz波段的下行和上行波束各有4个。

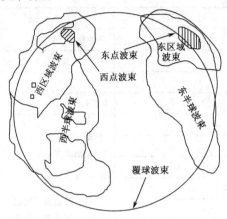

图 3.20 IS—V 太平洋覆盖区的波束配置

（3）通信分系统

通信分系统的任务是接收和放大地面站发送来的信号,并将它们进行频率和波束转换后发向指定的地区。本分系统有 15 台接收机,其中 7 台工作,8 台备用。可用的射频带宽为2317MHz,由 140 多个微波开关组成的信道"开关矩阵",可使信号在收、发波束间进行信道转换,以达到灵活运用的目的。43 只行波管放大器中有 27 只工作,16 只备用。通信分系统的主要性能如表 3-2 所示。

表 3-2 IS—V 通信系统的主要性能

参 数	覆盖区与频带			
	覆球波束 6/4GHz	半球波束 6/4GHz	区域波束 6/4GHz	点波束 14/11GHz
饱和通量密度 (dBW/m²)	−75～−72	−75～−72	−72	东 −77 西 −80.3
G/T 值(dB/K)	−18.6	−11.6	−8.6	东 0 西 3.3
EIRP(dBW)	26.5	26	29	东 41.4 西 44.4
极化方式	圆极化	圆极化	圆极化	线极化
极化隔离度(dB)	32	27	27	≥27
频带(GHz)	收:5.925～6.425 发:3.700～4.200	同左	同左	收:14.00～14.50 发:10.95～11.70

IS—V 通信分系统的组成方框图如图 3.21 所示。由给定天线来的信号,通过预选滤波器和开关之后,加到接收机中放大,接收机里的前置放大器,除 14GHz 为隧道二极管放大器外,其他均为双极晶体管放大器。接收机之后是 7 个输入"波道分离器",每个覆盖区都有一个,它们给出所需的信道配置。信道分离器由滤波器、群时延均衡器、混合接头和环行器等组成。波道分离器输出的信号加到工作频率为 3.7～4.2GHz 的微波开关矩阵上,从而完成接收信号的波束转换工作。上变频器将开关矩阵送来的信号变为 4GHz 或 11GHz 的下行频率,然后加到

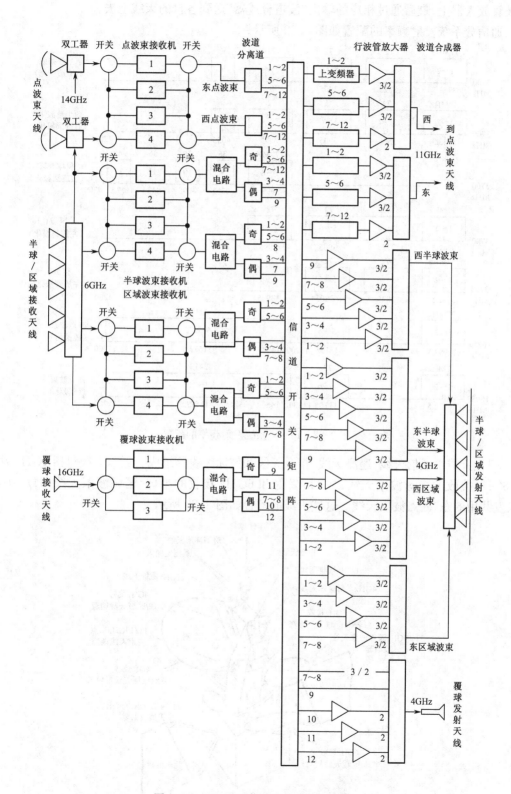

图 3.21 IS—V 通信分系统组成方框图

行波管放大器上,最后通过相应的输出"波道合成器"送到各自的天线上去。

通信分系统发射频率的配置如图 3.22 所示。

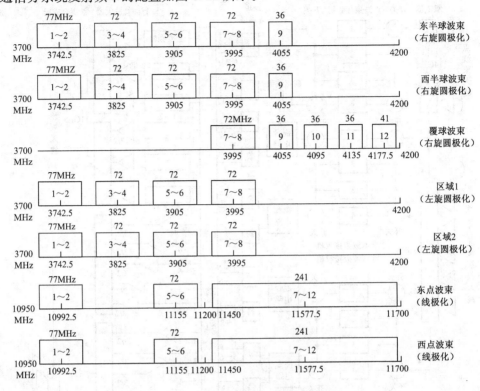

图 3.22　IS—V 系统发射频率的配置

卫星天线由通信天线、遥测天线、指令天线和信标天线等组成。通信天线包括 4GHz 发射和 6GHz 接收的覆球波束天线;4GHz 发射和 6GHz 接收的半球/区域波束天线;11/14GHz 收、发共用的东、西点波束天线。这些天线的配置如图 3.23 所示。

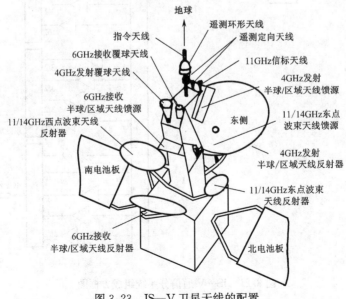

图 3.23　IS—V 卫星天线的配置

3.2.3 卫星通信地球站

3.2.3.1 地球站的分类与要求

1. 地球站分类

地球站是卫星通信系统的重要组成部分。根据安装方式及规模不同,一般可分为固定站和移动站。

地球站也可以根据其天线口径的大小来区分,一般可分为:30～20m 直径的大型站(一般作国际通信的固定站);18～7.5m 的中型站;6m 以下的小型站、微型站。

地球站按传输信号形式又可分为:模拟站,主要用来传输多路模拟电话信号、电视图像信号等;数字站,主要用来传输高速数据信号和数字电话信号等。

地球站的分类还可以根据其他特点来进行分类,但目前主要以上面方法进行分类。另外,国际卫星通信组织对各种类型的地球站有一个分类标准,如表 3-3 所示。

表 3-3　INTELSAT 地球站标准(1986 年修订)

地球站标准	天线尺寸(m)	业 务 类 型	波 段(GHz)
A(现有)	30～32	国际电话、数据、电视、IBS*、IDR	4/6
A(修订)	15～17	国际电话、数据、电视、IBS、IDR	4/6
B	10～13	国际电话、数据、电视、IBS、IDR	4/6
C(现有)	15～18	国际电话、数据、电视、IBS、IDR	11/14
C(修订)	11～13	国际电话、数据、电视、IBS、IDR	11/14
D1	4.5～5.5	VISTA**(国际或国内)	4/6
D2	1.1	VISTA(国际或国内)	4/6
E1	3.5～4.5	IBS(K 波段)	11/14 和 12/14
E2	5.5～6.5	IBS(K 波段)	11/14 和 12/14
E3	8～10	LDR、IBS(K 波段)	11/14 和 12/14
F1	4.5～5	IBS(C 波段)	4/6
F2	7～8	IBS(C 波段)	4/6
F3	9～10	国际电话、数据、IDR、IDS(C 波段)	4/6
G	全部尺寸	国际租用业务,包括 INTELNET	4/6 和 11/14
Z	全部尺寸	国际租用业务,包括 INTELNET	4/6 和 11/14

* IBS:INTELSAT 商业业务;** VISTA:低密度电话业务。
注:INTELSAT 指出,A 标准站与 C 标准站参数的修订,将不影响现有 A 标准站和 C 标准站的状况。

2. 对地球站的一般要求

根据地球站的性能和用途不同,任何一个地球站都有一定的技术要求。一般来说,在电气性能方面,要求地球站能发送稳定的宽频带、大功率信号,同时能可靠地接收卫星转发器来的微弱信号;在工作种类方面,不仅要求传输多路电话、电报、传真等信号,而且要求能传输高速数据以及电视等信号;在维护方面,要求能稳定可靠,维护使用方便;在经济成本方面,由于这是一次性投资较大,使用时间较长的工程,要对建设成本和维护费用加以认真考虑。为了有效地利用通信卫星,要求地球站的主要技术指标如下。

(1) 工作频率范围

工作频率范围主要是指地球站正常工作的射频范围。实际上,也就是天线、馈线、低噪声放大器、高功率放大器、上下变频器可工作的频域。例如,工作在 6/4GHz 的卫星通信地面站,应能工作在 5.925~6.425GHz 的上行频率内,按系统的分配,选取其中一个或若干个频率作为本站的发射上行频率,而在 3.700~4.200GHz 的下行频率范围内,根据通信需要,接收卫星转发的一个或若干个射频信号。地面站频率的选取除了满足通信需要外,还应考虑到便于系统的频率规范化或必要时载频的更换,以及便于设计和生产。对于有些小型地面站,下变频器覆盖的频带能容纳一个卫星转发器带宽(如 36MHz)也就可以了。

(2) 性能指数 G/T 值

接收机灵敏度常用性能指数 G/T 来表征,地球站的接收灵敏度越高,越能有效的利用通信卫星功率。很明显,地球站接收天线的增益 G 越高,接收系统的等效噪声温度 T 又很低,保证一定通信质量所需的通信卫星功率就越小,或卫星功率一定时,通信容量越大或通信质量越好。从通信线路的设计来说,提高 G 或减小 T,其效果是相同的。前者需要增大天线口径尺寸,后者需要低噪声接收机,两者如何配合,既满足性能指标,又节省投资,是地球站设计中的重要问题。

(3) 有效全向辐射功率(EIRP)及其稳定度

地球站天线的发射增益与馈入功率之积称为有效全向辐射功率。它是表征地球站发射能力的一项重要指标。这一指标数值越大,标志着地球站的发射能力越强,但也意味着该站的体积越大,成本越高,故对此必须进行合理的选择。

一般要求地面站的发射功率非常稳定,即 EIRP 不能有大幅度的变动,否则影响系统的通信质量。为此,通常要求 EIRP 值的变化在额定值的 ±0.5dB 以内。

(4) 载波频率的准确度和稳定度

载波频率的准确度是指其实测值 f_1 与规定值 f_0 的最大差值,记为 $\Delta f_{10}(\Delta f_{10}=f_1-f_0)$。而载波频率的稳定度是指一定时间间隔内由于各种因素的变化而引起的载频漂移量的最大值。这两个指标对保证卫星通信线路的正常工作有着重要的影响,否则与 EIRP 不稳定一样,也会在转发器中产生交调干扰,造成能量损失和对其他相邻频道的干扰。国际卫星通信组织规定:FDM/FM 载波稳定度为 ±150kHz/月以内,电视载波稳定度为 ±250kHz/月以内,SCPC 载波稳定度为 ±250Hz/月以内。

(5) 互调引起的带外辐射及寄生辐射的允许电平

为了防止同其他地球站和微波系统的相互干扰,地球站发射机的带外辐射和寄生辐射应有足够的抑制能力。一般对这两者的要求分别为 23dBW/4kHz 和 4dBW/4kHz 以下。

3.2.3.2 地球站站址的选择

建造卫星地球站时,站址的选择要考虑许多因素,比较各种条件,并解决一系列技术上的问题,如地理位置、信号干扰、地质和气象条件等,其他如水源、供电、交通和生活环境等因素,也必需加以考虑。

1. 地球站与微波通信系统的相互干扰

目前,卫星通信系统与地面微波通信系统共用同一频段。为了避免这两种系统的相互干扰,双方必须进行技术协调(包括国际间的协调),以便都能正常工作。这种相互干扰有 4

种可能的途径,如图 3.24 所示,其中 A 与 B 表示地面微波站与通信卫星间的相互干扰,为了防止这种干扰,必须限制通信卫星的辐射功率和限制地面微波站的发射功率和方向,只有这样才能把这种干扰减小到可以允许的程度。对此,CCIR 在 1979 年就做了明确规定[读者可参阅"无线电规则(WARC—79)第Ⅷ章 27 条Ⅳ节和(N25)Ⅰ、Ⅱ节"]。C 和 D 表示微波站与地面站之间的干扰。必须适当选择站址,使两者之间干扰波的传输损耗大于允许的最小值 L_b,即

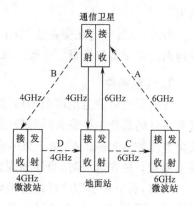

$$L_b = P_T + G_T + G_R - F_S - P_R \qquad (3\text{-}1)$$

图 3.24 卫星通信系统与
微波通信系统之间的干扰

式中:P_T 是干扰站的发射功率(dBW);G_T 是干扰站发射天线在被干扰站方向的增益(dB);F_S 是干扰站或被干扰站的场地屏蔽系数(dB),即在无屏蔽和有屏蔽的条件下,地球站对同一干扰源所收到的干扰信号功率之比的分贝数;P_R 是被干扰站的接收机输入端所允许的最大干扰电平(dBW);G_R 是被干扰站的接收天线在干扰源方向上增益。

如果 P_T、G_T、G_R 和 P_R 各值已根据卫星通信线路和微波通信线路的设计确定,由式(3-1)可以看出,要满足规定的传输损耗 L_b,必须有一个与之对应的 F_S 存在,要求干扰站或被干扰站的场地屏蔽系数必须大于(或等于)这个值,才能避免相互干扰。

2. 地球站位置

选择地球站站址时,必须考虑地球站在对准通信卫星的方向上有很大的视野范围,又应尽可能减少干扰源及其影响。这可以由适当的地平线仰角(又称山棱线仰角)来保证,它是山棱线与天线的连线与水平线的夹角 α,如图 3.25 所示。从增加场地的自然屏蔽以防止干扰来看,地平线仰角越大越好。但是,α 增大与天线仰角 θ(天线中心轴线指向卫星的角度)之间的差值将会减小,使天线系统的噪声温度增加,从而使地球站的性能指数 G/T 值下降。为此,希望地平线仰角选择低些。

图 3.26 表示出了天线系统噪声温度与地平线仰角、天线仰角之间的关系。从图中可见,当天线仰角一定时,天线系统的噪声温度将随地平线仰角加大而增大。因此,只要能避免与微波站的干扰,地平线仰角应选择低些。

基于以上原因,同时考虑到卫星有一定的经度和纬度漂移,所以指向卫星的天线仰角与地平线仰角之差最好大于 10°,不可小于 5°,并应留有适当的余量。

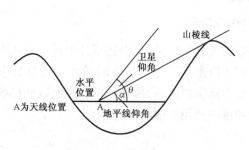

图 3.25 地平线仰角

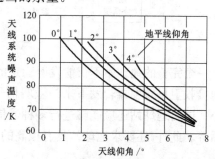

图 3.26 天线系统噪声温度与地平线
仰角和天线仰角之间的关系

大型的地球站对场地土质结构有要求,在选址时应考察地质结构是否符合要求。站址不能选在滑坡、下沉和地层变动频繁的地区,还应了解站址待选区的地震史,以便采取相应的措施。

另外,站址应选在交通便利,水源和电源充足处。同时与通信交换中心的距离要近,以减少地面传输设备的投资。一般地球站离城市不宜太远。

3. 气象条件

坏的天气将使卫星信道的传输损耗和噪声增大,导致线路性能下降,甚至不能正常工作。气象条件的恶化主要是大风和暴雨,北方地区还应考虑积雪。如对于大、中型地球站,天线主波束宽度约 $0.1°{\sim}0.4°$,由于风的影响,使天线束偏移量超过主束宽度的 1/10 时,就可能影响通信质量。故在选择时,要详细调查当地大风等的历史资料,以便采取合理的措施。

目前,有一些小型地球站直接架设在用户点。在干扰允许的条件下,为节省资金,地球站可设置在楼顶,但必须考虑风负载对楼顶的压力和拔力。

3.2.3.3　地球站的组成

由于具体的工作频段、服务对象、业务类型、通信体制,以及通信系统总体特性等方面的不同,在各种卫星通信系统中所用的地球站是多种多样的。但是,从地球站设备基本的组成及工作过程来看,它们的共性还是主要的。一般地说,一个典型的双工地球站设备包括天线分系统,大功率发射分系统,高灵敏度接收分系统,终端分系统,电源分系统和监控分系统等 6 个部分,如图 3.27 所示。

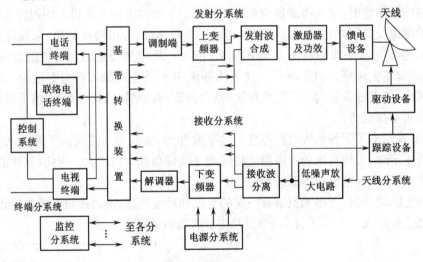

图 3.27　地球站组成框图

一个完整的地球站不仅能发射稳定的、宽频带的大功率信号(几十瓦至几千瓦),而且能可靠地接收卫星转发器转发下来的微弱信号(10^{-5} pW 数量级),并且引进的噪声和失真又应相当小。同时地球站还应能够进行多种通信业务,如多路模拟电话、传真、电视、高速数据和数字电话等。此外,还要求地球站具有很高的可靠性和维护使用方便等。

3.2.3.4　地球站的天线分系统及功能

天线分系统是地球站的重要设备之一。天馈线的优劣不但关系到地球站的发射性能指标

EIRP,而且关系到地球站的接收性能指标$(G/T)_E$,因而直接影响到卫星通信质量的优劣和系统容量的大小。另外,从经济上来看,天线分系统的价格约占地球站通信设备总价的三分之一,故天线分系统在地球站中的地位和作用是十分重要的。

（1）天线分系统的基本组成及要求

天线分系统主要包括天线主体设备,馈电设备和天线跟踪设备（即天线伺服系统）三部分,如图 3.28 所示。

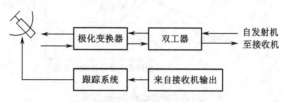

图 3.28　天线分系统组成

天线的基本功能是辐射和接收电磁波,馈电设备主要起着传输能量和分离电波的作用,天线跟踪设备则主要是为了保证天线始终对准使用的卫星。

为了确保天线分系统能够完成上述主要功能,对天线分系统设备提出以下要求。

① 天线增益高。为了提高 EIRP 和 G/T 值,要求天线增益尽量高。为此,一是增大天线口径,二是选用高效率天线,效率 η 一般为 $60\%\sim80\%$。

② 低噪声温度。为了降低接收系统的总噪声,除了减少馈线损耗外,还要减小进入天线的等效噪声温度。天线仰角为 5°时,T_a 为 50K 左右;天线仰角为 90°时,T_a 约为 25K。

③ 宽频带特性。收、发信设备在 500MHz 的频带范围内部应具有增益高和匹配好的特性。

④ 馈电系统应具有损耗小,频带宽,匹配好,收、发通道之间的隔离度大,对发射通道还要求能耐受发射机最大的输出功率。

⑤ 天线波束宽度窄,旁瓣电平低。这主要是从相邻卫星通信系统之间及其与地面微中继通信系统之间电磁兼容性（抗干扰）来考虑的,一般要求天线:

$$G\leqslant-14\text{dB}　　(\theta>48°)$$
$$G\leqslant29-25\lg\theta\text{dB}　　(1°\leqslant\theta\leqslant48°)$$

⑥ 旋转性好。由于要求天线波束方向能在很广的范围内变化,为此地球站天线应能转动,其方位角为 ±90°,仰角为 0°～70°。

⑦ 机械精度要高。从天线理论知道,天线半功率点波束宽度可按下式计算:

$$\theta_{1/2}\approx70\lambda/D　(°) \tag{3-2}$$

通常,要求天线的指向精度在波束宽度的十分之一以内。按此要求计算,对于 $\lambda=7.5$cm,$D=27.5$m 的天线来说,波束宽度 $\theta_{1/2}=0.2°$,则指向误差不能超过 0.02°。故机械精度要求是比较高的。

（2）天线分系统主体设备

地球站一般可以采用抛物面天线,喇叭天线和喇叭抛物面天线等多种形式。但是,目前能够比较满足上述要求的是一种双反射面式微波天线,它是根据卡塞格伦天文望远镜的原理研制的,一般称之为卡塞格伦天线。

图 3.29 是卡塞格伦天线的原理图,它包括一个抛物面形的主反射面和一个双曲面形的副反射面。副反射面放在主反射面的焦点处。由一次辐射器（馈源喇叭）辐射出来的电波,首先

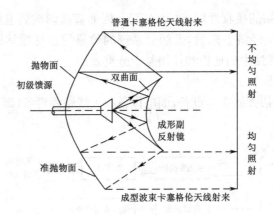

图 3.29　卡塞格伦天线原理图

发射到副反射面上,而副反射面又将电波反射到主反射面上,主反射面把副反射面射来的波束变成平行波束反射出去,也就是把四面八方辐射的球面波变成了朝一定方向辐射的平面波,这就明显地增加了方向性。接收时,电波路径与上述相反。

卡塞格伦天线的主要优点是把大功率发射机或低噪声接收机直接与馈源喇叭相连,从而降低了因馈电波导过长而引起的损耗噪声,同时从馈源喇叭辐射出来经副反射面边缘漏出去的电波是朝向天空而不象抛物面天线那样射向地面,因此降低了大地反射噪声。

(3) 馈电设备

馈电设备接在天线主体设备与发射机和接收机之间,它的作用是把发射机输出的射频电信号馈送给天线或把天线收到的电波馈送给接收机,也就是起着传输能量和分离电波的作用。为了能高效率传输能量,馈电设备的损耗必须很小。

典型的馈线设备由馈源喇叭、波导元件和馈线组成。

馈源喇叭(即一次辐射器)装在馈电设备的最前端,负责向天线(副反射面)辐射能量和从天线收集电波,它的形式有圆锥喇叭、喇叭形辐射器和波纹喇叭等。对馈源喇叭的主要要求是能产生与旋转轴对称的尖锐辐射图形。

接在馈源喇叭之后的波导元件大部分属于定向耦合器、极化变换器和双工器等,它们是用来分离电波和变换电波极化方式,目的是使收、发信电波之间既不相互干扰又能高效率地进行传输。

双工器是用来解决收/发共用一副天线的问题。实际上,一是利用发送波和接收波因极化正交而产生的隔离作用,二是利用发送波和接收波的频率不同(如发 6GHz,收 4GHz)而产生的隔离作用,来达到收/发共用一副天线。联接接收机、发射机和波导元件的馈线通常是一些矩形波导、椭圆形波导等。

(4) 天线跟踪设备

地球站天线对准卫星的跟踪方法有三种。第一种是根据事先知道的与时间相对应的卫星轨道和位置数据,通过人工操作来按时调整天线的指向,这就是手工跟踪。第二种是将预知卫星轨道数据和天线指向角度数据都编成时间程序,然后通过电子计算机调整天线指向,这就是程序跟踪。由于地球密度不均匀和其他干扰的影响,一般很难算出较长时间内的精确轨道数据,这就使上述两种方法都不能对卫星实现连续精确跟踪。第三种方法是自动跟踪。平时卫星一直向地球站发射一个低电平的微波信标信号,地球站通过跟踪接收机将这个信标信号接收下来。如果地球站天线对准了卫星方向,那么跟踪接收机就没有误差信号输出。相反,如果天线轴偏离了卫星方向,就产生一个与偏离角度成正比的误差信号。通过跟踪接收机将误差信号放大、检波、变成直流控制信号,去控制天线驱动装置,调整天线的指向。自动跟踪方法与前两种方法不同,它能够连续地对卫星进行跟踪,精度比较高。故目前在大、中型地球站中,基本上是以自动跟踪为主要方式,而手动和程序跟踪为辅助方式。

3.2.3.5 地球站的大功率发射分系统及功能

(1) 大功率发射分系统组成及要求

地球站大功率发射系统主要设备如图 3.30 所示。来自终端的经过变换处理的基带信号,送到调制器,变成 70MHz 的已调信号,接着在中频放大器和中频滤波器中对它们进行放大并滤除干扰信号,然后送到上变频器,变换成微波频段(如 6GHz)的射频信号,最后由功率放大器放大到所需的发射电平,经由馈电设备送到天线发射出去。

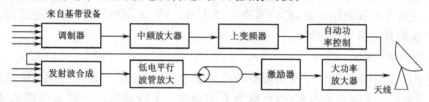

图 3.30 发射分系统主要设备方框图

对于大功率发射系统一般有以下主要技术要求。

① 功率高。发射系统的发射功率主要取决于卫星转发器的 G/T 值和转发器所需的激励电平,同时也与地球站所需的信道数量和类型以及地球站天线增益等有关。由于目前卫星转发器 G/T 值比较小,一般要求地球站必须辐射足够大的射频功率,并随容量的增加而增加。

② 频带宽。为适应多址通信的特点和卫星转发器的技术性能,要求地球站大功率发射系统具有很宽的频带。在 C 波段,一般能在 500MHz 宽的频带内工作。

③ 增益稳定性要高。为了避免使与本地球站通信的对方地球站性能变坏,除恶劣气候条件外,卫星方向的 EIRP 值应保持在额定值±0.5dB 范围内。这样,对发射系统的放大器增益的稳定度要求就更高(即小于±0.5dB),因而大多数地球站的发射系统都装有自动功率控制电路。

④ 放大器线性好。为了减少频分多址方式中多载波产生的交调干扰,大功率放大器的线性要好。

(2) 大功率放大设备

如图 3.31 所示,大功率放大设备是由中小功率的激励器、大功率放大器、功率自动控制电路、冷却系统(水冷或风冷)、监测保护电路等系统组成。

激励器是一个中小功率高增益的放大器,位于上变频器和大功率放大器之间,为高功率放大器提供一个必需的激励电平。为了保护大功率放大器,在激励器上还有二极管电子开关,防止大功率放大器的过载信号进入激励器。目前,激励器一般多采用行波管放大器和固态场效应管放大器,带宽约为 500MHz,增益为 40dB 左右。

目前,大功率放大器主要采用行波管和速调管放大器。行波管与速调管相比,具有 500MHz 的宽频带,但装置复杂,对电源要求高,电源消耗功率大,价格昂贵。速调管工作频带窄(40~50MHz),使用上受通信容量增加的限制,但它装置简单,功率转换率较高,而且经济,

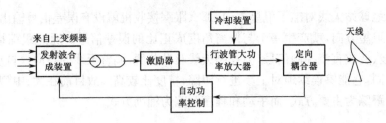

图 3.31　大功率放大设备方框图

故目前在地球站中应用较多。

自动功率控制电路是用来将高功率速调管放大器输出电平的波动值控制在 ±0.5dB 以内。监测保护电路可以检查出波导内的闪耀、电弧、反射波增大、冷却不足以及电流过大等故障，并能高速切断高压电源。

大功率速调管放大器工作时，由于高电压大电流通过收集极，使收集极急剧发热，为了确保速调管的正常工作和使用寿命，必须采取冷却措施，一般多采用风冷方式，通过向风管中吹风和抽风将速调管的热量带走。

（3）上变频器（DC）

它的作用是把中频已调信号变为发射频段的微波信号（如把中频变为 6GHz 频段中的某一射频）。因为是将中频变为射频，因此称为上变频器。上变频器中一般采用频率稳定度高、频率更改方便的微波频率合成器作为本振源，因而能很好的满足地球站发射设备的要求。

（4）调制器（MOD）

它的作用是将终端设备送来的基带信号对中频（如 70MHz）进行调制。模拟制常用调频，数字制则用移相键控或其他数字调制方式。

3.2.3.6　地球站的高灵敏度接收分系统

（1）接收分系统的组成及要求

接收分系统的作用是从噪声中接收来自卫星转发器的微弱信号。图 3.32 表示出了地球站接收系统的主要设备组成框图。

由图可以看出，接收系统的各个组成设备是与发射系统相对应的，但作用是相反的。

图 3.32　接收分系统组成框图

由地球站天线接收到来自卫星转发器的微弱信号，经过馈电设备，首先加到低噪声放大器进行放大，从低噪声放大器输出的信号，经过低损耗射频电缆传输给接收系统下变频器。为了补偿传输损耗，在信号到达下变频器之前，还需要经过晶体管放大器进一步放大。如果接收多个载波，那么还要经过接收波分离器装置分配到不同的下变频器去。在下变频器中，把接收的射频载波变成中频信号，再经过中频放大器和滤波器等，加到解调器，解调出基带信号。

对于接收系统的一般要求为：

① 高增益。因卫星下发功率有限，且下行损耗极大，要求接收机具有很高的增益，一般为65dB 左右。

② 低噪声。接收设备仅有高增益是不够的，实际上，如果噪声太大，会"淹没"微弱信号，

这样即使增益再高,放大后输出的也只是一片噪声,或者是受到噪声严重干扰的信号。故当信号强度一定时,接收微弱信号的能力主要取决于噪声的大小。根据不同接收系统的需要,一般噪声温度为 20~85K。

③ 工作频带宽。卫星通信的最显著特点是能实现多址连接和大容量通信。因此,要求接收系统的工作频带宽,一般低噪声放大器必须具备 500MHz 以上的带宽。

④ 其他要求。为了保证卫星通信系统的通信质量,要求低噪声放大器增益稳定(±0.3dB/天),相位稳定,带内频率特性平坦和互调干扰产物要小,设备可靠性高等。

(2) 低噪声放大器(LNA)

在微波段的低噪声放大器有参量放大器、场效应晶体管放大器(FETA)、隧道二极管放大器等。

早期的低噪声放大器采用液氦制冷的参量放大器。这种放大器的优点是产生的噪声极低,等效噪声温度仅为 17~20K;增益高,由 2~3 级组成的放大器的总增益可达 50~60 dB;频带宽,达 500MHz。但液氦制冷设备比较复杂,冷却到正常工作温度的时间较长,操作维护很不方便。后来基本上被电制冷(半导体热偶致冷)的参量放大器取代。电制冷参量放大器等效噪声温度为 30~45K,设备较简单,易于维护,性能稳定。近年来,又广泛使用一种新型常温低噪声砷化镓场效应管放大器,其等效噪声温度已达到 45K,并正在改进,使等效噪声温度进一步降低。它比电制冷参量放大器更简单实用,有取代电致冷参量放大器的趋势。

(3) 下变频器(DC)

下变频器主要由中频滤波器、混频器、本振等组成。下变频器的作用是将经低噪声放大器放大到一定程度的微波信号变为中频(如 70MHz)信号,并送到中频放大器继续放大到一定电平后再解调。

(4) 解调器(DEMOD)

解调器的作用是对中频已调信号进行解调,还原为基带信号送给终端设备。

3.2.3.7　地球站的其他系统

(1) 端分系统

地球站终端设备的种类很多,每个站需要配置哪些终端设备是由其通信业务种类和通信体制决定的。终端分系统的作用是:上行对经地面接口线路传来的各种用户信号分别用相应的终端设备对其进行转换、编排及其他基带处理,形成适合卫星信道传输的基带信号;下行将接收分系统收到并解调的基带信号进行与上行相反的处理,然后经地面接口线路送到各有关用户。

(2) 电源设备

地球站电源设备担负着供应全站的设备所需电能的任务,因此,电源设备是确保地球站能可靠正常运行的重要条件。

地球站为了避免杂散电磁干扰,同时在卫星通信的方向上不应有大的障碍物,故它的站址一般离大城市总是有一段较远的距离。由于市电经过较长距离的传输而引进许多杂散干扰,而且市电本身的电压也会出现较大的波动,故地球站使用市电时,对电源必须进行稳压和滤除杂散干扰。由于种种原因市电还会出现偶然断电,这对地球站的影响就更严重了。对大型站来说,停电 1 秒,会导致比这长得多的线路中断时间,如停电超过 60 秒,那么大功率发射机就不可能重新自动恢复了。所以,地球站所需的电源必须是电压稳定、电源频率稳定、可靠性高的不中断电源。

一般能满足地球站供电要求的电源设备有两种：一种是应急电源设备，另一种是交流不间断电源(UPS)设备。目前，大部分地球站，采用的是后一种供电电源系统。

另外，为了确保电源设备的安全以及减少噪声、交流声的来源，所有的电源设备及通信设备都应用良好的接地装置。

（3）监控分系统

为使操作人员随时掌握各种设备的运行状态，及时有效地对设备进行维护管理，就要对各部分设备的有关参数、现象等进行测试、监视和控制。监控分系统主要由监视设备、控制设备和测试设备等组成。地球站一般采用集中监视方式，即将主要设备的指示、告警和控制都集中到监控台上，操作人员通过监控台监控各种设备的工作情况。这种方式便于操作控制，对于设备分设于几个机房的地球站，多数设备机房可实行无人值守，只在必要时才进机房维护检修。

地球站需要监控分系统监视和控制的项目很多，如各种设备是否发生故障、工作参数是否正常等，这些通过监视仪表、告警灯和声响告警装置等在监控台显示出来；监控台的控制部分能对高功率放大器的输出功率、天线仰角和方位角以及设备的主备用倒换等进行控制和调整。

3.2.3.8 地球站设备举例—CVSD/SCPC/PSK 地球站设备简介

这里介绍加拿大斯巴(SPAR)公司的连续可变斜率增益调制(CVSD)卫星通信地球站设备。目前，这种制式的地球站设备在我国和其他许多国家的卫星通信中得到了广泛的应用。

SCPC 通信系统的方框图如图 3.33 所示，它分为射频、中频及语音调制解调三部分。地球站的射频部分主要指在 6GHz 及 4GHz 的射频频率上工作的高功率放大器、低噪声放大器以及上、下变频器部分。对 SCPC 系统，射频部分就只有上、下变频器两部分了。上变频器如图 3.34 所示，它采用两次变频方式，即将输入的 70MHz 信号首先变成 735MHz 的中频信号，再变成 6GHz 信号。下变频器的结构原理与上变频器类似，如图 3.35 所示。

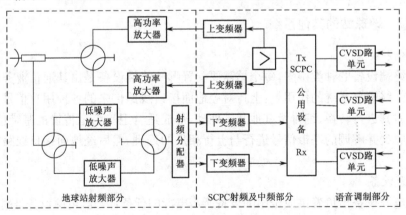

图 3.33 SCPC 通信系统方框图

选择中频为 735MHz 可以使收/发频段内即使有本振的谐波干扰也不会成为收/发信的镜像。

变频器采用锁相环路类的微波频率合成器，它提供以 1MHz 为一档的输出频率，使用混合脉冲分频技术减小相位噪声，以达到 SCPC 使用的水平。由于 SCPC 在 6GHz 频段上每路仅 45kHz 的间隔，电路要求频率稳定度高。所以系统采用了统一的 5MHz 参考频率源。其他

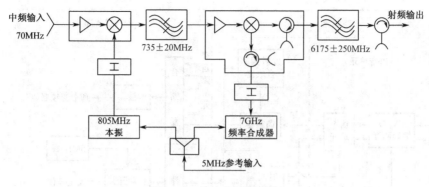

图 3.34　上变频器组成图

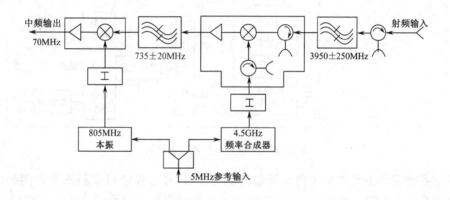

图 3.35　下变频器组成图

如变频器部分的放大器、混频器和相关器件都使用了宽带元件,因而在使用频率上群时延失真都很小(735MHz 滤波器的群时延低于 0.01ns/MHz),为此变频器部分不考虑时延均衡,而只考虑卫星端的均衡问题。

　　与变频器部分相接的是 SCPC 公用设备部分,其方框图如图 3.36 所示。图中,公用设备是全部信道单元的共用电路,可以分成发射单元,接收单元和 5MHz 参考振荡器三部分。发射部分由中频合路器和带通滤波器组成。合路器把路单元信号进行功率合成,组成 $52.0225\sim87.9775\text{MHz}$ 的发射频谱。滤波器($70\pm20\text{MHz}$)用来滤除带外杂音,衰减器则用来调节中频输出电平。

　　接收部分与发射部分相反。先经过滤波器,再送入导频接收机,导频接收机采用 1:1 备份,并可自动倒换。导频接收机内有 AGC(自动增益控制)电路,可使导频输出电平保持在一定的范围内。机内还有 AFC(自动频率控制)电路,通过导频与本地参考频率的比较,使 SCPC 频谱中心保持在准确的 70MHz 中频,以补偿下变频器及卫星线路(包括多普勒频移)造成的频率偏移,中频分路器则用来把收到的频谱分配到全部路单元。

　　公用设备单元还包含一对互为备用的 5MHz 参考振荡器,它是整个 SCPS 系统的心脏,它既是每个路单元产生发射和接收频率的参考源,同时也是上、下变频器中微波频率合成器的参考源。

　　图 3.36 中的路单元部分主要由语音信道单元和调制解调器组成,下面分别从发/收两方

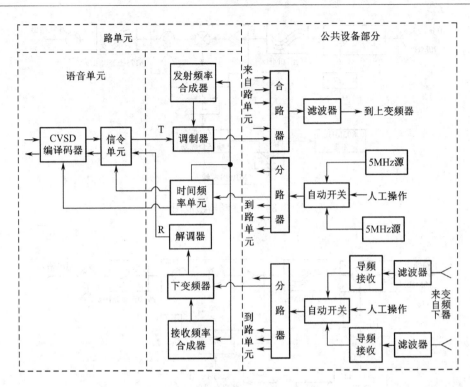

图 3.36　路单元及公用设备部分

面来说明工作情况。由局终端送到编译器的语音信号,经过连续可变斜率增量调制(CVSD)后变成 32Kb/s 的不归零数据流,这里采用了 3bit 检测以扩大信号的输入动态范围。由于以单路单载频方式工作,为了节省卫星功率,减少交调干扰,在路单元中有一个语音激活开关,当语音电平超过门限时(-48dBm),此开关就送出信号激活中频载频,当没有语音信号时,就不发载频信号。

信令信号单元可以把电话信令变成便于收、发的格式,这里以 2600Hz 单频或 E.M 信令两种方式中的一种方式工作,若采用 2600Hz 单频信令方式,可以节省两条传输线。

调制器单元把来自编码器的 32Kb/s 不归零比特流用二相调制(BPSK)变成调制载频,然后与信道发送频率合成器来的具有高频谱纯度及低相位噪声的本振频率混频产生 70±20MHz 范围内的信道频率。在调制单元中,还采用了预调制滤波器(38kHz 低通滤波器),在频带受限的数字通信中,这能控制频谱能量,取得最佳误码率。

信道发送频率合成器可以在频带内产生 1599 个间隔为 22.5kHz 的不同频率。频率可以由指轮开关方便地选择,1599 个不同的信道频率提供了 1599 个 SCPC 信道工作的可能性,但由于采用了 BPSK 方式调制的语音信道间隔是 45kHz,因而只有 800 个工作频率是实用的,定时频率单元产生全部信道单元所要求的工作频率,其参考的基准频率取自公用设备单元中的 5MHz 频率源。

从图 3.36 中还可以看出,从公用设备输出的 70MHz 中首先进入信道变换器,在这个下变频级里 70MHz 信号被变换成解调器的工作频率 512kHz,接收频率合成器提供所需的本地振荡频率。为了保证在整个 70±20MHz 频带内提供工作要求的 45kHz 间隔,在解调器之前使用了路滤波器,即在 512kHz 处采用 36kHz 带通滤波器,这个滤波器保证了最大的载波噪声比及最小的字符干扰。

接收频率合成器与发送频率合成器在设计上相同,只是在使用上两者频率是互相对应的,就是说,发送频率合成器的第 1 路频率与接收频率合成器的第 1599 路频率相同。

解调器采用相干 PSK 解调,它包括载频恢复及定时恢复电路,解调器可以脉冲工作也可以连续方式工作,解调器的输出是信号数据流并含有 32kHz 的时钟,送到 CVSD 解调器中解调出语音和信令信息。

在这样的路单元中,可以传送电话信号,复用的电报和传真信号。

路单元也能作为高速数据通信使用,只要把增量调制板和信令信号板用数据接口单元及前向纠错(FEC)编码器来代替即可。例如,欲发送 56Kb/s 的数据,可以使用 7/8 率的 FEC 编码器,48Kb/s 的数据,可以使用 3/4 率的 FEC 编码器。

3.3　卫星通信体制

通信系统的基本任务是传输和交换载有信息的信号。通信体制就是指通信系统为了完成一定的通信任务而采用的信号传输方式和信号的交换方式。不同的通信系统,其通信体制的内容和特点也不尽相同。对卫星通信系统来说,它的通信体制主要是以下几个基本问题:

① 基带信号的传输方式。信源是模拟的还是数字的;采用模拟方式传输还是采用数字方式传输;语音数字化采用 PCM 还是 ΔM。

② 调制方式。是采用频率调制(FM)还是相移键控(PSK)等。

③ 多址连接方式。地球站采用何种方式建立各自的通信线路,是频分多址、时分多址、空分多址还是码分多址等。

④ 信道的分配与交换制度。如何分配卫星信道,是预分配还是按需分配,转发器有无交换功能,如何交换等。

3.3.1　卫星通信体制概述

1. 基带信号和纠错方式

数字卫星通信方式是卫星通信的一种重要方式,它传递的信号可以是数据,也可以是已经数字化的语音信号。模拟语音信号的数字化在卫星通信中一般采用 PCM 和 ΔM,以及它们的改进型。PCM 主要用在民用大容量的数字卫星通信系统,如 IS—V 的数字通信部分。一路 PCM 话的数码率为 64Kb/s。目前国内外的军用卫星通信系统一般都采用 ΔM 及其改进型,例如连续可变斜率 ΔM(CVSD)。它又称为音节压扩自适应 ΔM 方式,电路已集成化,在 $P_e = 10^{-3}$ 时仍能保持良好的性能,在 $P_e = 10^{-2}$ 时的性能也可以接受,甚至 P_e 高达 10^{-1} 时仍能得到可懂的语音,只是噪声较大。自适应差分脉码调制(32Kb/s ADPCM)是 CCITT 推荐使用的系统,其动态范围和信噪比性能均接近于 64Kb/s PCM。由于它具有良好的性能,且信道利用率高,目前在国内外均已得到应用。但其设备复杂,适用于大容量的卫星通信系统。如中速率数据业务(IDR)系统即采用了 32Kb/s 的 ADPCM 编码技术来提高语音质量和信道利用率。

在数字卫星通信中,广泛采用了纠错编码技术,以提高系统抗干扰性和在卫星功率受限情况下提高通信容量。卫星信道基本上是高斯白噪声信道,差错主要是随机出现的,只有少量突发性差错。因此,纠错编码以纠正随机错误为主。由于卫星通信传输时延大,所以大都采用前向纠错(FEC)。而自动要求重发(ARQ)主要用于卫星信道的数据传输。FEC 的两大类,即分组码(主要是 BCH 码)和卷积码在卫星通信中均有应用,如 IS—V 即采用(127,112)BCH 码。国内卫星通信的 CVSD 地球站则采用了编码效率为 3/4 和 7/8 的两种卷积编码和门限译码。

2. 调制制式

目前,模拟卫星通信主要采用调频(FM)制,这是因为 FM 已被大量应用,技术成熟,传输质量好,能得到较高的信噪比。在这种系统中,一般采用预加重技术、门限扩展技术和语音压扩技术来改善系统性能。近年来由于卫星通信的迅速发展,频带问题成为主要矛盾,因此人们又提出了采用压扩单边带调制来传输电话信号,这种方式所占频带较窄,可以提高通信容量。

在数字卫星通信中,主要采用 PSK 调制。这是因为卫星信道基本上可视为恒参信道,因此可以考虑采用最佳调制和检测方式,即选用在加性高斯白噪声信道中抗干扰性能力最强的调制方式。同时,由于卫星通信的频带受限,选择调制方式时,还应考虑提高频谱利用率。另外,由于转发器功率、效率和非线性等因素的限制,以及对交调干扰等方面的考虑,ASK 的混合调制一般不宜采用,而宜采用恒包络调制式方式。虽然 FSK 和 PSK 都是恒包络调制,但 PSK 可以获得最佳接收性能,且比 FSK 能更有效地利用卫星频带,因此,数字卫星通信主要采用 PSK。其中除 BPSK 外,目前绝大多数系统均采用 QPSK。此外,为了改善已调波的频谱特性,人们还提出了许多新的调制方法,OQPSK(SQPSK)、MSK 等。目的是使在码元转换时刻已调波的相位不发生大的跃变甚至能连续变化,从而使已调波的频谱更加集中,频带利用率得到提高。

3. 多址连接方式

多址连接是卫星通信的显著特点之一,它是指多个地球站通过共同的卫星,同时建立各自的通道,从而实现各地球站相互之间通信的一种方式。多址方式的出现,大大提高了卫星通信线路的利用率和通信连接的灵活性。

设计一个良好的多址系统是一件复杂的工作。一般要考虑如下因素:容量要求、卫星频带的有效利用、卫星功率的有效利用、互联能力要求、对业务量和网络增长的自适应能力、处理各种不同业务的能力、技术与经济等因素。多址连接方式和实现的技术是多种多样的。目前常用的多址方式有 FDMA、TDMA、CDMA、SDMA(空间分割多址)以及它们的组合形式。此外,还有利用正交极化分割多址联系方式,即所谓频率再用技术。由于计算机与通信的结合,多址技术仍在发展。

另外,多址连接技术不只是应用在卫星通信上,在地面通信网中,多个通信台、站利用同一个射频信道进行相互间的多边通信,也需要多址连接技术。如一点对多点微波通信、扩频通信以及移动通信等。

4. 信道分配技术

卫星通信中,和多址连接方式密切相关的还有一个信道分配问题。它与基带复用方式、调制方式、多址连接方式互相结合,共同决定转发器和各地球站的信道配置、信道工作效率、线路组成及整个系统的通信容量,以及对用户的服务质量和设备复杂程度等。

在信道分配技术中,"信道"一词的含义,在 FDMA 中,是指各地球站占用的转发器频段;在 TDMA 中,是指各站占用的时隙;在 CDMA 中,是指各站使用的码型。常用的分配制度如下几种。

(1) 预分配方式(PA)

在 FDMA 系统中,卫星信道(频带、载波)事先分配给各地球站,业务量大的地球站,分配的信道数多一些,反之少一些。在 TDMA 系统中,事先把转发器的时帧分成若干分帧,并分配给各地球站,业务量大的站分配的分帧长度长,反之分配的分帧长度短。

为了减小固定预分配(FPA)的不灵活性,还可以采用按时预分配制(TPA)。它是一种修正性的,基本上仍是固定分配的制度。它可根据网中各站业务量的重大变化规律,事先约定作几次站间信道重分。

(2) **按需分配方式(DA)**

这种方式是所有信道归各站共用,当某地球站需要与另一地球站通信时,首先提出申请,通过控制系统分配一对空闲信道供其使用。一旦通信结束,这对信道又归共用。由于各站之间可以互相调剂使用信道,因而可以用较少的信道为较多的站服务,信道利用率高,但其控制系统比较复杂。

(3) **随机分配方式**

随机分配是面向用户需要而选取信道的方法,通信网中的每个用户可以随机地选取(占用)信道。因数据通信一般发送数据的时间是随机的、间断的,通常传送数据的时间很短,对于这种"突发式"的业务,如果仍使用预分配甚至按需分配,则信道利用率都很低。采用随机占用信道方式可大大提高信道利用率。如果这时每逢两个以上用户同时争用信道时,势必发生"碰撞"。因此,必须采取措施减少或避免"碰撞"并重发已遭"碰撞"的数据。

3.3.2 频分多址(FDMA)方式

当多个地球站共用卫星转发器时,若根据配置的载波频率的不同来区分地球站的站址,这种多址连接方式称频分多址。其基本特征是把卫星转发器的可用射频带宽分割成若干互不重叠的部分,分配给各地球站作为所要发送信号的载波使用。由于各载波的射频频率不同,因此可以相互区分开。频分多址有以下三种处理方式。

① 单址载波方式,每个地球站在规定的频带内可发多个载波,每个载波代表一个通信方向;

② 多址载波方式,每个地球站只发一个载波,而利用基带中的多路复用,如 FDM、TDM方式,可将不同的群落或时隙划分给有关的目的地球站;

③ 单路单载波(SCPC)方式,每个载波只传送一路电话或数据,可根据需要,每个通信方向分配若干个载波。

FDMA 的主要优点是:技术成熟、设备简单、不需要网同步、工作可靠、可直接与地面频分制线路接口、工作于大容量线路时效率较高,特别适用站少而容量大的场合。因此,它是目前国际、国内卫星通信广泛采用的一种多址形式。在 IS－Ⅴ和 IS－Ⅵ系统中,它仍是一种主要的多址方式。但它也有一些不可忽视的缺点:转发器要同时放大多个载波,容易形成交调干扰。为了减少交调产物,转发器要降低功率运用,因而降低了卫星通信容量;各上行功率电平要求基本一致,否则引起强信号抑制弱信号的现象,因此大小站不易兼容;需要保护频带,故频带利用不充分。

3.3.2.1 预分配—频分多址方式

最早使用的频分多址方式是预分配频分复用—调频—频分多址(FDM-FM-FDMA)。它是按频率划分,把各地球站发射的信号配置在卫星频带的指定位置上。为了使各载波间互不干扰,它们的中心频率必须有足够的间隔,而且要留有保护频带。

实现方法是:给每个地球站分配一个专用的载波,把所有需要向其他地球站发射的信号按FDM 方式安排在基带内不同的基群内,再调制到一个载波上发射到卫星上去。其他站接收时,经解调后用滤波器取出只与本站有关的信号。不难看出,任一地球站为了能接收其他所有地球站的信号,都必须设有能接收其他所有站经卫星转发后的下行频率的电路。

3.3.2.2 单路单载波—频分多址方式(SCPC/FDMA)

SCPC/FDMA 方式是在每一载波上只传输一路电话,或相当于一路电话的数据或电报,并采用"语音激活"(又称"语音开关")技术,不讲话时关闭所用载波,有语音时才发射载波,从而节省卫星功率,增加卫星通信容量。通过对大量通话系统的统计研究表明,同一时间只有 25%~40%的话路处于工作状态,也就是说每路话只有 25%~40%的工作概率。采用"语音激活"后,可使转发器容量提高 2.5~4 倍。此外,由于载波时通时断,转发器内载波排列具有某种随机性,可减小交调影响。

单路单载波系统可以采用数字调制 SCPC-PCM(或 ΔM)-PSK-FDMA 方式,也可采用模拟调制 SCPC-FM-FDMA 方式。由于各载波独立工作,可以在一部分载波用模拟调制,另一部分载波用数字调制,实现数模兼容,提高使用的灵活性。由于这种系统设备简单、经济灵活、线路易于改动,特别适合在站址多、业务量少(轻路由)的场合使用,因此不仅国际通信卫星系统采用,近年来,许多国家对这种系统也很重视,广泛用于数据专用通信和船舶、飞机等移动卫星通信中。

单路单载波系统既可以采用预分配方式,也可采用按需分配方式。SPADE 系统就属于后一种。预分配 SCPC 系统的频率配置可以采用与国际通信卫星 SPADE 系统相同的方法,不同点只是预分配不需要公用信号信道(CSC)。

3.3.2.3 按需分配—频分多址(SPADE)方式

目前已研究出多种按需分配多址(DAMA)方案。最典型的是"单路单载波—脉码调制—按需分配—频分多址"(SPADE)系统,其中频率配置如图 3.37 所示。它把一个转发器的36MHz 带宽以 45kHz 的等间隔划分为 800 个信道。这些信道以导频为中心在其两侧对称配置,导频左右两个间隔 18.045MHz 的信道配对使用构成一条双向线路。这样配对的结果在地球站设备中收/发可共用一个频率源。其中 1-1′、2-2′ 和 400-400′ 三对信道闲置不用,余下的 794 个信道提供 397 条双向线路。通信采用 64Kb/s PCM,载波调制采用 QPSK。每信道带宽为 38kHz。各地球站均以某个地球站发射的导频为基准进行自动频率控制。

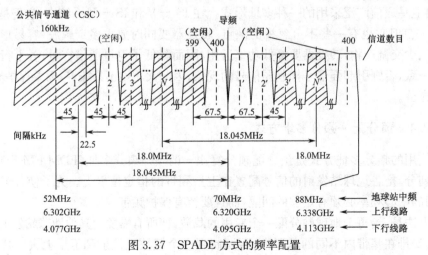

图 3.37 SPADE 方式的频率配置

　　SPADE 系统采用分散控制。按需分配控制信号和各站的交换信号（如信道的分配信息）通过一个公用信号信道（CSC）来传递。CSC 安排在转发器频带的低端,其载频距导频为 18.045MHz,带宽为 160kHz。CSC 采用 BPSK,速率为 128Kb/s,误码率为 10^{-7}。所有地球站的申请和信道分配都通过 CSC 来完成。在 SPADE 系统中 CSC 采用时分多址。TDMA 时帧长度为 50ms,1ms 为一分帧。第一个分帧［即基准分帧（RB）］供帧同步用,第二个分帧供测试用,其余 48 个分帧供多址连接用。如图 3.38 所示。每个地址每隔 50ms 可以向信道申请一次。为了减少这种仍属频分多址的 SPADE 系统的交调干扰,采用了语音控制载波技术,从而使卫星转发器中同时存在的有效载波数减少。根据语音功率检测的结果,可获得 40dB 平均功率。因为在忙时任一瞬间,语音信道只有 40％的语音机会,相当于在该系统的 800 个载波中,同时在卫星转发器内进行放大的约为 320 个载波,于是,能使最坏的交调干扰减少 3dB。

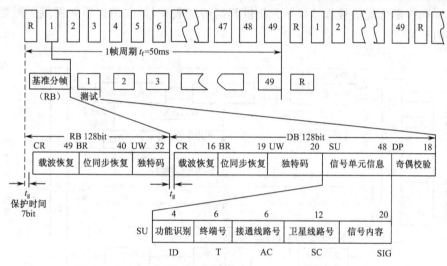

图 3.38　公用信号信道的信号格式

　　这种方式的信号流程和工作过程是这样的:假定 A 站地区电话用户呼叫 B 站地区用户,即 A 站申请建立到 B 站的一条卫星线路。首先是 A 站的电话用户拨号呼叫,市话局根据呼叫号码自动地接到长话局,长话局把申请者发出的呼叫信号传到 A 地球站,并送入 A 站:"按需分配的信号和转换单元"内。这个装置平时就通过卫星的公用信号信道来掌握所有地面站正在使用的公共载波频率的分配情况,并用载波频率忙闲表记录下来。当它收到呼叫 B 站的申请信号后,就从频率忙闲表中选出一对空闲的载波频率,作为 A、B 两站之间发/收信号之用。同时,A 站还将占用这对频率的信号,通过公用信号信道发到所有地面站去。其他所有地面站收到该信号后,便在各自的频率忙闲表中记录下这时刚被分配占用的载波频率,而被呼叫的 B 站,若在此之前没有接到其他站使用这一对频率的呼叫,便立即发出应答信号,并通过 B 站的"按需分配信号和转换装置",把线路分配控制信号加到接收频率合成器,产生这对频率,并且通过 B 站的接口装置连接至该站地区的长话局,根据传至长话局的呼叫拨号,经该局长途自动电话交换机自动地(或人工地)连接到被叫用户所属的市话局,再由市话局呼叫到被叫用户。一个按需分配的卫星通信(双向)线路就沟通了。从 A 站向 B 站发出申请频率开始,到接到 B 站的回答时间约 600ms。在这个时间内,A 站一直监视着公用信号信道装置。如果申请的频率被其他站提前占用,那么 A 站就在自己的频率忙闲表中记录下该频率,同时重新申请其他频率,直到连通线路为止。在 A 站和 B 站之间建立通信线路后,按需分配信号和转换单元可以继续办理到来的或发出的另外的申请。当 A 站与 B 站通信结束时,通过卫星就在公用信号信道上向所有地球站发送终止信号。于是,所有地球站都记下这一频率,以备再分配。

图 3.39 为 SPADE 终端设备方框图。其中地面接口单元是在 SPADE 终端与地面线路之间完成信号的变换、缓冲、中转等功能。信道单元主要提供通信业务,完成通信信号的编译码、调制、解调等功能,语音检测器对信道内容进行检测,根据语音"有、无"的判断,选通和断开载波。信道同步器对 PCM 编译码器的输入和输出比特流执行定时、缓冲和成帧任务。按需分配信号和转换单元的功能是发送和接收 CSC 信号,监视和存储卫星线路的使用情况,以便根据需要分配线路、发送与接收交换信号。中频单元是 SPADE 终端与地球站上、下变频器的接口部分。其功能是合路和分离来自信道单元的信号和来自按需分配信号和转换单元的 CSC 信号及 CSC 基准站发来的导频和其他信号,并具有自动频率控制和自动增益控制功能。定时和频率单元向按需分配信号和转换单元提供调制解调载波,并向信道单元提供所需要的基准频率和定时信号。

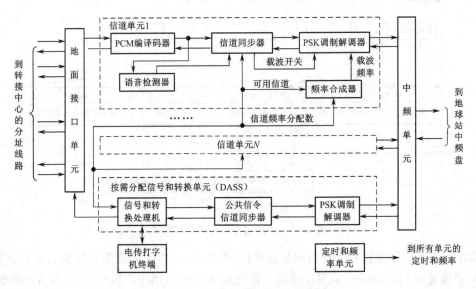

图 3.39 SPADE 终端设备方框图

3.3.2.4 频分多址方式的交调干扰与能量扩散

FDMA 系统存在一个严重的问题,就是产生交扰调制(又称互调)干扰,它给线路设计增加了许多麻烦,而且影响线路的通信质量。产生交调干扰的主要原因是,当卫星转发器的行波管放大器(TWTA)同时放大多个不同频率的信号时,由于输入/输出特性和调幅/调相转换特性的非线性,使输出信号中出现各种组合频率成分。当这些组合频率成分落在工作频带内时,就会造成干扰。

1. 输入/输出特性非线性引起的交调干扰

为了充分和高效率地利用转发器的功率,总是希望行波管(TWT)在饱和点附近工作。但是这时行波管具有非线性特性。当行波管同时放大 f_1、f_2 等多个不同频率的信号时,就会因输入/输出特性的非线性,使输出信号中出现 $nf_1 \pm mf_2$(n、m 为正整数)形式的许多组合频率成分,并干扰被放大的信号。这种现象的存在,既影响了通信质量,又浪费了卫星功率。有些频带不得不因之禁用,这又造成了频带的浪费。另外,如果被放大的各载波信号强度不同(如大、小站的信号同时被放大),还会产生强信号抑制弱信号的现象,不利于大小站兼容。

分析结果表明,因行波管输入/输出特性非线性引起的交调产物,在三阶交调中 $(2f_1-f_2)$ 和 $(f_1+f_2-f_3)$ 形式会落入频带内;在五阶交调干扰中 $(3f_1-2f_2)$ 形式会落入频带内,形成严重的交调干扰,产生波形失真或误码。同时,交调产物的幅度随载波数的增加而减小。当载波数 $n>4$ 时,则载波数 n 增加一倍,三阶交调干扰将减小 9dB 左右。而且,三阶交调干扰中 $(f_1+f_2-f_3)$ 形式的干扰比 $(2f_1-f_2)$ 形式的干扰约大 6dB。五阶交调干扰与三阶交调干扰相比,当载波数目增加时将会显著减弱,故可忽略不计。

2. 调幅—调相(AM-PM)转换引起的交调干扰

载波通过行波管慢波系统时要产生相移。注入的信号功率不同,所产生的射频相移也不同。测试结果表明,射频相移是包络功率的函数。而当输入多载波时,其合成信号包络必定会有幅度变化。这样,必然在每个载波中产生一附加相移,它随总输入功率变化而变化。在一定条件下,相位变化转化为频率变化,即产生新的频率分量,这就是所谓 AM/PM 转换。与幅度非线性的影响一样,它可能形成对有用信号的干扰,其中主要是三阶交调干扰。三阶交调的大小与输出有用信号之比与输入载波数 n 成反比。如 n 增加一倍,则载波与交调干扰之比要改善 6dB。

3. 各阶交调产物的数目及其分布

假设非线性器件共有 n 个载波输入,则根据排列组合原理,容易求得各阶交调产物的总数。例如对于 $(2f_1-f_2)$ 型产物,就相当于从 n 个载波中取出两个来进行排列,故总的交调产物数目为 $A_n^2=n(n-1)$。对于 $(f_1+f_2-f_3)$ 型产物,相当于从 n 个载波中取出三个来进行排列,而 $(f_1+f_2-f_3)$ 和 $(f_2+f_1-f_3)$ 是一回事,故总的交调产物数目为 $A^3/2=n(n-1)(n-2)/2$ 以次类推,便可求出各阶交调产物的总数目。

利用数学归纳法可推出,等间隔的 n 个载波所产生的三阶交调产物,落在第 r 个载波上的数目为

$$(f_1+f_2-f_3): \frac{1}{2}r(n-r+1)+\frac{1}{4}[(n-3)^2-5]-\frac{1}{8}[1-(-1)^n]\times(-1)^{n+r}$$

$$(2f_1-f_2): \frac{1}{2}\{n-2-\frac{1}{2}[1-(-1)^n](-1)^r\}$$

计算表明,$(2f_1-f_2)$ 形式的交调产物在载波群的频带内分布比较均匀。而 $(f_1+f_2-f_3)$ 形式的交调产物在载波群的中央部分分布密度较大。

4. 减少交调干扰的方法

(1) 载波不等间隔排列

当载波等间隔配置时,交调产物会在各个载波上形成严重干扰,因此,在频带富裕条件下,可以不等间隔的配置载波,让交调产物落在有用载波频带之外。选择载波间隔的方法很多,这里只介绍利用表 3-4 所示的一种较好的配置载波的方法。例如,要求安排三个载波时,根据表 3-4 所列,应在整个卫星频带内均匀地划分 4 个位置(0,1,2,3),三个载波分别安排在 0,1,3 这三个位置上。再如,要求安排 4 个载波时,这时应在整个卫星频带内均匀地划分 7 个位置(0,1,2,3,4,5,6),4 个载波分别配置在 0,1,4,6 这 4 个位置上。其他载波数的情况,可以此类推。这样就可最大限度的减少交调干扰。

　　表 3-4 中所列数据指的是各载波的幅度和带宽都相等的情况。实际上进入卫星的多个载波大部分情况是幅度和带宽并不相等,这情况当然要复杂一些,但仍能找出最佳的载波配置方案。

表 3-4　三阶交调不落入频带内的载波配置法

载波位置　载波序号 总载波数	1	2	3	4	5	6	7	8	9	10
1	0									
2	0	1								
3	0	1	3							
4	0	1	4	6						
5	0	1	4	9	11					
6	0	1	4	10	15	17				
7	0	1	4	10	18	23	25			
8	0	1	4	10	21	29	34	36		
9	0	1	4	10	22	33	41	46	48	
10	0	1	4	10	22	38	49	57	62	64

　　(2) 对上行线路载波功率进行控制

　　为了避免出现强信号抑制弱信号现象,必须严格控制地球站发射的各种载波功率,使其限制在允许的范围内。为了使交调影响降到容许的程度,多载波工作的行波管的工作点要从饱和点退后一定数值。

　　(3) 加能量扩散信号

　　在 FDMA 方式中,当 FM 多路电话线路负荷很轻(不通话或通话路数很少)时,它们的载波频谱就会出现能量集中分布的高峰。这样,地球站和卫星转发器发射的调频载波就会对工作在相同频段的地面微波线路形成干扰。同时,在卫星转发器内会形成高电平的三阶和五阶交调干扰。所以当通话路数减少,接近未调波时,用适当的调制信号对载波予以附加调制,就能使交调干扰噪声广为扩散,从而防止交调干扰噪声增加。为此目的所加的调制信号称为能量扩散信号。

　　能量扩散信号的波形以对称三角波最为稳定。图 3.40 所示了对称三角波的频偏及用对称三角波调制的调频波的频谱。

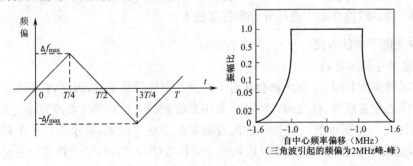

图 3.40　对称三角波调频

从图中可以看出,当调制指数很大时,在三角波调制的频偏范围内,能量密度均匀分布,在此之外的频率范围内,能量密度大致为零。国际通信卫星组织规定使用的能量扩散信号,对多路电话载波来说是频率为 25～150Hz 的对称三角波。为得到良好的扩散效果,对使用同一卫星的各载波,其扩散信号频率并不相同。作为能量扩散信号的三角波幅度,受基带信号电平的控制。当话务量减小时,基带信号电平下降,此时三角波幅度自动增加,以保持一定频偏。而当话务量增加时,三角波幅度又能自动减小,以免在满负荷时造成过频偏。

在接收端,由于三角波频率(25～150Hz)是在基带低端频率 4kHz 以下(4～12kHz 用于勤务电路,4kHz 以下不用),故只要用 4kHz 的高通滤波器便可将三角波滤除。

3.3.3　时分多址(TDMA)方式

3.3.3.1　TDMA 方式的基本原理

在 TDMA 方式中,分配给各地球站的不再是一特定频率的载波,而是一个特定的时间间隔(简称时隙)。各地球站在定时同步系统的控制下,只能在指定的时隙内向卫星发射信号,而且时间上互不重叠。在任何时刻转发器转发的仅是某一个地球站的信号,这就允许各站使用相同的载波频率,并且都可以利用转发器的整个带宽。采用单载波工作时,不存在 FDMA 方式的交调问题,因而允许行波管工作在饱和状态,更有效地利用了卫星功率和容量。

图 3.41 示出了 TDMA 系统工作的示意图,图中画了 4 个地球站,其中有一个站为基准站,它的任务是为系统中各地球站提供一个共同的标准时间。基准站通常由某一通信站兼任,为了保证系统的可靠性,一般还指定另一通信站作为备份站。

在 TDMA 系统中,基准站相继两次发射基准信号的时间间隔称为一帧。每个地球站占有的时隙称为分帧(或子帧)。不同的系统其帧结构可能不同,但其完成的任务是相似的。图 3.42 所示为一典型的帧结构。帧周期 T_f 一般取为 PCM 的取样周期(125μs)或其整数倍。卫星的一帧由参加卫星通信的所有地球站分帧(包括基准分帧)组成。各地球站分帧的长度可一样也可以不一样,

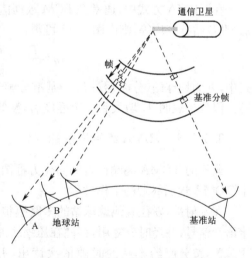

图 3.41　TDMA 系统工作示意图

根据业务量而定。它们均由前置码和信息数据两部分组成。前置码包括载波恢复(CR)和比特定时(BTR)、独特码(UW)、站址识别(SIC)信号、指令信号(OW)、勤务(SC)信号。载波恢复和比特定时脉冲主要用来在接收端提供 PSK 信号相干解调载波和定时同步(位同步)信息。独特码是一种特殊的、不容易为随机比特所仿造而造成错误检测的码组,以此作为该突发的时间基准。由独特码检出的脉冲称为示位脉冲,由此判断出数据部分开始的时间。站址识别信号用来区别通信站。有的报头结构中不单独使用站址识别码,而用独特码兼任,这就要求各站发送的独特码彼此都不相同。指令信号是传送通道分配等指令。勤务信号用于各站之间的通信联络。总之,只要接收站检测到前置码,就可在其控制下,正确地进行 PSK 信号的解调,并正确地选出与本站有关的信号。信息数据部分包含发往各地球站的数字语音或其他数据信号。发往不同地球站的信息数据安排在数据部分的不同时隙内。如果分配给各站的时隙位置

与对方地球站的时间关系固定不变,就是预分配制。如果它们随着每次电话呼叫而改变就是按需分配。

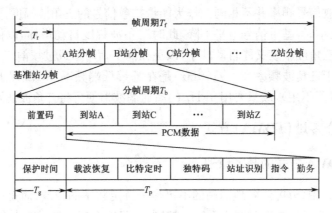

图 3.42　TDMA 系统帧结构

3.3.3.2　TDMA 方式的系统效率

在 TDMA 方式中,通常把 PCM 数据信号占用的时间与帧周期之比值定义为系统的效率 η。设各站分帧均等,则由图 3.42 可得:

$$\eta=\frac{T_f-[T_r+m(T_g+T_p)]}{T_f} \tag{3-3}$$

式中,m 为地球站(分帧)数;T_r 为基准分帧长度。可见,T_r、T_p、T_g、m 一定时,T_f 越长效率越高。但分析表明 T_f 增大到一定程度后,帧效率的改善不会超过 10%。

3.3.3.3　TDMA 终端设备的构成

典型的 TDMA 终端设备的简化方框图如图 3.43 所示。现以多路电话信号为例,说明整个 TDMA 地面终端的工作过程。

在发射端,发往其他地球站的多路模拟语音信号经 PCM 编码器按已同步的时钟变成数字语音信号,并经时分复用,存储在压缩缓冲器内,然后在定时系统的控制下,通过发射多址复用装置,按分配给本站的时隙依次读出,并在数据前加上前置码,便组成了分帧。最后经 QPSK 调制器和发射机发射出去。一般送至地球站的信号都是不同用户经多路复用的速率较低的连续比特流,而发往卫星的信号是高速的。因此为了将每个地球站一帧连续的低速数据压缩为在某时隙发射的高速数据分帧,需要有一个存储一帧的压缩存储器,将一帧连续的低速数据压缩成高速数据分帧。与此相反,在接收端则需要一个扩展存储器。实际上,缓冲存储器是一个速率变换器。

在接收端,信号经接收机和 QPSK 解调器,在取出信号的同时利用前置脉冲检测器检出前置码,在前置码的控制下,经分路装置和扩展缓冲器选出各地球站发给本站的信号。为了比较清楚地理解发送与接收信号的变换过程,如图 3.44 所示。该系统共有 5 个站,现以 A 站向其他各站分别发送一路电话,并接收其他各站发来的一路电话为例进行说明。

如果交换局送来的各路信号是已实现 PCM 编码的语音信号和其他数字信号,则由接口处设置的数字异步多路复接器,先把各路信号进行复接,然后送到压缩缓冲存储器作变速处理。

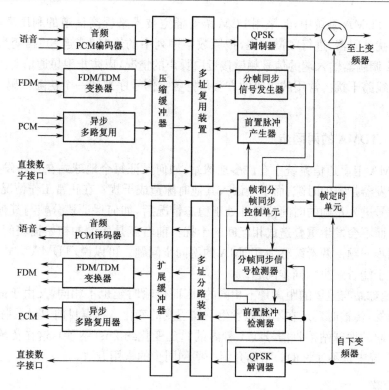

图 3.43　地球站 TDMA 终端设备简化方框图

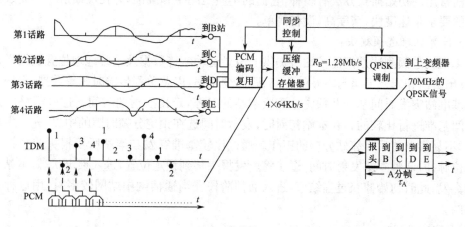

（a）A 站发射

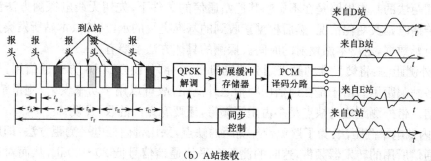

（b）A 站接收

图 3.44　TDMA 通信系统工作过程示意图

在实际的 TDMA 系统中,常采用 PCM 语音插空技术来提高信道的利用率,还常在差分编码变换后加扰乱码器,进行频谱扩展,把原数字序列中的连"1"或连"0"码变为非连"1"、连"0"码,使 PSK 调制器输入端的信号频谱接近白噪声的情况,以防止卫星通信对工作在相同频段的地面微波线路干扰。常用的扰码的方法是把数字信号序列和一个伪随机码序列作"模 2"运算操作。

3.3.3.4 TDMA 的网同步

一个 TDMA 卫星通信系统中有许多地球站,如何保证每个地球站在开始发射信号时,能准确地进入转发器指定的时隙,而不会误入其他时隙造成干扰? 在正常工作情况下,即地球站发射的突发信号进入正确的时间位置并处于稳态情况后,如何保证该分帧与其他分帧维持正确的时间关系而不会发生重叠造成相互间的干扰? 前者就是所谓的初始捕获问题,后者则是所谓的分帧同步问题。两者统称为 TDMA 的网同步问题。可以说,TDMA 方式能否实现,很大程度上取决于能否解决网同步问题。

通常,各地球站与卫星的距离是不相同的,因而传输时延也不相同,又由于静止卫星不可能是理想静止的,传输时延还在不断地发生不同程度的变化。根据目前卫星发射的水平,由于卫星摄动而引起的地球站接收信号在 1 秒内的时延变化约 2ns(纳秒),这在传输速率较高的 TDMA 通信系统中是不允许的。下面介绍一些网同步的常用方法。

1. 初始捕获

目前常用的初始捕获方法有多种,它们的本质是测距和瞄准,并在反馈过程中完成。对初始捕获的要求是速度快,精度高,设备简单。

(1) 计算机轨道预测法:

计算机轨道预测法是把监控站所提供的卫星运动轨迹数据及本站地理位置数据送入计算机,计算出目前和未来卫星与本站的距离、距离变化率,以及单程传输时延等数据,再根据所接收到的基准站突发时间基准及预先分配给本站的时隙,定出发射的时间。这些都是以独特码作为时间基准进行比较的。在本站初射时,发射时间选在预定分帧时隙的中央,先只发报头部分,这样不易影响前后相邻站分帧的工作。通过比较基准突发和本站所发报头的独特码所形成的示位脉冲,调整本站发射时间,逐步将所发报头移到预定位置,进入锁定状态,本站才发出完整的突发,此时初始捕获过程结束,进入通信阶段。当通信网中站网较多时,用这种方法是不经济的。

(2) 相对测距法

相对测距法的基本思路是在不影响其他站通信的条件下,先用无线电探测方法测出本站到卫星的传播时延及变化情况,然后根据接收到的基准突发的示位脉冲、本站所发突发应占位置及传播时延数据,定出本站发射的时间。探测的具体方法主要有:

① 带外测距法:将转发器的频带划分成两部分,一部分供 TDMA 方式通信用,另一部分专供网中各站测距用。由于是在通信用频带之外测距,故可以用全功率发射,测量精确,又不会影响通信。带外测距法的缺点是多占用了频带,还要有专门的收/发设备。

② 带内低电平测距法:为了避免带外测距的缺点,采用带内低电平测距方法,即所发测距信号占用通信所用的转发器频带,这时的测距电平比通信信号低 20~30dB,从而对通信不致于引起严重的干扰。测距信号电平低,带来了对其检测的困难,好在测距信号的信息量小,可以通过适当的信号设计来提高其信噪比。常用信号设计方案有以下两种:

其一,带内低电平宽脉冲法。这种方案是用比通信所用码元宽几十到上百倍的宽脉冲作测距信号,重复周期等于帧长 T_f。虽然是低电平,但由于其频带很窄,接收时可用窄带带通滤波器来提取,从而大大滤除了通信信号分量及噪声,获得较高的信噪比。

其二,带内低电平 PN 序列法。它是用 PN 序列(Pseudo Noise Sequence 伪噪声序列)作为测距信号,序列长度等于帧长 T_f。接收时,虽是低电平,但利用 PN 序列的相关性进行相关检测,可获得较高的信噪比。这种方法所用设备复杂,但捕获精度高,捕获速度也快,故使用较多。

这两种带内测距法的捕获过程大致是:以接收到的基准突发独特码所形成的示位脉冲作时间标准,以低于正常功率 20~25dB 的功率发射的 PN 序列或宽脉冲测距信号,将接收到的测距信号的前沿与时间基准作比较,并调整本站发射时间,使测距信号前沿恰好出现在本站应发突发的起始时间位置,接着就以此时间发射低电平的报头并停发测距信号,作进一步的调整后将发射时间置于锁定状态,然后就以全功率发出全部突发,开始正常通信。

(3) 被动同步法

被动同步法的基本思路是,在网中设有一中心控制站,该中心站一方面起基准站作用,发送基准突发供网中各站接收作时间基准用;另一方面在监控站的协助下,广播含有卫星精确位置信息的控制数据,各站根据此信息及本站的地理位置,用插入法来确定本站的传播时延,并按照时间基准定出本站确切发射时间。

实验证明,用此法测距精度可达 1 纳秒,系统定时误差在 ±10 纳秒范围内。只是中心控制站的设备要稍复杂一些,但其他各站均可以做得相当简单。因为它们不需要再用所接收的本站独特码来作时间比较,所以受到重视。

2. 分帧同步

分帧同步是指完成初始捕获,进入锁定后,保证稳态情况下分帧之间的正确时间关系,不至于造成分帧之间相互重叠。图 3.45 为一种分帧同步方案的简化框图。它采用锁相方法使本站时基跟踪基准站时基。其中本站 B 不断接收基准站时基信号,同时也向卫星发射本站时基信号,并将经卫星转发下来的本站分帧时基信号接收下来,然后两者在锁相环内进行比较。若相位正确(即分帧位置正确),就通过定时脉冲产生器产生本站发射系统的定时脉冲信号,同时启动 PCM 编码器和前置码产生器,并立即向卫星发射分帧信号。若分帧位置不正确,则由误差信号去较正 VCO 的频率,从而改变定时脉冲产生器输出的脉冲频率和相位,直到二者频率相同、相位符合要求为止。其他站也是同样情况。

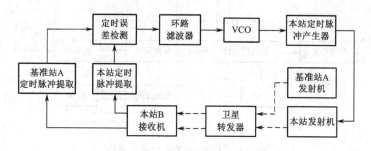

图 3.45　闭环分帧同步系统原理方框图

3.3.4　码分多址(CDMA)方式

前面所介绍的 FDMA 和 TDMA 方式是目前国际和国内卫星系统正在运用的多址方式,

它们的主要优点是适合于大容量或中等容量的干线通信。对于容量小又要求与其他许多地球站进行通信的系统(如军事应用、飞机和舰艇等通信)来说,采用码分多址则比较适合。

在 CDMA 方式中,各地面站所发射的信号往往占用转发器的全部频带,而发射时间是任意的,而各站发射的频率和时间可以互相重叠,这时信号的区分是依据各站的码型不同来实现的。某一地球站发出的信号,只能用与它匹配的接收机才能检测出来。

在 CDMA 方式中,目前较为适用的有两种类型,一种是伪随机码扩频多址方式(CDMA/DS),又称直接序列码分多址方式。另一种是跳频码分多址方式(CDMA/FH)。

1. 伪随机码扩频多址方式(CDMA/DS)

在 CDMA/DS 方式中,分别给各站分配一个特殊的编码信号,称地址码。地址码的区分是利用编码信号码型结构上的正交性来实现的。在实际的码分多址方式中,由于同步等方面的考虑,通常采用准正交的伪随机码(PN 码)作地址码。

图 3.46 为伪随机码扩频多址方式的原理方框图。该系统共可传送 n 个载波: $c_1(t)$, $c_2(t)$, $c_i(t)$, ···, $c_n(t)$,相应地共需 n 个地址码: $a_1(t)$, $a_2(t)$, ···, $a_i(t)$, ···, $a_n(t)$。图中只画出第 i 个载波 $c_i(t)$ 的发送端与接收端的基本组成。发送端由发送基带单元、扩频调制单元、信息调制单元、发射机等部分组成。对用户送来的二进制信码在发送基带单元中进行均衡、再生、时分多路复用及纠错编码等处理后送到扩频调制单元,采用模 2 加方式对 PN 码进行调制后送到信息调制单元,再利用已调的 PN 码序列对中频载波进行 PSK 调制,最后在发射机中进行上变频,变到射频频率后,经高功率放大器及馈线、天线等设备将足够大功率的射频已调载波 $c_i(t)$ 发向卫星。

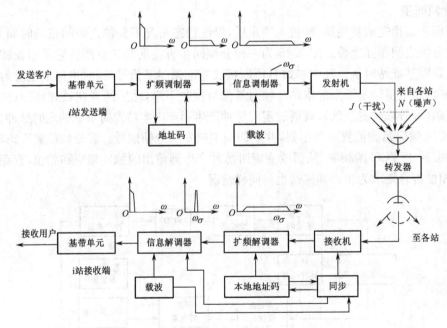

图 3.46 CDMA/DS 方式示意图

接收端由接收机、扩频解调单元、信息解调单元、接收基带单元等部分组成。接收机主要包括天线、馈线、低噪声放大器、下变频器等设备,它把收到的全部射频信号,包括外来干扰 $J(t)$ 和信道噪声 $N(t)$ 进行充分放大并变为中频输出。扩频解调单元用来完成本地地址码与所收信号的乘法运算，同步电路以保证本地地址码与 $c_i(t)$ 中的地址码之间的同步，以及本地载波与 $c_i(t)$ 中的载波间的同步，保证相关解扩以及后面的相干解调的需要。信息解调单元是完成信息的相干 PSK 解调。接收基带单元是用来完成与发送端相反的基带处理，然后把还原的信号输出给收端的用户。

至于其他地面站发来的信号，虽然也可以加入接收机，但由于没有相应的地址码，因而仅表现为背景噪声，它们可以被后面的电路去掉。

2. 跳频码分多址方式(CDMA/FH)

与 CDMA/DS 相比，其主要差别是发射频谱的产生方式不同。如图 3.47 所示，在发端，利用 PN 码去控制频率合成器，使之在一个宽范围内的规定频率上伪随机地跳动，然后再与信码调制过的中频混频，从而达到扩展频谱的目的。跳频图案和跳频速率分别由 PN 序列和 PN 序列的速率决定。信号一般采用小频偏 FSK 调制。在接收端，本地 PN 码产生器提供一个和发端相同的 PN 码，驱动本地频率合成器产生同样规律的频率跳变，和接收信号混频后获得固定中频的已调信号，通过解调器还原出原始信号。

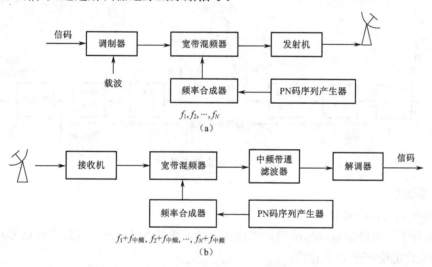

图 3.47　CDMA/FH 方式示意图

3.3.5　空分多址(SDMA)方式

空分多址就是多个地球站利用天线的方向性来分割信号。各站发出的射频信号在时间上、频带上都可以相同，但它们在卫星上不会混淆。这是因为不同站的信号将瞄准不同的卫星点波束天线，利用多个点波束天线对信号的空间参量进行正交分割，即信号在卫星转发器天线阵空间内位于不同的方位。在卫星上，则根据各站要发往的方向，即时的把这些信号分别转接至相应的卫星发射天线，地面站通过用窄波束天线就可只收到本站的信号。在这种空分系统中，卫星具有类似于自动交换机的作用，所以有"空中交换站"之称。

由于各站的射频信号在空间上互不重叠，因此各站射频信号的频率和时间即使相同也不会互相干扰。这样，同样的频带就可以容纳更多的用户，起到了"频率再用"(即多次运用同一频率)的效果。这在卫星频带严重不足而卫星功率富裕的场合，可以成倍地扩展通信容量。

3.4 卫星通信线路的设计

3.4.1 卫星通信线路的模型及标准

在计算和设计卫星通信线路时,首先必须给出自地球站 A 经由卫星至地球站 B 的卫星区间所要求的线路标准。由于卫星通信线路是国际通信网和国内通信网的组成部分,所以其线路性能标准必须具有国际和国内规定的普遍性。一般在制订线路标准时,先制订一个具有典型结构的假设线路做为标准模型,然后再对该标准线路规定性能标准。

1. 标准线路模型

标准线路模型由地球站 A→卫星→地球站 B 所组成,如图 3.48 所示。因为标准线路可能是国际电路的一部分,所以必须按可能有二次或三次"跳跃"串联联接的情况来判定线路标准。另外,标准线路中包含有基带—射频变换和射频—基带变换的信道调制器和解调器,但不包含多路电话终端和电视标准制式变换设备等。

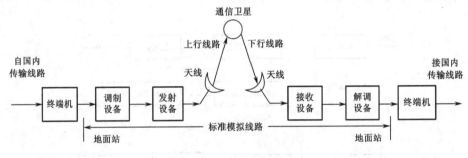

图 3.48　标准线路模型

2. 线路标准

(1) 模拟制电话线路标准

CCIR 对于卫星通信系统标准模拟线路在电话通路零相对电平点(参考点信号功率 1mW 为 0dBm)允许的噪声做如下建议:

① 每小时的平均噪声功率不超过 10000pW(加权值)。

② 1 分钟的平均噪声功率,在一个月的 20% 以上的时间,不超过 10000pW(加权值)。

③ 1 分钟的平均噪声功率,在一个月的 0.3% 以上的时间,不超过 50000pW(加权值)。

④ 积分时间 5ms 的噪声功率,在一个月的 0.03% 以上的时间,不超过 1000000pW(无加权值)。

此外,还规定在测定噪声功率时(加权值),使用国际电报电话咨询委员会(CCIR)建议的加权网络。电话电路里所产生的噪声可看作具有平坦频率特性(均匀分布性)。但人的听觉及电话机是具有一定的频率特性的,不同频率的噪声,对人的听觉的影响是不同的,所以在评价实际感受到的噪声时,必须对测量值进行修正。考虑到这一点,CCITT 规定了如图 3.49 所示特性的加权网络。若用计算的方法来求电话通路在传输频带 0.3~3.4kHz 内无加权噪声时,通常使用 -2.5dB 的加权修正系数。

在 CCIR 制定的噪声标准中,50000pW 及 1000000pW 是针对降雨和强风等气象条件引起线路质量下降的情况而定的线路设计的依据。国际卫星通信组织把线路噪声为 50000pW 时的接收信号功率与噪声功率之比(C/N)定义为接收门限电平。按照下行线路对此电平有 6dB

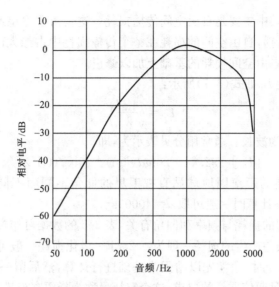

图 3.49　加权网络特性

的降雨储备量的要求决定地球站的标准性能及卫星功率的分配。然而这 6dB 的降雨储备量是否满足要求,还要看各地球站的气象条件,天线有无罩子而定。

（2）数字线路标准

数字线路标准是采用误码率 P_e 来表示的。在数字式 PCM-PSK 线路中,产生误码的主要原因有热噪声、码间干扰、比特失步和再生载波相位跳动等。目前国际卫星通信组织暂定误码率 10^{-4} 为临界条件。这和 FM 模拟线路噪声为 50000pW 的情况相对应。

3.4.2　卫星通信线路的设计

3.4.2.1　卫星通信线路载波功率的计算

（1）天线增益（G）

在卫星通信中,一般使用定向天线,把电磁能量聚集在某个方向上辐射。设天线开口面积为 A;天线效率为 η;波长为 λ;D 为天线直径,则天线增益为:

$$G=\frac{4\pi A}{\lambda^2}\times\eta=\left(\frac{\pi D}{\lambda}\right)^2\times\eta \tag{3-4}$$

（2）有效全向辐射功率（EIRP）

通常把卫星和地球站发射天线在波束中心轴向上辐射的功率称为发送设备的有效全向辐射功率（EIRP）。它是天线发射功率 P_T 与天线增益 G_T 的乘积,即

$$\text{EIRP}=P_T\times G_T=\frac{P_0 G_T}{L_{FT}} \quad (\text{W}) \tag{3-5}$$

式中,P_0 为发射机末级功放输出功率;L_{FT} 为馈线损耗（$L_{FT}>1$）。

用分贝表示为:

$$[\text{EIRP}]=[P_0]+[G_T]-[L_{FT}](\text{dB}) \tag{3-6}^*$$

（3）传输损耗

卫星通信线路的传输损耗包括自由空间传播损耗、大气吸收损耗、天线指向误差损耗、极

---

* 在以后式中,方括号表示取其 dB 值。

化损耗和降雨损耗等,其中主要是自由空间传播损耗。这是由于卫星通信中电波主要是在大气层以外的自由空间传播,自由空间的损耗在整个传输损耗中占绝大部分。至于其他因素引起的损耗,可以在考虑自由空间损耗的基础上加以修正。

自由空间传播损耗 L_P 如式(3-7)所示:

$$L_P = \left(\frac{4\pi d}{\lambda}\right)^2 \tag{3-7}$$

式中,d 为传输距离;λ 为波长。通常用分贝表示为,即

$$[L_P] = 92.44 + 20\lg d(\text{km}) + 20\lg f(\text{GHz}) \tag{3-8}$$

地球站至同步卫星的距离因地球站直视卫星的仰角不同而不同,约在 35900km(仰角 90°)到 42000km 之间。计算时一般可取 $d=40000$km。

大气吸收现象引起的损耗与频率和仰角有关,表 3-5 的数据可作参考。

地球站天线指向误差产生的损耗一般为 0.25dB。极化损耗一般可取 0.25dB。降雨对信号的影响较大,线路设计时,通常先以晴天为基础进行计算,然后留一定的富裕量,以保证下雨、降雪等情况仍能满足通信质量的要求,这个富裕量称为降雨富裕量。

表 3-5 晴朗天气大气损耗值

工作频率(GHz)	仰角(°)	可用损耗值(dB)
4	天顶角至 20	0.1
4	10	0.2
4	5	0.4
12	10	0.6
18	45	0.6
30	45	1.1

(4)载波接收功率

卫星或地球站接收机输入端的载波功率一般称为载波接收功率,记作 C,通常 C 用 dBW 表示。

设发射机的有效全向辐射功率为 EIRP (dBW)。接收天线增益为 G_R(dB),接收馈线损耗为 L_{FR}(dB),大气损耗为 L_a(dB),自由空间传播损耗为 L_p(dB),其他损耗为 L_r(dB),则接收机输入端的载波接收功率 C(dBW)可以表示为:

$$\begin{aligned}[C] &= [\text{EIRP}] + [G_R] - [L_a] - [L_p] - [L_r] - [L_{FR}] \\ &= [P_O] - [L_{FT}] + [G_T] + [G_R] - [L_a] - [L_p] - [L_r] - [L_{FR}] \end{aligned} \tag{3-9}$$

3.4.2.2 卫星通信线路噪声功率的计算

(1)卫星通信线路的噪声

卫星通信线路中,地球站接收的信号极其微弱,并且在接收信号的同时,还有各种噪声进入接收系统。由于地球站使用了低噪声放大器,接收机内部噪声影响已很小,所以,各种外部噪声就必须加以考虑。地球站接收系统的噪声来源如图 3.50 所示。其中,有些是由天线从其他辐射源的辐射中接收到的,如宇宙噪声、大气噪声、降雨噪声、太阳噪声、天电噪声、地面噪声等。若天线有罩子则还有天线罩的介质损耗引起的噪声,这些噪声与天线本身的热噪声一起统称为天线噪声。还有些噪声是通过卫星发下来的,如上行线路噪声、转发器的交调噪声等。以上这些都属于接收系统外部噪声,接收系统的内部噪声,主要来自馈线、放大器和变频器等。

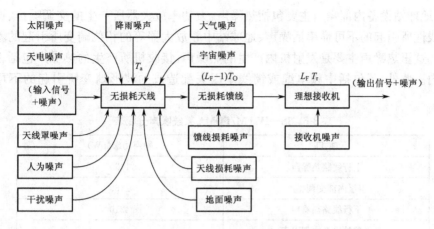

图 3.50　地球站接收系统的噪声来源

(2) 噪声功率和等效噪声温度

对于一个放大器来说，一般是以放大器输入端信噪比与输出端信噪比之比定义的噪声系数 F 来表示其噪声性能，如图 3.51 所示。

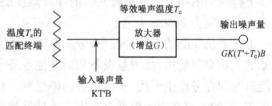

放大器输出端噪声是输入端噪声与放大器内部噪声之和。一般将放大器的内部噪声换算成输入端的噪声，用 T_e 来表示，T_e 即为放大器的等效噪声温度。如果放大器增益为 G，输入端信噪比为 S_i/N_i，输入端匹配电路温度为 T'，根据噪声系数定义，则噪声系数 F 与噪声温度 T_e 之间的关系可用下式表示为：

图 3.51　噪声系数说明图

$$F = \frac{S_i/N_i}{S_o/N_o} = \frac{S_i/N_i}{GS_i/(KT'BG + KT_eBG)} = 1 + \frac{T_e}{T'} \tag{3-10}$$

一般 T' 为常温 T_O，通常取 $T_O = 290 \sim 300K$。

由式(3-10)可得：

$$T_e = (F-1)T_O \tag{3-11}$$

对于馈线来讲，由于它是个无源网络，其噪声系数之值等于它的衰减，即：

$$F_F = L_F (L_F > 1)$$

折算到馈线输入端的等效噪声温度 T_F 为：

$$T_F = (L_F - 1)T_O \tag{3-12}$$

在多级级联放大器情况下，多级放大器噪声系数为：

$$F = F_1 + \frac{F_2 - 1}{G_1} + \frac{F_3 - 1}{G_1 G_2} + \cdots \tag{3-13}$$

式中，F_1、F_2……分别为第一级、第二级……的噪声系数；G_1、G_2……分别为第一级、第二级……放大器的功率增益。多级放大器的等效噪声温度为：

$$T_e = T_{e1} + \frac{T_{e2}}{G_1} + \frac{T_{e3}}{G_1 G_2} + \cdots \tag{3-14}$$

(3) 卫星通信线路的噪声分配

对于多路电话传输，CCIR 建议在标准模拟线路内每一话路的总噪声应在 10000pW 以下。表 3-6 列出了国际卫星 IS—IV 中噪声的分配情况。

表中,地球站设备内部噪声主要包括热噪声、大功率放大器所产生的交调噪声、调制和解调设备非线性所引起的不可懂串话噪声、地球站中频放大器等的相位畸变所引起的不可懂串话噪声等。这里热噪声主要是发射机内产生的热噪声,接收机所产生的热噪声包括在下行线路热噪声内。此外,还包括中频电缆或馈线中因失配造成的波形畸变所引起的不可懂串话噪声。

表 3-6　IS—IV FM/FDMA 系统噪声分配表

项　目	噪声功率(pW)
上行线路热噪声	1130
卫星内部交调噪声	2160
下行线路热噪声	4210
地球站设备内部噪声	1500
来自其他系统的干扰噪声	1000
总计	10 000

上行线路的噪声由卫星转发器的噪声温度决定,因为在卫星上不使用特殊设备,所以其输入端噪声温度为 3000K 左右。

卫星通信线路的噪声分配中,分配给下行线路的噪声较多,这是因为上行线路可以利用地球站的大功率发射机、高增益设备和对其他业务干扰可能性小的窄波束天线。而下行线路则可能对地面业务产生干扰,所以辐射功率受到严格限制。因此下行线路对地球站设计起着制约作用,它的噪声在很大程度上决定了地球站接收天线和低噪声放大器的设计。

3.4.2.3　卫星通信线路中载波功率与噪声功率比

在卫星通信中,接收机收到的信号,不是调频信号就是数字键控信号。因此,接收机收到的信号功率可以用其载波功率 C 来表示。这是因为,对于调频信号,载波功率就等于调频信号各频谱成分功率之和;对于数字键控信号,载波功率就是其平均功率。

(1) 上行线路载噪比与卫星品质因数

在计算上行线路载噪比时,地球站为发射系统,卫星为接收系统。设地球站有效全向辐射功率为 $(\text{EIRP})_E$,上行线路传输损耗为 L_P,卫星转发器接收天线增益为 G_{RS},卫星转发器接收系统馈线损耗为 L_{FRS},大气损耗为 L_a,则卫星转发器接收机输入端的载噪比为:

$$\left[\frac{C}{N}\right]_U = [\text{EIRP}]_E - [L_P] + [G_{RS}] - [L_{FRS}] - [L_a] - 10\lg(KT_{sat}B_{sat}) \qquad (3\text{-}15)$$

式中,T_{sat} 为卫星转发器输入端等效噪声温度;B_{sat} 为卫星转发器接收机带宽。

如果将 L_{FRS} 计入 G_{RS} 之内,称之为有效天线增益,将 L_a 和 L_P 合并为 L_U,则式(3-15)可写成:

$$\left[\frac{C}{N}\right]_U = [\text{EIRP}]_E - [L_U] + [G_{RS}] - 10\lg(KT_{sat}B_{sat}) \qquad (3\text{-}16)$$

由于载噪比 C/N 是带宽 B 的函数,因此这种表示方法缺乏一般性,对不同带宽的系统不便于比较。所以常采用载波功率与等效噪声温度之比 C/T 来表示,即

$$\left[\frac{C}{T}\right]_U = [\text{EIRP}]_E - [L_U] + \left[\frac{G_{RS}}{T_{sat}}\right] \qquad (3\text{-}17)$$

由式(3-17)可看出,G_{RS}/T_S 值的大小,直接关系到卫星接收性能的好坏,故把它称为卫星

接收机性能指数,也称为卫星接收机的品质因数。通常简写为 G/T 值。G/T 值越大,C/T 值越大,接收性能越好。

为了说明上行线路 C/T 值与转发器输入信号功率的关系,引入转发器灵敏度的概念,其定义是:当使卫星转发器达到最大饱和输出时,转发器输入端所需要的信号功率,就是转发器灵敏度。通常用功率密度 W_s 表示,即以单位面积上的有效全向辐射功率表示,即

$$W_s = \frac{(\text{EIRP})_E}{4\pi d^2} = \frac{4\pi}{\lambda^2} \cdot \frac{(\text{EIRP})_E}{(4\pi d/\lambda)^2} = \frac{(\text{EIRP})_E}{L_U} \cdot \frac{4\pi}{\lambda^2} \tag{3-18}$$

或

$$[W_s] = [\text{EIRP}]_E - [L_U] + 10\lg(4\pi/\lambda^2) \tag{3-19}$$

以上是卫星转发器只放大一个载波的情况。一个转发器要同时放大多个载波时,为了抑制因交流调制所引起的噪声,需要使总输入信号功率从饱和点减小一定数值,即进行输入补偿。因而由各地球站所发射的 EIRP 总和,将比单波工作使转发器饱和时地球站所发射的 EIRP 小一个输入补偿值 $[\text{BO}]_I$。若以 $[\text{EIRP}]_{ES}$ 表示转发器在单波工作时地球站的有效全向辐射功率,那么多载波工作时地球站的有效全向辐射功率的总和应为:

$$[\text{EIRP}]_{EM} = [\text{EIRP}]_{ES} - [\text{BO}]_I \tag{3-20}$$

将式(3-19)代入式(3-20)中,可得:

$$[\text{EIRP}]_{EM} = [W_s] - [\text{BO}]_I + [L_U] - 10\lg\left(\frac{4\pi}{\lambda^2}\right) \tag{3-21}$$

与之对应的 $[C/T]_U$ 值用 $[C/T]_{UM}$ 表示,即

$$\left[\frac{C}{T}\right]_{UM} = [\text{EIRP}]_{EM} - [L_U] + \left[\frac{G_{RS}}{T_{sat}}\right]$$

$$= [W_s] - [\text{BO}]_I + \left[\frac{G_{RS}}{T_{sat}}\right] - 10\lg\left(\frac{4\pi}{\lambda^2}\right) \tag{3-22}$$

显然,它是 $[W_s]$、$[\text{BO}]_I$ 和 $[G_{RS}/T_{sat}]$ 的函数。如果保持 $[\text{BO}]_I$ 和 $[G_{RS}/T_{sat}]$ 不变,降低转发器的灵敏度,便意味着要使转发器达到同样大的输出,应该加大 W_s,或加大地球站发射功率。当然这时 $[C/T]_{UM}$ 也将相应提高。

因此在卫星转发器(如 IS—IV 和 IS—V)上一般都装有可由地面控制的衰减器,以便调节它的输入,使 $[C/T]_{UM}$ 与地球站的 $[\text{EIRP}]_E$ 得到合理的数值。

当卫星上行波管放大多载波时,以 $[C/T]_{UM}$ 表示与各载波的总功率相对应的 C/T 值,以区别于 $[C/T]_U$。

(2) 下行线路载噪比与地球站品质因数

这时卫星转发器为发射系统,地球站为接收系统,与上行线路类似,可按下式求得下行线路的 C/T 值,即

$$\left[\frac{C}{T}\right]_D = [\text{EIRP}]_S - [L_D] + \left[\frac{G_{RE}}{T_E}\right] \tag{3-23}$$

式中,$[C/T]_D$ 为下行线路的 $[C/T]$;G_{RE} 为地球站接收天线的有效增益;T_E 为地球站接收机输入端等效噪声温度;L_D 为下行线路损耗,$[G_{RE}/T_E]$ 为地球站性能指数(品质因数),常用 $[G_R/T_D]$ 表示,其中 T_D 为下行线路噪声温度,$[\text{EIRP}]_S$ 为卫星转发器有效全向辐射功率。

若卫星转发器同时放大多个载波,为了减小交调噪声,行波管放大器进行输入功率退回的同时,输出功率也应有一定退回量。因此多载波工作的有效全向辐射功率为:

$$[\text{EIRP}]_{SM} = [\text{EIRP}]_S - [\text{BO}]_o \tag{3-24}$$

式中，$[\mathrm{EIRP}]_{\mathrm{s}}$ 为卫星转发器在单载波饱和工作时的 $[\mathrm{EIRP}]$，将式(3-24)代入式(3-23)得：

$$\left[\frac{C}{T}\right]_{\mathrm{DM}}=[\mathrm{EIRP}]_{\mathrm{s}}-[\mathrm{BO}]_{\circ}-[L_{\mathrm{D}}]+\left[\frac{G_{\mathrm{R}}}{T_{\mathrm{D}}}\right] \tag{3-25}$$

式中，$[\mathrm{BO}]_{\circ}$表示输出补偿值。

（3）卫星转发器载波功率和交调噪声功率比

如果近似认为交调噪声是均匀分布的话，可采用和热噪声类似的处理方法，求得载噪比，也可用 $[C/N]_{\mathrm{I}}$ 或 $[C/T]_{\mathrm{I}}$ 来表示，即

$$\left[\frac{C}{T}\right]_{\mathrm{I}}=\left[\frac{C}{N}\right]_{\mathrm{I}}+10\lg K+10\lg B=\left[\frac{C}{N}\right]_{\mathrm{I}}-228.6+10\lg B \tag{3-26}$$

由于交调噪声的频率分布及功率大小与行波管的输入、输出特性、工作点、各信号载波的排列情况及各载波的功率大小、受调制的情况等等许多因素有关，一般采用实验方法或计算机模拟方法来求其载噪比。

（4）卫星通信线路的总载噪比

当求出了上行线路噪声、下行线路噪声和交调噪声的 C/T 值以后，便可求得整个卫星线路的 C/T 值。整个卫星线路噪声是由上行线路噪声、下行线路噪声和交调噪声三部分组成的。虽然这三部分噪声到达接收站接收机输入端时，已混合在一起，但因各部分噪声之间彼此独立，故在计算接收机输入端噪声功率时，可将三部分相加，即

$$N_{\mathrm{T}}=N_{\mathrm{U}}+N_{\mathrm{I}}+N_{\mathrm{D}}=K(T_{\mathrm{U}}+T_{\mathrm{I}}+T_{\mathrm{D}})B=KT_{\mathrm{T}}B \tag{3-27}$$

$$T_{\mathrm{T}}=T_{\mathrm{U}}+T_{\mathrm{I}}+T_{\mathrm{D}}=(1+\gamma)T_{\mathrm{D}} \tag{3-28}$$

式中，

$$\gamma=\frac{T_{\mathrm{I}}+T_{\mathrm{U}}}{T_{\mathrm{D}}}$$

整个卫星线路的总载噪比为：

$$\left[\frac{C}{N}\right]_{\mathrm{T}}=[\mathrm{EIRP}]_{\mathrm{s}}-[L_{\mathrm{D}}]+[G_{\mathrm{R}}]-10\lg(KT_{\mathrm{T}}B)$$

$$=[\mathrm{EIRP}]_{\mathrm{s}}-[L_{\mathrm{D}}]-[K]-[B]+\left[\frac{G_{\mathrm{R}}}{(\gamma+1)T_{\mathrm{D}}}\right] \tag{3-29}$$

$$\left[\frac{C}{T}\right]_{\mathrm{T}}=[\mathrm{EIRP}]_{\mathrm{s}}-[L_{\mathrm{D}}]+\left[\frac{G_{\mathrm{R}}}{(\gamma+1)T_{\mathrm{D}}}\right] \tag{3-30}$$

因此，

$$\left(\frac{C}{T}\right)_{\mathrm{T}}^{-1}=\left(\frac{C}{T}\right)_{\mathrm{U}}^{-1}+\left(\frac{C}{T}\right)_{\mathrm{I}}^{-1}+\left(\frac{C}{T}\right)_{\mathrm{D}}^{-1} \tag{3-31}$$

或

$$\left[\frac{C}{T}\right]_{\mathrm{T}}=-10\lg\left(10^{\frac{-[C/T]_{\mathrm{U}}}{10}}+10^{\frac{-[C/T]_{\mathrm{I}}}{10}}+10^{\frac{-[C/T]_{\mathrm{D}}}{10}}\right) \tag{3-32}$$

（5）门限富裕量与降雨富裕量

如果对通信系统的传输质量提出了一定的要求，则可以求出满足该质量标准要求的最小 C/N 或 C/T 值，通常把容许的最低的 C/N 或 C/T 值称为门限，并以 $[C/N]_{\mathrm{th}}$ 或 $[C/T]_{\mathrm{th}}$ 表示。在设计卫星线路时，应合理地选择线路中各部分电路的组成，使实际可能达到的 C/T 值超过门限值 $[C/T]_{\mathrm{th}}$。

任何一条线路建立后，其参数不可能始终不变，而且经常会受到气候条件、转发器和地球站设备某些不稳定因素及天线指向误差等方面的影响。为了在这些因素变化后仍能使质量满

足要求,它必须留有一定的富裕量,这个富裕量称为"门限富裕量"。

在气候条件变化中,影响最大的是雨和雪等引起的传播损耗和噪声的增加。为了弥补这种影响,在线路设计时必须留有一定的富裕量,以保证在降雨时仍能满足对线路质量的要求,这个余量叫降雨富裕量。

降雨主要是对下行线路的影响最为显著。设已知不降雨时噪声功率总和为:

$$T_T = T_U + T_I + T_D = (\gamma+1)T_D \tag{3-33}$$

则

$$\left(\frac{C}{T}\right)_T = \frac{C}{(\gamma+1)T_D} \tag{3-34}$$

假设由于降雨影响,使下行线路噪声增加到原有噪声的 m 倍,地球站接收系统 (C/T) 值正好降到门限值,则

$$T'_T = T_U + T_I + mT_D = (\gamma+m)T_D \tag{3-35}$$

$$\left(\frac{C}{T}\right)_{TH} = \frac{C}{(\gamma+m)T_D} = \left(\frac{C}{T}\right)_T \cdot \frac{1+\gamma}{\gamma+m} \tag{3-36}$$

用分贝表示,则

$$\left[\frac{C}{T}\right]_{TH} = \left[\frac{C}{T}\right]_T - 10\lg\frac{\gamma+m}{\gamma+1} \tag{3-37}$$

式(3-37)说明,降雨使总载噪比比不降雨时降低 $10\lg[(r+m)/(1+r)]$ dB。因此,为了保证通信可靠,质量符合要求,设计通信线路时,应留有门限富裕量 E,即

$$E = 10\lg\frac{\gamma+m}{\gamma+1} = \left[\frac{C}{T}\right]_T - \left[\frac{C}{T}\right]_{TH} \tag{3-38}$$

式中,E 代表正常气候条件下 $[C/T]_T$ 超过门限值的分贝数,m 为降雨富裕量,用分贝表示时,写成:

$$M = 10\lg m \text{ (dB)} \tag{3-39}$$

在卫星通信中,一般取 $M=4\sim6$dB。

3.4.2.4　卫星通信线路设计——FDM/FM/FDMA 方式

1. FDM/FM/FDMA 的主要通信参数的计算方法

(1) 频偏

在调频系统中,为了便于调整和测试卫星通信线路的性能和进行线路转接,基带部分要发射一个单频信号(测试信号)。该信号频率称为测试音频率,用 f_r 表示。f_r 随话路数量的不同而异,一般按

$$f_r = 0.608F_m \tag{3-40}$$

的原则来选取。式中 F_m 是基带信号的最高频率。常用的测试音频率如表 3-7 所示。

表 3-7　不同话路数的测试音频率及 FM 波频偏

路数	24	60	96	132	252	432	972
f_r(kHz)	65.66	153.2	248.1	335.6	639.6	1092	2449
Δf_r(kHz)	164	270	360	430	577	729	802
Δf_σ(kHz)	275	546	799	1020	1627	2688	4471
Δf_p(kHz)	870	1720	2530	3200	5150	8550	14180

在 FM 系统中,常用的调频波频偏有三种:

① 测试音有效值频偏 Δf_r;

② 多路电话信号产生的有效值频偏 Δf_a;

③ 多路电话信号产生的峰值频偏 Δf_p。

所谓测试音有效值频偏,是指在多路电话信号相对电平为 0dB 点传送 1mW 测试音信号时,频率调制器输出端所产生的有效值频偏。

由于调制信号功率与其电平平方成正比,而频偏的平方与调制信号功率成正比。因此,下述关系成立:

$$\frac{\Delta f_a^2}{\Delta f_r^2}=\frac{P_n}{P_r} \tag{3-41}$$

式中,P_n 为多路电话信号的平均功率;P_r 为测试音功率。通常把 $[P_n/P_r]$ 称为负载电平 L,即

$$L=10\lg(P_n/P_r)=10\lg l^2 \tag{3-42}$$

其中,

$$l=\sqrt{P_n/P_r}$$

称为负载因数。

CCIR 建议采用如下经验公式计算 L,即

$$L=20\lg l=\begin{cases} -1+4\lg n & 12\leqslant n\leqslant 240 \\ -15+10\lg n & n>240 \\ 3.07\lg n & n<12 \end{cases} \tag{3-43}$$

式中 n 为传输的话路数。

由式(3-41)和式(3-42),可以得出多路电话信号的有效值频偏为:

$$\Delta f_a=l \cdot \Delta f_r \tag{3-44}$$

又由于多路信号的峰值频偏的平方与峰值功率成正比,而峰值功率为:

$$P_P=p^2 P_n \tag{3-45}$$

式中,p 称为峰值因数。它与工作话路数有关。在实际工作中,通常取 $[p]=10\sim13$dB,相当于 $p=3.16\sim4.45$。话路数增多,p 变小。多路电话信号的峰值频偏可由式(3-46)来计算,即

$$\Delta f_P=p \cdot l \cdot \Delta f_r \tag{3-46}$$

(2) 多路电话调频信号的射频传输带宽

FM 信号的频谱带宽 B(或系统传输带宽)可根据卡森公式计算:

$$B=2(\beta_{FM}+1)F_m=2(\Delta f_p+F_m) \tag{3-47}$$

式中,Δf_p 为调制信号产生的最大频偏;F_m 为调制信号的最高频率。对于多路电话调频,由于 $\Delta f_p=P \cdot l \cdot \Delta f_r$ 所以有:

$$B=2(\Delta f_p+F_m)=2(p\Delta f_a+F_m)=2(p \cdot l \cdot \Delta f_r+F_m) \tag{3-48}$$

(3) 噪声分配

标准模拟线路的噪声应包括上行线路热噪声、下行线路热噪声、地球站收/发设备热噪声、转发器交调噪声,以及来自地面微波系统的干扰噪声等。卫星线路设计的主要目的就是如何选择各种传输参数来抑制卫星线路噪声。一般是这样对噪声指标进行分配,上行线路噪声分配 $500\sim1500$pW;交调噪声一般规定为 $1500\sim2500$pW;下行线路占的比例较大,分配噪声值可达 $3000\sim5000$pW。这样,上、下行和交调三部分合在一起约占 $6500\sim8000$pW。

（4）FDM/FM 方式的热噪声信噪比

通常采用下面的工程计算公式来计算 S/N_0，即

$$\frac{S}{N_0}=\frac{C}{T_T}\cdot\frac{1}{k\cdot b}\left(\frac{\Delta f_r}{F_m}\right)^2=\frac{C}{N}\cdot\frac{B}{b}\cdot\left(\frac{\Delta f_r}{F_m}\right)^2 \tag{3-49}$$

式中，S/N_0 是最高话路的解调器输出信噪比；C/T_T 是输入到接收机的载波噪声温度比，C/N 是输入到接收机的载噪比；b 是每话路带宽，$b=3100\text{Hz}$；B 是接收机通带，通常它与 FM 信号频谱宽度 B 相等；k 是玻尔兹曼常数。

另外，考虑到由于人耳的音响特性对话路输出信噪比 S/N_0 有 2.5dB 加权增益，预加重和去加重特性又有 4dB 的加重增益（指高端话路），故最高话路的信噪比可以表示为：

$$\left[\frac{S}{N_0}\right]_T=\left[\frac{C}{T}\right]_T-[K]-[b]+20\lg\frac{\Delta f_r}{F_m}+2.5+4$$

$$=\left[\frac{C}{T}\right]_T-228.6-10\lg3100+20\lg\frac{\Delta f_r}{F_m}+6.5$$

$$=\left[\frac{C}{T}\right]_T+20\lg\frac{\Delta f_r}{F_m}+200.2 \tag{3-50}$$

式中 $k=1.38\times10^{-23}\text{J/K}$。

（5）SCPC—FM 方式的信噪比

在 SCPC—FM 方式中，传输的信号只是一路语音本身，因而相对带宽大，传输频带内 FM 噪声分布不均匀。因此，信噪比可采用下式计算：

$$\frac{S}{N_0}=\left[\frac{C}{T}\right]\cdot\frac{1}{k}\cdot\frac{3\Delta f_r^2}{F_H^3-F_L^3} \tag{3-51}$$

式中，F_H 为语音最高频率（3400Hz）；F_L 为语音最低频率（300Hz）。S/N_0 用分贝表示时为：

$$\left[\frac{S}{N_0}\right]=\left[\frac{C}{T}\right]_T+228.6+10\lg\frac{3\Delta f_r^2}{3400^3-300^3}+6+2.5 \tag{3-52}$$

其中加重获得的改善量为 6dB，噪声加权因素为 2.5dB。

应该指出，上式中 $[C/T]_T$ 是话路输出信噪比 S/N_0 为要求值时所对应的 C/T 值。在 SCPC—FM 系统中一般采用锁相式门限扩展解调器，其门限一般取 $[C/N]_{TH}\approx6\sim7\text{dB}$。这时应根据门限扩展解调器的噪声带宽（$B_n$）计算门限电平点的 $[C/T]_{TH}$：

$$\left[\frac{C}{T}\right]_{TH}=\left[\frac{C}{N}\right]_{TH}+10\lg B_n-228.6$$

$$=10\lg B_n+7-228.6=10\lg B_n-221.6 \tag{3-53}$$

式中取 $[C/T]_{TH}=7\text{dB}$；B_n 可按下列经验公式计算：

$$B_n=5.85\left[\frac{F_H^5-F_L^5}{F_H^3-F_L^3}\cdot\Delta f_a^2\right]^{\frac{1}{4}} \tag{3-54}$$

将 F_H 和 F_L 数值代入，式（3-53）可写为：

$$\left[\frac{C}{T}\right]_{TH}=5\lg\Delta f_a-181.3\ (\text{dBW/K}) \tag{3-55}$$

另外，在 SCPC—FM 方式中，一般都采用音节压缩扩展器使噪声大幅度减小。因此在确定必要的 S/N 时，要考虑压缩扩展器有 15～20dB 的改善量。

线路设计的计算实例如下。

现以 IS—IVA 号卫星系统为例，计算其全球波束转发器传送 432 路电话时的各项参数。已知工作频率为 6/4GHz，卫星转发器有效全向辐射功率 $[\text{EIRP}]_S=22.5\text{dBW}$，接收系统的

$[G/T]_\text{s}=-17.6\text{dB/K}$,转发器灵敏度$[W_\text{s}]=-67.5\text{dBW/m}^2$,标准地球站品质因素$[G/T]=40.7\text{dB/K}$。

解：

(1) 确定基带信号的最高频率 F_m。当采用 FDM 时,可按每路话占 4kHz 计算,考虑到各话路、基群以及超群之间均留有保护频带,基带信号最高频率可按下式计算:

$$F_\text{m}\approx4.2n \tag{3-56}$$

式中,n 为话路数目。$n=432$ 时,$F_\text{m}=1796\text{kHz}$。

(2) 计算调频信号传输带宽:

由表 3-7 查出 432 路频分多路电话峰值频偏 $\Delta f_\text{p}=8550\text{kHz}$。根据卡森带宽计算公式求得:

$$B\approx2(\Delta f_\text{P}+F_\text{m})=2(8.550+1.796)=20.7\text{(MHz)}$$

国际卫星组织规定,卫星转发器使用带宽以 2.5MHz 或 5MHz 为最小单位,即卫星内分配带宽为:

$$B_\text{s}=2.5\times\text{倍数}$$

因此应为:

$$B_\text{s}=2.5\times10=25\text{(MHz)}$$

并且在卫星内分配各载波的传输带宽时,都留有 $10\%\sim25\%$ 的保护带宽,即实际占有带宽:

$$B=B_\text{s}-(10\%\sim25\%)B_\text{s}=18.75\sim22.5\text{(MHz)}$$

取 $B=20.7\text{MHz}$ 相应于留 17% 的富裕,作保护带宽,符合上述规定。

(3) 确定满足话路输出信噪比所需的载噪比$[C/T]_\text{T}$:

根据噪声分配原则,上行线路噪声、交调噪声和下行线路噪声三部分之和在 IS—IVA 中为 7500pW。根据 CCIR 对标准模拟线路允许噪声功率的建议是对零相对电平点以 1mW 为零电平提出的。因此,相应的话路输出信噪比为:

$$\left[\frac{S}{N_0}\right]_\text{T}=10\lg\left[\frac{1\times10^{-3}}{7500\times10^{-12}}\right]=51.2\text{(dB)}$$

将上述 51.2dB 代入式(3-50),得:

$$\left[\frac{C}{T}\right]_\text{T}=51.2-20\lg\left[\frac{729}{1796}\right]-200.2=-141.2\text{(dBW/K)}$$

(4) 检查门限富裕量 E 是否合适:

上述结果相当于接收机输入端载噪比为:

$$\left[\frac{C}{N}\right]=\left[\frac{C}{T}\right]_\text{T}-[K]-10\lg B=-141.2+228.6-10\lg(20.7\times10^6)=13.2\text{(dB)}$$

采用普通限幅鉴频器时$[C/N]_\text{TH}=10\text{dB}$。

$$E=\left[\frac{C}{N}\right]-\left[\frac{C}{T}\right]_\text{TH}=13.2-10=3.2\text{(dB)}$$

此 E 值合适。如果 E 值不合适,太小或太大,则需重选 B,重新进行计算。

(5) 求$[C/N]_\text{TH}$:

$$\left[\frac{C}{T}\right]_\text{TH}=\left[\frac{C}{T}\right]_\text{T}-E=-141.2-3.2=-145.4\text{(dBW/K)}$$

(6) 计算卫星线路实际达到的 C/T 值:

① 已知$[W_S]=-67.5\text{dBW/m}^2$，$[L_U]=200.6\text{ dB}$，$\lambda=5\text{cm}$。

取$[BO]_I=10.5\text{dB}$，由式(3-21)得：

$$[EIRP]_{EM}=-67.5-10.5-200.6-37=85.6(\text{dBW})$$

取$[BO]_O=4.8\text{dBW}$，由式(3-24)得：

$$[EIRP]_{SM}=22.5-4.8=17.7(\text{dBW})$$

由式(3-22)得：

$$\left[\frac{C}{T}\right]_{UM}=[EIRP]_{EM}-[L_U]+\left[\frac{G_{RS}}{T_S}\right]$$
$$=85.6-200.6-17.6=-132.6(\text{dBW/K})$$

由式(3-25)得：

$$\left[\frac{C}{T}\right]_{DM}=[EIRP]_S-[BO]_O-[L_D]+\left[\frac{G_R}{T_D}\right]$$
$$=22.5-4.8-196.6+40.7=-138.2(\text{dBW/K})$$

② 确定 423 路电话所用载波的 C/T 值。

上述各 C/T 值都是对多载波工作而言的，不是对应于传输 432 路电话所用载波的 C/T 值。因此，还需根椐发端站分配传输 432 路所用载波的$[EIRP]_{EI}$在$[EIRP]_{EM}$中的比例来计算。假设功率减小数为$[\Delta P]=1.7\text{dB}$，则地球站实际发送的$[EIRP]_{EI}$为：

$$[EIRP]_{E1}=[EIRP]_{EM}-[\Delta P]=86.5-1.7=83.9(\text{dBW})$$

转发器分配给该载波的$[EIRP]_{S1}$为：

$$[EIRP]_{S1}=[EIRP]_{SM}-[\Delta P]=17.7-1.7=16.0(\text{dBW})$$

$[C/T]_U$ 和 $[C/T]_D$ 也相应降低 1.7dB，故，

$$\left[\frac{C}{T}\right]_U=\left[\frac{C}{T}\right]_{UM}-[\Delta P]=-132.6-1.7=-134.3(\text{dBW/K})$$

$$\left[\frac{C}{T}\right]_D=\left[\frac{C}{T}\right]_{DM}-[\Delta P]=-138.2-1.7=-139.9(\text{dBW/K})$$

③ 确定传送电话载波的交调载噪比$[C/T]_T$。

交调噪声与同时传送载波的数量有关，若同时传送的载波数量较少，则交调噪声就减少。如果只传一个载波，就不会产生交调噪声，因此，就不用考虑$[C/T]_I$。为此，必须根据载波容量，即话路数进行修正。由于每个转发器的带宽是有限的，如 36MHz(IV 卫星)或 72MHz(V 号，VI 号卫星)，故单个载波容量越大，能容纳的总载波数就越少，交调噪声也就越小，如表 3-8 所示。

表 3-8 卫星交调噪声功率密度(每 100kHz)与饱和输出功率比

卫星天线波束	全球波束				点波束				
载波话路数	24～132	252	432	972	60～252	432	612	792	1872
$[N_C/C_S]_I$ (dB)	−48	−52.2	−57.3	—	−60.6	−66.2	−76.2	77.2	—

由表 3-8 可见，载波容量(话路数)越大，交调噪声功率密度 N_C 越小，与上面分析一致。下面介绍如何利用该表计算$[C/T]_I$。由于表中所列是 100kHz 带宽中的功率$[N_C/C_S]_I$值，故

100kHz 中交调功率为：

$$N_I = (EIRP)_S \cdot \left(\frac{N_C}{C_S}\right)_I$$

即

$$[N_I] = [EIRP]_S + [N_C/C_S]_I$$

因为

$$N_I = KT_1B_1, B_1 = 100 \times 10^3 \text{ Hz}, C = (EIRP)_{SI}$$

所以

$$\left[\frac{C}{T}\right]_I = [C]_I - [T]_I = [EIRP]_{SI} - \{[N]_I - [K] - [B]_I\}$$

$$= [EIRP]_{SI} - [N_C/C_S]_I - 201.1$$

由表 3-8 查得$[N_C/C_S]_I = -57.3$dB，代入上式得：

$$\left[\frac{C}{T}\right]_I = 16.0 + 57.3 - 201.1 = -127.8 \text{(dBW/K)}$$

④ 求总载噪比。根据式(3-32)：

$$\left[\frac{C}{T}\right]_T = -10\lg(10^{13.43} + 10^{12.78} + 10^{13.99}) = -141.2 \text{(dBW/K)}$$

结果与第(3)步求出的所需要的$[C/T]_T$正好相等，因此问题就解决了。如果两者相差较大，则需要重新设定$[\Delta P]$再进行计算，直到两者基本相等为止。

（7）计算降雨富裕量 m 和 r：

$$[m] = 10\lg\left\{\frac{\left(\frac{C}{T}\right)_{TH}^{-1} - \left[\left(\frac{C}{T}\right)_T^{-1} - \left(\frac{C}{T}\right)_D^{-1}\right]}{\left(\frac{C}{T}\right)_D^{-1}}\right\} = 10\lg\frac{10^{-\frac{1}{10}\left[\frac{C}{T}\right]_{TH}} - \left\{10^{-\frac{1}{10}\left[\frac{C}{T}\right]_T} - 10^{-\frac{1}{10}\left[\frac{C}{T}\right]_D}\right\}}{10^{-\frac{1}{10}\left[\frac{C}{T}\right]_D}}$$

$$= 10\lg\frac{10^{14.54} - [10^{14.12} - 10^{13.99}]}{10^{13.99}} = 5.05 \text{(dB)}$$

根据降雨富裕量定义，可导出：

$$r = \frac{T_U + T_I}{T_D} = \frac{\left(\frac{C}{T}\right)_U^{-1} + \left(\frac{C}{T}\right)_I^{-1}}{\left(\frac{C}{T}\right)_D^{-1}} = \frac{10^{\frac{-[C/T]_U}{10}} + 10^{\frac{-[C/T]_I}{10}}}{10^{\frac{-[C/T]_D}{10}}}$$

$$= \frac{10^{13.43} + 10^{12.78}}{10^{13.99}} = 0.336(-4.7\text{dB})$$

3.4.2.5　TDMA 数字卫星通信线路的设计

1. 数字卫星通信线路标准

目前国际卫星通信组织暂定 P_e 为 10^{-4} 作为线路标准。这和 FM 模拟线路噪声为 50000pW 的情况相对应。

2. 主要通信参数的确定

（1）归一化信噪比(E_b/n_0)

接收数字信号时，载波接收功率与噪声功率之比 C/N 可以写成：

$$\frac{C}{N} = \frac{E_bR_b}{n_0B} = \frac{E_sR_s}{n_0B} = \frac{(E_b\log_2M)R_s}{n_0B} \tag{3-57}$$

式中，E_b 为每单位比特信息能量；E_s 为每个数字波形能量，对于 M 进制，则有 $E_s = E_b\log_2M$；R_s 为码元传输速率(波特率)；R_b 为比特速率，且 $R_b = R_s\log_2M$；B 为接收系统等效带宽；n_0

为单边噪声功率谱密度。

（2）误码率与归一化信噪比的关系

对于 2PSK 或 QPSK 有：

$$P_e = \frac{1}{2}\left(1 - \text{erf}\sqrt{\frac{E_b}{n_0}}\right) \tag{3-58}$$

当 $P_e = 10^{-4}$ 时，测得归一化理想门限信噪比为：

$$\left[\frac{E_b}{n_0}\right]_{TH} = 8.4(\text{dB}) \tag{3-59}$$

$$\left[\frac{C}{T}\right]_{TH} = \left[\frac{E_b}{n_0}\right] + 10\lg k + 10\lg R_b \tag{3-60}$$

（3）门限富裕量

当仅考虑热噪声时，为保证误码率 $P_e = 10^{-4}$，必需的理想门限归一化信噪比为 8.4dB，则门限富裕量 E 可由下式确定：

$$E = \left[\frac{C}{N}\right]_T - \left[\frac{C}{N}\right]_{TH} = \left[\frac{E_b}{n_0}\right] - \left[\frac{E_b}{n_0}\right]_{TH} = \left[\frac{E_b}{n_0}\right] - 8.4 \ (\text{dB}) \tag{3-61}$$

门限富裕量是为了考虑 TDMA 地球站接收系统和卫星转发器等设备特性不完善所引起的性能恶化而采取的保护措施。

（4）接收系统最佳频带宽度 B 的确定

接收系统的频带特性是根据误码率最小的原则确定的。根据奈奎斯特速率准则，在频带宽度为 B 的理想信道中，无码间串扰时码字的极限传输速率为 2B 波特。由于 PSK 信号具有对称的两个边带，其频带宽度为基带信号频带宽度的 2 倍。因此为了实现对 PSK 信号的理想解调，系统理想带宽应等于波形传输速率（波特速率）R_S。但从减少码间干扰的角度考虑，一般要求选取较大的频带宽度。因此取最佳带宽为：

$$B = (1.05 \sim 1.25)R_S = \frac{(1.05 \sim 1.25)R_b}{\text{lb}_2 M} \tag{3-62}$$

（5）满足传输速率和误码要求所需的 C/T 值的确定

$$\left(\frac{C}{T}\right)_T = \left(\frac{C}{N}\right)_T \cdot k \cdot B = \frac{E_b}{n_0} \cdot K \cdot R_b \tag{3-63}$$

用分贝表示为：

$$\left[\frac{C}{T}\right]_T = \left[\frac{E_b}{n_0}\right] + 10\lg K + 10\lg R_b \tag{3-64}$$

3. 计算实例

已知，工作频率 6/4GHz，利用 IS—IV 号卫星，卫星转发器 $[G/T]_S = -17.6\text{dB/K}$，$[W_s] = -67\text{dBW/m}^2$，$[\text{EIRP}]_S = 22.5\text{dBW}$；标准地球站 $[G_R/T_D] = 40.7\text{dB/K}$，线路标准取误码率 $P_e \leqslant 10^{-4}$，取 $d = 40000\text{km}$，$R_b = 60\text{Mbit/s}$，试计算 QPSK—TDMA 数字线路参数。

解：

（1）求接收系统最佳带宽 B：

$$B = \frac{(1.05 \sim 1.25) \times 60}{2} = (31.5 \sim 37.5)(\text{MHz})$$

取 $B = 35\text{MHz}$。

（2）确定满足传输速率和误码率要求所需的 $[C/T]_{TH}$ 值。当要求 $P_e \leqslant 10^{-4}$ 时，有：

$$\left[\frac{E_{\mathrm{b}}}{N_0}\right] \geqslant 8.4(\mathrm{dB})$$

设取 $[E_b/n_0]=10.4\mathrm{dB}$，则：

$$\left[\frac{C}{T}\right]_{\mathrm{TH}}=\left[\frac{E_{\mathrm{b}}}{n_0}\right]+10\lg K+10\lg R_{\mathrm{b}}$$
$$=10.4-228.6+77.8=-140.4(\mathrm{dBW/K})$$

（3）计算卫星线路实际能达到的 C/T 值：

① 求地球站和卫星有效全向辐射功率。TDMA 方式不存在多载波工作造成的交调问题，但由于末级行波管 AM/PM 转换等非线性特性的影响会使误码率变坏。因此，为了得到最佳工作点，必须采取某种程度的补偿。

设取 $[\mathrm{BO}]_{\mathrm{I}}=7\mathrm{dB}$，$[\mathrm{BO}]_{\mathrm{O}}=2\mathrm{dB}$，则由式（3-21）可得：

$$[\mathrm{EIRP}]_{\mathrm{E}}=-67-7+200.6-37=89.6(\mathrm{dBW})$$
$$[\mathrm{EIRP}]_{\mathrm{S}}=22.5-2=20.5(\mathrm{dBW})$$

② 求 C/T 值。由式（3-22）和式（3-23）可得：

$$\left[\frac{C}{T}\right]_{\mathrm{U}}=89.6-200.6-17.6=-128.6(\mathrm{dBW/K})$$

$$\left[\frac{C}{T}\right]_{\mathrm{D}}=20.5-196.6+40.7=-135.4(\mathrm{dBW/K})$$

由式（3-32）得：

$$\left[\frac{C}{T}\right]_{\mathrm{T}}=-10\lg(10^{12.86}+10^{13.54})=-136.2(\mathrm{dBW/K})$$

门限富裕量为：

$$E=\left[\frac{C}{T}\right]_{\mathrm{T}}-\left[\frac{C}{T}\right]_{\mathrm{TH}}=-136.2+140.4=4.2(\mathrm{dB})$$

3.5 军事通信卫星应用

3.5.1 军事通信卫星的作用与分类

1. 军事通信卫星的作用

军事通信卫星（Military Communication Satellite）是通信卫星家族中的重要组成部分，也最能够体现卫星通信发展技术水平。与一般通信卫星相比，军事卫星的抗干扰性、保密性、可靠性等有更高的要求。

军事卫星通信正在成为现代战争中越来越重要的通信手段，其具体应用主要表现在以下几个方面：

① 军事卫星通信手段可完成众多的远程通信和作战指挥任务。如传送大量的语音和数据、侦察照片与活动图像，提供信号情报、定位信息等。据统计，美军的军事情报约 70% 来源于卫星，美国所有的军用长途通信的 70%~80% 的信息是由卫星传送的，尤其是美国侦察卫星获得的情报，几乎都要通过通信及数据中继卫星传送到对应的地面站、甚至直达战场。

② 军事卫星通信提供的现代通信手段，可为军事指挥员提供灵活的全球通信覆盖能力和战术机动性，这种通信能力是其他通信手段无法比拟的。在军事 $\mathrm{C}^4\mathrm{ISR}$ 系统中，卫星通信起着关键的作用。由于军事卫星通信可沟通国家指挥当局和战略指挥机构与战场的通信联络，

可直接从战场获取情报,保持对战场态势的监视与控制。从而可用于各个层次对作战指挥的及时高效操控。

③ 军事卫星通信可同时为陆、海、空三军提供服务,从而建立快捷高效的三军指挥通信网络,因此可广泛应用于天空地一体现代战争的各个环节。尤其是卫星通信,具有很强的通用性,同一空间段不仅可用于战略通信,而且可用于战术通信。或者说,战略通信和战术通信可采用同一个系统,这有助于将作战链路从最顶层到最底层无缝隙地联系起来。

④ 军事卫星通信具有传统通信手段无法比拟的抗干扰能力和机动能力,可为各级指挥联络提供高质量、高安全性的信息传输手段。

尽管卫星通信用于军事具有很多优点,但也存在一个明显的弱点,那就是通信卫星公开暴露在空间轨道上,容易被敌人窃收、干扰、甚至摧毁。卫星是整个通信网络的关键节点,一旦出现问题,整个通信系统将陷于瘫痪,赖以生存的大量重要的战略、战术通信线路必将中断。因此,摆在军事卫星通信面前的一个重要课题是必须解决抗干扰及抗摧毁问题。

2. 军事通信卫星的分类

军事通信卫星的分类可有多种方法,下面给出三种最常见的军事通信卫星分类方法。

按其业务划分,军事通信卫星可分为固定通信卫星,移动通信卫星和广播卫星。固定通信卫星的基本特点是地球站固定不动,这种地球站既可用做终端站,又可用做枢纽站;移动卫星的业务主要用于舰船、飞机或车辆以及个人彼此之间的通信,通信双方至少一方是移动的;广播卫星业务包括通过地面广播站转播和对用户直播通信业务。这三种通信卫星的业务配置要从网络系统角度考虑,避免相互干扰。

广播卫星(Broadcasting satellite)与一般的通信卫星是有区别的,它不像通信卫星那样需要地面站的中转就可直接向用户发播信息。正因为这样,广播卫星转发器的功率远高于一般通信卫星转发器功率,并且天线也采用高增益的窄波束或成形波束。不过,由于广播卫星是由通信卫星发展起来的,且与通信卫星工作方式有许多共同之处,所以,广播卫星一般仍归入通信卫星一类。

按使用频段划分,军事通信卫星可分为特高频(UHF)、超高频(SHF)、极高频(EHF)以及激光通信卫星。其中 UHF 和 SHF 卫星系统早已投入使用,EHF 卫星代表卫星通信当前的高新技术发展方向。如军事卫星 Milstar 即为 EHF 卫星,而激光卫星通信尚处在探索阶段。

按军事卫星执行任务属性划分,军事通信卫星可分为战略通信卫星和战术通信卫星两大类。战略通信卫星提供全球性的战略通信,如国家军事卫星通信网。它的任务是:通信、预警、情报侦察、导航定位、气象保障、测绘数据、维修保障和新闻外交等。它传送的信息有语音、数据、传真、图形、视频和图像等。美军为国防部、陆、海、空三军提供的国防卫星通信系统是典型的战略通信卫星,它主要用来支持美国全球军事指挥和控制系统,主要使用超高频频段,迄今共发射了三代卫星。根据美国计划,国防卫星通信系统将被军事卫星所替代。

战术卫星通信系统是军用卫星通信系统的一个重要分支,重点用于解决大地域、超地理、跨国界条件下总部、各军兵种、各战区指挥部门与各种移动平台(包括飞机、舰艇、车辆、战术部队、分队及单兵)之间的中远距离移动通信,以保障协同作战时的战役、战术指挥和情报传递为主要任务。要求能够适应在陆、海、空、天四维展开的未来战争的需要,要求保障整体及单兵的协同通信和移动通信,同时要求通信必须具备快速响应、抗干扰、抗测向、抗定位、抗摧毁及安全保密能力。自从 20 世纪 80 年代以来,战略与战术卫星的区别已经不再明显。如美军军事星系统正在成为美军全球的陆、海、空军事战略和战术中继卫星通信系统,被广泛应用在美军各个层次的通信领域。

跟踪和数据中继卫星也属于军事通信卫星。它主要用于卫星与地球站之间的测控和数据信息中继传输，被广泛应用于现代战场上大区域、大容量、高速率信息的传输。

3.5.2 世界各国典型军事通信卫星系统简介

目前，世界各主要军事大国都发射了自己的军用通信卫星，其中美国是发射军用通信卫星种类较多且技术最具代表性的国家。

美国较有影响的军事通信卫星系统主要有：美国空军主管的国防卫星通信系统（DSCS）、军事卫星（MILSTAR）及海军主管的舰队通信卫星系统（FLTSATCOM）、租星（LEASAT）、特高频后续卫星（UFO）通信系统、跟踪和数据中继卫星系统（TDRS）等，这些军用通信卫星系统在美国参与的最近几次局部战争中，都发挥了极其重要的作用。

下面简单介绍目前较有影响并最具代表性的几个军用通信卫星系统。

1. MILSTAR 军事卫星通信系统

MILSTAR 军事卫星通信系统充分体现了现代军用通信系统一体化的设计思想，它利用统一的系统解决了军事通信中各层次、各类型业务的互联、互通的要求。它是到目前为止美军最重要、投入最多的军事卫星通信系统，可以说是军事卫星通信系统的典型代表，也反应了未来军事通信卫星的发展方向。

（1）军事卫星通信系统组成

军事卫星通信系统是一种为美军战略和战术部队提供保密、抗干扰通信的联合军种军卫星通信系统。军事卫星通信系统于 1983 年开始启动，1994 年开始发射．原计划发射 8 颗卫星，其中 4 颗布置在赤道上空用于覆盖全球大部分地区，另外三颗布置在斜同步轨道上，用于覆盖极地地区，还有一颗备份星布置在 180000km 的超高轨道。最后实施方案将卫星布局调整为 6 颗卫星。前两颗军事卫星于 1994 年 2 月和 1995 年 11 月由"大力神"火箭发射入轨，两星质量均为 4500kg，单星造价达 10 亿美元。

军事卫星通信系统由三个分系统组成；空间分系统、任务控制分系统（包括执行卫星和有效载荷控制功能和支持任务分析的各单元）、终端分系统（包括军事舰载、岸站、机载和地面移动终端，以及技术保障和附属设备）。

军事卫星从开始设计便考虑到卫星要适应未来战争需求，具有极强的抗干扰、抗摧毁能力。比如，卫星采用超高轨道备份星，可在需要时机动到静止轨道替代被摧毁的卫星；卫星设计考虑到了抗反卫星武器攻击的能力：卫星具有轨道机动能力，当感受到敌方攻击意图后，可采用变轨技术躲避敌方袭击；安装有"眨眼"装置，要害部位的"百叶窗"装置可根据需要关闭，以保护卫星要害部位等。

MILSTAR Ⅰ 星上的有效载荷有一副地球覆盖波束天线，有两副变波束天线，还有三副调零点波束天线，可有效提高卫星抗敌方干扰能力。每个 MILSTAR Ⅰ 的有效载荷可提供 192 个同时进行探测、控制和通信的信道，可以支持 UHF/SHF/和 EHF/UHF 交链频道通信业务。终端上行链路的频率选为具有抗核爆损伤能力的 44GHz 的极高频（EHF），下行链路频率为 20GHz 的超高频（SHF）或 UHF 频段。

MILSTAR Ⅱ 星上系统包括一个与 MILSTAR Ⅰ 基本相同的低数据率（LDR）有效载荷，一个中数据率（MDR）有效载荷，以 48Kb/s～1.544Mb/s 的数据率提供通信。MDR 终端上行链路为 EHF，下行链路为 SHF。MDR 有效载荷有 32 个信道和 8 副可控点波束天线，两副调零点波束(NSB)天线,能针对上行链路干扰自动调零;6 副分布式用户覆盖天线(DUCA),但不具备 NSB 天线的调零能力。MDR 除数据率较高外,有效载荷采用了防护措施,能提供确有保证的接入。

MILSTAR I 和 MILSTAR II 设计了交叉链路,星座中任何卫星之间都可进行通信和传送控制数据,而无需地面中继站,从而提供任何其他军事通信卫星系统无可比拟的全球通信能力。最重要的是两个系统都通过星上资源控制器对卫星和有效载荷分别传送控制指令。这种灵活的系统控制功能与交叉链路的全球通信能力相结合,是有效利用 MILSTAR 系统和满足战术用户需求的关键特性。

随着冷战时代的结束,MILSTAR 卫星的设计思想现已转为新的以战术区用为主的轨道上去。这主要体现在从第二代星起不再采取核加固处理,以及星上在原有的低速率信道上增设 EHF 中速率信道。其传输速率从原有的 75b/s~2.4Kb/s 提高到 4.8Kb/s~1.544Mb/s,卫星总容量达到 192 个 LDR 信道和 32 个 MDR 信道。

MILSTAR 系统的地面部分由陆、海,空三军的地面可运/固定、舰载及机载终端组成。

由于 MILSTAR 采用了纠错、加密和扩频等技术,需要占用额外的带宽,因此卫星的通信容量受到了一定的限制。

(2) MILSTAR 在美军卫星通信中的作用

MILSTAR 系统能通过对战术用户提供灵活和抗干扰的通信支持,解决现有通信系统效率低的诸多问题,它可为美国陆海空军提供强有力的战略、战术通信支撑。

由图 3.52 可以看出, MILSTAR 相对美国其他军事通信卫星在机动性、抗干扰能力等方面的性能都优于其他卫星通信系统,当然,为此付出的代价也是最高的。

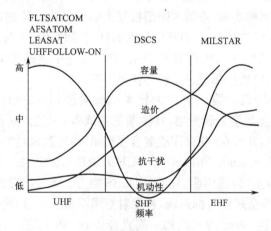

图 3.52　MILSTAR 性能分析曲线

在美国军事通信卫星系统结构中,优先权或指挥层次不同,对军事卫星通信的需求分配也不同。优先权最高的通信需求是"硬核心"(HardCore)需求,主要保证国家当局对指挥执行统一作战计划的部队军情上报、战术预警和打击评估 (TW/AA) 及各总指挥员之间的通信需求。体系结构的第二层主要对战区和应急作战的战术部队提供通信支援,主要需求包括移动用户设备(MSE)扩大覆盖范围、空中任务命令(ATO)的生成和分发,以及"战斧"导弹任务数据更新。通用需求对除战争以外的行动提供通信支持,包括后勤供给、情报、禁毒和执法行动。

MILSTAR 可满足上述三种层次的通信需求。MILSTAR I 在设计上显然可支持打击前、中、后整个作战过程的硬核心需求，并在一次攻击后的延长期内星上的通信设备能自主工作。为确保这种高度的抗毁能力，卫星和通信有效载荷设计成能抗直接和间接的核攻击，战略终端设计成能在核环境下工作。根据 MILSTAR II 计划研制的终端不要求在核环境下工作，因而可做得更小、更轻、造价更低廉。

为进一步补充 MILSTAR 军用卫星 EHF 频段的结构，加强美国下一代军事卫星的生存能力、抗干扰能力、全球覆盖能力及安全能力，美国提出了高级 EHF 卫星发展计划。该计划由军事通信卫星计划办公室负责管理实施。

高级 EHF 卫星空间部分由 4 颗交叉链接的卫星组成，卫星覆盖区域为南北纬 65°，另外系统还有一个备份卫星。

2. 全球广播业务系统

全球广播业务（Global Broadcast Service, GBS）系统即宽频带军用卫星广播系统。

信息已经成为现代战争的关键因素，赢得信息战争的能力取决于我们为战斗指挥部提供关键性信息的能力。海湾战争突出表明了对于有效传送时间性紧迫的宽频带数据能力的需求。在执行"沙漠盾牌"和"沙漠风暴"行动时，美军战斗计划人员发现，现存军用数据传输系统远不足以支持现代战争活动。例如，战斗地图是每天从美国大陆空运的，同时，到达战区的大部分信息还不能分发到下级部队人员手中，这是因为没有部署大容量数据传输系统可供使用。

现有的军用通信系统常常对信息的包装和分发提出严格的限制，因而不能满足实战时通信的需求，而目前的商业卫星直播系统已经证实了以用户所需音频和视频信号形式传输大容量数据的能力。全球广播业务（GBS）提供的宽频带卫星广播正是要利用这项民用技术满足军事需求。

在 1995 年到 1996 年初期间，美国国防部根据未来信息化战争的需要而制定了一项最大限度地利用现有商业"直接广播业务"（DBS）技术的计划，即 GBS 计划。

GBS 系统的工作很像民用的电视直播卫星，只不过它中继的是侦察图像和其他军用数据，而且其数据速率和用户数量都超过以前的任何军事卫星。

GBS 计划分为三个阶段。第一阶段为技术试验阶段（1996—1998 年），美国国防部从 1996 年 4 月开始租用奥里昂卫星转发器，在波斯尼亚战争对名为"联合广播业务"（JBS）的样机进行试验，并于 1996 年 8 月在"联合作战兼容性演示"中得到成功的验证。第二阶段为特高频后继星（Ultra High Frequency Follow-on, UFO）阶段（1998—2001 年），它要求把 GBS 有效载荷搭载在海军 UFO 上，以提供临时的军用 GBS 能力。第三阶段为目标系统阶段，它要求从 2001 年开始发展 GBS 全规模目标系统，将发射专用军事卫星，建成实用的 GBS 系统。

GBS 卫星有两副直径 59cm 的天线和一副直径 46cm 的天线。卫星上有 4 台 GBS 转发器，其传输速率可达 24Mb/s；有两个波束的覆盖区域宽度为 926km；第三个波束的传输速率为 1.5Mb/s，其波束覆盖区域宽度为 3706km。

1998 年 3 月 16 日，美国海军的第 8 颗特高频后继星由一枚"宇宙神 II"火箭从卡纳维拉尔角发射进入地球同步轨道。这颗卫星简称 UFO-8，又称为 UHF F8（或简称 F8），它的最主要特点是第一次配备了全球广播业务（GBS）系统，由此拉开了 GBS 系统布设的序幕。

GBS 接收终端将装在三种类型的平台上：固定平台、可运输平台及移动平台（包括船舶、潜艇、机载及地面平台）。所有的武装部队、其他各国防部部门以及其他政府机构都可能是 GBS 的用户，如全球新闻、联合的及单军种的新闻、战区电报传送、气象、图像、教育训练、武装部队电台、电视网以及其他期望得到的广播服务。

　　总之,GBS 将极大地提高联合作战部队的能力以实现任务目标。该系统的宽频带能力及其传输速度将能使大文件的传输由几小时变为几秒钟。系统的规模将允许部署到最低层次的司令部。GBS 不仅向战场发送事先决定的信息,而且还能对来自战场的特殊要求作出响应,使士兵、海员、飞行员及海军陆战队员将首次能够随时随地获取所需要的各种类型和数量的信息。有了 GBS,美国军队将在取得战场信息优势上迈出巨大一步。作战部队将能获得为完成任务所需要的由其任意处理的战场态势信息。

3. 英国典型军事通信卫星——天网(SKYNET)

　　英国最有名的军事通信卫星是"天网"卫星。

　　20 世纪 60 年代开始,英国国防部开始研究卫星通信技术,并参加了美国的初期国防通信卫星计划,1966 年美国同意为英国制造并发射了两颗"天网 1 号"卫星。卫星于 1969 年 11 月成功发射进入地球静止轨道。1971 年英国在美国帮助下,开始自行研制"天网 2 号"卫星,并于 1974 年 11 月成功发射。

　　1981 年英国开始研制新一代的"天网 4 号"卫星,卫星质量为 670kg。第一颗卫星已经于 1988 年 12 月发射入轨,到 1999 年 2 月,共发射了 5 颗"天网 4 号"卫星。"天网 4 号"卫星有两路特高频、4 路超高频和一路试验用的上行极高频信道。卫星采用信号加密处理,具有逃避反卫星武器攻击的机动能力。该卫星还与北约的 NATO 卫星、美国的国防通信卫星相兼容,可以相互支持。

4. 前苏联与俄罗斯军事通信卫星

　　前苏联战略通信卫星为"闪电"系列卫星。它们运行于倾角 62.8° 的大椭圆轨道上,采用 8 星星座,保证 24 小时不间断地对本土覆盖。它们可以直接用于点对点通信,保证军用通信的畅通。前苏联后来发展了"地平线"系列战略通信卫星。"地平线"系列卫星采用地球静止轨道,是军民两用卫星。

　　前苏联的战术通信卫星为"宇宙"系列,"宇宙"战术通信卫星质量仅为 41kg,每次可发射 8 颗,进入 1500km、倾角为 74° 的圆轨道。为满足 24 小时对地覆盖要求,常有 34～48 颗或更多的卫星在轨道上运行。

　　苏联解体后,俄罗斯继续发展军用通信卫星。2001 年 7 月 20 日,俄罗斯用一枚"闪电 M"火箭从普列谢茨克发射场发射了一颗"闪电 IK"军用通信卫星。这颗卫星进入了一条运行周期为 12 小时的椭圆轨道。这是"闪电 IK"系列卫星的首次发射。

　　2001 年 10 月 7 日;俄罗斯在拜科努尔成功发射了"虹 1 号"军用通信卫星。

　　2001 年 10 月 24 日,俄罗斯航天部队从普列谢茨克发射场成功发射了一枚"闪电 M"火箭,起飞 10 分钟后火箭将"闪电 3 号"军用通信卫星送入了初始轨道。火箭第 4 级点火后将卫星送入倾角为 62.8° 的椭圆轨道。

　　"闪电"通信卫星的远地点为 40000km,近地点为 470 km,卫星缓慢经过俄罗斯境内,与地面控制站失去联系的时间很短。为保证提供在俄罗斯境内的不间断通信,需要多颗"闪电"卫星协助。

　　2001 年 12 月 28 日。俄罗斯用"旋风 3 号"火箭同时发射了 6 颗卫星,其中"宇宙"2384、2385、2386 为三颗军用通信卫星。

　　经过继承前苏联军事通信卫星以及自己不间断地发射,目前俄罗斯拥有的军用通信卫星不少,种类也较多。主要有:

①"闪电1号"、"闪电3号"战略通信卫星。它们采用62.8°～65.5°倾角的大椭圆轨道.通常为8颗卫星分布在相隔90°的4个轨道面内组网工作。

②"宇宙"战术通信卫星。它一般由30颗以上的卫星组网工作,主要用于军舰、飞机与基地间的战术通信。

③"急流"静止轨道卫星。它用于为俄罗斯侦察卫星提供数据中继通信。

5. 跟踪与数据中继卫星

数据中继卫星(Tracking and Data Rlay Satellite)用于中继侦察卫星、飞船等航天器的数据。星上除装有数据中继设备外,还装有红外预警系统,用于探测弹道导弹的发射。

美国从1976年开始研制跟踪和数据中继卫星(TDRS)。在地球静止轨道上适当部署三颗跟踪和数据中继卫星,则相当于把三个地面测控通信站搬到了空间,它能对轨道高度在200～12000km范围内的所有用户卫星、飞船和空间站实现连续跟踪和数据通信。

第一颗跟踪和数据中继卫星是质量为2270kg的六面体,两块太阳能电池板展开后宽17.4m。可提供1850W电功率。TDRS卫星是第一个采用C、S和Ku三个波段工作的通信卫星,卫星上共装有7幅不同类型的天线。其中有两个直径达4m的抛物面天线,分别用于S波段和Ku波段的数据跟踪和中继。另外,星上还装有一个工作在S波段的相控阵天线,可以同时为20个用户卫星服务。星上还有一副直径1.12m的Ku波段抛物天线和一副C波段铲形天线,用于美国国内通信。星上还有12个C波段转发器用于电话、电视和数据的传输。卫星工作寿命为7年。于1983年4月4日从肯尼迪航天中心发射入轨。至今第一代卫星已经发射了6颗。美国的第一代TDRS卫星网由TDRS 4、5、6、7这4颗卫星和TDRS1三部分组成,可同时为20多颗用户卫星提供跟踪与通信服务。

美国的第二代中继卫星为TDRS 8到TDRS 10(也有资料按字母排序称为TDRS H,I,J)。第二代数据中继卫星在S波段和Ku波段的基础上,增加了Ka波段.并扩大了S波段的容量。星上两副4.5m天线,每副都可同时进行S/Ku或S/Ka波段通信。天线可以300MHz/s的速率接收Ku波段和Ka波段的数据,以6MHz/s的速率接收S波段数据,可以25MHz/s的速率发送Ku波段和Ka波段数据。

与TDRS白沙地面终端(The White Sands Ground Terminal,WSGT)一起作为TDRS终端的还有NGT(NASA Ground Terminal)。作为WSGT备份的第二个TDRS地面终端STGT,也位于白沙。TDRS的网络控制中心、通信及跟踪中心位于戈达德。

跟踪与数据中继卫星强大的数据中继能力,为美国整个天网与地面系统的信息传输提供了及时、准确和安全的保证。

前苏联的跟踪与数据中继卫星是"急流"静止轨道卫星。

3.5.3　军事卫星通信应用及发展趋势

1. 军事卫星通信在海湾战争中的应用

在以电子信息为特征的海湾战争中,美军及其盟军共动用了9个系列共23颗通信卫星,其中主要有国防卫星通信系统(DSCS)、舰队通信卫星(FLTSATCOM)系统、英国的"天网"卫星(SKYNET)和北约的NATO卫星通信系统、国际卫星(INTELSAT)和国际海事卫星(INMARSAT)通信系统等,并将研制中的军事卫星(MILSTAR)EHF转发器搭载在舰队卫星上,作为连接美国总部与海湾前线的指挥手段(见表3-9)。

表 3-9　海湾战争中的军事卫星通信系统

系统名称	频率/GHz	功率/W	用途
国家卫星通信系统	7～8	52(DSCS2) 1100(DSCS3)	全球及远程战场通信
舰队卫星通信系统	0.24～0.40	1150	为国防部和海、空军提供远程通信
军事卫星	60	105.4	为国家最高指挥当局和海湾前指提供通信
租星通信系统	Ku 波段	900	海湾舰队通信
跟踪和数据中继卫星	S 和 Ku 波段		转发数据
天网卫星			支持海湾英军作战,增大美国防卫星通信系统的容量
北约卫星	7.25～8.4		保障多国部队通信
国际通信卫星	1.5～1.6	355	保障多国部队通信
国际海事卫星	1.5～1.6	355	海湾美军与家属通信

　　国防卫星通信系统构成对海湾战区部队实施指挥控制,与美国本土、欧洲以及太平洋地区进行远程通信的支柱。为满足通信需要,美军共动用了 6 颗 DSCS 卫星,包括 2 颗 DSCSⅡ、4 颗 DSCSⅢ。这两种卫星都工作在 SHF 频段,可通 96 路数据、报文和保密话,最先用于海湾地区保障部队集结的 DSCS 卫星是印度洋上空的 DSCSⅡ卫星和大西洋上空的 DSCSⅢ卫星。在地面战争开始时,开通了 105 条连接美国与欧洲战区间的远程通信线路,即每 500 人的军队就有一条语音信道。到海湾战争结束时,DSCS 提供的战区内和战区间的多路通信业务占美军通信总量 75% 以上。

　　舰队通信卫星系统是一个 16 路舰队广播卫星系统,可传送数据、报文和窄带保密话。在战争期间,美军动用了两颗舰队卫星和 4 颗租用卫星,构成了舰队远程通信网,为在海湾作战的舰只提供高速数据通信,其通信量占海军总通信量的 95%。该系统还为空军转发保密话和数据,并与陆军地面机动部队沟通联络,提高了海、陆、空协同作战能力。

　　军事卫星的 EHF 转发器,在这次战争中首次投入使用,它搭载在舰队卫星上,地面部分利用了设在美国本土的舰队卫星控制中心和沙特利雅得美军中央司令部的两部终端,为前线司令部与美国家指挥当局提供抗干扰保密通信。

　　除用做全球指挥控制的通信网络外,军事通信卫星在局部战场上同样发挥了极其重要的作用。在海湾战争中美军为各军种装备了大量的卫星通信终端,其中主要是移动式地面终端,其次是机载、舰载和背负式终端。这些终端机动性好,技术先进,成为战区指挥,甚至沟通与美国本土及欧洲通信联络的主要传输手段。如驻海湾美军中央司令部配置了地面移动式终端 AN/TSC—85 和 AN/TSC—93B,对上接国防通信系统,对下与战区内军兵种卫星终端联网,并通过商用卫星终端与国际卫星通信网联网,保障前线总部的指挥以及与远在万里之外的美国国家指挥当局和世界各地的通信联络。战区作战部队主要使用车载式地面机动部队(GMF)终端和背负式终端。如美军第 24 步兵师、第 82 空降师、第 101 空中突击师和第 7 军均装备了卫星终端,保障前线部队与指挥所、指挥所与指挥所之间的通信。参战海军大量装备了抗干扰能力较低的 UHF 卫星终端,少数指挥舰装备了 SHF 和 EHF 终端,几乎所有的水面舰只都安装了卫星接收机,较好地保障了岸—舰、舰—舰通信。参战空军的空中侦察机、B—52 战略轰炸机、FB—111 战斗机和空中加油机都装备了 AN/ARC—171(V)机载终端,用于空—空、空—地通信。美军中央司令部空军在地面传输系统中利用了 27 部 SHF GMF 终端,构成了空军通信网的基础设施。

美陆军、海军陆战队和情报部门装备的卫星终端最多,传输信息量最大。据有关资料介绍,在战争结束前美陆军在海湾地区使用了 128 部国防卫星通信系统终端。其中部署在紧靠作战前线伊科边界的卫星终端达 33 部,这些终端对保障作战部队的通信起到了非常重要的作用。

2. 战略与战术通信卫星相结合

在海湾战争之前,美军的战略与战术卫星通信系统之间存在着明显的区别,如美国国防卫星通信系统(DSCS)容量大,机动性较低,抗干扰能力适中,海湾战争前通常用于战略通信。然而在这次海湾战争中,美军打破了这一惯例,将 DSCS 从美国延伸到了作战前线,战略终端用做地面机动部队(GMF)终端。另外,美国还通过全球的几个地面终端站对它进行重新部署,提高了卫星通信的战术应用性能。

GMF 终端按中心站和辐射式分站配置,可根据需要配置任何地方,组成"中心辐射"型网络,直接支援快速机动部队。

美陆军的 GMF 终端配置在军—师级的地域通信中心.组成师地域的干线传输网络。在地面战争中,充当先头部队的第 7 军 93 师配置了 5 个地域通信中心,组成了覆盖师的干线传输网,并将所有的指挥所连接起来。各指挥所可利用该网传送语音、数据和传真,并通过网关与军的网络连接。美陆军在整个战争过程中都采用这种方式组网,从而保证了快速机动和快速转移中的通信。

美中央司令部空军先后在阿曼的萨姆莱特、阿联酋的阿达法和沙特的利雅得建立了三个中心站。各分站通过 GMF 终端与中心站连通,构成了空军在战区内和战区间的地面传输链路,其传输速率为 230Kb/s,链路利用率达 90%,误码率不超过 10^{-5}。

3. 卫星通信技术在武器装备上的应用

在无人机上加装卫星通信系统,由无人机先将获得的情报数据传给通信卫星,再由卫星传给地面站,这样即使地面站远在地球的另一侧也无妨,这种方式被认为是实现真正的超视线数据传输的最好途径。装备卫星通信系统的无人机通常装有自动跟踪卫星的定向天线。该系统可补充常规的视线通信能力,用于任务控制、下载情报数据,以及飞机的起飞和着陆。

(1)"全球鹰"卫星通信设备

目前美国已有若干具有卫星通信能力的无人机在作战中使用,其中最大的无人机要算RQ—4A/B"全球鹰"。机上装有 L—3 通信公司供应的综合通信系统(ICS),具有 X 波段(8～12.5GHz)视线公共数据链,Ku 波段(12.5～18 GHz)卫星通信系统和 UHF(300MHz～3GHz)C2 卫星通信/视线数据链。ICS 的核心是公共机载调制解调器组件(Cama)。

Ku 波段卫星通信系统包括一个直径 1.2m,具有自动捕获能力的三轴可操纵抛物面圆盘天线、大功率放大器(HPA)、高压电源(HVPS)和卫星通信无线电频率放大器(SCRFA)。Cama、HPA、HVPS、SCRFA 都位于无人机前航空电子舱的左侧,而其圆盘天线则装在平台机头上部天线罩之内。

综合通信系统的 UHF 卫星通信部分由一个收/发机、功率放大器和低噪声放大器双工器组成,并采用了一个设在发动机舱顶部的"蝙蝠翼"天线。它还具有国际海事卫星组织卫星通信能力,并将其作为指挥与控制设施的备份,这种卫星通信至少有两个内部电子装置,并采用一个安装于机腹"水滴"状天线罩中的外部天线。

（2）"捕食者"卫星通信设备

美国其他能进行卫星通信的无人机还有通用原子公司的"捕食者"及其改型。它们也采用 Ku 波段卫星通信数据链。机上也装有直径 75cm 的三轴可操纵抛物面圆盘天线，加上一个信号处理器调制解调器组件（SPMA）。与"全球鹰"的卫星通信相比，"捕食者"及其改型还设有备用的 UHF 卫星通信系统，其视线通信由 C 波段数据链提供。"捕食者"有若干不同的地面控制站，通过卫星通信数据链来控制无人机。一个标准的地面站具有驾驶员和任务载荷操作员两个控制站，每个站都采用多功能工作站来执行数据利用、任务计划及搜索和营救能力。

"捕食者"系列无人机与地面站的通信需要一个 Ku 波段卫星通信终端。L—3 通信公司为其提供了几种选择，其中较大的卫星通信终端是用以提供 C、Ku 和 X 波段通信，天线直径为 6.2m 的三波段安装于拖车上的便携式终端，而较小终端是直径为 2.4m 的 AN/TSC—160 型天线的可部署式多通道卫星通信终端。

4. 军事卫星通信的发展趋势

除了向移动军事卫星通信发展外，为满足未来常规战争和核战争的需要，军用通信卫星技术正向以下几个方面发展。

（1）提高卫星抗毁能力

对卫星星体和有效载荷采用加固措施，以增强抗摧毁、抗破坏能力，保证卫星在轨持久运行。尤其应加强抗核毁伤能力，抗核毁伤是军事卫星通信的重要课题。

核毁伤主要有硬性损伤和软性损伤。

核爆炸会对通信卫星造成三种类型的硬性损伤：一是核爆炸会损伤通信卫星实体的某一部分，造成系统失灵；二是核辐射损伤通信卫星的电子系统；三是核辐射电磁脉冲对电子元器件的致命损伤，尤其是数字集成电路一类的灵敏元件。

对抗第一种损伤的办法是加强地球站的机动性，采用星际线路以避免使用易受打击的地球中继站，提高通信卫星机动性能，使用不同高度的轨道和隐蔽轨道，以减少轨道武器的破坏概率，或将各种军用转发器分散寄存在不同的卫星上。对付后两种威胁要采取加固技术和冗余技术等。

软损伤是指核爆炸对卫星通信传输信道的破坏，主要表现在低空核爆炸后改变了大气层结构，使电离加重而造成卫星信号衰落，导致无法通信；核爆炸构成对电离层的巨大骚扰源，由此引起信号的闪烁或瞬间强电离，从而造成信道阻塞以致破坏通信。防备核爆炸对卫星的破坏主要采用提高频率范围（如采用 EHF 系统）等抗干扰措施。

（2）抗干扰和抗截收技术

目前，卫星通信一般采用扩频技术（常用直接序列扩频和跳频扩频技术）来提高卫星的抗干扰能力。直接序列扩频与跳频相比，后者有更多的优点。因此，跳频技术是卫星通信，特别是移动卫星通信的基本抗干扰技术。

在军事卫星通信中，防止敌方的截收是实现保密通信的一个重要问题。目前卫星通信主要的抗截收技术是在系统中采用保密机。

另外，采用自适应调制解调技术、自适应天线阵技术、自适应扩频技术等也是未来提高军事卫星抗干扰和抗窃听的主要手段。

（3）多星组网技术

多星组网卫星系统又称为分布式卫星系统，它是通过多个分布于同步轨道卫星和低轨道卫星之间建立星际链路（Inter—Satellite Link），增强系统冗余度和地面终端机动性。

所谓星际链路是指卫星之间的交叉链路,采用这种链路结构可减少对地面中继站的依赖性,提高整个系统的抗毁性。在战时地面中继站很容易被摧毁,一旦如此将给军事通信造成极大威胁。而采用星际链路构成的卫星通信网将有多颗卫星、多链路供指挥通信使用,众多的用户直接通过卫星进行通信,并具有互通能力。例如,MILSTAR 系统将至少由 6 颗卫星组成,其中 4 颗卫星位于同步轨道,两颗卫星位于高椭圆轨道,并运行在 4 个轨道面上,构成交叉星际链路,而且星际链路采用激光波束或频率很高的微波波束,具有很强的抗干扰和抗截收能力,使系统具有很强的顽存性。

对于低轨小型军事卫星,由于其功能相对单一,组网应用更是其主要工作手段。

(4) 宽带卫星技术

现代战争对军事通信的业务量要求越来越大,尤其随着动态图像传输、图像评估、电子数据收集等业务的不断增长,对卫星通信的带宽要求也越来越宽,卫星频带已经从几百兆赫增加到目前几千兆赫,如 EHF 卫星和激光卫星。它不仅可提高卫星通信容量,而且也提高卫星通信的抗干扰性能。

(5) 甚小孔径天线终端技术

甚小孔径天线终端技术(VSAT)是指天线直径小于 2m、品质因数低于 19.7dB/K、设备紧凑、全固态、发射功率 1~3W 的一种智能化微型地球站。该技术是为满足军事通信反应快、环境条件复杂、节点多等领域的要求而发展起来的。目前单兵便携式 VSAT 终端已经开始投入应用。

由于 Ka 波段的可用带宽比 Ku、C 波段可用带宽宽得多,随着通信波段向 Ka 波段发展,卫星天线的直径越来越小也成为可能。

此外,高频段可实现更窄的点波束,因而有利于多点和点对点通信。

(6) 军民两用

各国军方为了战略、战术需要,无疑会继续发展独立的军用通信卫星系统。但另一方面将购买或租用卫星通信业务,或在未来的商用卫星上内装特定部件以满足军事需要。美国目前就主要通过参与民用通信卫星的研发,为民用通信卫星的军事应用打下基础。

习题与思考题

3.1 什么是卫星通信?

3.2 若要实现全球通信,最少需要在赤道上空的同步轨道上配置几颗等间隔静止卫星?

3.3 卫星通信有何特点?

3.4 静止卫星通信有较大的信号延迟和回波干扰吗?

3.5 简述卫星通信系统主要由哪几大部分组成?

3.6 在静止卫星通信系统中,有时需工作在双跳方式,请举两个例子。

3.7 卫星通信为何工作于微波波段?

3.8 简述通信卫星主要由哪几大部分组成。

3.9 卫星的控制系统主要包括哪两种控制设备?

3.10 卫星通信系统中,对地球站和卫星,最主要的发射性能指标是什么,最主要的接收性能指标是什么?为了提高发射和接收性能,分别可采用哪两种措施?

3.11 一个典型的双工地球站设备主要包括哪几个部分?

3.12 地球站天线分系统主要有哪三部分组成,它们的功能分别是什么?

3.13 简述卫星通信体制的 4 个基本问题。

3.14 卫星通信中,大都采用什么纠错,为什么?

3.15 简述卫星通信中频分多址方式产生交调干扰的主要原因。

3.16 简述卫星通信中频分多址方式解决交调干扰问题的常用方法主要有哪几种。

3.17 在 FDMA 中,载波数增加,会使卫星转发器有效输出功率降低吗?

3.18 卫星通信线路的传输损耗主要包括哪些? 其中主要是什么传输损耗?

3.19 卫星通信地球站的收/发系统与地面微波中继站的收/发系统相比,有哪些不同? 为什么?

3.20 已知帧周期为 $125\mu s$,共 5 个地球站,$T_r = 2\mu s$,$T_g = 0.1\mu s$,系统码速率为 60Mb/s,前置码占 90bit,相当于 $T_g = 1.44s$,试计算 TDMA 系统的帧效率?

3.21 设 $d = 40000km$。试计算 f 分别为 3950MHz,4200MHz,6175MHz,6425MHz 频率时自由空间的传输损耗 L_p 为多少?

3.22 设某卫星 $[EIRP]_S = 32dBW$,下行频率为 4GHz 地球站接收天线直径 $D = 25m$,效率为 0.7。试计算地球站接收信号的功率?

3.23 已知 IS—IV 卫星作点波束 1872 路复用时,其 $[EIRP]_S = 34.2dBW$,$G_{RS} = 16.7dB$,$[EIRP]_E = 60dBW$,接收馈线损耗 $L_{FRP} = 0.5dB$。试计算卫星接收机输入端的载波接收功率和地球站接收机输入端的载波接收功率?

3.24 设地球站发射机末级输出功率为 2kW,天线直径为 15m,发射频率 14GHz 天线效率为 0.7,馈线损耗为 0.5dB,试计算 EIRP?

3.25 设地球站发射天线增益为 63dB,损耗为 3dB,有效全向辐射功率为 87.7dB,试求发射机输出功率?

3.26 设发射机输出功率为 3kW,发射馈线损耗为 0.5dB,发射天线直径为 25m,天线效率为 0.7,上行频率为 6GHz,$d = 40000km$,卫星接收天线增益为 5dB,接收馈线损耗为 1dB,若忽略大气损耗,试计算卫星接受机输入信号功率为多少 dBW?

3.27 已知地球站 $[EIRP]_E = 33dBW$,天线增益 64dB,工作频率为 14GHz,接收系统 $[G/T] = -5.3dB/K$,忽略其他损耗,试求卫星接收机输入端的载噪比 $[C/N]$ 和 $[C/T]$?

3.28 已知 IS—IV 卫星系统,工作频率为 6/4GHz,$[EIRP]_S = 23.5dBW$,$[G/T]_S = -18.6dB/K$,$[WS] = 72dBW/m^2$,取 $[BO]_I = 6dB$,$[BO]_o = 2dB$,$[G/T]_E = 40.0dB/K$,要求 $P_e \leqslant 10^{-4}$,$R_b = 60Mbit/s$,$E_b/n_0 \geqslant 8.4dB$,试计算 QPSK—TDMA 数字线路参数?

3.29 设一个地球站发射机的输出功率为 2kW,上行线路频率为 6GHz,天线直径 $D = 30m$,卫星的 $[G/T]_S = -5.3dB/K$,试计算当 $R_b = 60Mbit/s$ 时卫星输入的 E_b/n_0?

3.30 设传输速率为 $R_b = 90Mbit/s$,接收机输入端的 $[G/T] = -128.1dB/K$,那么接收地球站接收系统输入端的 E_b/n_0 是多少?

3.31 已知工作频率为 6/4GHz,利用 IS—V 号卫星,转发器的 $[G/T]_S = -11.6dB/K$,地球站 $[G/T]_S = 40.7dB/K$,$[W_s] = -72dBW/m^2$,$[EIRP]_S = 29.0dBW$,要求 $P_e = 10^{-6}$,取 $d = 40000km$,$R_b = 120Mbit/s$,$[BO]_I = 2.0dB$,$[BO]_o = 0.3dB$。试计算 QPSK—TDMA 数字线路的参数。

第 4 章 光纤通信系统

电通信是以电作为信息载体实现的通信,而光通信则是以光作为信息载体而实现的通信。与电通信比较,光通信也可以分为"无线通信"(元线激光通信)和"有线通信"(光纤通信),前者以大气作为信息传递的导波介质;后者则以光纤作为信息传递的导波介质。光纤即光导纤维的简称,由于光纤制造技术的迅猛发展和光纤通信具有的独特优点使得光纤通信成为光通信中的"主流"。

以光代电不仅是传输手段和形式上的变化,它导致了通信史上一场深刻的革命。光纤通信作为一门技术,其出现、发展的历史至今不过四、五十年,但它已经给世界通信的面貌带来了巨大的变化,其深刻而长远的影响恐怕还在后头。

4.1 系统概述

4.1.1 光纤通信的发展概况

从古代起,我们的祖先已经利用光来传递信息。比如建造烽火台,利用烟或者火花来报警,用旗语和灯光信号来传递信息等,都可以看做原始形式的光通信。只是这些传递信息的方法极为简单,信息的内容极为有限。严格来说,上述通信方式都不能称为真正意义上的光通信。

现代意义上所说的光通信是指利用谱线很窄、方向性极好、频率和相位都高度一致的相干光——激光作为光源的通信方式。1966 年,在英国标准电信实验室工作的华裔科学家高锟首先提出用石英玻璃纤维作为光纤通信的媒质(因为在"有关光在纤维中的传输以用于光学通信方面"做出的突破性成就,高锟被授予 2009 年度诺贝尔物理学奖)。1970 年美国康宁公司用超纯石英为材料,拉制出损耗为 20dB/km 的光纤,向光纤作为传输媒质迈出的最重要的一步。同年,美国贝尔实验室成功研制出可以在室温下连续震荡的镓铝砷(GaAlAs)半导体激光器,为光纤通信找到了合适的光源。1977 年,GaAlAs 激光器的寿命可达 100 万小时,这为光纤通信的商用化奠定了基础。1973 年,贝尔实验室制造出了衰减下降到 1dB/km 的新型光纤。1974 年,日本解决了光缆的现场敷设及接续问题。1975 年出现了光纤活动连接器。1976 年,美国首先成功地进行了传输速率为 44.736Mb/s、传输距离为 10km 的光纤通信系统现场试验,使光纤通信向实用化迈出了第一步。到 1980 年,采用多模光纤的通信系统已经投入商用,单模光纤通信系统也进行了现场试验。我国于 20 世纪 70 年代开始对光纤有关的技术进行研究,取得了较大的进展。

从世界各国光通信技术发展的情况来看,光纤通信的发展大致经过了以下几个阶段:

第一代光纤通信系统在 20 世纪 70 年代后期投入使用,工作波长在 850nm 波长段的多模光纤系统。光纤衰减系数为 2.5～4.0dB/km,传输速率在 20～100Mb/s,中继距离为 8～10km。20 世纪 80 年代初,工作波长在 1310nm 波长段的多模光纤系统投入使用,光纤衰减系数为 0.55～1.0dB/km,传输速率达 140Mb/s,中继距离为 20～30km。

第二代光纤通信系统在 20 世纪 80 年代中期投入使用,工作波长在 1310nm 波长段的单模光纤通信系统。光纤衰减系数为 0.3~0.5dB/km，最高传输速率可达 1.7Gb/s，中继距离约为 50km。

第三代光纤通信系统在 20 世纪 80 年代后期投入使用，工作波长在 1550nm 波长段的单模光纤通信系统。光纤衰减系数为 0.2dB/km，传输速率达 2.5~10Gb/s，中继距离超过 100km。

第四代光纤通信系统采用光放大器来增加中继距离，同时采用波分复用/频分复用技术来提高传输速率。20 世纪 90 年代初光纤放大器的研制成功并投入使用，已经引起了光纤通信的重大变革。目前在实验室中最高的系统容量已经达到 10Tb/s 级。

第五代光纤通信系统是基于利用光纤的非线性效应，抵消由于光纤色散产生的脉冲展宽而产生的光孤子，来实现光脉冲信号的保形传输。20 世纪 90 年代后，各国的试验都取得了重大的进展。目前已经开始有商用化的光孤子通信系统面世。

从光纤通信技术发展的趋势和特点来看，光纤通信将会在网络技术、传输技术、复用技术、器件集成化、全光通信等方面获得进一步发展。

4.1.2 光纤通信的特点及组成

4.1.2.1 光纤通信的特点

光纤通信是利用光导纤维传输光信号来实现通信的，因此比起其他通信方式有其明显的优势。光纤具有传输容量大、传输损耗小、重量轻、不怕电磁干扰等一系列其他传输媒质所不具有的优点。

(1) 传输频带宽、通信容量大。由信息理论知道，载波频率越高，通信容量就越大。由于光波频率高，因此可用带宽很宽，能支持信号的高速率传输，现在已经发展到几十 Gb/s 的光纤通信系统，它可以传输几十万路电话和几千路彩色电视节目。

(2) 损耗低。由于技术的发展，现在制造出的光纤介质纯度很高，损耗极低。目前在光波长为 1550nm 的窗口，已经制造出损耗为 0.18dB/km 的光纤。由于损耗低，所以传输的距离可以很长，从而大大减少了传输线路中中继站的数目，既降低了成本，也提高了通信质量。

(3) 均衡容易。在工作频带内，光纤对每一频率成分的损耗几乎是相等的。因此，系统中采取的均衡措施比传统的电信系统简单，甚至可以不采用。

(4) 光纤内传播的光能几乎不辐射。因此很难被窃听，也不会造成同一光缆中各光纤之间的串扰。

(5) 抗电磁干扰能力强，不受恶劣环境锈蚀。因为光纤是非金属的介质材料，因此它不受电磁干扰，可用于强电磁干扰环境下的通信；也不会发生锈蚀，具有防腐的能力。

(6) 线径细、重量轻。光纤直径一般只有几微米到几十微米，相同容量话路的光缆，要比电缆轻 90%~95%，直径不到电缆的 1/5，故运输和敷设均比铜线电缆方便。

(7) 资源丰富。光纤的纤芯和包层的主要原料是二氧化硅，资源丰富且价格便宜，取之不尽。而电缆所需的铜、铝矿产则是有限的，采用光纤后可节省大量的铜材。

光纤通信除了上述优点之外，光纤本身也有缺点，如光纤质地脆、机械强度低；要求比较好的切断、连接技术；分路、耦合比较麻烦等。但这些问题随着技术的不断发展，都是可以克服的。

4.1.2.1　光纤通信系统的组成

与一般通信系统比较,光纤通信系统也有数字与模拟两大类。但在现行光纤通信系统中较多使用前一种形式,因此,下面主要叙述光纤数字通信系统。

光纤通信从原理上讲并不复杂,目前实用的光纤通信系统普遍采用的是数字编码、强度调制——直接检波通信系统,其基本组成框图如图 4.1 所示。它由信源、电端机(发/收)、光端机(发/收)、光中继器及信宿组成。

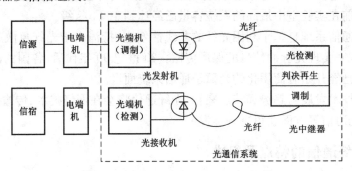

图 4.1　光纤通信系统的基本组成

光纤通信系统的基本工作原理是首先将待传输的信号变换为适当的码流,再进行 PAM 或 PWM 调制成电脉冲信号,然后再去调制光源[激光二极管(LD)或发光二极管(LED)]使之变换成相应的光脉冲,将信息载于光波载体上。利用光纤作为通信线路,将携带信息的光波传输到接收端。在接收端,由光电检测器[PIN 管或雪崩二极管(APD)]作直接检测,将光信号由光载波上分离出来,并转换为电脉冲信号,再进一步译码恢复传输的信号,再现于受信者,达到通信的目的。

上述光纤通信系统所特有的关键性步骤是:在发送端,将电脉冲转换为光脉冲,实现这种功能的设备称为光发射端机;在接收端,再将光脉冲转换为电脉冲,完成这种功能的设备称为光接收端机。光发射端机和光接收端机统称为光端机。在现行光纤通信系统中,光发射机是用信号对光源的光强进行调制,即强度调制(IM),使之随信号电流成线性变化而实现电/光转换的。这里的光强是指单位面积上的光功率。光接收机是借助光电检测器的平方律对光信号进行直接检波(DD)而实现光/电变换的。所谓直接检波是指信号直接在接收机的光频上检测为电信号。显然,这种调制检波方法没有利用光波频率、相位等方面的信息。为了能够直接体现现行光纤通信系统中这种光信号的调制与检波两个关键性的技术步骤,我们将目前正广泛应用的这种光纤通信系统称为强度调制/直接检波(IM/DD)光纤通信系统。显然,这种 IM/DD 模式与早期无线电通信中的电火花发射/矿石检波接收模式大体相仿。因此我们说,光纤通信是先进的,但现行的通信模式却是落后的。改善和变革现行光纤通信模式将是今后光通信领域最为重要的任务之一。

在远距离光纤通信系统中,为了延伸通信距离,还必须设置光中继器。

4.2　光纤传输线理论及传输特性

4.2.1　光纤的基本结构与传光原理

典型的光纤是由折射率为 n_1 的纤芯和折射率为 n_2 的包层组成的,n_2 略小于 n_1,如图 4.2

所示。图 4.3(a)中还画出了折射率沿芯径的分布轮廓,这种结构的光纤称作突变折射率型光纤又称阶跃光纤。当光源光线以合适的入射角进入阶跃光纤后,可以在纤芯与包层的分界面上形成全反射而向前传输至光纤的另一端,如图 4.4(a)所示。按照折射率轮廓的形状,还有渐变折射率型光纤又称渐变光纤,如图 4.3(b)所示。当光源光线以合适的入射角进入渐变光纤后,光线在光纤中被折射成正弦波形状往前传输至另一端,如图 4.4(b)所示。

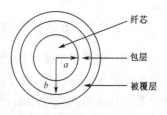

图 4.2　通信光纤结构

用于制造光纤的材料主要是熔二氧化硅分子组成的石英玻璃。借助不同的掺杂物来实现纤芯和包层的折射率差别。

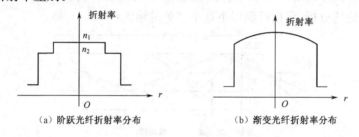

（a）阶跃光纤折射率分布　　　　　　（b）渐变光纤折射率分布

图 4.3　阶跃光纤及渐变光纤折射率分布

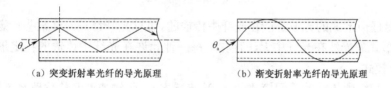

（a）突变折射率光纤的导光原理　　　　（b）渐变折射率光纤的导光原理

图 4.4　光纤的导光原理

4.2.2　光纤的基本性质

4.2.2.1　传输损耗

光纤的传输损耗是光纤的基本特性之一。若入纤功率为 P_0,传输功率 P_T 则以指数规律衰减:

$$P_T = P_0 \cdot e^{-\alpha L} \tag{4-1}$$

式中,L 为传输光纤长度;α 为其衰减常数。光纤的损耗与传输光波的波长有关。实验研究的结果表明,有三个低损耗的工作波长区,称为光纤的三个工作波长窗口。其损耗值与相应的波长见表 4-1。

表 4-1　三个工作波长窗口

工作波长(μm)	0.85	1.31	1.55
损耗值(dB/km)	2	0.35	0.2

光波在光纤内传播时,存在两种主要的损耗:吸收损耗和散射损耗。损耗通常以每单位长度上的衰减量表示,单位为 dB/km。

4.2.2.2 光纤的传输模式

"模"来源于电磁场的概念,光实质上也是电磁波,这里所说的"模",实际上是光场的模式。关于光纤模式的概念,也可以从几何光学的观点比较直观地得到有关的基本概念。简单地说,以某一角度射入光纤端面,并能在光纤的纤芯——包层界面上形成全反射的传播光线就可称为一个光的传输模式。当光纤的纤芯较粗时,则可允许光波以多个特定的角度射入光纤端面,并在光纤中传播,此时,我们称光纤中有多个模式。我们把这种能传输多个模式的光纤称为多模光纤(Multi-mode fiber,MM);当光纤的芯径很小时,光纤只允许与光纤轴一致的光线通过,即只允许通一个基模,我们称这种只允许传输一个基模的光纤为单模光纤(Single-mode fiber,SM)。如图4.5所示,以不同入射角入射在光纤端面上的光线,在光纤中形成不同的传播模式。从光纤理论的分析,可以得到以下几个有关的结论:

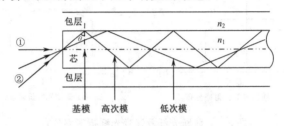

图4.5 光纤传输模式

① 并不是任何形式的光波都能在光纤中传输的,每种光纤都只允许某些特定形式的光波通过,而其他形式的光波在光纤中无法存在。每一种允许在光纤中传输的特定形式的光波称为光纤的一个模式。

② 在同一光纤中传输的不同模式的光,其传播方向、传输速度和传输路径不同,受到光的衰减也不同。观察与光纤垂直的横截面就会看到不同模式的光波在横截面上的场强分布也不同,有的是一个亮斑,有的分裂为几瓣。高次模的衰减大于低次模。

③ 进入光纤的光,在光纤的纤芯——包层界面上的入射角大于临界角时,在交界面内发生全反射,而入射角小于临界角的光就有一部分进入包层被很快衰减掉。前者的传输损耗小,能远距离传输,称为传导模。

④ 能满足全反射条件的光线也只有某些以特定的角度射入光纤端面的部分才能在光纤中传输。因此,不同模式的光的传输方向不是连续改变的,当通过同样一段光纤时,以不同角度在光纤中传输的光所走的路径也不同,沿光纤轴前进的光走的路径最短,而与轴线交角大的光所走的路径长。

多模光纤是一种多个模式的光纤,也就是在多模光纤中存在多个分离的传导模,或者说这种光纤能允许多个传导模通过。突变型多模光纤的结构最为简单,制造工艺易于实现,是光纤研究的初期产品。由于这种光纤的模间延时太大,传输带宽只能达到几十 MHz·km,不能满足高码速传输的要求,所以这种光纤在通信中已逐步被淘汰。而近似抛物线折射率分布的渐变型多模光纤能使模间延时极大地减小,从而可使光纤带宽提高约两个数量级,达到1000MHz·km以上。这种渐变型多模光纤的带宽虽然比不上单模光纤,但它的芯径大,对接头和活动连接器的要求都不高,使用起来比单模光纤在某些方面要方便些,所以对四次群以下系统还是比较实用的,特别是现在仍大量用于局域网中。多模光纤的芯径和外径分别为50μm 和125μm。

CCITT[国际电信联盟(ITU)的前身]在各国科技工作者所做的大量理论研究和实践的基础上,经过反复讨论和研究,对光纤通信的各个方面均提出了若干建议。这是制定光纤通信标准的重要依据之一。CCITT G. 651 建议规定了多模光纤的主要参数,因此,有时把渐变型多模光纤称为 G. 651 光纤。

只能传输一种模式的光纤称为单模光纤。单模光纤只能传输基模(最低阶模),不存在模间延时差,具有比多模光纤大得多的带宽,这对于高码速传输是非常重要的。单模光纤的带宽一般都在几十 GHz 以上,比渐变型多模光纤的带宽高 1~2 个数量级。随着光纤技术的发展,现在又出现了零色散点从 $1.31\mu m$ 移到 $1.55\mu m$ 的色散位移单模光纤,从 $1.31\mu m$ 到 $1.55\mu m$ 整个范围色散很小的色散平坦型单模光纤,保偏光纤等。为了区别于这些光纤,在非特指的情况下,现在所称的单模光纤一般是指零色散点在 $1.31\mu m$ 附近的常规单模光纤,即 G. 652 光纤。同多模光纤一样,单模光纤的外径也是 $125\mu m$,但它的芯径却小得多,一般为 $4\sim10\mu m$。为了制造工艺简便,$1.31\mu m$ 常规单模光纤一般都采用突变型折射率分布。

现在,$1.31\mu m$ 单模光纤已经广泛应用于国内外各级通信网中,参照 CCITT G. 652 建议,我国也制订了国家标准 GB9771—88。

4.2.2.3 光纤的色散

光波通过光纤介质时,介质的折射率 n 将随光波的波长 λ 发生变化。这种介质折射率 n 对光波波长 λ 的依赖关系 $n(\lambda)$ 称为光纤的色散特性。可以根据下面的例子来简单地理解光纤的色散特性。

一束白光通过一块玻璃三棱镜时,在棱镜的另一侧被散开,变成了五颜六色的光带。在光学中称这种现象为色散现象。为什么会产生这种现象呢?原因很简单,那就是白光本来就是由不同颜色的光组成的,这些不同颜色的光的波长各不相同,如红光波长约 600nm,绿光为 550nm 等。这些波长不同的光在空气中的传播速度相同,但在玻璃中的传播速度则各不相同。在一定范围内,波长越长,传播速度越快。根据公式 $v=c/n(\lambda)$,其中光速 $c\approx300000km/s$ 为固定值,传播速度 v 不同,那么折射率 $n(\lambda)$ 也不同。这就是说,石英玻璃对波长不同的光呈现不同的折射率。根据光的折射定律,在两个不同介质的界面上,波长长的红光的折射角比波长稍短的绿光的折射角要大些。这样经过玻璃—空气界面折射,就形成了由红到紫的彩色光带。

当光信号通过光纤传输时,也要产生色散现象。这使得从一端发出的光脉冲中的不同波长(频率)成分,或不同的传输模式,在光纤中传播时,因速度的不同而使得传播时间不同,因此造成光脉冲中的不同频率成分,或不同传输模式到达光纤终端的时间有先有后,从而使得光脉冲波形被展宽畸变。

当光脉冲在光纤中传输时,脉冲的宽度逐渐被展宽,这将限制光纤通信系统的传输码速。当系统的码速较高时,相邻传号脉冲间的间隙较小,在传输一定距离之后,脉冲将产生部分重叠而使脉冲的判决发生困难,这就形成了码间串扰。在光纤通信中,就某种意义而言,色散和带宽是同一种概念。多模光纤一般用带宽表示。而单模光纤的带宽比多模光纤宽得多,对信号的畸变或展宽很小,因此就无法沿用测量多模光纤带宽的方法,而应该寻找更加精密和巧妙的测量方法,采用更直观的单位来表示。因而单模光纤一般用色散来表示。

从光纤色散产生的机理来看,光纤色散主要包括模式色散、材料色散和波导色散三种。在单模光纤中只有基模传输,因此不存在模式色散,只有材料色散和波导色散。多模光纤的色散以模式色散为主,以其传播的最高与最低次模间的时延差表示。光波在光纤单位长度中的传播时延差称为色散系数 $\Delta\tau_m$。对于多模阶跃光纤,如图 4.5 所示,光线①是平行光纤轴直线传播的基模,光线②是折线传播的最高阶模。由于光在光纤中传播速度为 $v=c/n$,其中 n 为介质折射率,c 为光速,故可求得光线①和光线②通过长度为 L 的光纤后的最大延时差为:

$$\tau_{max}=t_2-t_1=\frac{L}{v_2}-\frac{L}{v_1}=\frac{L}{\frac{c}{n_1}\sin\theta_c}-\frac{L}{\frac{c}{n_1}}=\frac{n_1\delta}{c}L$$

式中,$\delta=\dfrac{n_1-n_2}{n_1}$,称为纤芯—包层相对折射率差。所以其色散系数 $\Delta\tau_m$ 为:

$$\Delta\tau_m=\frac{n_1}{c}\cdot\delta(\mathrm{ns/km}) \tag{4-2}$$

典型的石英光纤:$\delta=1\%$,$n_1=1.50$,则色散系数 $\Delta\tau_m=50\mathrm{ns/km}$。这么大的色散系数,使得这种光纤的传光距离不可能很远,其容量也相对小。多模渐变光纤,因其自聚焦作用,使其色散系数相对多模阶跃光纤要小,传输容量要大些。

多模阶跃光纤、多模渐变光纤和单模光纤的带宽大约如表 4-2。

表 4-2　光纤带宽

光纤种类	多模阶跃光纤	多模渐变光纤	单模光纤
带宽公里积	几十 MHz·km	1GHz·km	10GHz·km

4.2.2.4　光学特性

光纤的光学特性可用两个主要指标来描述:剖面指数 α 和数值孔径 NA。

剖面指数 α 是反映光纤芯部折射率分布情况的一个参数。$\alpha=\infty$ 时为阶跃型光纤;$\alpha=2$ 时为平方律或梯度型渐变光纤。α 的大小,直接影响着模式色散的大小,为了使光纤具有尽可能小的模式色散,在制造光纤预制棒时,填料的流量和流速应很好控制,以求达到芯部折射率的最佳分布。这时,光纤的模式色散可按下式计算:

$$\Delta\tau_m=\frac{n_1}{c}\cdot\frac{\delta^2}{8} \tag{4-3}$$

光纤的数值孔径 NA 是反映光纤从光纤端面接收光能多少的一个物理量。它的大小反映光纤从其端面能够接收多少光线在其内形成全反射而传播。

设 θ_a 为光线由空气入射到光纤端面并能在光纤内形成全反射的最大入射角。显然,只有位于以 θ_a 为圆锥角的锥体内的光线,才能在光纤内形成全反射而传播,如图 4.4(a)所示。入射角大于 θ_a 的光线,不能在光纤内形成全反射而传播。定义最大入射角 θ_a 的正弦为该光纤的数值孔径,即

$$NA=\sin\theta_a \tag{4-4}$$

对于阶跃光纤,可以推导出:

$$NA=n_1\sqrt{2\delta} \tag{4-5}$$

对于渐变光纤,同样可以推导出其数值孔径:

$$NA_{max}=\sqrt{n_1^2-n_2^2}\approx n_1\sqrt{2\delta} \tag{4-6}$$

由数值孔径的表达式可以看出,相对折射率 δ 值越大,数值孔径 NA 就越大,也就是说,光纤可以从其端面接收较多的光能,这样可以提高光纤与光源的耦合效率。但是,我们知道,相对折射率 δ 值与模式色散 $\Delta\tau_m$ 有关,δ 值越大,$\Delta\tau_m$ 也越大,而使光纤的带宽越窄,从而影响光

纤的传输容量。因此,从光纤带宽的角度来看,又不希望光纤的数值孔径太大。综合以上考虑,目前我国生产的通信用光纤,其数值孔径为 $NA=0.20\pm0.02$。

4.2.3　光缆

为了满足工程的需要,通常把若干光纤加工组成光缆。具有代表性的光缆结构形式有层绞式光缆、单位式光缆、骨架式光缆、带状式光缆,如图 4.6 所示。

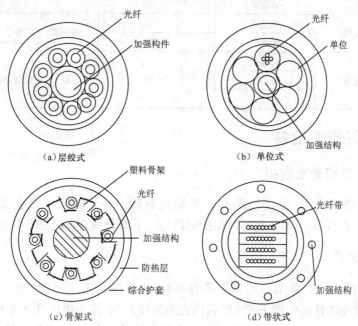

图 4.6　常用光缆结构示意图

(1) 层绞式光缆

它是将若干根光纤芯线以强度元件为中心绞合在一起的一种结构,如图 4.6(a)所示。这种光缆的制造方法和电缆相似,所以可采用电缆的成缆设备加工,因此成本较低。其光纤芯线数一般不超过 10 根。

(2) 单位式光缆

它是将几根至几十根光纤芯线集合成一个单位,再由数个单位以强度元件为中心绞合成缆,如图 4.6(b)所示。这种光缆的芯线数一般适用于几十根。

(3) 骨架式光缆

这种结构是将单根或多根光纤放入骨架的螺旋槽内,骨架的中心是强度元件,骨架上的沟槽可以是 V 形或 U 形或凹字形,如图 4.6(c)所示。由于光纤在骨架沟槽内,具有较大空间,因此当光纤受到张力时,可在槽内做一定的位移,从而减少了光纤芯线的应力应变和微变。这种光缆具有耐侧压、抗弯曲、抗拉的特点。

(4) 带状式光缆

它是将 4～12 根光纤芯线排列成行,构成带状光纤单元,再将多个带状单元按一定方式排列成缆,如图 4.6(d)所示。这种光缆结构紧凑,可做成上千芯的高密度用户光缆。

在公用通信网中常用的光缆结构如表 4-3 所示。

表 4-3　光缆结构种类比较

种　类	结　构	光纤芯线数	必要条件
长途光缆	层绞式	<10	低损耗、宽频带和可用单盘长的光缆来敷设；骨架式有利于防护侧压力
	单位式	10~200	
	骨架式	<10	
海底光缆	层绞式	4~100	低损耗、耐水压、耐张力
	单位式		
用户光缆	单位式	<200	高密度、多芯和低、中损耗
	带状式	>200	
局内光缆	软线式	2~20	重量轻、线径细、可绕性好
	带状式		
	单位式		

4.3　光纤传输设备

4.3.1　光源和光发射机

光发射机主要由光源、驱动电路和一些辅助电路组成。辅助电路主要有自动功率控制（APC）、自动温度控制（ATC）及各种保护电路等。下面分别对这几部分作简要介绍。

4.3.1.1　光源

实用光纤通信系统中所用的光源主要有两种：半导体发光二极管（LED）和半导体激光器（LD）。半导体光器件是依赖于 PN 结内电光效应发光的，即由电流注入形成大量电子—空穴对，这些电子—空穴对复合时便以辐射的形式将能量释放出来，这也就是复合发光效应。辐射能量的大小由半导体材料的能带结构确定，该能量的大小又决定了辐射波长的长短。LED 和 LD 在发射波长、功率以及调制频率等若干指标上均能与光纤通信系统相匹配，被认为是光纤通信最理想的光源。

光源是光纤通信系统中的关键器件，它产生光纤通信系统所需要的光载波，同时也具有作为调制器的功能。其特性的好坏直接影响光纤通信系统的性能，用做光纤通信的光源必须满足如下的一定条件。

1. 合适的发光波长

光源的发光波长必须在石英光纤的三个低损耗窗口内，第一个窗口为 $0.85\mu m$ 左右；第二个窗口为 $1.31\mu m$ 左右；第三个窗口为 $1.55\mu m$ 左右。目前，在新建的光纤通信系统中，第一窗口已基本不用了，第二窗口现在正在大量应用，并逐渐向第三窗口过渡。

2. 合适的输出功率和效率

在进行光纤通信系统设计时，对光源的输出光功率有一定的要求。如系统的损耗为 α（dB），接收灵敏度为 $P_{\min}$（dBm），则发射功率 P_S 应满足如下关系：

$$P_S = P_{\min} + \alpha \qquad (4-7)$$

若 $\alpha = 50$dB，$P_{\min} = -50$dBm，则要求 $P_S = 0$（dBm）$= 1$（mW）。由此可见，在同样接收灵敏度 $P_{\min}$ 的条件下，输出光功率 P_S 越大，允许的损耗亦越大，即光信号可传输的距离越长。但是，这个结论是有条件的。如果光源输出的光功率 P_S 太大，会激励起光纤的非线性效应，这将导致系统性能恶化。因此,输入光纤的光功率必须适当。当然,目前的问题不是输入光纤的光功率太大,而是不够。现在所用的半导体激光器(LD)光源的入纤光功率一般不大于$-6\sim+0$dBm,而发光二极管(LED)与单模光纤耦合的入纤光功率仅为-20dBm左右。因此,还应该努力提高其输入光纤的光功率,使中继距离增大。

假设某光源的输出光功率为P_S时,消耗的电功率为P_{dc},则该光源的效率为:

$$\eta_S = \frac{P_S}{P_{dc}} \times 100\% \tag{4-8}$$

目前,对光源效率η_S的要求标准是$\eta_S > 10\%$。随着 LD 制造工艺的提高,η_S 有可能进一步提高,以致达到 50% 以上。

3. 可靠性高、寿命长

为了使光纤通信系统的工作稳定可靠,光源的绝对寿命应以 10～100 万小时为目标,随着系统中继器的增加,对光源的寿命要求更高。对海底光缆系统来说,对光源寿命的要求更加突出。

在实际的光发射机中,光源的寿命有其特定的意义,LD 和 LED 寿命的定义是不同的。对 LED 来说,在额定驱动电流下发射机输出光功率下降 3dB 时,认为 LED 的寿命终了了。对 LD 来说,要考虑两种情况:一是对于没有反馈控制的 LD 光源,发射机在"1"码时输出光功率下降 3dB 时认为寿命终了了;二是对于有反馈控制的光源,当偏置电流增大到最大允许值时,就认为寿命终了了。这个最大电流允许值一般规定为增加阈值电流的 50%($I_o \approx 1.5 I_{th}$)。

4. 谱线宽度窄

光源的谱线宽度与系统的传输带宽成反比关系。光源谱线越宽,光纤色散越大,使光纤通信系统的传输码速显著降低。对于传输带宽只有几兆赫的系统来说,其光源的谱线宽度为几十个纳米也能满足要求。但随着传输带宽的增加,要求的光源谱线宽度就越窄。换言之,如果光源的谱宽 $\Delta\lambda$ 限定,则由此引起的光脉冲传输时延就被限定,因此传输带宽 Δf 也就被限定,两者关系如下:

$$\Delta\lambda = A \frac{10}{L \cdot \Delta f} \text{(nm)} \tag{4-9}$$

式中,L 为传输距离(km);A 为常数。如取 $A=1$,$L=10$km,$\Delta f = 1$GHz,则要求光源的谱宽 $\Delta\lambda$ 窄于 1nm。现在一般四元素铟镓砷磷 LD 的谱宽在几个纳米以下。

5. 与光纤的耦合效率高

光源与光纤的耦合效率高,则入纤功率大,系统中继距离增加。影响耦合效率的重要因素是光源的输出横模。所谓横模就是激光器谐振腔所允许的电磁场在横向的各种稳态分布。为了提高耦合效率,希望光源输出一个稳定的单一基横模,使光能输出集中,中心最强,边缘最小,光束发散角小,容易与低损耗光纤耦合。

6. 调制特性好

将待传送信息(电信号)载于光载波上,这是靠调制来完成的。在光纤通信系统中,要求光源调制效率高,其调制速率也应适合于系统传输码速的要求。同时,还要求不产生自脉动、弛张振荡或其他调制噪声。

LD 或 LED 光源均依赖于直接强度调制方式工作,因此 LD 或 LED 对驱动电流的响应速度决定了允许的最高调制速率即调制带宽。现在的 DFB-LD,其调制速率可达 10Gb/s。实际上,已有调制速率达 20Gb/s 的报道,而且在高速调制下仍能保持单模窄谱宽(几个兆赫兹,甚至更低)输出,具有这种特性的 LD 称为动态单模(DSM)LD。

7. 温度特性好

光源在温度变化时,其输出功率、阈值电流和中心波长都将发生变化,它将对光纤通信系统的性能产生严重的影响。因此,要求光源有好的温度特性,尽量减小温度变化的影响。在实际的光发射机中,还要用辅助电路来改善光的温度特性。

以半导体激光器(LD)为例,其输出特性即输出光功率 P 与注入电流 I 之间的关系如图 4.7 所示。其中 I_{th} 称为 LD 的阈值电流,也就是 LD 发出激光时的最小注入电流值。当注入电流 $I < I_{th}$ 时,LD 发出的是荧光。一个良好的激光器所需的阈值电流 I_{th} 较小,一般为 $20 \sim 60\text{mA}$,最小的可达 4.5mA。LD 的输出特性可以通过实验获得。

注入 LD 的电功率,一小部分转换为光功率。由于 LD 中的 PN 结有一定的电阻,另外一大部分电功率将在结区转换为热能而消耗掉。消耗掉的热能将使结温升高,从而导致阈值电流变化,进而引起输出特性发生变化。图 4.8 是结温分别为 20℃和 70℃时 LD 的输出特性。这种因结温变化而使输出特性发生变化的温度特性,对 LD 的正常工作极为不利。因此,在光调制器中需要设置温度自动控制电路,使 LD 的结温基本保持恒定。

8. 码型效应好

当 LD 工作在脉冲状态时,由于有源区内载流子的残留和积累作用,将出现后一个光脉冲幅度高于前一个光脉冲幅度的码型效应。码型效应的出现,有可能会在"0"码的地方出现"1"码,从而导致差错,增加系统误码率。可见,在高码率调制时,应设法避免码型效应的出现。具体办法可以是在主电流脉冲的后面加一个负的反相脉冲,使残留和积累的多余电荷在这个反相脉冲的作用下泄放掉。

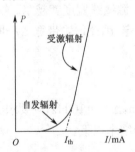

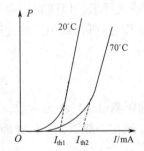

图 4.7 LD 的输出特性

图 4.8 结温对 LD 输出特性的影响

9. 消光比好

消光比(EXT)是数字光发射机的一项重要技术指标。其定义为:发全"0"码时的输出光功率 $P_{a,0}$ 与发全"1"码时的输出光功率 $P_{a,1}$ 之比,即

$$\text{EXT} = \frac{P_{a,0}}{P_{a,1}} \tag{4-10}$$

消光比的大小有两种意义:一是它反映光发射机的调制状态。消光比的值太大,表明光发射机的调制不完善,电光转换效率低;二是它与光接收机的接收灵敏度 P_{min} 有关,即

$$P_{min} = \frac{1 + \text{EXT}}{2T} b_{max} \tag{4-11}$$

式中,T 为 LD 输出光脉冲的重复周期;b_{max} 为以光子能量表示的对应"1"码时光脉冲的幅度。

作为一个好的光源,希望在"0"码时,没有光功率输出,否则它将使光纤系统产生噪声,从而降低接收机的灵敏度。因此,一部性能完好的数字光发射机,一般要求其消光比 EXT 不大于1∶10。

LD 和 LED 相比,其主要区别表现在:LD 是受激辐射,发出的是激光;而 LED 则是自发辐射,发出的是荧光。自发辐射的荧光,谱线较宽,输出光功率较小,因此,LED 光源的调制速率较低,与光纤的耦合效率也较低。但是,LED 也有许多优点:使用寿命长、成本低、适用于短距离小容量的传输系统。而 LD 一般适用于长距离、大容量的传输系统。

4.3.1.2　驱动电路

当使用 LD 作光源时,数字信号的直接调制原理如图 4.9 所示。LD 的驱动电路要比 LED 的复杂得多,尤其在高速率调制时,必须适当地选择驱动条件,即适当地选择偏置电流 I_o 和调制电流 I_m 的大小。一般应考虑如下几个方面的问题:

(1) 由于阈值电流的存在,需要一个较大的偏置电流 I_o;加大 I_o 逼近阈值 I_{th},可以使电光延迟时间大大减小,使弛张振荡受到一定的抑制。

(2) 当 I_o 在 I_{th} 附近时,较小的调制脉冲电流幅度就可得到足够的输出光脉冲幅度,I_o 和 I_o+I_m 的值相差不大,这样可以减少码型效应和结发热效应的影响。

(3) 另外,加大 I_o 会使 LD 的消光比恶化。一个性能优良的光发射机,消光比应小于 10%。

(4) 室温下,双质结 GaAlAs 激光器的散料噪声在 I_{th} 附近出现最大值,而在 I_{th} 之上,若其输出特性 $P \sim I$ 曲线的线性较好,散料噪声会随电流的升高而降低。

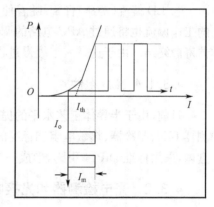

图 4.9　LD 光源直接调制原理

综上所述,驱动条件的选择,要兼顾到电光延迟、弛张振荡、码型效应,以及 LD 的噪声、消光比等各方面情况。一般应满足:$I_o \leqslant I_{th}$,I_o+I_m 稍大于 I_{th}。

在实际的光发射机中,为了保证稳定的光功率输出,还有自动功率控制(APC)和自动温度控制(ATC)电路。

4.3.1.3　自动控制电路

阈值电流 I_{th} 随着 LD 的老化或温度的升高而加大,这样会使得输出光功率发生变化。为了使输出的光功率稳定,必须采取自动功率控制(APC)和自动温度控制(ATC)措施。

自动功率控制电路的形式很多,可以从两方面着手:一是控制 LD 的偏置电流 I_o,使其自动跟踪 LD 阈值电流 I_{th} 的变化,从而使 LD 总是被偏置在最佳工作状态;二是控制脉冲调制电流的幅度 I_m,使其自动跟踪 LD 老化引起的微分量子效率的变化。这样,LD 输出光脉冲幅度便不会因结温变化、器件老化等原因而发生波动,从而保证 LD 有稳定的光脉冲输出。

通常可利用一个光电二极管监测激光管的背向光,测量其输出功率的大小,并以此控制激光器的偏置电流,这样构成一个负反馈环路,达到稳定输出光功率的目的。

结温变化会引起 LD 阈值电流的变化,从而使输出光功率发生变化。当温度变化不太大时,通过 APC 电路也可以对光功率进行调节,但如果温度升高较多时,会使阈值电流增加很多,经过 APC 电路调节,偏置电流也会有较大的增加,这样会导致 LD 的结温更高,以至烧坏。

因此,一般还需要加自动温度控制(ATC)电路,使 LD 管芯的温度恒定在 20℃左右。

数字光发射机中 LD 的 ATC 电路主要由微型制冷器、热敏电阻和控制电路三部分组成。微型制冷器是利用半导体材料的珀尔帖效应制成的一种制冷器件。当直流电流通过两种半导体材料制成的电偶时,将出现一端吸热而另一端放热的珀尔帖效应。

对于短波长激光器,一般只需加自动功率控制电路即可。而对于长波长激光器,由于其阈值电流温度的漂移较大,因此,一般还需加 ATC 电路,以使输出光功率稳定。

除了上述自动控制电路以外,光发射机中还有一些其他用于保护、监测目的的辅助电路。

① 光源过流保护电路:为了使光源不因通过大电流而损坏,一般需采取光源过流保护措施。可在光源二极管上反向并联一只肖特基二极管,以防止反向冲击电流过大。

② 无光告警电路:当光发射机电路出现故障、或输入信号中断、或激光器失效时,都将使激光器"较长时间"不发光,这时延迟告警电路将发出告警指示。

③ LD 偏流(寿命)告警:随着使用时间的增长,LD 的阈值电流也将逐渐加大。因此,LD 的工作偏流也将通过 APC 电路的调整而增加,一般认为当偏流大于原始值的 3～4 倍时,激光器寿命终结。由于这是一个缓慢过程,所以发出的是延迟维修告警信号。

4.3.1.4　LD 组件

目前,由于半导体工艺水平的提高,厂家通常把 LD 光源及相应的配件,如供 APC 用的检测器 PIN、制冷器、热敏电阻和标准的尾巴光纤等,都组装在一个 9mm×13mm×21mm 密封盒内,采用标准 DIP14 引脚,形成一个 LD 组件。

4.3.2　光电检测器和光接收机

光接收机是光纤通信系统的重要组成部分,它的性能是整个光纤通信系统性能的综合反映。光接收机的主要作用是将经光纤传输后的幅度被减、波形被展宽的微弱光信号转变为电信号,并放大处理,恢复为原来的信号。光接收机主要由光电检测器、前置放大器、均衡器和判决再生电路等几部分组成,如图 4.10 光中继器原理框图的光接收机部分所示。

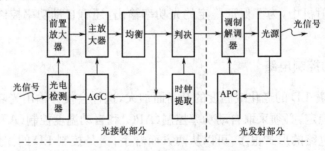

图 4.10　光中继器原理框图

4.3.2.1　光电检测器

光电检测器的作用是将光纤输出的微弱光信号转变为电信号,在功能上恰好与光源相对应。它是影响光接收机性能的重要器件。下面我们主要介绍光电检测器的原理、种类及其主要特性等。

1. 光电检测器的原理

光电检测器是利用半导体材料的光电效应来实现光电转换的。其基本原理是这样的：光照射到半导体的 PN 结上，若光子能量足够大，则半导体材料中价带的电子吸收光子的能量，从价带越过禁带，到达导带。在导带中出现光电子，在价带中出现光空穴，即产生光电子—空穴对，总起来又称光生载流子。光生载流子在外加负偏压和内建电场的作用下，在外电路中出现光生电流。

2. 光电检测器的主要特性

一个实用的光纤通信系统对光电检测器的特性有一定的要求。

（1）在系统的工作波长内响应度 R_o 高

响应度是表征光电检测器能量转换效率的一个参数。响应度高，表示光电检测器的光电转换效率高。因此，光电检测器的量子效率 η 是直接表征响应度的参数。在实际的光接收机中，光纤输出的光信号是极其微弱的，有时只有一毫微瓦左右，为了得到较大的信号电流，我们希望响应度尽可能的高。

响应度 R_o 定义为：

$$R_\mathrm{o} = \frac{I_\mathrm{p}}{P_\mathrm{o}} \, (\mathrm{A/W}) \tag{4-12}$$

式中，I_p 为光电检测器的平均输出电流；P_o 为光电检测器的平均输入功率。

量子效率 η 定义为

$$\eta = \frac{\text{光生电子—空穴对数}}{\text{入射光子数}} = \frac{I_\mathrm{p}/e}{P_\mathrm{o}/kf} = R_\mathrm{o}\left(\frac{kf}{e}\right) \tag{4-13}$$

即

$$R_\mathrm{o} = \frac{e}{kf} \cdot \eta \tag{4-14}$$

式中，e 为一个电子的电荷量，$e = 1.6 \times 10^{-19}\,\mathrm{Q}$；$kf$ 为一个光子的能量，$k = 6.626 \times 10^{-34}\,\mathrm{J/s}$，称为玻耳兹曼常数，$f$ 是光频。量子效率 η 的值一般在 $0.5 \sim 0.9$。

（2）响应速度快

光电检测器的响应速度快，即响应时间短，或频带宽。对光电检测器响应速度的要求与光纤通信系统的工作码速有关。一般说来，为了提高光纤通信系统的性能，光电检测器的响应速度与系统的工作码速比要足够快，换言之，光电检测器应有足够大的频带宽度。

响应时间反映光电二极管产生的光生电流跟随入射光信号变化的快慢程度。在光电检测器中，光生载流子的"运输"与复合都需要一定时间。此外，光电二极管的结电容和外电路的负载电阻等也要影响光电检测器的响应时间。从频域的角度来看，短的响应时间即意味着这个器件的频带宽度较宽。

（3）暗电流 I_D 小

在理想条件下，当没有光照时，光电检测器应无光生电流输出，但实际上由于热激励、宇宙射线或放射性物质的激励等原因，使得光电检测器在无光情况下仍有电流输出，这种电流称为暗电流。严格说暗电流还包括器件表面的漏电流。暗电流会引起光接收机噪声增大。因此，人们总是希望光电检测器的暗电流 I_D 越小越好。

（4）噪声小

为了提高光纤通信系统的性能，要求系统各个组成部分的噪声足够小，当然，对光电检测器也不例外。但应特别指出，由于光电检测器是在极其微弱的信号条件下工作的，所以减小它的噪声具有特别重要的意义。

光电检测器是一个光电转换器件，输入光信号的起伏和转换后电信号的起伏都将在接收机输出端产生噪声。在给定光电检测器的条件下，其输出噪声的大小还与工作条件有关，如光电检测器的偏置和负载条件等。因此，在实际工作中，为了尽可能减小光电检测器的噪声，还应选择适当的工作条件。

（5）受外界影响小

要求光电检测器的主要特性随外界环境和温度的变化尽可能小，以提高系统的稳定性和可靠性。

此外，光纤通信系统还要求光电检测器体积小、偏置电压低、电流损耗小，以减小整个系统的电功率损耗和简化电路设计。

3. 光电检测器的种类

目前广泛应用的光电检测器有两种：本征型光电二极管，简称 PIN 管；雪崩型光电二极管，简称 APD。这两种光电检测器件在工作波长、响应频率等方面均能与现行光纤通信系统相匹配，被认为是实用光纤通信系统最理想的光电转换器件。

目前，PIN 管和 APD 主要用硅、锗和四元化合物材料制成。

（1）硅光电二极管的工作波长在 $800 \sim 900 \text{nm}$ 范围，如果再长，其响应速度将随波长的增大而下降，但在 $800 \sim 900 \text{nm}$ 范围内硅光电二极管不论是 PIN 管还是 APD，都能满足高灵敏度和高响应速度的要求。

（2）锗光电二极管，最佳工作波长在 $1 \sim 1.6 \mu \text{m}$，即适用于长波长光纤通信系统。但是锗管的暗电流高（达 $10^{-8} \sim 10^{-7} \text{A}$），而且噪声系数也大，因此只在一些性能要求不高的系统中使用。

（3）四元化合物的光电二极管，常见的有两种四元化合物材料，一种是 InGaAsP/InP（或 InGaAs/InP），另一种是 AlGaAsSb/GaSb/GaSb（或 AlGaSb/GaSb），这两种材料的光电二极管工作波长在 $1 \sim 1.6 \mu \text{m}$。

除上述几种光电二极管外，最近还研制出一种 SAGM—APD，它能同时满足低噪声、高速率和足够增益三种特性。实验结果是，对于 $1.55 \mu \text{m}$ 波长，在码速为 420Mb/s 时，得到的灵敏度为 -43dBm，在码速达到 2Gb/s 时，其灵敏度达 -36.6dBm。最近有报道，光接收机使用了 SAGM—APD 后可获得增益带宽达 60GHz。这表明，将来的第四代 $1.55 \mu \text{m}$ 单模光纤通信系统将用单频激光二极管作光源，用 SAGM—APD 作光检测器来实现。

4. APD(Avalanche Photo Diode)的特点

在长途光纤通信系统中仅有毫瓦量级的光功率从光发射机输出，经过光纤的传输到达光接收机输入端的光信号极其微弱，一般仅有 $\text{nW}(10^{-9} \text{W})$ 量级。在接收端若采用 PIN 管进行光电检测，则输出的光电流仅 nA 量级。为了能使光纤数字接收机的判决电路正常工作，需要采用多级放大电路将此 nA 量级的光生电流放大。放大器将引入噪声，从而使光接收机的信噪比降低，接收机的灵敏度下降。如果能使电信号在进入放大器之前，先在光电二极管内部进行放大的话，显然能够克服 PIN 光电二极管的上述缺点，APD 就是这样一种光电二极管。

APD 与 PIN 管在结构上不同，它可承受高的反向偏压。入射光在 PN 结间产生的光电子—空穴对，在高反向偏压（一般为几十伏或几百伏）形成的 PN 结区强电场的作用下被加速，获得很大的动能。因而运动速度很快,响应时间很短。更重要的是,这些高速运动的电子—空穴对在运动过程中,又会碰撞出新的电子—空穴对,新产生的电子—空穴对在强电场中又被加速,再次碰撞,又激发出新的电子—空穴对……如此循环下去,像雪崩一样的发展,从而使光生电流在管子内部即获得了倍增。此即雪崩型光电二极管的雪崩倍增效应。

APD 与 PIN 管相比,具有响应速度快、光电转换效率高、光生电流大等特点,是远距离大容量光纤通信系统广泛采用的光电检测器件。

对于 APD,还有一个衡量其雪崩倍增效应的参量——雪崩倍增因子 G。在忽略暗电流影响条件下,它定义为:

$$G = \frac{\text{有雪崩倍增时光电流平均值}}{\text{无雪崩倍增时光电流平均值}} = \frac{I_M}{I_P} \tag{4-15}$$

一般 APD 的倍增因子 G 在 $40 \sim 100$。PIN 管因无雪崩倍增作用,其雪崩倍增因子 $G=1$。

4.3.2.2 前置放大器

前面讲过,光电检测器输出的光电流是很微弱的,必须采用多级放大器将其放大到一定程度才能满足后续电路的要求。为了提高光接收机的灵敏度,除了选择合适的光电检测器以外,设计合适的前置放大器是光接收机的关键之一。要求前置放大器具有高增益、低噪声。这样才能得到较大的信噪比。前置放大器的输出一般为毫伏级。

常用的前置放大器有三种:低阻抗双极型晶体管(BJT)前置级、高阻抗场效应管(FET)前置级、互阻抗前置级,如图 4.11 所示。

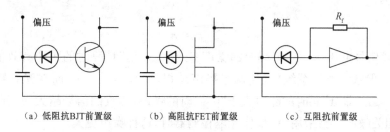

(a) 低阻抗BJT前置级　　(b) 高阻抗FET前置级　　(c) 互阻抗前置级

图 4.11 常用的三种前置级放大器

用做前置放大器的晶体管主要有两种:双极型晶体管 BJT(即普通的晶体三极管)和场效应晶体管 FET。BJT 的输入阻抗较低。设置低阻抗前置级是希望光电检测器和前置级构成的输入电路的时间常数 RC 小于信号脉冲宽度,以防止发生码间串扰。FET 的特点是输入阻抗高,噪声小。采用均衡器校正输出的脉冲波形,可以得到比 BJT 电路更好的信噪比。

高阻抗前置级的高频特性较差、带宽较窄、且动态范围较小,其应用仅限于低码速系统;而在实际应用中,光纤线路的衰减幅度变化较大,因而要求光接收机有较大的动态范围。在强信号作用下,一个没有负反馈的前置级,在自动增益控制电路行使控制之前就可能过载或产生严重的非线性失真。如果采用电压负反馈构成的互阻抗前置级,其效果相当好。负反馈改善了放大器的带宽和非线性,同时基本上保持了原有的信噪比,得到了较大的动态范围,在光纤通信系统中获得了广泛应用。

近年来人们还研制出一种 PIN/FET 光电接收组件,有混合集成和单片集成两种,国内一般为前者。这种组件将光电检测器和前置放大器集成在一块基片上,具有很低的输出电容($<0.5\text{pF}$)和很高的互导。用它组成的光接收机具有很高的输入阻抗、较高的动态范围

和接收灵敏度,而且调节容易、简单实用、可靠性好。主要缺点是在高码速时的接收灵敏度略逊于 InGaAs—APD 接收机。

4.3.2.3　光接收机灵敏度

接收灵敏度是光接收机的主要参数之一,一般用毫瓦分贝(dBm)来表示。它表示以 1mW 功率为基础的绝对功率电平。接收灵敏度可写为:

$$P_R = 10 \lg \frac{P_{\min}}{10^{-3}} (\text{dBm}) \tag{4-16}$$

式中,$P_{\min}$指在给定误比特率条件下,对应传输速率的规定级数伪随机码时,接收机能接收的最小平均光功率。例如,当给定误比特率条件下所能接收的最小平均光功率为 10^{-9} W,代入上式,求得光接收机的灵敏度 $P_R = -60$dBm。

目前,应用广泛的 1.31μm 光纤数字通信系统,一般都使用 PIN/FET 组件作为光接收机的前端。光接收机的灵敏度基本上由这种组件的特性所决定。因此,灵敏度的计算公式可由组件的参数和元件值来确定,它可以表示为:

$$P_R = 10 \lg \frac{QV_N}{10^{-3} \cdot R_o R_f} (\text{dBm}) \tag{4-17}$$

式中,R_o 为 PIN 光电检测器的响应度(A/W);R_f 为 PIN/FET 组件的并联反馈电阻或称互阻抗;V_N 为 PIN/FET 的噪声有效值电压;Q 是与光接收机信噪比有关的参数,有时称它为超扰比,可以表示为:

$$Q = \frac{S}{\sigma_0 + \sigma_1} \tag{4-18}$$

式中,S 是峰值信号电压;σ_0 是"0"码时的噪声有效值;σ_1 是"1"码时的噪声有效值。值得特别说明的是:在一般数字通信系统中,这两个噪声是相等的,即 $\sigma_0 = \sigma_1$;而在光纤数字通信系统中,则不然,$\sigma_0 < \sigma_1$,即"1"码时的噪声大于"0"码时的噪声,接收的信号越大,σ_1 就越大,这种噪声称为信号相关噪声。当采用 APD 作光电检测器时,这种噪声更大。

系统要求的误比特率与 Q 参数有关,给定了误比特率,即可求得或查出对应的 Q 值。再根据所用光电检测器的有关参数,可以求得光接收机的接收灵敏度。系统要求的误比特率越小,光接收机的接收灵敏度就越低。例如,当误比特率要求从 10^{-9} 提高到 10^{-10} 时,接收灵敏度将下降 0.3dBm 左右。

在一定误码率条件下,影响接收机灵敏度的因素有:码间干扰、消光比、暗电流、量子效率、光波波长、信号速率各种噪声等。下面只对前三种的影响进行分析。

1. 码间干扰

在光纤通信系统中,光接收机的输入光脉冲宽度与光发送脉冲及光纤的带宽有关。多模光纤由于其带宽较窄,因此脉冲展宽引起的码间干扰对于多模系统而言是一个突出的问题。对于单模光纤系统而言,由于光纤色散的存在,对于高速率系统仍存在光脉冲展宽和码间干扰,从而会降低光接收机的灵敏度。

2. 消光比影响

光源在直接强度调制下,由于要考虑一定的偏置电流,使得无信号脉冲时仍会有一定的输出功率。这种残留的光将在接收机中产生噪声,影响接收机灵敏度。

3. 暗电流影响

光电检测器中的暗电流对光接收机灵敏度的影响与消光比的影响相似。暗电流与光源无信号时的残留光一样,在接收机中产生噪声,降低接收机的灵敏度。

此外,当光纤通信系统中使用的光波长越小,信号速率越高,检测器量子效率越低,系统噪声越大,都会使接收机在一定误码率条件下的最小接收机光功率增大,也即降低了接收机灵敏度。

4.3.3　光中继器

光脉冲信号从光发射机输出经光纤传输一定距离后,由于光纤损耗和色散等的影响,将使光脉冲信号的幅度受到衰减、波形出现畸变,这就限制了光脉冲信号在光纤中的传输距离。为此,在远距离光纤通信系统中,为了补偿光信号的衰减、对失真的脉冲波形进行整形,必须间隔一定距离设置光中继器。

光中继器由光电检测器、判决再生电路和光调制器组成,即光—电—光中继方式。最简单的光中继器原理如图 4.10 所示。

作为一个实用的光中继器,为了便于维护,显然还应具有公务、监控、告警等功能,有些功能更多的中继器(机)还有区间通信的功能。另外,实际上使用的中继器应有两套收/发设备分别用于两个传输方向。故实际的光中继器框图如图 4.12 所示。

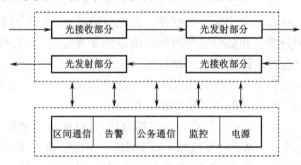

图 4.12　实际光中继器框图

与其他通信系统一样,监控系统是光纤通信系统中必不可少的组成部分。

监测的内容主要有:

① 在光纤数字通信系统中误码率是否满足指标要求;

② 各个光中继器是否有故障;

③ 接收光功率是否满足指标要求;

④ 光源的寿命;

⑤ 电源是否有故障;

⑥ 环境的温度、湿度是否在要求的范围内等。

控制的主要内容有:

① 当光纤通信系统中的主用系统出现故障时,监控系统发出自动倒换指令,遥控装置就将备用系统接入,将主用系统退出工作;当主用系统恢复正常后,监控系统应再发出指令,将系统从备用系统倒换回主用系统;

② 当市电中断后,监控系统还要发出启动油机发电的指令;

③ 同样还可根据需要设置其他的控制内容。

控制信号的传输方式有两类：一类是在光缆中加金属线来传输监控信号；另一类是通过复用方式和主信号一起在光纤中传输。

4.4　光路无源器件

构成一个完整的光纤通信系统,除了要有电端机(PCM 终端)和能够完成电/光和光/电转换任务的有源光器件以及光纤传输线外,还需要一些作用不同的无源光器件,如光纤连接器、光隔离器、光开关、光分路耦合器、光衰减器和光调制器等。在这一节里,简要介绍一下常用的几种无源光器件。

1. 光纤连接器

光纤连接器又称光纤活动连接器,俗称活动接头。用于设备(如光端机、光测试仪等)与光纤之间的连接、光纤与光纤之间的连接,或光纤与其他无源器件的连接。它是组成光纤通信系统和测量系统不可缺少的一种无源器件。

光纤连接器的作用是将需要连接起来的单根或多根光纤芯线的端面对准、贴紧并能多次使用。由于光纤的芯径很细,是在微米级,因此,对其加工工艺和精度都有比较高的要求。目前各种不同结构的单模光纤连接器的插入损耗为 0.5dB 左右。

2. 光分路耦合器

光分路耦合器是分路和耦合光信号的器件。在光分路器中,希望分路比与输入模式无关。光分路耦合器可分为两分支型和多分支型两种。前者用于光通路测量,要求分路比可任意选择;后者用于光数据总线,要求输出信号分配均匀。

光分路耦合器按其结构不同可分为棱镜式和光纤式两类。其中,光纤式定向耦合器体积较小,和光纤连接比较方便,是目前较常使用的一种。

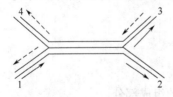

图 4.13　光分路耦合器

光纤式光分路耦合器,是由两根紧密耦合的光纤,通过光纤界面的衰减场重叠而实现光的耦合的一种器件。一般有 4 个端口,如图 4.13 所示。从端口 1 输入的光信号(图中实线所示)向端口 2 方向传输,可由端口 3 耦合出一部分光信号,端口 4 无光信号输出。从端口 3 输入的光信号(图中虚线所示)向端口 4 方向传输,可由端口 1 耦合出一部分光信号,而端口 2 无光信号输出。另外,由端口 1 和端口 4 输入的光信号,可合并为一路光信号,由端口 2 和端口 3 输出,或反之。

光纤式光分路耦合器的主要参数如下。

(1) 隔离度(A)

由端口 1 输入的光功率 P_1,应从端口 2 和端口 3 输出,端口 4 从理论上应无光功率输出,但实际上端口 4 还是有少量光功率输出(P_4),其大小就表示了 1、4 两个端口的隔离程度。隔离度用 A 表示,即

$$A_{1-4} = -10 \lg \frac{P_4}{P_1} (\text{dB}) \tag{4-19}$$

一般情况下,要求 $A > 20$dB。

(2) 插入损耗(L)

它表示了光分路耦合器损耗的大小。如由端口 1 输入的光功率 P_1,应从端口 2 和端口 3

输出光功率 P_2 和 P_3，插入损耗等于输出光功率之和与输入光功率之比的分贝值，用 L 表示，即

$$L = -10 \lg \frac{P_2 + P_3}{P_1} (\text{dB}) \tag{4-20}$$

一般情况下，要求 $L \leqslant 0.5 \text{dB}$。

（3）分路比（T）

分路比等于两个输出端口的光功率之比，用 T 表示，如从端口 1 输入光功率，则分路比为：

$$T = \frac{P_3}{P_2} \tag{4-21}$$

一般情况下，光分路耦合器的分路比为 $1:1 \sim 10:1$。

3. 光衰减器

光衰减器是调节输入光功率不可缺少的器件。主要用于光纤通信系统指标测量（如测量光接收机的接收灵敏度和动态范围等）、短距离通信系统的信号衰减以及系统试验等。光衰减器有固定衰减器和可变衰减器两种。目前常用的光衰减器衰减光功率的方法主要是采用金属镀膜滤光片，衰减量的大小与膜的厚度成正比。

4. 光隔离器

光隔离器是保证光信号只能正向传输的器件，避免线路中由于各种因素而产生的反射光再次进入激光器，而影响激光器工作的稳定性。

光隔离器的基本原理是法拉第旋转效应。它主要由两个线偏振器和位于其间的一个法拉第旋转器组成。线偏振器中有一透光轴，当光的偏振方向与透光轴完全一致时，则光全部通过。法拉第旋转器是由某种旋光性材料制成。按照法拉第效应，当线偏振光经过它以后，它使光的偏振面按顺时针方向旋转一定角度（45°）。正向入射光全部透过第一偏振器，经过旋光器后，偏振方向顺时针旋转 45° 与第二偏振器的透光轴方向一致，因此，正向光功率全部射出；当反向光射入后，有一部分光经过第二偏振器到达旋光器，偏振方向旋转 45° 后，正好和第一偏振器的透光轴方向垂直，因此，被全部隔离。

5. 光调制器

为了实现数千兆赫以上的超高速调制，一般应使用光调制器。从原理上说，光调制器是通过电光效应（外加电场）或声光效应（弹性波）使折射率变化。利用磁场引起的法拉弟效应，使光的透过率发生变化来实现光调制。

6. 光开关

光开关是光纤通信系统和光纤测试技术中不可缺少的无源器件，光开关的主要功能是切换光路。

光开关主要有机械式光开关和非机械式光开关两种。

机械式光开关主要由一个驱动机构带动活动光纤，使活动光纤根据要求分别与不同的光纤连接，实现光路的切换。机械式光开关的优点是插入损耗小，串扰小，适合各种光纤；缺点是开关速度比较缓慢。

一种典型的非机械式光开关是由光纤、自聚焦透镜、起偏器、极化旋转器和检偏器组成。把偏压加在极化旋转器上，使经起偏器而来的偏振光产生极化旋转，就可达到通光状态。如果极化旋转器不工作，则起偏器和检偏器的极化方向彼此垂直，则为断光状态。非机械式光开关

的优点是开关速度快,缺点是插入损耗大。

4.5　光纤通信系统的总体设计

系统总体设计的主要任务是根据光纤、光源、光电检测器的参数、信号的类型和传输质量要求(信噪比或误码率等),估算系统能达到的传输距离;或者,根据待设计系统需达到的传输距离来合理地分配有关的性能指标要求,设计系统部件。在进行光纤通信系统设计时,主要要考虑以下几个方面。

4.5.1　中继距离

传输距离可能主要受光纤衰减的限制,此时的光纤通信系统称为损耗限制系统;也可能受光纤带宽或色散的限制,此时的光纤通信系统称为带宽或色散限制系统。设计时,按上述两方面验算,取较小值作为最大无中继传输距离。

4.5.1.1　损耗限制情况

若所用光纤的带宽足够宽,系统传输的码速率又较低,则光纤通信系统的无中继传输距离主要受光纤系统损耗的限制。

当发送光功率、光接收机灵敏度和光纤线路参数给定时,可用下列公式对系统的传输距离作大致的估算。这里的传输距离是指中间无中继器的传输距离。

$$L(\text{km}) = \frac{\text{发射平均光功率(dBm)} - \text{光接收机灵敏度(dBm)}}{\text{每千米光纤损耗(dBm/km)}} +$$

$$\frac{-\text{接头损耗(dB)} - \text{富余度(dB)}}{\text{每千米光纤损耗(dB/km)}} \tag{4-22}$$

式中,接头损耗包括光纤活动连接器和固定接头的插入损耗,固定接头的插入损耗每个一般为 0.2～1dB,光纤活动连接器的插入损耗一般为每个 1～2dB。

发射平均光功率既与码流的传号和空号比值有关,也与发射脉冲的占空比有关。为了保证光源寿命,通常发射光脉冲的峰值不能超过器件规定的最大输出光功率。若光源的直流最大发射光功率为 P_D,则对于 50% 占空比"0"、"1"等概双极性码,其平均发射光功率为 $P_t = P_D/4$。

对于光纤数字通信系统而言,富余度一般取 6～9dB。包括:
- 光源的寿命期限内光功率的衰退,约 3dB;
- 光纤包层模损失,约 1.2～2dB;
- 光电检测器老化,约 0.5～1dB;
- 码型抖动使判决劣化,约 0.5～1dB;
- 光纤温度特性发生附加衰减,一般从 -30～+60℃ 衰减增加 0.2～0.5dB/km;
- 光纤老化,约 0.1dB/km;
- 敷设光缆的张力弯曲,约 0.1dB/km;
- 其他未知因素,约 1dB。

式(4-22)是用来计算光纤传输系统无中继传输距离。在诸如市内通信等传输距离较短的光纤通信系统中无需光中继器,传输距离由两个市局的局地址所确定,不存在确定中继传输距离的问题。此时,利用式(4-22)也可以反过来选择光源的发射功率、选择光纤的衰减,或者对接收机灵敏度等提出合理经济的选择。

4.5.1.2　光纤带宽限制情况

上面讨论的是系统传输距离受光纤衰减限制的情况，实际上传输距离还要受到光纤带宽的限制，尤其是在传输码速率较高、距离较长而光纤带宽不够的情况下，系统的传输距离主要受光纤带宽的限制。

对光纤数字通信系统而言，其带宽可以用它的脉冲展宽来考虑。光信号在光纤中经过较长距离传输后，波形畸变、脉冲被展宽，码间干扰变大，相应误码率加大，这就限制了传输距离。

假设光纤输出的被展宽了的光脉冲为高斯波形，σ 为其均方根宽度，则：

当 $\sigma < T/4$（T 为传输信号的周期）时，码间干扰很小，意味着光纤线路的带宽还未对传输距离有所限制，此时，限制传输距离的主要因素是光纤线路的损耗。

当 $\sigma > T/2$ 时，码间干扰很大，达到约 14%。严惩影响传输质量，即使利用均衡器来消除码间干扰也很困难，另外均衡器还增加了接收机的输出噪声，使接收机灵敏度降低。在 $\sigma = T/2$ 时，均衡引起的灵敏度劣化可达 6~8dB。所以一般取 $\sigma = 0.35T$，可保证系统可靠地工作，此时接收机灵敏度损失小于 2dB。

如果给定接收端的光脉冲均方根脉宽 σ 和传输码率 f_b，发射的光脉冲的占空比为 50%，则光纤线路所需的光带宽 f_{cL} 可用以下经验公式近似地求得，即

$$f_{cL} = \frac{0.44}{\sqrt{\left(\frac{a}{0.4247}\right)^2 - \left(\frac{1}{2}\right)^2}} f_b \tag{4-23}$$

式中，$a = \sigma/T$。当 $a = 0.35 \sim 0.3$ 时，由上式可计算得：

$$f_{cL} = (0.67 \sim 0.88) f_b \approx (0.7 \sim 0.9) f_b \tag{4-24}$$

即光纤线路所需总带宽为码率 f_b 的 $(0.7 \sim 0.9)$。

光纤每千米的带宽为 $f_c = Lvf_{cL}$（L 为光纤总长度，v 为光纤带宽距离指数），则根据式(4-23)可求得系统的传输距离为：

$$L = \left(\frac{f_c}{0.44 f_b}\right)^{1/v} \left[\left(\frac{a}{0.4247}\right)^2 - \frac{1}{4}\right]^{1/2v} \tag{4-25}$$

上式假定材料色散可以忽略，光纤衰减很小，接收端光脉冲为高斯波形，发射光脉冲占空比为 0.5 的条件下得到的。如果发射光脉冲占空比为 1，即全占空比非归零码，则上式应修正为近似式：

$$L = \left(\frac{f_c}{0.44 f_b}\right)^{1/v} \left[\left(\frac{a}{0.4247}\right)^2 - 1\right]^{1/2v} \tag{4-26}$$

此时要求光纤线路的带宽非常宽，只有当带宽有很大冗余时，才采用非归零码。

4.5.1.3　计算实例

设计一个传输距离为 1500km 的大容量的光纤通信系统。假设每公里光纤损耗为 0.2dB/km。每卷光缆的长度为 2km，光纤与光纤连接采用焊接。每个焊接点的损耗为 0.1dB。光纤与发射机、接收机采用活动连接器相连，每个连接器的损耗为 0.5dB，中继站的富裕量为 6dB，光发射机输出平均功率为 $130\mu W$，光接收机灵敏度为 $-69dBW$。整个线路需要多少个中继站和终端站？（中继距离不受光纤带宽限制，结果精确到小数点后两位。）

解： 无中继的传输距离为：

$L(\text{km})=[$发射平均光功率$(\text{dBW})-$接收灵敏度$(\text{dBW})-$接头损耗$(\text{dB})-$
富裕度$(\text{dB})]/$每公里光纤损耗(dB/km)

$$P_\text{S}=130\mu\text{w}=-38.86(\text{dBW})$$

$$L=\frac{-38.86-2\times0.5-0.1\times(L/2-1)-6+69}{0.2}$$

$$L=92.96\text{km}$$

$$|M|=\left|\frac{1500}{92.96}\right|=17$$

整个线路需要 16 个中继站和两个终端站。

4.5.2 线路码型

4.5.2.1 选择光纤数字通信系统中传输码型的必要性

在光纤通信系统中，信号源是光源、传输介质是光纤，与电信号的传输系统有着本质区别，需要专门研究适合在光纤中传输的线路码型。

CCITT 规定的 PCM 端机接口码型见表 4-4。

表 4-4　PCM 端机接口码型

群路等级	基 群	二次群	三次群	四次群
接口速率(Mb/s)	2.048	8.448	34.368	139.264
接口码型	HDB$_3$	HDB$_3$	HDB$_3$	CMI

PCM 系统中的这些码型并不都适合在光纤通信系统中传输，例如 HDB$_3$ 码是伪三进码，具有＋1、－1、0 三种状态，而在数字光纤通信系统中，由于光源可以有发光和不发光两种状态，没有发负光这种状态(当然，可以让光源发出三种不同的光功率与 HDB$_3$ 码的三个电平对应，但会带来很多问题)。因此，在光纤通信系统中无法传输 HDB$_3$ 码。为此，在光发射机中传输 140Mb/s 以下码速率时，必须将 HDB$_3$ 码解码，变为单极性的"0"、"1"码。但这样做之后，HDB$_3$ 码的误码监测等功能都将失去。这就是光纤数字通信系统需要重新进行线路编码的一个原因。另一方面，在光纤线路中，除了要传送主信号外，还需增加一些其他功能，如传输监控信号、区间通信信号、公务通信信号、数据通信信号等，当然也需要有不中断业务的误码监测功能。为此，需要在原有码速率的基础上，提高一点码速率以增加一定的信息冗余来实现上述目的。总而言之，在光纤通信系统中需要重新进行线路编码，例如：

将二次群的 HDB$_3$ 码解码后，编为 1B2B 码；

将三次群的 HDB$_3$ 码解码后，编为 4B1H 码或 8B1H 码或 5B6B 码；

将四次群的 CMI 码解码后，编为 5B6B 码。

4.5.2.2 常用的线路码型

在已有的准同步数字系列(PDH)光纤通信系统中，采用的线路码多达数十种。不过归纳起来主要有：扰码、mBnB 码、插入码。

1. 扰码

扰码是将输入的二进制 NRZ 码序列打乱，重新排列，而后在接收机中解扰码，还原成原来的二进制序列。这种码没有加入冗余度,因此有人认为这不属于码型变换。但它改变了原来码序列的"0"、"1"分布。从改善了码流的一些特性而言,也可以看作是一种码型变换。

用光纤数字通信系统对线路码的要求来衡量,扰码还相差较远。由于扰码没有引入冗余码,因而不能完全控制长的连"0"或连"1",定时信息有丢失的可能;信号频谱的直流分量也较大,不能解决基线漂移问题;特别是不能进行不中断业务的误码检测,传送辅助信号也很困难。因此,扰码只有在光纤通信早期的设备中单独使用过。在目前的光纤通信系统设备中,都在扰码以后再进行其他形式的码变换,才能满足对线路码的要求。

2. mBnB 码

它是一种分组码,具体做法是把输入信号码流中每 m 个比特分为一组,再变换为 n 比特,且 $n>m$。这就是说,变换以后码组的比特数比变换前大,使变换后的码流有了冗余,除了传输原来的信息之外,还可以传送与误码监测等有关的信息。另外,经过适当编码后还可以改善定时信号的提取和直流分量的起伏问题。

mBnB 类码型中有 1B2B、2B3B、3B4B、5B6B、5B7B、6B8B 等码。下面通过介绍在光纤通信中最常用的 5B6B 码的编码方案来说明这种码型的组成。

5B6B 码是将信码流中每 5 位码元分为一组,再将这 5 位码变换为 6 位码。我们知道 5 位二进制码有 32 种状态,6 位二进制码有 64 种状态。

下面我们分析一下这 64 种 6 位二进制码。

① 6 位码中含有 3 个"1"、3 个"0"的平衡码共有 20 个;

② 6 位码中含有 4 个"1"、2 个"0"或 4 个"0"、2 个"1"的不完全平衡码各有 15 个。在 5B6B 码中只选用了其中的各 12 个;

③ 除了上述平衡码和不完全平衡码共 50 个外,还有 14 个码,这些码字中的"1"、"0"个数悬殊太大,不利于稳定码流中的直流分量,因此不选用。

关于码组的选用:

① 首先应该选用 20 个平衡码字;

② 再把 $2\times15=30$ 个不完全平衡码字中的 $2\times12=24$ 个码字分为正、负两种模式。正模式中"1"的个数多,负模式中"0"的个数多。当信码中出现上述某个模式后,则后一码字应选用另一模式。这样,由于正负模式交替使用,保证了信码流中"1"、"0"出现的概率相同,从而保持直流分量稳定,基线不起伏;

③ 上述 14 种"1"、"0"个数悬殊的码字不予选用;

④ 可以看出 64 个码字中,只用了 $20+2\times12=44$ 个码字,尚有 20 个码字未用。这样,当接收端出现了这 20 个码字中的任意一个,必定在传输过程中出现了误码。因此,可以通过这种编码方式对系统误码进行监测。一般把这种不使用的码字称为禁字;

⑤ 在这种编码方案中,连"1"或连"0"的数目不会超过 6 个。当接收端出现超过 6 个的连"1"或连"0"时,即表示系统出现了误码。可以据此进行误码监测;

⑥ 5B6B 码的一种编码方案见表 4-5。

例如:要将输入信码:00000,11101,01111,00111,11001,00001,01010,11110,…变换为 5B6B 码。

首先将输入信码每 5 比特划为一组,再依上述的编码原则将 5 比特的码字变换为 6 比特码字。从正模式开始,正负模式交替使用,则输出的 5B6B 码应为:000111,100011,110100,000110,001101,011100,010111,001110。

3. 插入码

插入码是把输入的原码流以 m 比特为一组,在每组的第 m 位之后插入一个码,组成 $m+1$ 个码一组的线路码。根据插入码的规律不同,可以主要分为 mB1C 码、mB1P 码和 mB1H 码三种。

表 4-5　5B6B 码的一种编码方案

输入码组	输出码组(6bit 一组)		输入码组	输出码组(6bit 一组)	
(5bit 一组)	正模式	负模式	(5bit 一组)	正模式	负模式
00000	000111	同正模式	10000	001011	同正模式
00001	011100	同正模式	10001	011101	100010
00010	110001	同正模式	10010	011011	100100
00011	101001	同正模式	10011	110101	001010
00100	011010	同正模式	10100	110110	001001
00101	010011	同正模式	10101	111010	000101
00110	101100	同正模式	10110	101010	同正模式
00111	111001	000110	10111	011001	同正模式
01000	100110	同正模式	11000	101101	010010
01001	010101	同正模式	11001	001101	同正模式
01010	010111	101000	11010	110010	同正模式
01011	100111	011000	11011	010110	同正模式
01100	101011	010100	11100	100101	同正模式
01101	011110	100001	11101	100011	同正模式
01110	101110	010001	11110	001110	同正模式
01111	110100	同正模式	11111	111000	同正模式

（1）mB1C 码

在 mB1C 码中,C 码为反码或补码。原则上说,C 码可以是 m 个比特中的任一比特的补码,但一般是最后一个 B 码的补码。例如:

mB 码:100,110,001,101,…($m=3$)

mB1C码:1001,1101,0010,1010,…(3B1C)

C 码的作用有两个:一是改善码流中的"0"、"1"分布;二是进行不中断业务的误码检测。这种误码检测比较简单,因为插入码与最后一个 B 码互补。可以利用这一特性来监测 C 码或其前一位码的误码,称为补码监测法。误码监测时,只要将码流后移一位,再与原码模 2 加。若每组最后两比特相加结果为"1",表示无误码;若为零,则有误码发生。

应该指出,这种方法只能监测每组中的两个比特,总的线路误比特率必须根据每组的 m 数值进行换算。此外,当最后两位同时误码时也检测不出来,但此种概率很小,可以忽略不计。

（2）mB1P 码

在 mB1P 码中,P 码为奇偶校验码。输入的二进制信号码流按每 m 个比特插入一个 P 码,构成 $m+1$ 个码一组。P 码的作用与 C 码类同,但 P 码有下列两种不同的情况。

① P 码为奇校验码,其插入规律是使($m+1$)个码中"1"的个数为奇数。如:

mB 码:100,000,001,110,…($m=3$)

mB1P 码:1000,0001,0010,1101,…(3B1P)

当检测得($m+1$)内为奇数个"1",则认为无误码。

② P 码为偶校验码,其插入规律是使($m+1$)个码中"1"的个数为偶数。如:

mB 码:100,000,001,110,…($m=3$)

mB1P 码：1001，0000，0011，1100，…（3B1P）

当检测得（$m+1$）内为偶数个"1"，则认为无误码。

mB1P 码可以用双稳态方法来检测误码。

（3）mB1H 码

mB1H 码是插入码中常用的一种。通常有 1B1H 码、4B1H 码、8B1H 码。

在 mB1H 码中，H 码为一个混合码。它可以包括误码检测、辅助信号和区间通信等信号。这种码型对传输辅助信号和扩大系统的通信容量是很有利的。不足之处是信号码流的频谱特性较差，"1"和"0"分布的均匀性不如 mBnB 码。但在扰码以后再进行插入码编码，其特性可以满足传输系统的要求。这种码型的结构和实现方法这里不作介绍，有兴趣的读者可以参阅有关资料。

一般情况下，光纤通信系统线路码都是扰码＋mBnB 码，或扰码＋插入码。为了弥补 mBnB 码传输辅助信号的不足，而又保留 mBnB 码的良好的传输特性，日本 NEC 公司采用了一种"扰码＋5B6B 码＋插入码"的编码方案。

4.5.3　系统的可靠性

在系统设计时，首先应明确系统总的可靠性指标，从而对各个部分的可靠性提出要求，或在已知各部分的可靠性时，估算系统的可靠性是否能达到要求。对系统可靠性的估算是很必要的。利用估算结果可以对以下几个方面提供有用信息：比较各种不同设计方案的优劣、合理选择系统中的关键器件、估算系统设计寿命时间内的成本、规划系统的维护方案和后勤服务，以及提供系统的设计可靠性等。

光纤数字通信系统的可靠性可以表示为：

$$R = \exp(-\varphi t) = \exp\left(-\frac{t}{\text{MTBF}}\right) \tag{4-27}$$

式中，R 表示系统无故障工作 t 小时的概率；φ 是系统的故障率，单位是菲特（fit）。在 10^9 小时内出现一次故障称 1fit。MTBF 是平均无故障时间，即两次故障之间的平均时间。

若光纤数字通信系统由 n 个部分串联而成，而且它们的故障率是统计无关的，则系统的可靠性可以表示为：

$$R_s = R_1 \times R_2 \times \cdots \times R_i \times \cdots \times R_n \tag{4-28}$$

式中，R_i 是串联系统第 i 部分的可靠性。

由式（4-27）和式（4-28），系统总的可靠性可以写成：

$$R_s = \exp(-\varphi_s t) = \exp[-(\varphi_1 + \varphi_2 + \cdots + \varphi_i + \cdots + \varphi_n)t] \tag{4-29}$$

其中，φ_s 是系统总的故障率，等于各串联部分故障率之和。在实际应用中，为了估算的准确性，φ_i 应考虑温度和其他环境条件的影响，对它进行适当的修正。

目前，有关可靠性的表示方法大致有以下几种。

1.　故障率（φ）

上面我们已经知道了系统总的故障率与各串联部件故障率之间的关系，在生产厂家给出产品的故障率 φ_i 后，就可以容易地计算出系统总的故障率。在光纤数字通信系统中，重点应考虑光纤通信系统的专用器件，如 LD、LED、光纤、光缆和连接器等的故障率。目前，这些部件的可靠性已达到了相当高的水平。例如，LED 的故障率可达 200fit，光连接器可达 100fit。

2. 平均无故障时间(MTBF)

平均无故障时间越大越好。在给出系统故障率后,就可以计算出平均无故障时间,即:

$$\text{MTBF} = 1/\varphi \tag{4-30}$$

例如,光连接器的故障率 $\varphi = 100\text{fit}$,则它的平均无故障时间为:$\text{MTBF} = 1/\varphi = (1/100) \times 10^9 = 10^7$ 小时,可见光连接器的可靠性已相当高。

对长途干线来说,一般要求 MTBF 在三个月以上。

3. 可用率(A)

可用率用 A 表示,其定义为:

$$A = \frac{t_a}{t_{al}} \times 100\% \tag{4-31}$$

式中,t_a 是系统无故障工作时间;t_{al} 是系统总的工作时间。

可用率与许多因素有关,一般要求系统的可用率在 99.8% 以上。

4. 失效率(q)

失效率 q 与可用率 A 有以下关系:

$$q = (1-A) \times 100\% \tag{4-32}$$

在有备用系统时,失效率 q 可以写成:

$$q = \frac{(m+n)!}{m!\,(n+1)!} p^{(n+1)} \tag{4-33}$$

式中,m 是主用系统数;n 是备用系统数。当系统无备用时,$n=0$,$q=p$。而 p 定义为:

$$p = \frac{\text{MTTR}}{\text{MTBF}} \tag{4-34}$$

式中,MTTR 是平均故障修复时间,它的大小与许多因素有关,如故障位置、故障大小、故障处理技术等。日本 NTT 的 F－400M 系统在设计时,对不同故障有不同的考虑。例如,线路故障设 MTTR=9 小时,中继器故障设 MTTR=3.5 小时,光端机故障设 MTTR=1 小时。随着故障处理技术的提高,一般平均取 6 小时,或 4 小时。

当 M 个主用系统共用一个备用系统时,式(4-33)可以写成:

$$q = \frac{m+1}{2} \times \left(\frac{\text{MTTR}}{\text{MTBF}}\right)^2 \tag{4-35}$$

式中,m 的大小由设计人员根据需要确定,但一般在 1～11 选取值。如果主备比过大,将使倒换系统很复杂。美国 ATT 公司设计一般采用失效率指标,400km 和 6400km 系统都取 $q = 0.02\%$;日本 NTT,F－400M 系统,取 $q = 0.25 \times 10^{-4}/500\text{km}$。

在误码性能中所说的"不可用时间"就是失效时间。CCITT 建议,连续 10 秒,其误码率劣于 10^{-3},才算是失效时间开始,失效时间应包括该 10 秒。

5. 要考虑的其他因素

(1) 占空比

发送不归零码(NRZ)比发送归零码(RZ)的光功率大 3dB,在系统带宽足够的情况下可采用 NRZ 码。若调制速率提高,光纤带宽不够,则码间干扰严重,导致光接收机灵敏度降低,此时应采用 RZ 码。

(2) 误码率指标的分配

长途干线光纤通信系统,由于各中继段的通信业务不同,码速率亦不同,所以为保证必要

的通信质量,各中继段误码率指标要求不同。CCITT G.821 建议相应中继段误码率指标分配如下:

140Mb/s 系统: $P_e < 10^{-11}$ 　　　　34Mb/s 系统: $P_e < 10^{-10}$

8Mb/s 系统: $P_e < 10^{-9}$ 　　　　　2Mb/s 系统: $P_e < 10^{-8}$

（3）数字复用设备接口的考虑

各中继段间复用设备、交换设备等要实现顺利互联,其接口必须规范化。根据我国及国际上有关脉冲编码设备的标准系列,采用逐级复接的方法。所有复用设备的接口,都应符合 CCITT 有关建议的要求。

4.6　光同步传输网

电信网中所用的准同步数字传输网(Plesiochronous Digital Hierarchy,PDH)可以很好地适应传统的点对点的通信却无法适应动态联网的要求,也难以支持新业务的开发和现代网络管理。这就要求提供更加先进完善的传输体制以满足当前的需要和未来通信的发展。在这种形势下,光同步传输网(Synchronous Digital Hierarchy,SDH)应运而生,SDH 具有标准化接口、灵活的上/下业务能力和强大的网管等特点,是目前全球最重要的信息传输方式,是新一代国际公认的理想传输体制。

4.6.1　SDH 的产生

20 世纪 80 年代中期以来,光纤通信在电信网中获得了大规模的应用,光纤通信的廉价和优良的带宽特性正使之成为电信网的主要传输手段。然而,传统的基于点对点传输的准同步数字(PDH)系统存在着一些固有的、难以克服的弱点,主要包括:

① 只有地区性的数字信号速率和帧结构标准(PDH 系列有北美和欧洲两个体系和三个地区性标准),不存在世界性标准。不同地区的速率标准不一致导致相互不兼容,国际互通十分困难。

② 没有世界性的标准光接口规范,线路编码的采用导致各个厂家自行开发的各种专用光接口,这些专用光接口无法在光路上互通,惟有通过光/电变换转成标准的电接口才能互通,限制了联网应用的灵活性,也增加了网络的复杂性和运营成本。

③ 准同步系统的复用结构,除了几个低速率等级的信号采用同步复用外,其他多数等级信号采用异步复用,即靠塞入一些额外比特使各支路信号与复用设备同步并复用成高速信号。这种方式很难从高速信号中识别和提取低速支路信号,复用结构不仅复杂,也缺乏灵活性,上下业务费用高,数字交叉连接(DXC)的实现十分复杂。

④ 网络运行、管理和维护(OAM)主要依靠人工,无法适应不断演变的电信网要求,更难以支持新一代的网络业务和应用。

⑤ 建立在点对点传输基础上的复用结构缺乏灵活性,使得数字通道设备的利用率很低,非最短的通道路由占了业务流量的大部分。

4.6.2　SDH 的基本概念与特点

为了解决 PDH 体制的弊病,美国的贝尔通信研究所提出称为同步光网络(SONET)的新的传送网体制,其主要目的是阻止互不兼容的光终端的滋生,在光路上实现标准化,便于不同厂家产品在光路上互通,从而增加网络灵活性。CCITT 于 1988 年正式接受了 SONET 概念,并经适当修改重新命名为同步数字系列(SDH),使之成为不仅适于光纤,也适于微波和卫星传输的技术体制,而且使 SDH 在网络管理功能方面大大增强了。可见 SDH 和 SONET 基本上是一回事,只是在细节规定上略有差异。这两种系列信号的名称和相应速率关系对照见表4-6。SDH/SONET 网已成为近年来国际学术论坛和 ITU 研究工作的热点,也成为公认的新一代的理想传输体制。

表 4-6   SDH/SONET 比较

SONET		比特率	SDH	
分级	名称	(Mb/s)	分级	名称
STS−1	OC−1	51.840		
STS−3	OC−3	155.520	1	STM−1
STS−9	OC−9	466.560		
STS−12	OC−12	622.080	4	STM−4
STS−18	OC−18	933.120		
STS−36	OC×36	1866.240		
STS−48	OC−48	2488.320	16	STM−16
STS−192	OC−192	9953.280	64	STM−64

所谓 SDH/SONET 网就是由一些网络单元(例如复用器、数字交叉连接设备 DXC 等)组成的,在光纤上进行同步信息传输、复用和交叉连接的网络。它具有以下一系列的优点:

1. 确定了世界统一的光纤网络接口

同步数字系列(SDH)以及关于光同步复接网络的一整套 CCITT 标准规定,确定了世界统一的光纤网络接口,使 2.048Mb/s 异步复接数字系列和 1.544Mb/s 异步复接数字系列在四次群开始兼容,从而使这些地区性的数字传输体制在 STM−1(同步传递模块−1)等级上获得了统一,标准接口速率是 155.520Mb/s,确定四次群以上采用同步复接,并且以字节作为复接单位,真正实现了数字传输体制上的世界性标准。同步数字系列(SDH)将成为宽带综合业务数字网(B−ISDN)接口的标准基础,特别是确定了用户网络接口(UNI)标准的基础。

2. 充分的辅助信道与备用信道

在同步数字系列中,对于基本的同步传递模块(STM)包含的辅助信道(SOH、POH、指针等)进行了标准化,形成世界统一的辅助信道接口标准,使不同系统之间接口简单方便;另外,STM 中辅助信道容量相当可观,并且可以用于多种目的,特别是用户可以定义信道。在 STM−1 帧结构中,辅助信道设置 $9 \times 9 = 81$ 个字节共 648 个码元,速率达 5824Kb/s(用于 SOH 与指针设置);而在虚容器 VC4 中设置 9 个字节共 72 个码元,速率达 64Kb/s×9=576Kb/s。

在 STM−1 中,除有与异步复接体制系统相同的帧定位字节及勤务、切换、监控字节外,还有同步模块识别编号、虚容器编号、误码监测等信息。此外,在其中还有用户定义信道(SOH 中 $F_1 = 64$Kb/s,POH 中 $F_2 = 64$Kb/s)、数据通信信道(SOH 中 $D_1 \sim D_{12}$:64Kb/s×12=768Kb/s)、备用信道(SOH 中 $Z_1 Z_2$:64Kb/s×6=384Kb/s、POH 中 $Z_3 Z_4 Z_5$:64Kb/s×3=192Kb/s)、国内定义信道(64Kb/s×6=384Kb/s)以及用于将来 B−ISDN 发展扩大管理、维护信道(64Kb/s×32=2048Kb/s)。参见图 4.14 SDH 帧结构。

3. 简化的复接与上/下路功能

异步数字复接系列(PDH)中,将支路信号复接到最终复接信号,有时要经过多次逐级进行码速调整复接才能实现。这样支路信号被深深嵌入总的复接码流中,在线路中间无法根据信号排列位置直接提取或插入某个支路信号。若中间上/下话路,必须通过全部的各级逐次分接、复接处理,需要大量设备、占用大量机房面积,并且增加耗电与造价,降低性能与可靠性。

同步数字系列(SDH)从支路信息到最后复接输出可一次实现,可以将若干异步支路信号或异步、同步混合信号直接复接到速率为 155.520Mb/s 或更高阶速率的同步传递模块码流中。可以利用设置指针的办法,在任意时刻在总的复接码流中确定任意支路字节的位置,从而可以将某支路信息提取出来或插入进去,这样便简化了上/下路处理。设备减少了,造价降低了,可靠性却提高了,而且操作维护更加方便简单了。

4. 先进的操作、管理与维护功能

在 SDH 中,将 OA&M(Operation/Administration and Maintenance)信息分配为路(Path)和段(Section)两个层次,分别配置在虚容器 VC(POH)和 STM(SOH)中。SDH 的这种安排,不但改善了当前系统网络的管理与维护,而且适应将来 B-ISDN 的发展要求,它使得路由可以与维护信道直接联系。

5. 确定了统一的新型网络部件

在 SDH 中确定的新型统一网络部件是终端复接设备 TM(Terminal Multiplexer)、上/下路复接设备 ADM(Add/Drop Multiplexer)以及网络管理系统设备 NMS(Network Management System)。这些部件不但有世界统一标准,而且还可与现存异步设备兼容。

SDH 设备许多功能(例如光接口、开销功能)比 PDH 更标准化,因此以 SDH 设备为基础的网络,将可完成更加有效的网络管理,为用户提供更有效的服务。

6. SDH 网络提供方便的扩展能力

SDH 为155.520Mb/s(STM-1)、622.080Mb/s(STM-4)以及2488.320Mb/s(STM-16)等的高速传输提供了国际标准,并且建立了可方便扩展到更高速率的标准结构。这是因为由低速信号复接成高速信号时,无需任何用于识别与处理路由传递模块的任何额外信号,这些信号全部放入低速信号中。例如由 16 个速率为 155.520Mb/s 的 STM-1 信号复接成一个2488.320Mb/s 的 STM-16 信号,两者速率正好是 16 倍关系系数,没有插入任何额外信号。这样,系列可以方便地被扩展到新的级次,得到技术更先进的更高的容量,并且对于传递模块结构本身无任何影响,这种扩展特性对于组成 B-ISDN 网络意义重大。

7. 迅速实现网络的路由连接与更改

为满足网络线路的灵活性,必须在网络中的一些点引入连接功能。在 PDH 中,为实现上述目的,主要是在网络节点设置人工配线架,如光纤配线架(ODF)和数字配线架(DDF)。在DDF 中装满同轴连接器,传输设备的每一段都有其在 DDF 中的电缆接口,在 DDF 内用更改搭接短线缆的办法实现路由的建立与更改。当通信容量大设备很多时,将导致 DDF 内高密度线缆连接,为此必须采用复杂的数据接线记录卡,以便查找故障,更新路由,对照各连接短线缆。DDF 用人工方法连接和更改短线缆,大大地减慢了数字电路建立路由和改变路由的时间,有时更改一个路由需要长达几天或几个星期的时间;另外,由于接线繁多,容易造成差错和接触不良故障;同时大量的 DDF 扩大了机房面积、增加了网络造价。

在 SDH 中,有专用的数字交叉连接设备(DXC)和上/下路设备(ADM),取代 DDF。采用DXC 设备,可实现任意 STM-1 之间的连接与更改;而 ADM 设备可实现任意 2M 支路的连接与更改。SDH 不但可去掉大量繁重的 DDF 机架,而且路由的建立与改变,只需在几秒内即

可完成,可以做到迅速、安全、可靠。大大提高了网络的灵活性与有效性。

上述 SDH 的特点中,最核心的有三条,即同步复用、标准光接口和强大的网管能力。当然,作为一种新的技术体制不可能尽善尽美,也必然会有它的不足之处。例如:

(1) 频带利用率不如传统的 PDH 系统。以 2.048Mb/s 为例,PDH 的 139.264Mb/s 可以收容 64 个 2.048Mb/s 系统,而 SDH 的 155.520Mb/s 却只能收容 63 个 2.048Mb/s 系统,频带利用率从 PDH 的 94% 下降到 83%。当然,上述安排可以换来网络运用上的一些灵活性,但毕竟使频带利用率降低了。

(2) 由于采用了指针调整机理,增加了设备的复杂性。

(3) 由于大规模地采用软件控制和将业务量集中在少数几个高速链路和交叉连接点上,使软件几乎可以控制网络中的所有交叉连接设备和复用设备。这样,在网络层上的人为错误、软件瘫痪、乃至计算机病毒的侵入可能导致网络的重大故障,甚至造成全网瘫痪。

4.6.3 SDH 速率等级和帧结构

同步数字体系信号最基本也是最重要的模块信号是同步传送模块(STM),其最低级别的 STM-1 网络节点接口的速率为 155.520Mb/s,相应的光接口信号也只是 STM-1 信号经过扰码后的电/光转换结果,其速率不变。更高等级的 STM-N 信号是将基本模块 STM-1 以字节交错间插的方式同步复用的结果,其速率是 155.520Mb/s 的 N 倍,目前 SDH 支持的 N=1、4、16、64 和 256。表 4.7 中列出了 G.707 建议所规范的标准速率值。

表 4-7 SDH 的标准速率

速率等级	速率(Mb/s)
STM-1	155.520
STM-4	622.080
STM-16	2488.320
STM-64	9953.280
STM-256	39813.120

SDH 的帧结构与 PDH 不同,是块状帧。由 9 行与 270×N 列字节(1 字节为 8bits)组成。对于 STM-1,N=1;STM-4,N=4 等。块状帧中包括段开销(SOH)、管理指针单元(AU PTR)和静负荷区域(Payload),如图 4.14 所示。字节的传输从左到右,自上而下按顺序进行,直至整个 9×270 个字节(STM-1)都传完再转入下一帧,如此一帧一帧地传送,速率是 8K 帧/秒。因此对于 STM-1 而言,帧周期为 125μs,比特率为 9×270×8×8Kb/s=155.520Mb/s。在 STM-1 帧结构中,前 9 列是系统功能比特区域,主要放置段开销(SOH-Section Overhead)和指针(PTR-Pointer)两部分内容;而第 10 列放置路开销(POH-Path Overhead)内容,详见图 4.14。

所谓段开销是指 STM 帧结构中为了保证信息正常灵活传送所必需的附加字节,主要是维护管理字节。例如误码监视、帧定位、数据通信、公务通信和自动保护倒换字节等。由图 4.15 可以看出,对于 STM-1 而言,帧结构中除第 4 行外的其他 8 行左边 9 列共 72 字节(576bits)均用于段开销,其中第 1~3 行的前 9 列是再生段开销(RSOH),第 5~9 行的前 9 列是复接段开销(MSOH)。

第 4 行的前 9 列是管理单元指针(AU PTR)。所谓管理指针单元是一种指示符,主要用来指示净负荷(用户信息)的第 1 个字节在 STM-N 帧内的准确位置,以便接收端正确地分解。采用指针是 SDH 的重要创新,可以使之在 PDH 环境中完成复用同步和帧定位,消除了常规 PDH 系统中滑动缓存器所引起的延时和性能损伤。

图 4.15 中各字节功能分配如下:

$A_1 A_2$ 是帧定位字节。

A_1:11110110;

A_2:00101000。

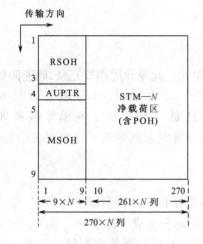

A_1	A_1	A_1	A_2	A_2	A_2	C_1	X	X	J_1
B_1			E_1			F_1	X	X	B_3
D_1			D_2			D_3			C_2
									G_1
B_2	B_2	B_2	K_1			K_2			F_2
D_4			D_5			D_6			H_4
D_7			D_8			D_9			Z_3
D_{10}			D_{11}			D_{12}			Z_4
Z_1	Z_1	Z_1	Z_2	Z_2	Z_2		X	X	Z_5
1						7	8	9	10

图 4.14　SDH 的帧结构　　　　　图 4.15　STM−1 帧结构中的前 10 列内容

$B_1 B_2 B_3$ 是比特误码监测字节。

B_1:BIP−8,再生段 BIP 奇偶校验,用于再生段误码监测;

B_2:BIP−$N×24$,复接段误码监测;

B_3:路误码监测。

$C_1 C_2$ 是标记符号字节。

C_1:STM 识别器标记,用以表示 STM−N 中 STM−1 的序号;

C_2:VC 纯载荷指示标记。

$D_1 \sim D_{12}$ 是段数据通信通道(DCC)字节。

$D_1 \sim D_3$:用于再生段,是速率为 192Kb/s 的数据通道;

$D_4 \sim D_{12}$:用于复接段,是速率为 576Kb/s 的数据通道。

$E_1 E_2$ 是勤务联络电话通道字节。

这是速率为 128Kb/s 的勤务通道,用于勤务电话联络。

$F_1 F_2$ 是用户信道字节。

F_1:再生段用户信道;

F_2:VC−n 路用户信道。

G_1 是路状态(性能)指示。

H_4 是复帧指示器。

J_1 是 VC−n 路跟踪(VC−n　path trace)。

$K_1 K_2$ 是自动保护切换信道,速率为 128Kb/s。

$Z_1 Z_2 Z_3 Z_4 Z_5$ 为备用字节。

$Z_1 Z_2$:复接段备用字节;

$Z_3 Z_4 Z_5$:路备用字节。

X 为国内备用字节,其他未标注字节为国际备用字节未定义字节。仅在第一个 STM−1 中使用。

从中可看出:SOH 的主要功能是帧定位、误码校验、数据通信、保护切换控制以及维护联络电话等；POH 的主要功能是误码校验、维护联络电话等。

4.6.4 基本复接原理

1. 名词解释

（1）容器 C_{nx}（Container）

它是同步信号的一种传递机构，是载荷支路信息的单元。此单元用增加冗余、码速调整和加入调整控制信息的方法，可将异步信号变换为同步信号。C_{nx} 中 $n=1\sim4$，表示与 PDH 相对应的分级（一至四次群）；而 $x=1$、2，分别表示 PDH 的 1.544Mb/s 速率等级系列和 2.048Mb/s 速率等级系列。例如 C_{32} 表示 2.048Mb/s 速率等级系列中的三次群对应信息，其速率为 34.368Mb/s。

（2）虚容器 VC_{nx}（Virtual Container）

虚容器 VC_{nx} 是 SDH 中建立路通道（Path）连接的信息结构单元。它是由容器 C_{nx} 或支路单元组 TUG_{nx}（Tributary Unit Group）与路开销（POH）两部分构成。符号 VC_{nx} 和 C_{nx} 中的 n、x 是对应的。一般将 $n=1$、2 的虚容器 VC_{nx} 称为低阶虚容器，在此低阶虚容器中包含一个低阶容器 C_1 或 C_2 及与等级相适应的虚容器路开销信息（POH）；$n=3$、4 的虚容器 VC_{nx} 称为高阶虚容器，它包含一个高阶容器（C_3 或 C_4）或支路单元组（TUG_2 或 TUG_3）及与之等级相适应的虚容器路开销（VC POH）信息。虚容器 VC_{nx} 在同步传递模块（STM）中运载，在网络节点中进行处理，这一切与虚容器本身所载内容无关。在其纯载荷区域可以放置低一阶虚容器，也可以是 PDH 信号，或者是异步转移模式（ATM）信号等。对 SDH 中所运载的全部支路都定义了虚容器，但是由它的名称表明，作为字节的连续块信息并没有被"装入"虚容器 VC，而仅是构成单个 VC 的字节被均匀地分配到其纯载荷区域。VC 在纯载荷区域的位置可以是浮动的，这样可以促进纯载荷区域容量的有效利用，并且各 VC 都可以以一定周期写入纯载荷区域，或者由此读出。各种信号装入虚容器之前要加入附加比特，速率也要进行变换。SDH 信号在不同复接分级的比特率，即对应于各阶虚容器，其信号变换速率如表 4-8 所示。

表 4-8 各阶虚容器相应速率(Mb/s)

级次	1.544 系列	2.048 系列
1	VC_{11} 1.644	VC_{12} 2.240
2	VC_2 6.848	
3	VC_3 48.960	
4	VC_4 150.336	

（3）支路单元 TU_{nx} 与管理单元 AU_n（Adminstrative Unit）

支路单元 TU_{nx} 由带有 TU 指针的同级虚容器 VC_{nx} 组成，其中 $n=1\sim3$，$x=1$、2。这种信息支路单元为支路信息载入高阶虚容器做准备，并且可由其指针指示此虚容器在高一阶虚容器中的位置。

管理单元 AU_n 是由带有 AU 指针的同级虚容器 VC_{nx} 组成，其中 $n=3$、4。可以看出管理单元 AU 是由高阶虚容器组成，它经管理单元组（AUG）复接后成为 STM-1 帧结构组成部分。

TU 和 AU 都是由虚容器加入指针形成的，它们包含有足够实现虚容器跨接与交换的信息，在指针的指示下完成跨接与交换；虚容器加入指针后得到支路单元或管理单元，其速率也要做相应变换。

（4）支路单元组 TUG_{nx} 与管理单元组 AUG

支路单元组 TUG_{nx} 是由支路单元 TU_{nx} 或低阶支路单元组复接而成，这里 $n=2$、3；管理单元组是由管理单元复接而成。AUG 本身又可以复接成高阶同步传递模块（STM）。

（5）指针（PTR）

指针是管理单元和支路单元的重要组成部分。在 SDH 的 STM-1 帧结构中，前 9 列中的第 4 行共 9 个字节用于放置指针，速率可达 $9 \times 64Kb/s = 576Kb/s$。这个位置可以放置装入 STM-1 的 VC_4 指针，也可以放置直接装入 STM-1 的三个 VC_3 指针；当 VC_3 通过 VC_4 装入 STM-1 时，VC_3 的指针也可以放入 VC_4 的纯载荷区域。

设置指针主要承担两项任务：第一，用指针指明虚容器在高一阶管理单元或支路单元中的位置。例如，用 TU_3 的指针指明 VC_3 在 VC_4 虚容器中的位置，当 VC_3 直接装入 STM-1 时，VC_3 的指针用于指明其在 STM-1 纯载荷区域的位置，这一作用相当于 PDH 中支路字同步的作用；第二，用于码速调整，即调整与标准值相比较快或较慢的 VC，以便实现网络的各支路的同步工作。

作为 SDH 网络，仅要求 SDH 信号时钟精度（准确度）在 $\pm 4.6 \times 10^{-6}$ 同步容限之内工作。指针设置作为调整码速的工具来使用，它确保在这种精度的时钟限度内 SDH 网络对于所有实际支路都可以完全地同步，并且在任意时刻都可以准确地确定任何数据字节的位置。

2. 复接结构的要点

① 低阶支路信号（1.5Mb/s、2Mb/s、6Mb/s、8Mb/s、34Mb/s、45Mb/s 及 140Mb/s）变换为适当比特率的容器 C（C_{11}、C_{12}、C_{22}、C_{31}、C_{32} 及 C_4）；

② 路开销比特（POH）加入容器 C 中形成虚容器 VC（VC_{11}、VC_{12}、VC_{21}、VC_{22}、VC_{31}、VC_{32} 及 VC_4）；

③ 设置虚容器支路指针，形成支路单元 TU（TU_{11}、TU_{12}、TU_{21}、TU_{22}、TU_{31}），用此支路指针指示虚容器 VC 的起始位置；

④ 根据路通道要求的复接结构，将相同的支路单元 TU 以字节为单位（8 比特 1 个字节）进行同步交错复接形成支路单元组 TUG（TUG_{21}、TUG_{22}、TUG_{31}、TUG_{32}）或高阶虚容器（VC_{32}、VC_4）；

⑤ 设置指针指示高阶虚容器（VC_{32}、VC_4）或支路单元组 TUG（TUG_2、TUG_3）的位置，并形成管理单元 AU（AU_{32}、AU_4）；

⑥ 以字节为单位将若干管理单元 AU（AU_{32}、AU_4）复接成管理单元组 AUG，由管理单元组 N 个交错复接形成同步传递模块 STM-N 信号。

支路信息可以经不同路径处理进入基本同步传递模块 STM-1 码流之中。例如，2Mb/s 支路信号可以通过 $AU_3（VC_3）$ 路径复接进入 STM-1，又可以通过 $AU_4（VC_4）$ 路径复接进入 STM-1，至于判断通过什么样的路径复接最好，应考虑以下因素：设备的适应性、网络内部互联安排、高次群交换机交换效率、系统的可靠性与造价、将来宽带综合业务数字网发展的需要等。考虑以上因素，目前采用 2Mb/s 数字系列的国家采用 VC_4 路由，而采用 1.5Mb/s 数字系列的国家采用 VC_3 的路由。

4.6.5　SDH 网元设备

SDH 设备的一般描述采用功能参考模型的方法，也就是把 SDH 设备按逻辑功能划分为许多基本功能模块,每一个基本功能块完成一种简单的功能,几个基本功能块组合在一起构成较复杂的复合功能。全部基本功能块构成一个功能最完善的 SDH 设备。SDH 网络常见的网元共计分为 4 种:终端复用器(TM),分插复用器(ADM),再生中继器(REG)和数字交叉连接设备(DXC)。

1. 终端复用器(TM)

终端复用设备(TM)应用在网络的终端站点上,它的作用是将支路端口的低速信号复用到线路端口的高速信号 $STM-N$ 中,或从 $STM-N$ 的信号中分出低速支路信号,其示意图如图 4.16 所示。

2. 分插复用器(ADM)

ADM 的作用是将低速支路信号交叉复用进左或右向线路上去;或从左或右向线路端口接收的线路信号中拆分出低速支路信号。另外,还可将左/右向线路侧的 $STM-N$ 信号进行交叉连接,其示意图如图 4.17 所示。ADM 有经济的上下业务功能,在业务量疏导方面可以部分代替 DXC,但 DXC 在多方向大业务量集中调度管理和保护方面的功能仍然是有优势的。

3. 再生中继器(REG)

再生中继器(REG)的最大特点是不上下电路业务,只放大或再生光信号。REG 的作用是将左/右向两侧的光信号经光/电转换、抽样、判决、再生整形、电/光转换后再重新送出,其示意图如图 4.18 所示。

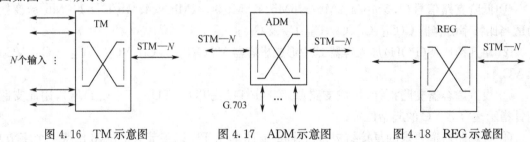

图 4.16　TM 示意图　　　　图 4.17　ADM 示意图　　　　图 4.18　REG 示意图

4. 数字交叉连接设备(DXC)

随着电信网的发展,传输系统的种类越来越多,容量也越来越大。按照传统的在人工配线架上互连系统的方法不仅效率低、可靠性差,而且也无法适应日益动态变化的传输网配置和管理要求。因而出现了相当于自动数字配线架的数字交叉连接设备(简称 DXC,当然其功能不限于此)。它可以对各种端口速率(PDH 或 SDH)进行可控的连接和再连接。其简化结构如图 4.19 所示。

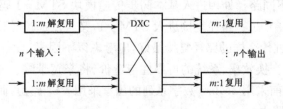

图 4.19　DXC 示意图

DXC 的输入/输出端口与传输系统相连,每个输入信号被解复用为 m 个并行的交叉连接信号速率。然后内部的交叉连接矩阵按预先存放的交叉连接图或动态计算的交叉连接图对这些交叉连接通道进行重新安排,最后再利用复用功能将这些重新安排后的信号复用成高速信号输出。整个交叉连接过程由本地操作系统或连至电信管理网(TMN)的支持设备进行控制和维护。

DXC 在传输网中的基本用途是进行自动化管理。其主要功能有:

① 分离本地交换业务和非本地交换业务,为非本地交换业务迅速提供可用路由;

② 为临时性重要事件(如重要会议和比赛等)迅速提供可用路由;

③ 当网络出故障后,可以迅速发现替代路由,提供网络的重新配置等。

简言之,DXC 是一种兼有复用、配线、保护/恢复、监控和网管的多功能传输设备,在现代传输网中正发挥着越来越重要的作用。

所谓交叉连接也是一种"交换功能",与常规交换机的不同之处在于:

① 交换的对象是通道信号(即电路群),而非单个电路;

② DXC 交换矩阵由外部操作系统控制,将来要基于电信管理网管理,增加了网管能力;

③ DXC 是无阻塞的,而交换机存在阻塞;

④ DXC 通道连接的正常保持时间是数小时至数天,而交换机电路的保持时间仅数分钟而已。因而,有人称 DXC 为"静态交换机"。

4.7　光纤通信新技术

目前,单模光纤的适用工作窗口有两个,即 $1.31\mu m$ 窗口和 $1.55\mu m$ 窗口。按照 CCITT 的有关规范,$1.31\mu m$ 窗口既适用于长途通信又适用于短距离通信,其低损耗区大约从$1.260\sim1.360\mu m$,共 100nm;而 $1.55\mu m$ 窗口主要适用于长途通信,其低损耗区从$1.480\sim1.580\mu m$,共 100nm。因此,这两个工作窗口共有大约 200nm 的低损耗区可用,相当于30000GHz 的频带宽度。但是,目前实用光纤通信系统的最高码速率只有 10Gb/s,单模光纤的这一巨大的带宽资源目前只利用了约 0.01%。也就是说,大量的光纤带宽被闲置着,尚有巨大的潜力有待开发。为此,我们有必要首先弄清哪些因素限制着光纤通信的发展,并以此为突破口,进行深入的研究开发。

4.7.1　现行光纤通信的局限性及其发展趋势

4.7.1.1　现行光纤通信的局限性

1. 光纤非线性效应的限制

光与物质(包括光纤介质)相互作用时会产生各种物理效应。一般来讲,产生这些效应的物理机制均可归咎于介质的极化作用。即使光纤中传输的光功率只有几毫瓦,甚至更低些也会出现诸如光频变换、受激散射等各种非线性光学效应。这些效应对光或光波在光纤中的传播无疑会产生各种各样的影响。在早些时候,人们较多地注意到这些效应的消极方面,并致力于如何消除这些影响的研究。但后来,人们发现并不断从中深刻认识到,充分利用这些效应不但能消除其不良影响,而且还会给我们带来众多的益处。例如,人们利用光纤中的受激散射(包括受激喇曼散射和受激布里渊散射),制作出了各种光纤分布式光放大器和振荡器(即激光器)、利用光纤中由于非线性效应产生的自相位调制对色散的补偿作用,形成所谓的光孤子传输等。这样一些引人关注的课题促使人们进一步认识到,光纤并非是单一的被动的传输介质,而且也有其"主动性"。这种主动性的开发,为光纤的应用展示出广阔和诱人的发展前景。因此我们应该进一步从主动方面去挖掘光纤的潜力。正是在这样的背景下各种"主动光纤(Active Fiber)"应运而生,并成为当今光纤通信领域中最令人关注的研究课题之一。

为了促成光纤"主动性"的充分发挥,除了应用常规传输光纤的非线性效应外,近年来,人们还有意识地向光纤中掺入某些杂质,赋以其某些新的特性。例如向光纤中掺入微量稀土元素(铒、钕等),光纤即被"激活",成为有源导波介质,因而可用来产生激光或对激光放大等。此外,为了使光纤具有很强的非线性以便于应用,人们索性使用具有大非线性系数的晶体材料,直接拉制成所谓晶体光纤,如铌酸锂(LN)晶体光纤、硅酸铋(BSO)晶体光纤等。由于这类光纤具有的非线性系数远远大于一般光纤,因此只要在短的一段长度上就可以显示出明显的非线性光学效应。从这个意义上讲,可以认为一般传输光纤的非线性是"分布式"的,而晶体光纤的非线性则是"集中式"的。这种光纤的电光、磁光、声光效应,除了在光纤通信中用来作各种光调制外,还可以用来制作各种光纤传感器、变频器等纤维型光器件。这些不但大大增多了主动光纤的种类,而且使之用途更为广泛,并且作为一种新颖的集成光学器件,有望成为微小光器件的佼佼者。

2. 电子器件响应速度的限制

现行光纤通信系统的信号源实际上都是由电端机提供的,光—电—光的中继方式是将光信号转换为电信号进行处理的,但是电子器件的响应速度是有限的。现在的电子器件,从原理上讲,其响应频率只是 GHz 量级,不可能再高。这与光纤巨大的频谱资源极不相称,成为发展几十 GHz,甚至上百 GHz 的大容量光纤通信系统的一个"瓶颈"。若能实现全光传输将彻底消除这一"瓶颈"。

为了解决这个矛盾,人们提出了光电子集成技术(OEIC),将电子集成(EIC)与光集成(OIC)兼容在一个芯片上,制作出光发射机、接收机和中继器等,响应频率可望达到十个 GHz 以上。

3. 通信模式的限制

现行光纤通信系统采用的是 IM/DD 模式工作的。IM 即光强调制,是光调制中最简单的一种调制方式。作为光波,可以承载信息的参数很多,如光波频率、相位、偏振、波面等,都可以通过相应的调制承载信息。DD 即直接检测,又称全景检测,是一种非相干检测方式。这种检测只响应光场强度而无法检测频率和相位等承载的信息。这正是直接检测的最大弱点。另外,直接检测的噪声性能差、检测灵敏度低。所以说,直接检测是一种最简单且功能很差的光检测方法。因而目前采取 IM/DD 模式的光纤通信也是一种简单的、能力较低的光纤通信方式。

为了推进光纤通信的进一步发展,为了充分挖掘光纤巨大的潜在通信能力,我们必须破除旧模式的限制,开拓新的通信模式。经过多年特别是近十年的努力,人们已经提出了众多新的通信模式,其中已步入实用化阶段或已经展示出应用前景的有:复用光通信、相干光通信、光孤子通信和量子光通信等。

复用光通信能充分利用光纤的巨大带宽资源。利用光波的波长可分割性、频率的可分割性、时间的可分割性以及空间(波前)的可分割性等,使之多重承载信息,进而使通信容量成倍、成量级的增大。

相干光通信则是充分利用光波的相干性的通信模式。它充分利用光波各参数均具有承载信息的能力,开拓出相干调制/外差检测的新模式。

光孤子通信是利用随光强而变化的光纤非线特性去补偿光纤色散作用,从而使光脉冲波形在传播过程中始终维持不变,即所谓的光孤子的一种非线性光纤通信模式。它与光放大器相结合,有望成为一种全光通信的新模式。

量子光通信则是利用光的量子性的一种通信模式。这是一种理想的全光通信模式。它充分利用了光子的巨大的信息承载能力和无破坏测量的先进性,可望达到一个光子能将无穷多的信息传输给无穷多个受信者。

可想而知,如果这样多的先进的光纤通信模式都能开发利用的话,那么光纤的巨大带宽资源必然得以充分利用,几百甚至上千个 GHz 都不成问题了。

综上所述,要想克服现行光纤通信系统的种种不足,在原有技术体制和技术框架内解决这些问题显然是事倍功半、得不偿失的,唯一的出路在于从体制上、从器件技术和系统技术上进行全面的革新。为此,我们在光纤通信新技术这一节里,将选择介绍涉及光纤通信系统和网络技术的几个新领域,光复用技术、光纤放大器、光孤子通信、相干光通信等。

4.7.1.2 光纤通信的发展趋势

1. 传输速率的高速化

如果光纤通信系统采用 TDM 方式时,当传输速率每提高 4 倍,则传输每比特的成本大约下降 $1/3 \sim 2/3$,因而高比特率系统的经济效益大致按指数律增长。这就是为什么在过去近三十年的时间里,传输速率一直在按指数律提高的根本原因。世界上第一个商用系统速率为 45Mb/s(1977 年 Chicago),而目前实际商用系统的速率已高达 10Gb/s。实验光纤系统的传输速率甚至已达 20Gb/s。从理论上讲,用 TDM 方式传输速率可以进一步提高到 $20 \sim 50$Gb/s。但考虑实际的技术经济性能后,进一步扩容的手段可能将转向波分复用等其他的新型通信方式。

2. 工作区的长波长化

光纤衰减谱的基本趋向是随着传输光波长的 4 次方成反比例下降:波长 $0.85\mu m$ 的光纤,衰减约为 2.5dB/km;波长 $1.31\mu m$ 的光纤,衰减约为 $0.3 \sim 0.4$dB/km;波长 $1.55\mu m$ 的光纤,衰减约为 $0.18 \sim 0.25$dB/km。因此,将来的光纤系统会逐渐移向长波长窗口 $1.55\mu m$ 附近,中继距离可达几百公里。如果采用氟化物玻璃光纤,则工作波长还可以继续延长至红外区 $(2.5\mu m)$,光纤衰减系数可低达 0.01dB/km,无中继距离可长达几千公里,非常有吸引力。但遗憾的是尚未找到一种技术能制造出可实用的、如此长的光纤来,光源与接收器件也不配套,因此尚不能实用化。

3. 联网应用的普及化

传统的 PDH 系统是用来进行点到点传输的,而实际调查结果表明,只有少量信号是真正点到点传输的,大多数信号的传输需要一次以上的转接。因此数字网迫切需要一种适于联网应用的传输体制,这就是 SDH。可以相信,随着 SDH 的引入,特别是分插复用器和数字交叉连接设备的引入,联网应用将越来越普及,网络的效益和灵活性也将随之越来越高。

4. 系统的集成化

目前在 PDH 系统中,利用 $1.5\mu m$ CMOS 技术已能将整个复用器集成在一块芯片上。在 SDH 系统中,利用亚微米 CMOS 技术已能将映射、开销处理和指针调整等十分复杂的功能实现单片集成。

随着传输速率越来越高，波长、元器件尺寸与电路的连线已经可以比拟了（如 10GHz 时波长 1cm），为了避免宽带范围的匹配问题，需要采用混合集成电路（HIC）和光电集成电路（OE-IC）。两者的基本差别在于元件间连线的耦合阻抗不同，前者主要为感性阻抗，后者主要为金属和半导体之间连线的电阻。因此 OEIC 工作稳定、波形好，是主要的发展方向。目前已能用光电二极管和结型场效应管制成 1.2Gb/s 的芯片，面积仅 0.6mm×0.6mm，传输距离达 52.5km。实现低成本、高可靠的 OEIC 已成为大规模开发光纤用户网和局域网的关键之一。

5. 电信网的光纤化

当前，主干线路已基本实现光纤化；而最难实现光纤化的部分是用户网，特别是配线部分和引线部分将成为全网的"瓶颈"，这一"瓶颈"的消除有赖于光纤用户网技术的发展。随着科学技术的发展，我们可以预计，在不久的将来，电信传输将进入全光网络时代。

4.7.2　光复用技术

4.7.2.1　光复用的基本概念

所谓光复用就是在光域上用时分复用（OTDM）或波分复用（WDM），以及光频分复用（OFDM）方式来进一步增加传输容量。

前面讲过，光纤的带宽资源是巨大的，目前单个光源的谱线宽度只占用了其中极窄的一部分。如果将多个峰值发送波长适当错开的光源的信号同时在一根光纤上传输，则可以大大增加光纤的信息容量。这种将不同波长的光信号复用在一根光纤中传输以提高光纤带宽资源利用率的措施称为波分复用（WDM）。

显然，这种方式频谱利用率的高低主要取决于所允许的光源峰值波长的间隔大小，这与所用 WDM 器件的性能、光源线宽和允许间隔有关。通常将允许的光源峰值波长间隔为数十纳米的称为 WDM，而将间隔纳米以下的复用方式称为光频分复用（OFDM）（即高密度波分复用 HD WDM）。

由于光电器件速率高于电子电路，因而用 TDM 方式达到 10Gb/s 时，可以采用 OTDM 进行进一步扩容到 10Gb/s 以上。所谓 OTDM 的原理是：通过光延时线将各路分支光信号在时间上错开排好，再通过光纤耦合器耦合在一起成为高速的光复用信号经单根光纤传输，接收端再通过相反的过程恢复为低速分支路光信号。英国 BT 公司推出了 20Gb/s 的 OTDM 试验系统。

4.7.2.2　光波分复用

WDM 系统可以按传输方向划分为单向 WDM 系统和双向 WDM 系统。单向 WDM 系统又称双纤双向传输方式，双向 WDM 系统又称单纤双向传输方式。WDM 系统有以下一些特点：

① 可以充分利用光纤的巨大带宽资源；

② 节约光纤；

③ 由于同一光纤中的不同波长彼此独立，可以传输特性完全不同的信号，因而可以利用 WDM 完成各种电信业务的综合与分离，包括数字信号和模拟信号；

④ 通常 WDM 器件（合波器和分波器的通称）是双向可逆器件，同一器件既可以作复用器又可以作解复用器，可以实现单纤双向传输；

⑤ WDM 通道对数据格式是完全透明的。在网络扩充和发展中,是理想的扩容手段,也是引入宽带新业务(如 CATV、HDTV、B－ISDN 等)的最方便手段。只要增加一个附加波长即可引入任意想要的新业务或新容量。

主要缺点是:由于 WDM 的插入损耗减小了系统的可用功率,信道间串扰也会恶化接收机灵敏度。另外,目前的 WDM 器件价格太高。

4.7.2.3　光频分复用

当 WDM 的光载波间隔密集到更适于用频率(GHz 量级)来衡量时称为 OFDM,两者间并无严格界限,因此经常混用,通常将光载波间隔小于 1nm 的情况称为 OFDM。由于 OFDM 光载波很密,传统的 WDM 器件已不能区分光载波,必须采用分辨率更高的技术。目前有两种主要解决方案:一是采用高选择性的可调谐光滤波器与直接检测相结合的常规通信手段;二是采用可调谐本振与外差检测相结合的相干通信手段。前者简单方便,采用无源方式,成本低、易于实现稳定的频率调制和解复用,后者接收灵敏度高、易于实现更窄的信道间隔从而允许容纳更多的信道数,信道间隔能进一步缩小为 0.1nm,于是单模光纤 200nm 谱宽可以安排约 2000 个光载波。若每一光波信号速率为 2.48Gb/s,能传 64 路压缩编码速率为 34.368Mb/s 的电视信号,则一根光纤大约能传 10 万路广播电视信号,但其光路复杂、成本高。两种 OFDM 方式各有千秋,均在平行发展中。

从长远看,相干 OFDM 的主要应用场合是所谓的多色网(Multicolour Network)。密集的信道安排将允许一个用户拥有一个属于自己的波长,而一个波长所能携带的巨大信息容量可以为用户提供所有现存的各种业务(语声、数据、图像,等等),以及各种新出现的业务。

4.7.3　光放大器

传统的光纤长途传输系统中,需要每隔一定距离设一个光—电—光型再生中继器,这样才能保证信号的质量。如前所述,这种光—电—光型再生中继器已成为发展大容量光纤系统的"瓶颈"。多年来,人们一直在设想能否去掉光—电—光转换过程,直接在光路上对信号进行放大传输,即光—光型中继,其核心显然是发明一种性能优良的光放大器。

迄今为止,已研制成功三种光放大器:半导体激光放大器、传输光纤型光纤放大器和掺稀土元素光纤放大器。

4.7.3.1　半导体激光放大器

半导体激光放大器简称 LD 光放大器。其结构大体上与 LD 相同,只是两个端面或镀反射率较低的介质膜(称驻波型光放大,或称法珀型,即 F－P 型 LD 光放大器);或根本不镀反射介质膜(称行波型光放大,即 TW－LD 光放大器)。这种光放大器使用的材料及制作工艺大体上与 LD 一样,其驱动方式也同于 LD,即依靠注入电流工作。在三种光放大器中,半导体激光放大器的尺寸最小(0.1～1mm)、频带很宽(50～70nm)、增益也较高(15～30dB),但其最大的弱点是与光纤的耦合损耗很大,达 5dB 左右,增益对光纤的极化和环境温度很敏感,因而稳定性差。LD 放大器适于与光电集成电路合在一起使用。

4.7.3.2　传输光纤型光纤放大器

分布式光纤放大器是利用一般传输光纤的非线性光学效应——受激喇曼散射(SRS)效应

和受激布里渊散射(SBS)效应产生的增益机制而对光信号进行放大的,分别称为 SRS 光纤放大器和 SBS 光纤放大器。其优点是传输线路与放大线路同为一体——光纤,因而放大器与线路的耦合损耗很小,噪声较低,增益稳定性较好且与传输光波的偏振状态无关。但需要很大的激励(泵浦)功率(数百 mW)和很长的光纤(数 km)。

受激喇曼散射是光波与介质中振动分子作用引起光波频移散射的一种效应。频移的大小与分子振动频率一致,该频移成分又称斯托克斯频移,正的频移对应于正斯托克斯分量,负的频移对应于负斯托克斯分量。如果两束光波之间的频率差恰好与斯托克斯频移相等,那么较低频率的光波将被较高频率的光波放大,亦即长波长的光波将被短波长的光波放大,而较高频率的光波会因损失能量而衰减。这种增益过程称作喇曼增益。

受激布里渊散射与喇曼散射类似。所不同的是,前者是声波,而后者是分子振动引起的,因此产生的斯托克斯频率也不同。正是由于这一差别,才导致其对系统的影响有着显著的不同:

(1) 在单模光纤中受激布里渊的峰值增益比受激喇曼的增益高两个量级,并且几乎与波长无关,因此在适当条件下受激布里渊散射将成为占主导地位的非线性过程;

(2) 受激喇曼的光学增益带宽在 6000GHz 量级,所以用谱线宽度较宽的激光泵浦时喇曼增益基本上不会缩小。

但是,石英光纤的受激布里渊带宽在 $1.55\mu m$ 波长处仅为 20MHz,而且与波长 λ 成反比例减小。因此当使用 20MHz 的窄线宽泵浦时受激布里渊散射将出现最大值;当泵浦光源的线宽远大于 20MHz 时,该增益将与线宽成反比减小。不同于受激喇曼散射效应,在单模光纤中受激布里渊散射只能在反方向出现(即只有后向受激布里渊散射),因此它将削弱入射光波,而且产生一个向发射机方向传播的相当强的散射光束。

4.7.3.3 掺稀土元素光纤放大器

掺稀土元素光纤放大器是利用在光纤中掺杂稀土元素(铒和钕等)引起的增益机制来实现光放大的。其优点是工作波长恰好落在光纤通信的最佳波长区($1.31\sim1.6\mu m$)、结构简单、与线路的耦合损耗很小、噪声低、增益高(约 15~40dB)、频宽在 $1.31\mu m$ 和 $1.55\mu m$ 处各有 40nm 左右。光纤放大器的特性与光纤的极化状态无关,所需泵浦功率也较低(数十 mW)。

综合比较上述三种光放大器,人们更倾向于掺稀土元素的光纤放大器,特别是掺铒光纤放大器(EDFA)。目前,掺铒光纤放大器已有商品出售。随着技术经济性能的进一步提高,掺铒光纤放大器必将渗透到光纤通信的各个领域,从长途越洋通信到用户网,从公用电话网到 CATV 分配网,从光复用系统到相干光通信乃至微波副载波复用光纤通信系统,深刻地改变着光纤通信的面貌。可以认为光纤放大器的研制成功是光纤通信发展中上的一个新的里程碑。

4.7.3.4 光纤放大器的应用

光纤放大器在系统和网络中应用范围很广,主要有三种场合,即发射机末级光功率放大器、在线放大器(全光中继器)和接收机的低噪声光信号预放大。

当光纤放大器作为发射机末级光功率放大器时,通常直接配置在激光器之后,或者经过光隔离器与激光器相连。其主要作用是放大信号光功率到 10dBm 以上而不至于恶化调制信号。

4.7.4　光孤子通信

孤子(Soliton)又称孤立子、孤立波。这一概念是 1834 年斯柯特鲁塞尔在观察流体力学现象中提出来的。他看到在狭小河道中快速行进的小船突然停止时,在船头出现了一股水柱,形状不变、速度不变地继续向前传。这个水柱就是孤立波。

光孤子概念的提出较晚,下面,我们就从物理概念上来简单介绍光孤子的产生机理。

在光强较弱的情况下,光纤介质的折射率 n 是常数,不随光强变化。但在强光作用下,由物理晶体光学的克尔效应可知,光纤的折射率不再是常数,折射率增量 $\Delta n(t)$ 正比于光场 $|E(t)|$ 的平方,即

$$\Delta n(t) \propto |E(t)^2| \tag{4-36}$$

由物理学知识知道,折射率与相位之间存在确定关系,而相位与频率之间又是有确定关系的。因而,光纤中光强的变化将导致光信号相位变化进而导致频率变化,而频率的变化又使得传播速度发生变化。

在一个光脉冲的前沿,由于光强的增大,将会引起光纤中光信号的相位增大,随之造成光信号频率的降低进而使光纤中光脉冲信号的前沿传播速度降低;而在光脉冲的后沿,光强是减小的,由上面的分析可知,脉冲后沿的传播速度加快。这就是说,强光的一个光脉冲前沿传播得慢而后沿传播得快,两种作用联合起来,结果使光脉冲变窄了。这种变窄作用是由于强光作用下光纤的非线性影响产生的。

在前面介绍光纤色散时知道,色散将使光脉冲信号在传播过程中被展宽,因而影响了光纤中光脉冲信号长距离、大容量(高速率)的传输。现在,如果所传输的信号是强光脉冲,则光纤非线性效应使脉冲变窄的作用正好可以补偿由于色散效应使脉冲展宽的影响,那么,可以想象这种光脉冲信号在光纤中的传播过程中,将不产生畸变。而光纤的传播损耗则可以由光纤放大器的增益来补偿,这样就有可能使光脉冲经过长距离传输后仍然维持其形状和幅度都不变,形成所谓的"光孤子"。从物理实质上讲,光孤子的形成是光纤介质的色散与非线性效应的相互补偿的平衡结果。

贝尔实验室的 Hasegawa 首先提出将光孤子用于光纤通信的思想,并率先开辟了这一领域的研究。利用这种"光孤子"来进行通信,在原理上几乎没有传输容量的限制。现在理论上已证明,利用"光孤子"通信,单信道的光纤通信系统,其比特率与距离之积可达到 30Tb/s·km(1Tb/s=1×10^{12} b/s),如果进一步考虑引入复用,还要高出一个量级以上。加之光孤子通信系统又具有复用简单、造价低廉等优点,特别是易于与光放大器结合,因此普遍认为,在未来的光通信中光孤子通信模式将占据重要地位。

光孤子通信的关键器件是光孤子脉冲发生器,目前用锁模光纤激光器已能产生几十皮秒 (1ps=10^{-12} s)的光孤子。

光孤子通信的诱人前景也吸引了世界上不少有实力的大公司在这一领域投资进行试验研究,研究成果不断有突破。例如,在 20 世纪 90 年代初,英国 BT 公司演示将 2.5Gb/s 信号在光纤上传输 10000km,美国 AT&T 公司演示将 2.5Gb/s 信号在光纤上传输 12000km,日本 NTT 公司成功地演示将 10Gb/s 信号在光纤上传输 10^6 km 之远。

4.7.5　相干光通信

迄今为止所有实用化的光纤系统都是采用非相干的 IM/DD 模式。它仅利用了光载波的

振幅参量而没有利用光载波的相位和频率等参量,限制了其性能的进一步改进和提高。

可以预见在不太远的将来,长途单波长(或少数几个波长)大容量光纤系统仍将由IM/DD模式占主导地位,而相干光通信将在长途多波长通信系统中发挥作用。在用户网中,则只有相干光通信才能最充分地挖掘光纤的巨大潜在带宽,最终形成一个用户一个波长的多色网络。

4.7.5.1 相干光通信的特点

1. 相干光通信的工作原理

相干光通信系统与 IM/DD 系统相比,主要差别是在光接收机中增加了外差接收所需要的本振光和光混频器。分析表明,混频输出信号电流 I 的大小与接收光信号功率 P_S 及本振光功率 P_L 有关:

$$I \propto \sqrt{P_S \cdot P_L} \tag{4-37}$$

由于本振光功率 P_L 远大于接收光信号功率 P_S,因而混频后输出信号产生了增益,称为混频增益,使接收灵敏度有了很大提高。此外,由于混频器中,本振光产生的散弹噪声远大于输入光信号的散弹噪声和其他噪声,因此"1"码和"0"码的噪声近似相等,这是又一个不同点。一个基本的外差相干光通信系统如图 4.20 所示。

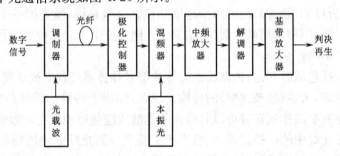

图 4.20　一个基本的外差相干光通信系统原理框图

相干光通信系统中的调制解调方式有多种,例如可以有 ASK、FSK 和 PSK 等;在接收端可以采用外差包络检波、外差同步检波以及零差检测等。

已调信号光波经光纤传输后会受到各种损伤,如光纤的损耗、色散和偏振状态等都会对光信号产生影响。因此,在接收端,光信号首先进入极化控制器,使信号光波的空间分布和极化方向与本振光波相匹配,以便获得尽可能高的混频效率。已调信号光波和本振光波经混频后,输出中频电信号(中频载波的典型频率是 10^8 Hz)在中频放大器中放大滤波。由于中频滤波器特性可以做得比较陡峭,因而相干光通信的信道选择性很好。最后再按发送端调制形式进行解调就可以获得基带信号,进行判决再生。

当外差系统中的本振光波频率等于光载波激光器的振荡频率时,经过混频、检测后可以从已调信号光波中直接取出基带信号,构成所谓的"零差"系统。此时接收机所要求的带宽与一般的外差系统相比可以减小一半,因此,"零差"系统的接收灵敏度比外差方式高 3dB。但是,在实际应用中要维持接收信号光波与本振光波的相位跟踪是十分困难的,同时对光源的谱线宽度要求也很严格。因此,目前相干光通信主要是以外差方式为主流发展的。

2. 相干光通信的特点

(1) 具有出色的信道选择性

由于光外差过程将光载频的信息转换为中频载波的信息,而中频载波比光载频小 6 个量级,在光频段做一个窄带滤波器是很困难的,而作为几十到几百 MHz 的(电)中频载波来说,做一个高性能的窄带滤波器是很容易的事情。这样一来就大大提高了接收的选择性,有利于实现频分复用等复用通信与相干通信的结合,通信容量大幅度提高。目前单模光纤大约有 200nm 的低损耗区可用,相当于 30000GHz 可用带宽。采用 WDM 只能安排几个光载波,采用 HD WDM 也只有几十个光载波,间隔几纳米,而采用选择性极好的相干光通信,无需光滤波器就可以使光载波间隔缩小至 0.1nm 左右,可以容纳起码几百个光载波。

(2) 具有高的接收灵敏度

ASK/外差包络检波和 ASK/外差同步检波比 IM/DD 增加 10～20dB 的接收灵敏度,而用 FSK 替换 ASK 后,又可以增加 3dB,进一步用 PSK 替换 FSK 又能提高 3dB,若将外差检测(HD)改为零差检测(H_mD),则还可以提高 3dB 的检测灵敏度。这使得无中继距离得以大大延长。

(3) 具有外差检测的其他潜在优点

外差检测的一些优点,如可实现频率可调谐接收机等最终都有可能在相干光通信中实现。

4.7.5.2 相干光通信的关键技术

1. 光源

外差接收机中的混频过程是将信号光波和本振光波差拍,本振光波频率约 10^{14},较中频高约 10^6,因此,本振光波频率有一点微小的变化,对中频来说都是很大的变化。所以,外差光纤通信系统对光源的频率稳定度要求很高,在 10^{-5}～10^{-6} 以上,频率漂移在 10MHz 以下。除此之外,还要求光源所发光的谱线宽度很窄,即单色性非常好。否则将引起相位噪声的增大。解决的办法是注入锁模、外腔反馈等。另外,还要求光源有较宽的频率调谐范围。

目前可供相干光通信应用的光源主要有三类:长外腔(LEC)激光器、分布反馈(DFB)激光器和分布布喇格反射(DBR)激光器。

(1) LEC 激光器

LEC 激光器是在传统法布里—珀罗腔激光器基础上,利用一个附加的外部长腔提供光反馈来减小模线宽,再结合使用衍射光栅作为波长选择反射器来达到单纵模工作的目的,它具有出色的窄线宽特性。一种适于现场实用的小型 LEC 激光器的线宽窄达 50kHz,很适合 DPSK 方式,波长设置范围宽达(40～50)nm,也完全满足相干 WDM 应用,电控连续波长调谐范围达 50GHz。

LEC 的主要缺点是组合件的长期机械稳定性不佳。特别是由于振动等外界因素引起的腔长变化可能会影响器件的模稳定性。

(2) DFB 激光器

DFB 激光器把具有很强的波长选择作用的光栅做在半导体激光器的有源区,形成分布反馈结构,从而改善其频谱。其最大优点是能保证单纵模工作,边模抑制比在 30dB 以上,线宽约 10MHz 量级,这对工作在几百 Mb/s 的 FSK 方式是完全可行的,但对 PSK 方式则线宽显得过大。采取一些特殊措施(如扩展腔长、减少传播损耗等)后已能使线宽小于 1MHz,可应用于 PSK 系统。

然而,DFB 的工作波长由 DFB 光栅决定,难以改变,调谐范围很小,约 1～3nm。在 WDM 应用中可能需要生产许多具有不同光栅栅距的器件,十分麻烦。其次 DFB 激光器对虚假的光反射很敏感,在相干光通信中可能需要隔离度高达 60dB 的隔离器,使插入损耗、成本和复杂性都高于 LEC 激光器。

（3）DBR 激光器

DBR 激光器没有作为反射面的镜面，其反射作用由光栅来完成。由于光栅只反射一定波长的光波，所以就能在杂乱的频谱中选取与光栅固有波长相同的光波信号，形成单纵模工作。

DBR 激光器的结构比较复杂，但它却可能结合 LEC 和 DFB 的长处。在同样腔长条件下，DBR 的线宽与 DFB 相当，例如采用外部光谐振器的方法已能使线宽下降到 135kHz。但 DBR 激光器的频率连续调谐范围却扩展了，目前已可达 $4\sim5$nm。此外，单片结构的 DBR 具有良好的机械稳定性，因此这种器件很适合于 FSK 系统，也能用于 PSK 系统。

2. 极化匹配

在相干光通信中，为了保证较高的混频效率，必须随时能保证进来的时变信号光波的极化状态（SOP）与本地振荡器相一致。这里关键是要保证匹配是连续维持的，否则，任何瞬时的失配都会导致数据丢失。目前主要有三个方法来完成极化匹配任务，即极化控制、极化分集接收和发射机中的极化扰动。

（1）极化控制

极化控制的方法很多，这里介绍一种比较接近实用的方法。用 4 个由极化维持（PM）光纤在压电圆柱体上形成的传感器，彼此互相连接并接在本振的输出光纤上，相邻传感器的光纤纤芯的主轴互相倾斜 45°。PM 光纤具有的双折射性。当用控制电压施加在压电圆柱体上使之伸长时也使光纤伸长，从而改变了光纤的双折射性。通过调节各个传感器的位置可以随时保证混频输出的中频信号最大。该方法的优点是损耗较低（$1\sim3$dB）、接头反射很小，使光纤 SOP 变化所需施加张力很低，因此适合于长期实际环境。

（2）极化分集接收

由本振出来的稳定的 SOP 分成两个相等的、极化状态互相正交的分量，分别进入两个不同的接收机。接收的信号也分成两路进入这两个接收机。由于 SOP 是无法预测的，因此分配比是不知道的，但不管怎样总是有本振功率与信号进行混频，因此无论 SOP 是什么或者变化速率怎样，接收信号总是能检测出来并解调，具有很好的极化匹配能力。

极化分集接收的缺点是本振功率浪费，总的接收机热噪声增加，灵敏度受损。接收机和光路比较复杂，尚未实用化。此外，在高速应用时，难以做到使两路接收机电路精确地匹配。

（3）发射机中的极化扰动器

该方法在发射机中用一个极化扰动器对光载波 SOP 进行扰动，在一个比特周期内对正交的极化状态需要进行多次扰动。该方法将接收机的复杂性转移到了发射机，这对于广播系统和低比特率链路是有吸引力的。但如同上述极化分集接收一样，这种方法的本振功率浪费，光路十分复杂，尚未实用化。但考虑到技术的进展，诸如光纤放大器、高功率本振和 GaAs FET 集成接收机预放等，上述后两种方法的不少缺点是可以克服的。

4.7.5.3　相干光通信的应用

相干光通信固有的高灵敏度、高选择性和可调谐性，再结合光纤放大器、WDM 和其他新技术将使之在系统和网络应用中有广泛的潜力和前景。①应用于大容量无中继干线网；②应用于相干 OFDM CATV 分配。

由于相干光通信固有的出色信道选择性和高灵敏度，因而相干 OFDM 技术，十分适合于多路 CATV 分配网应用，其主要特点是：由于相干光通信的高灵敏度使得其光功率预算值很大,用户数也很大;由于相干光通信的出色选择性使得有可能实现高密度频分复用方案,信道数很大;利用调谐本振的频率可以随时任意地选择所需要的信道。

世界上第一个相干光通信的现场试验演示系统是由英国 BT 公司在 1988 年实地安装在英国剑桥和贝德福德之间的 18 芯单模光缆线路上,光纤全长 176km,速率为 565Mb/s,采用 DPSK 调制方式。

要实现相干光通信,虽然尚有些关键技术有待解决,但近几年来各方面都有很大进展,现场实验也获得了很大成功,但尚未实现商品化。从长远来看,相干光通信技术不仅能在长途传输网中应用,而且在本地网、CATV 网中也能广泛应用。

习题与思考题

4.1　什么是单模光纤? 如何保证光纤中的单模传输?

4.2　为了减小光纤的损耗和色散,应如何考虑选择工作波长?

4.3　已知某光纤芯部折射率 $n_1 = 1.51$,相对折射率 $\delta = 0.01$,求该光纤的最大理论数值孔径 NA_{max}。

4.4　半导体激光器产生激光的机理是什么?

4.5　光纤通信用的光源应满足哪些条件?

4.6　为什么要在光纤系统中进行线路编码? 1B2B 码与 CMI 码有关系吗?

4.7　在设计一个光纤通信系统时,最大中继距离受什么条件限制? 工作波长、光源、光纤怎样选择?

4.8　如何从物理意义上理解"光孤子"的概念?

4.9　目前主要的光放大器有哪些? 简述它们的工作原理。

4.10　外差光纤通信中,光接收的特点是什么?

4.11　光复用技术有哪些? 光复用通信系统带来哪些好处?

4.12　光发射机驱动电路的驱动条件选择应考虑哪些因素?

4.13　SDH 系统相对于 PDH 系统有哪些特点? SDH 的帧结构是怎样的?

第5章 短波与超短波通信系统

5.1 短波与超短波通信概述

按照国际无线电咨询委员会（CCIR）的划分，短波是指波长在 $100\sim10m$，频率为 $3\sim30MHz$ 的电磁波。利用短波进行的无线电通信称为短波通信，又称高频（HF）通信。实际上，为了充分利用短波通信的优点，短波通信实际使用的频率范围为 $1.5\sim30MHz$。短波通信被广泛地用于军事、气象、通信导航等领域，尤其在军事部门，它是军事指挥远距离通信的重要手段之一。超短波通信是指利用波长为 $10\sim1m$，频率为 $30\sim300MHz$ 的电磁波进行的无线电通信，多用于电视、雷达、移动电台通信。在军事通信中，常用超短波设备来保障短距离、连队指挥或机动指挥的移动战术通信任务。

无线电波的传播必定要经历一定的传输媒质，即无线信道。这些媒质的电特性对不同频段的无线电波的传播有着不同的影响，即电波传播特性与所选频段有关。

本节首先讨论无线信道的物理特征，在此基础上讨论短波与超短波信道的传输特性及特点。

5.1.1 无线信道

传输信号的通路称为信道（channel）。信道连接发送端和接收端的通信设备，并将信号从发送端传送到接收端。按照传输媒质区分，信道可以分为两大类：无线信道和有线信道。无线信道利用电磁波（electromagnetic wave）在自由空间中的传播来传输信号；而有线信道则需利用人造的传输媒体来传输信号，它使电磁信号约束在某种传输线上传输。

任何一种信号传播系统都是由发射端、接收端和传输媒质三部分组成。无线电波从发射端到接收端必定要经历一定的传输媒质，这个经历的过程也就是无线电波传播的过程。其最基本的传输媒质是地球及其周围附近的区域，主要有地表、对流层、电离层等。

5.1.1.1 电离层的特性

从地面到 $1000km$ 的高空均有各种气体存在，这一区域称为大气层，包围地球的大气层的空气密度是随着地面高度的增加而减少的。一般，离地面大约 $20km$ 以下，空气密度比较大，各种大气现象，如风、雨、雪等都是在这一区域内产生的。大气层的这一部分称为对流层。在接近地面的空间里，由于对流作用，成分基本稳定，是各种气体的混合体。在离地面 $60\sim80km$ 以上的高空，对流作用很小，不同成分的气体不再混合在一起，按质量的不同分成若干层，而且就每一层而言，由于重力作用，分子或原子的密度是上疏下密。大气层在太阳辐射和宇宙射线辐射等的作用下，分子或原子中的一个或若干个电子游离出来成为自由电子而发生电离，使高空形成了一个厚度为几百千米的电离现象显著的区域，这个区域称为电离层。

电离层电子密度呈不均匀分布，按照电子密度随高度变化的情况，可以把它们依次分为 D 层、E 层、F_1 层和 F_2 层，如图 5.1 所示。F_2 层的电子密度最大，F_1 层次之，D 层电子密度最小。就每层而言，电子密度也不是均匀的，而是在每层中的适当高度上出现最大值。

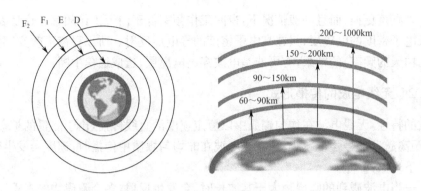

图 5.1　电离层示意图

这些导电层对于短波传播具有重要的影响,现分别说明如下。

1. D 层

D 层是最低层,出现在地球上空 60~90km 的高处,最大电子密度发生在 80km 处。D 层出现在太阳升起时,消失在太阳降落后,所以在夜间,不再对短波通信产生影响。D 层的电子密度不足以反射短波,因而短波以天波传播时,将穿过 D 层。不过,在穿过 D 层时,电波将遭受严重的衰减,频率越低,衰减越大。而且在 D 层中的衰减量,远大于 E 层、F 层,所以也称 D 层为吸收层。在白天,D 层决定了短波传播的距离以及为了获得良好的传输所必需的发射机功率和天线增益。最近研究表明,在白天 D 层有可能反射频率为 2~5MHz 的短波。在 1000km 距离的信道实验中,通过测量所得到的衰减值和计算值比较一致。

2. E 层

E 层出现在地球上空 90~150km 的高度处,最大电子密度发生在 110km 处,在白天认为基本不变。在通信线路设计和计算时,通常都以 110km 作为 E 层的高度。与 D 层一样,E 层出现在太阳升起时,而且在中午时电离达到最大值,而后逐渐减小,在太阳降落后,E 层实际上对短波传播已不起作用。在电离开始后,E 层可以反射高于 1.5MHz 频率的电波。

Es 层称为偶发 E 层,是偶尔发生在地球上空 120km 高度处的电离层。Es 层虽然只是偶尔存在,但是由于它具有很高的电子密度,甚至能将高于短波波段频率的电波反射回来,因而目前在短波通信中,许多人都希望能选用它来作为反射层。当然,Es 层的采用应十分谨慎,否则有可能使通信中断。

3. F 层

对短波传播,F 层是最重要的。在一般情况下,远距离短波通信都选用 F 层作反射层。这是由于和其他导电层相比,F 层具有最高的高度。因而可以允许传播最远的距离,所以习惯上称 F 层为反射层。

F 层的第一部分是 F₁ 层。F₁ 层只在白天存在,地面高度为 150~200km,其高度与季节变化和某时刻的太阳位置有关。

F 层的第二部分是 F₂ 层。F₂ 层位于地面高度 200~1000km 上,该层的高度与一天中的时刻和季节有关,同样是在日间,冬季高度最低,夏季高度最高。F₂ 层主要出现在白天,但它和其他层不同,它日落之后并不完全消失,残余电离仍然存在的原因在于电子浓度低,故复合减慢,以及黑暗之后数小时仍然有粒子辐射。夜间,残留电离仍允许传输短波某一频段的电波,但能够传输的频率比日间可用频率要低许多。由此可以粗略看出,如要保持昼夜通信,其工作频率必须昼夜更换,而且一般情况下,夜间工作频率低于白天工作频率。这是因为高的频率能穿过低电子密度的电离层,只在高电子密度的导电层反射。所以昼夜不改变工作频率(如夜间仍使用白天的频率)的结果,有可能是电波穿出电离层,造成通信中断。

5.1.1.2　无线电波的传播形式

根据波的特性,无线电波在均匀媒质中以恒定速度沿直线传播,由于能量的扩散与媒质的吸收,传输距离越远信号强度越小;当无线电波在非均匀媒质中传播时,速度会发生变化,同时还会产生以下现象:

反射——当电波碰到的障碍物大于其波长时,会发生反射,多个障碍物的多重反射会形成多条传播路径,造成多径衰落。

折射——当电波穿过一个媒质到另一个媒质时,由于传播速度不同,会造成路径偏转。

绕射——当电波遇到障碍物时,会通过边缘绕到其背后继续传播。波长越长,绕射能力越强,但是当障碍物尺寸远大于电波波长时,绕射就变得微弱。

散射——当电波遇到小的障碍物,如雨点、树叶、微尘等,会产生大量杂乱无章的反射,称为散射。散射造成能量的分散,形成电波的损耗。

无线电波的传播方式是指无线电波从发射点到接收点的传播路径。在地球大气层以内的电磁波的传播称为陆地波,它主要受到大气层和地球表面的影响。这些媒质的电特性对不同频段的无线电波的传播有着不同的影响,即电波传播特性与所选频段有关。根据媒质及不同媒质分界面对电波传播产生的主要影响,可将无线电波的传播方式分为下列几种。

1. 地面波传播

频率较低(大约 2MHz 以下)的电磁波趋于沿弯曲的地球表面传播,有一定的绕射能力,属于绕射波。无线电波沿着地球表面的传播,称为地面波传播(如图 5.2 所示)。其特点是信号比较稳定,基本上不受气象条件的影响。但随着电波频率的增高,传输损耗迅速增大,地面波随距离的增加迅速衰减。因此,这种传播方式主要适用于较低频段。例如,在较低频段上,如甚低频、低频(长波)和中频(中波)频段,信号沿地球表面的曲线传输,这种信号即典型的地面波。在低频和甚低频段,地波传播距离可超过数百或数千千米。

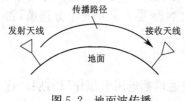

图 5.2　地面波传播

地面波传播的优点是:若提供足够大的功率,可以在世界上任何两地之间进行长距离通信,而且,大气条件的改变基本上不影响地波传播。其缺点是需要很大的发射功率,传输信号的频率受限,而且地面损耗会随地面条件不同发生显著变化,造成信号较大的差异。

电波实际传输的距离是发射设备产生功率总和的函数,设计时要合理选择输出功率,以覆盖特定的距离和区域。

2. 天波传播

频率较高(大约在 2～30MHz 之间)的电磁波,地面波容易被吸收,且迅速衰落。然而,辐射出去的能量可向上传输,信号可到达地球上方的电离层。在电离层,无线电波以各种角度被折射(取决于入射角),并返回地面。电波由高空电离层反射回来而到达地面接收点的传播方式即为天波传播。长波、中波、短波(高频段)等都可以利用天波进行远距离通信。这种类型的电波传播方式有利于无线电信号的定向传输,并且以非常低的输出功率发射。

反射高频电磁波的主要是电离层的 F 层。换句话说,高频信号主要是依靠 F 层做远程通信。根据地球半径和 F 层的高度不难估算出,电磁波经过 F 层的一次反射最大可以达到约 4000km 的距离。但是,经过反射的电磁波到达地面后可以被地面再次反射,并再次由 F 层反射。这样经过多次反射,电磁波可以传播 10000km 以上,如图 5.3 所示。由图 5.3 可见,电磁波利用天波方式传播时,电离层反射波到达地面的区域可能是不连续的,图中用粗线表示的地面是电磁波可以到达的区域,其中在发射天线附近的地区是地波覆盖的范围,而在电磁波不能到达的其他区域称为寂静区。

天波传播的优点是损耗小,传播距离远,一次或数次反射可达近万千米。但是电离层状态容易变化,会随着昼夜或季节的变化而变动,使天波传播不够稳定。

3. 视距传播

视距传播是指在发射天线和接收天线间能相互"看见"的距离内,电波直接从发射端传播到接收端(有时包括有地面反射波)的一种传播方式,又称为直接波或空间波传播。图 5.4 给出视距传播中视线传播路径的示意图。

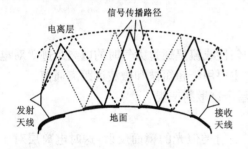 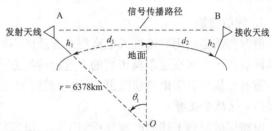

图 5.3　天波传播　　　　　　图 5.4　视距传播中视线传播路径的示意图

频率高于 30MHz 的电磁波将穿透电离层,不能被反射回来。此外,它沿地面绕射的能力也很弱。所以,它只能类似光波那样做视线传播。微波波段的无线电波就是以视距传播方式来进行传播,因为微波波段频率很高,波长很短,沿地面传播时衰减很大,投射到高空电离层时会穿过电离层而不能被反射回地面。视距传播时,为了能增大其在地面上的传播距离,最简单的办法就是提升天线的高度从而增大视线距离。当收发两端天线架设高度一定时,有最大视距传播距离

$$d \approx 3.57 \times (\sqrt{h_1} + \sqrt{h_2}) \tag{5-1}$$

式中,d 为最大视距传播距离,单位为 km;h_1、h_2 分别为发端和收端天线的高度,单位为 m。例如,已知系统内收发天线架设的高度均为 50m,利用公式不难算出,视线距离约等于 50km。由于视距传输的距离有限,为了达到远程通信的目的,可以采用无线电中继的办法实现。例如,若视距为 50km,则每间隔 50km 将信号转发一次,如图 5.5 所示。这样经过多次转发,也能实现远程通信。

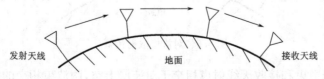

图 5.5　无线电中继

由于视距传输的距离和天线架设高度有关,故利用人造卫星作为转发站(或称基站)将会大大提高视距。不难想象,目前国际、国内远程通信中广泛应用的卫星通信系统中,利用这样遥远的卫星作为转发站,将大大增大一次转发的距离,但这增大了对发射功率的要求且增大了信号传输的延迟时间。此外,发射卫星也是一项巨大的工程。因此,近几年来开始对平流层通信进行研究。平流层通信是指用位于平流层的高空平台电台(High Altitude Platform Station,HAPS)代替卫星作为基站的通信,其高度距地面在17~22km。可以用充氦飞艇、气球或太阳能动力飞机作为安置转发站的平台。若其高度在20km,则可以实现地面覆盖半径约500km的通信区。若在平流层安置250个充氦飞艇,则可以实现覆盖全球90%以上的地区。平流层通信系统和卫星通信系统相比,具有费用低廉、时延小、建设快、容量大等特点。它是很有发展前途的一种通信手段。

视距传播大体上可分为三类:第一类是指地面上(如移动通信和微波接力通信等)的视距传播;第二类是指地面上与空中目标之间(如与飞机、通信卫星等)的视距传播;第三类是指空间通信系统之间(如飞机之间、宇宙飞行器之间,以及太空中人造卫星或宇宙飞船之间等)的视距传播。

4. 散射传播

散射传播是利用对流层或电离层中介质的不均匀性或流星通过大气时的电离余迹等对电波的散射作用来实现远距离传播的。这种传播方式主要用于超短波和微波远距离通信。

散射传播可分为电离层散射、对流层散射和流星余迹散射三类。

(1) 电离层散射

电离层散射和上述的电离层反射不同。电离层反射类似光的镜面反射,这时电离层对于电磁波可以近似地看作是镜面。而电离层散射则是由于电离层的不均匀性产生的乱散射电磁波现象。故接收点的散射信号的强度比反射信号的强度要小得多。电离层散射现象发生在30~60MHz的电磁波上。

(2) 对流层散射

对流层散射则是由于对流层中的大气不均匀性产生的。对流层是从地面至约十余千米间的大气层。在对流层中的大气存在强烈的上下对流现象,使大气中形成不均匀的湍流。电磁波由于对流层中的这种大气不均匀性可以产生散射现象,使电磁波散射到接收点。散射现象具有强的方向性,散射的能量主要集中于前方,故常称其为"前向散射"。图5.6给出了对流层散射传播的示意图。

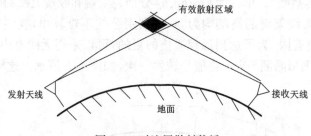

图 5.6　对流层散射传播

图中,发射天线射束和接收天线射束相交于对流层上空,两波束相交的空间为有效散射区域。利用对流层散射进行通信的频率范围主要在100~4000MHz,按照对流层的高度估算,可以达到的有效散射传播距离最大约为600km。

（3）流星余迹散射

流星余迹散射则是由于流星经过大气层时产生的很强的电离余迹使电磁波散射的现象。流星余迹的高度约为 $80 \sim 120$ km，余迹长度为 $15 \sim 40$ km，如图 5.7 所示。

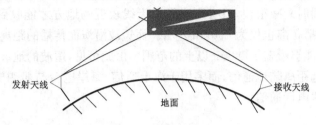

图 5.7　流星余迹散射传播

流星余迹散射的频率范围为 $30 \sim 100$ MHz，传播距离可达 1000km 以上。一条流星余迹的存留时间在十分之几秒到几分钟之间，但是空中随时都有大量的人们肉眼看不见的流星余迹存在，能够随时保证信号断续的传输。所以，流星余迹散射通信只能用低速存储、高速突发的断续方式传输数据。

5.1.2　短波及超短波信道传输特性

5.1.2.1　短波及超短波的传播形式

如图 5.8 所示，短波频段的电波传播主要有两种形式。一种是天波，即依靠电离层反射来传播，可以实现远距离的传播。短波还可以像长波、中波一样靠地波传播，即电磁波沿地球表面进行传播，由于地面对短波衰减较大，所以地波只能近距离传播。超短波主要为直线视距传播。每一种传播形式都具有各自的频率范围和传播距离，当采用合适的通信设备时，都可以获得满意的信息传输。

1. 地波传播

沿地面传播的无线电波叫地波。由于地球表面是有电阻的导体，当电波在它上面行进时，有一部分电磁能量被消耗，而且随着频率的增高，地波损耗也逐渐增大。因此，地波传播形式主要应用于长波、中波和短波频段低端的 $1.5 \sim 5$ MHz 频率范围。

对于短波通信，当天线架设较低，且其最大辐射方向沿地面时，主要是地波传播。地波又由地表面波、直接波和地面反射波三种分量构成。地

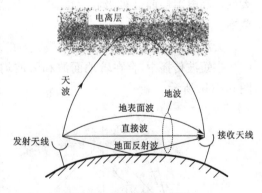

图 5.8　短波传播示意图

表面波沿地球表面传播，直接波为视线传输，地面反射波是经地面反射传播。地波传播的特点是信号比较稳定，基本上不受天气条件的影响，但随着电波频率的增高，传输损耗迅速增大。因此这种方式特别适用于短波的低端频率。在讨论地面波传播问题时，电离层的影响不予考虑，而主要考虑地球表面对电波传播的影响。

地波传播情况主要取决于地面条件。地面条件的影响主要表现在两个方面：一是地面的不平坦性，其对电波的影响视电波的波长而不同。对长波长来说，除了高山都将地面看成平坦的；而对于分米波、厘米波来说，即使是水面上的波浪或田野上丛生的植物，也应看成是地面

有严重的不平度,对电波传播起着不同程度的障碍作用。二是地面的地质情况,它是从土壤的电气性质来研究对电波传播的影响。因为地表面导电特性在短时间内变化小,故电波传播特性稳定可靠,基本上与昼夜和季节的变化无关。

短波沿陆地传播时衰减很快,只有距离发射天线较近的地方才能收到,即便使用 1000W 的发射机,陆地上传播距离也仅为 100km 左右。而短波沿海面传播的距离远远超过陆地的传播距离,在海上通信能够覆盖 1000km 以上的范围。由此可见,短波的地波传播形式一般不宜用作无线电广播和远距离陆地通信,而多用于海上通信、海岸电台与船舶电台之间的通信,以及近距离的陆地无线电话通信。

2. 天波传播

天波传播是指电波经高空电离层反射而到达地面接收点的一种传播方式,它的传播衰耗小,因此用较小的功率、较低的成本,就能进行远距离的通信和广播,其距离可达数百千米或上千千米。天波传播是短波信道较之其他无线通信信道最重要的特点。短波广播至今仍是国际广播的主要手段,短波波段也是现代业余无线电通信常用的波段。

一般情况下,对于短波通信线路,天波传播具有更重要的意义。因为天波不仅可以进行很远距离传播,可以跨越丘陵地带,而且还可以在非常近的距离内建立无线电通信。

（1）传输模式

电波到达电离层,可能发生三种情况:被电离层完全吸收、折射回地球、穿过电离层进入外层空间(这些情况的发生与频率密切相关)。低频端的吸收程度较大,并且随着电离层电离密度的增大而增大。

天波传播的情形如图 5.9 所示。电波进入电离层的角度称为入射角。入射角对通信距离有很大的影响。对于较远距离的通信,应用较大的入射角,反之,应用较小的入射角。但是,如果入射角太小,电波会穿过电离层而不会折射回地面;如果入射角太大,电波在到达电离密度大的较高电离层前会被吸收。因此,入射角应选择在保证电波能返回地面而又不被吸收的范围。

天波传播中,往往存在着多跳模式,如图 5.9(b)所示。

在短波传播中,存在着地面波和天波均不能到达的区域,这个区域通常称为寂静区。如图 5.9(b)所示。

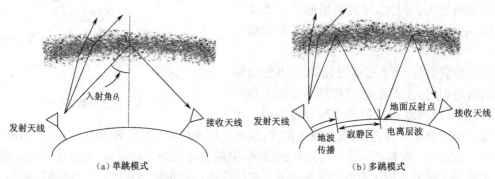

（a）单跳模式　　　　（b）多跳模式

图 5.9　短波通信天波传播示意图

（2）最高可用频率

远距离通信中,电波都是斜射至电离层的,这时存在一个最大的反射频率,即最高可用频率(MUF)。它是指实际通信中,在给定通信距离下的最高可用频率,是电波能被电离层反射而返回地面和穿出电离层的临界值,如果选用的工作频率高于此临界值,则电波将穿过电离层,不再返回地面。所以确定通信线路的 MUF 是线路设计要确定的重要参数之一,而且是计算其他参数的基础。对于 MUF 有如下重要概念:

① MUF 和反射层的电离密度有关,所以凡影响电离密度的诸因素,都将影响 MUF 的值。

② MUF 是指给定通信距离下的最高可用频率。若通信距离改变了,则相应的 MUF 值也将改变。

③ 当通信线路选用 MUF 作为工作频率时,由于只有一条传播路径,所以一般情况下,有可能获得最佳接收。

④ MUF 是电波能返回地面和穿出电离层的临界值。考虑到电离层的结构随时间的变化和保证获得长期稳定的接收,在确定线路的工作频率时,不是取预报的 MUF 值,而是取低于 MUF 的频率 OWF,OWF 称为最佳工作频率,一般情况下:

$$OWF = 0.85 \, MUF \tag{5-2}$$

选用 OWF 之后,能保证通信线路有 90% 的可通率。由于工作频率较 MUF 下降了 15%,接收点的场强较工作在 MUF 时损失了 10~20dB,可见为此付出的代价也是很大的。

⑤ MUF 在全天中将随时间的变化而变化,图 5.10 画出了全天 MUF 随时间变化的曲线。取 OWF= 0.85MUF,则可画出 OWF 随时间变化的曲线。实际上,一条通信线路不需要频繁地改变工作频率,一般情况下,白天选用一个较高的频率,夜间选用 1~2 个较低的频率即可。图 5.10 中也画出了建议日、夜选用的频率曲线。日频选用 9MHz,夜频选用 4.5MHz。

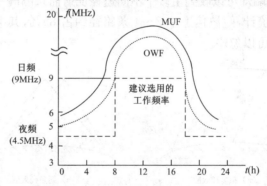

图 5.10　　全天 MUF 随时间变化的曲线

必须指出,按照 MUF 日变化曲线来确定的工作频率,实际上仍不能确保通信线路处于优质状态下工作。这是由于通过计算得到的 MUF 日变化曲线,实际上适用于电离层参数的日中值,显然这不能适应电离层参数的随机变化,更不能适应电离层的突然骚扰、爆变等异常情况。这就是实时选频问题,实时选频将在后面做专题讨论。

3. 视距传播

超短波主要是以直线视距传播方式实现通信。在超短波频段低端也可能和短波一样以天波来传播,超短波传播特性介于短波与微波之间,它以空间波(直射波、反射波)为传播方式,受地球表面曲率的影响,传播距离受到限制,但超短波具有一定的绕射能力,故超短波通信的距离可能大于理论计算值。当然,实际通信中,超短波通信应尽量避开高山、高大建筑物等,以确保通信效果。

5.1.2.2 短波信道的基本特性

我们知道,短波传播主要依靠电离层反射。由于电离层是分层、不均匀、时变的媒介,所以短波信道属于随机变参信道。即传输参数是时变的,且无规律的,故称随机变参。短波信道又称时变色散信道。所谓"时变"即传播特性随机变化,这些信道特性对于信号的传播是很不利的。但短波传播,也有众所周知的优点,如传播距离远、设备简单、适于战时军用等,所以短波信道仍是较常用的信道之一。短波信道存在多径效应、衰落、多普勒频移等特性,而这些特性在其他信道中并不严重,只是有某些类似的现象。为此,把短波信道的几个主要特征进行较深入的分析是必要的。

1. 多径效应

多径效应是指来自发射源的电波信号经过不同的途径、以不同的时间延迟到达远方接收端的现象。这些经过不同途径到达接收端的信号,因时延不同致使相位互不一致,并且因各自传播途径中的衰减量不同使电场强度也不同。

作为无线通信的一种,短波通信存在多径问题。图 5.11 给出了短波传播的两种多径情形。

如图 5.11(a)所示,短波电波传播时,有经过电离层一次反射到达接收端的一次跳跃情况,也可能有先经过电离层反射到地面再反射上去,再经过电离层反射到达接收端的二次跳跃情况。甚至可能有经过三跳、四跳后才到达接收端的情况。也就是说,虽然在发射端发射的电波只有一个,但在接收端却可以收到由多个不同途径反射而来的同一发射源电波,这种现象称为"粗多径效应"。据统计,短波信道中 2～4 条路径约占 85%,其中 3 条路径最多,2 条、4 条次之,5 条以上路径的可以忽略。

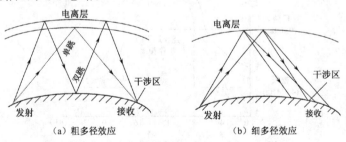

(a) 粗多径效应　　　　　　　　(b) 细多径效应

图 5.11　短波多径传播示意图

另外,由于电离层不可能完全像一面反射镜,电离层不均匀性对信号来说呈现多个散射体,电波射入时经过多个散射体反射出现了多个反射波,这就是无线电波束的漫反射现象,如图 5.11(b)所示。这时在接收端收到多个来自同一发射源电波的现象,这种现象称为"细多径效应"。

多径传播主要带来两个问题:一是衰落;二是延时。信号经过不同路径到达接收端的时间是不同的,多径延时是指多径中最大的传输延时与最小的传输延时之差。多径延时与通信距离(即信号传输的距离)、工作频率(即信号频率)以及工作时刻有密切关系。

一般来说,多径时延等于或大于 1.5ms 的占 99.5%,等于或大于 2.4ms 的占 50%,超过 5ms 的仅占 0.5%。

2. 衰落现象

衰落现象是指接收端信号强度随机变化的一种现象。在短波通信中，即使在电离层的平静时期，也不可能获得稳定的信号。在接收端信号振幅总是呈现忽大忽小的随机变化，这种现象称为衰落。

在短波传输中，衰落又有快衰落和慢衰落之分。快衰落的周期是从十分之几秒到几十秒不等，而慢衰落周期从几分钟到几小时，甚至更长的时间。

（1）快衰落

快衰落是一种干涉性衰落，它是由多径传播现象引起的。由于多径传播，到达接收端的电波射线不是一根而是多根，这些电波射线通过不同的路径，到达接收端的时间是不同的。由于电离层的电子密度、高度均是随机变化的，故电波射线轨迹也随之变化，这就使得由多径传播到达接收端的同一信号之间不能保持固定的相位差，使合成的信号振幅随机起伏。这种由到达接收端的若干个信号的干涉所造成的衰落也称"干涉衰落"。

干涉衰落具有下列特征：

① 具有明显的频率选择性。也就是说，干涉衰落只对某一单个频率或一个几百赫兹的窄频带信号产生影响。对一个受调制的高频信号，由于它所包含的各种频率分量，在电波传播中具有不同的多径传播条件，所以在调制频带内，即使在一个窄频段内也会发生信号失真，甚至严重衰落。遭受衰落的频段宽度不会超过 300Hz。同时，通过实验也可证明，两个频率差值大于 400Hz 后，它们的衰落特性的相关性就很小了。由于干涉衰落具有频率选择性，故也称"选择性衰落"。

② 通过长期观察证实了遭受快衰落的电场强度振幅服从瑞利分布。

③ 大量测量值表明：干涉衰落的速率（也称衰落速率）为 10～20 次/min，衰落深度可达 40dB，偶尔达 80dB。衰落连续时间通常在 4～20ms 范围内，它和慢衰落有明显的差别。持续时间的长短可以用来判别是快衰落还是慢衰落。

快衰落现象对电波传播的可靠度和通信质量有严重的影响，对付快衰落的有效办法是采用分集接收技术。

（2）慢衰落

慢衰落是由 D 层衰减特性的慢变化引起的。它与电离层电子浓度及其高度的变化有关，其时间最长可以持续 1 小时或更长。由于它是电离层吸收发生变化所导致的，所以也称吸收衰落。即吸收衰落属于慢衰落。

吸收衰落具有下列特征：

① 接收点信号幅度的变化比较缓慢，其周期从几分钟到几小时（包括日变化）。

② 对短波整个频段的影响程度是相同的。如果不考虑磁暴和电离层骚扰，衰落深度有可能达到低于中值 10dB。

通常，电离层骚扰也可以归结到慢衰落，即吸收衰落。太阳黑子区域常常发生耀斑爆发，此时有极强的 X 射线和紫外线辐射，并以光速向外传播，使白昼时电离层的电离增强，D 层的电子密度可能比正常值大 10 倍以上，不仅把中波吸收，而且把短波大部分甚至全部吸收，以至通信中断。通常这种骚扰的持续时间从几分钟到 1 小时。

实际上快衰落与慢衰落往往是叠加在一起的，在短的观测时间内，慢衰落不易被察觉。克服慢衰落（吸收衰落），除了正确地选择发射频率外，在设计短波线路时，只能靠加大发射功率，留功率余量来补偿电离层吸收的增大。

3. 多普勒(Doppler)频移

利用天波传播短波信号时,不仅存在由于衰落所造成的信号振幅的起伏,而且还存在由于传播中多普勒效应所造成的发射信号频率的漂移,这种漂移称为多普勒频移,用 Δf 表示。

短波传播中所存在的多径效应,不仅使接收点的信号振幅随机变化,而且也使信号的相位起伏不定。必须指出,就是只存在一根射线,也就是单一模式传播的条件下,由于电离层经常性的快速运动,以及反射层高度的快速变化,使传播路径的长度不断地变化,信号的相位也随之产生起伏不定的变化。这种相位的起伏变化,可以看成电离层不规则运动引起的高频载波的多普勒频移。此时,发射信号的频率结构发生了变化,频谱产生了畸变。若从时间域的角度观察这一现象,这将意味着短波传播中存在着时间选择性衰落。

多普勒频移在日出和日落期间呈现出较大的数值,此时有可能影响采用小频移的窄带电波的传输。当电离层处于平静的夜间,不存在多普勒效应,而在其他时间,当电波以单跳模式传输时,多普勒频移大约在 $1\sim2\mathrm{Hz}$ 的范围内,当发生磁暴时,频移最高可达 $6\mathrm{Hz}$。若电波以多跳模式传播,则总频移值按下式计算:

$$\Delta f_{\mathrm{tot}} = n\Delta f \tag{5-3}$$

式中,n 为跳数;Δf 为单跳多普勒频移;Δf_{tot} 为总频移。

4. 相位起伏与频谱扩展

相位起伏是指信号相位随时间的不规则变化。在短波传播中,引起相位起伏的主要原因是多径传播和电离层的不均匀性。随机多径分量之间的干涉引起接收信号相位随机起伏,这是显而易见的。即便是只存在一种传播路径的情况下,电离层折射率的随机起伏,也会使信号的传输路径长度不断变化,因而也会产生相位起伏。

相位起伏所表现的客观事实也反映在频率的起伏上。当相位随时间而变化时,必然产生频率的起伏,如图 5.12 所示。如在电离层信道输入一个正弦波信号 $x(t)$,那么,即使不存在热噪声一类的加性干扰的作用,经多径衰落信道之后,其输出信号 $y(t)$ 波形的幅度也可能随时间而变化,亦即衰落对信号的幅度和相位进行了调制。此时,信道输出信号的频谱 $y(f)$ 比输入信号的频谱 $x(f)$ 有所展宽。这种现象称为频谱扩散。一般情况下频谱扩散约为 $1\mathrm{Hz}$ 左右,最大可达 $10\mathrm{Hz}$。在核爆炸上空,电离层随机运动十分剧烈,因而频谱扩展可达 $40\mathrm{Hz}$。

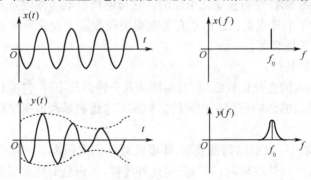

图 5.12　频谱扩散

5. 环球回波

有时短波传播即使在很大的距离亦只有较小的衰减。因此,在一定条件下,电波会连续地在地面与电离层之间来回反射,有可能环绕地球后再度到达接收端,这种电波称为环球回波,如图 5.13 所示。

环球回波可以环绕地球许多次,而环绕地球 1 次的滞后时间约为 0.13s。滞后时间较大的回波信号,可以在电报和电话接收中用人耳察觉出来。当环球回波信号的强度与原始信号强度相差不大时,就会在电报接收中出现误点,或在电话通信中出现经久不息的回响,这些都是不允许的。

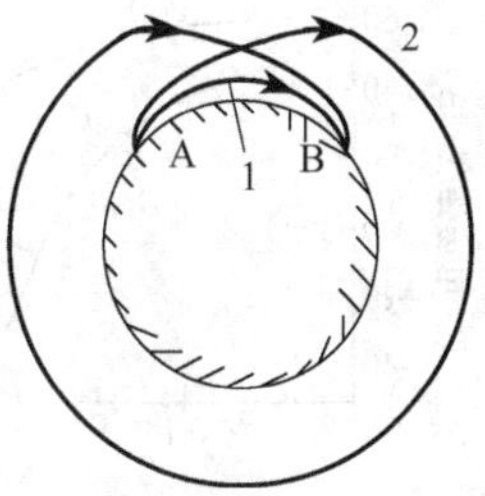

6. 短波传播中的寂静区

短波传播还有一个重要的特点就是所谓寂静区的存在。当采用无方向天线时,寂静区是围绕发射点的一个环形地域,如图 5.14 所示。寂静区的形成是由于在短波传播中,地波衰减很快,在离开发射机不太远的地点,就无法接收到地波。而电离层对一定频率的电波反射只能在一定的距离(跳距)以外才能收到。这样就形成了既收不到地波又收不到天波的所谓寂静区,如图 5.9(b)所示。

图 5.13　环球回波

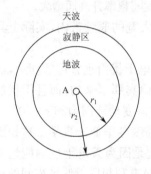

图 5.14　天线无方向性时
短波传播的寂静区

显然,图 5.14 所示寂静区的大小决定于其内半径 r_1 和外半径 r_2。内半径 r_1 由地波的传播条件来决定,与昼夜时间无关。当频率增加时,地波衰减增加,r_1 就减小。外半径与昼夜时间及频率都有关系。白天由于反射层电子浓度大,可用较大的仰角发射电波,故 r_2 较小;对于不同的频率,为了保证电波能从电离层反射回来,随着频率的增高,发射的仰角应减小,因此 r_2 较大。

综上,缩小寂静区的办法是由两种:一是加大电台功率以延长地波传播距离;二是常用的有效方法,选用高仰角天线(也称"高射天线"或"喷泉天线"),减小电波到达电离层的入射角,缩短天波第一跳落地的距离,同时选用较低的工作频率,以使得在入射角较小时电波不至于穿透电离层。仰角是指天线辐射波瓣与地面之间的夹角。仰角越高,电波第一跳落地的距离越短,盲区越少,当仰角接近 90° 时,盲区基本上就不存在了。如为了保障 300km 以内近距离的通信,常使用较低频率及高射天线(能量大部分向高仰角方向辐射的天线),以解决寂静区的问题。

5.1.2.3　短波信道中的无线电干扰

为了提高短波通信线路的质量,除了在系统设计时应适应短波传播媒介的特点外,还必须采用各种有力的抗干扰措施,来消除或减轻短波信道中各种干扰对通信的影响,并保证在接收地点所需要的信号干扰比。

无线电干扰分为外部干扰和内部干扰。外部干扰指接收天线从外部接收的各种噪声,如大气噪声、人为干扰、宇宙噪声等;内部干扰是指接收设备本身所产生的噪声。

由于在短波通信中对信号传输产生影响的主要是外部干扰,所以此处不讨论内部干扰。短波信道的外部干扰主要包括:大气噪声、工业干扰等,其中工业干扰在大部分地区都处于主导地位。

1. 大气噪声

在短波波段,大气噪声主要是天电干扰。它具有以下几个特征:

① 天电干扰由大气放电所产生。这种放电所产生的高频振荡的频谱很宽,但随着频率的增

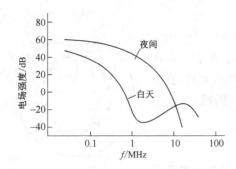

图 5.15　某地区天电干扰电场
强度和频率的关系曲线

高其强度减小。对长波波段的干扰最强,中、短波次之,而对超短波影响极小,甚至可以忽略。图 5.15 示出了某地区天电干扰电场强度和频率的关系曲线。

② 每一地区受天电干扰的程度视该地区是否接近雷电中心而不同。在热带和靠近热带的区域,因雷雨较多,天电干扰较为严重。

③ 天电干扰在接收地点所产生的电场强度和电波的传播条件有关。图 5.15 所示的曲线表明,在白天,干扰强度的实际测量值和理论值有明显的差别。在短波波段中,出现了干扰电平随频率升高而加大的情况。这是由于天电干扰的电场强度,不仅取决于干扰源产生的频谱密度,而且和干扰的传播条件有关。在白天,由于电离层的吸收随频率上升而减小,当吸收减小的程度超过频谱密度减小程度时,就出现了图 5.15 所示的白天情况的曲线 —— 天电干扰电场强度随频率升高而增大。

④ 天电干扰虽然在整个频谱上变化相当大,但是在接收机不太宽的通频带内,实际上具有和白噪声一样的频谱。

⑤ 天电干扰具有方向性。我们发现,对于纬度较高的区域,天电干扰由远方传播而来,而且带有方向性。如北京冬季收到的天电干扰是从东南亚地区和菲律宾那里来的,而且干扰的方向并非不变,它是随昼夜和季节的变化而变动的。一日的干扰方向变动范围为 23°～ 30°。

⑥ 天电干扰具有日变化和季节变化。一般来说,天电干扰的强度冬季低于夏季。这是因为夏天有更频繁的大气放电;而且一天内,夜间的干扰强于白天,这是因为天电干扰的能量主要集中在短波的低频段(如图 5.15 所示),这正是短波夜间通信的最有利频段。此外夜间的远方天电干扰也将被接收天线接收到。

通常,在安静地区和频率低于 20MHz 的情况下,大气噪声占主要地位。

2. 工业干扰

工业干扰也称工业噪声、人为干扰、人为噪声,它是由各种电气设备、电力网和点火装置所产生的。特别需要指出的是,这种干扰的幅度除了和本地干扰源有密切关系外,同时也取决于供电系统,这是因为大部分的工业噪声的能量是通过商业电力网传送来的。

工业干扰短期变化很大,与位置密切相关,而且随着频率的增加而减小。工业干扰辐射的极化具有重要意义。当接收相同距离、相同强度的干扰源来的噪声时,可以发现,接收到的噪声电平,其垂直极化的比水平极化的高 3dB。

CCIR332 报告中关于计算大气噪声时提供的有关数据,已经考虑了平静地区的人为噪声。但是在工业区,这种人为干扰的强度通常远远超过大气噪声,因此成为通信线路中噪声的主要干扰源。

CCIR258-2 报告中提供了这方面的数据,如图 5.16所示。图中给出了各种区域噪声系数中值与频率的关系曲线。从图中不难看出,在工业区和居民区,工业干扰的强度通常远远超过大气噪声,因此它成为通信线路

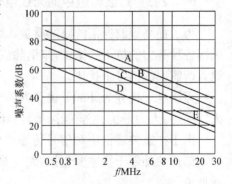

图 5.16　各种区域噪声系数中值
与频率的关系曲线

A—工业区;B—居民区;C—郊区
D—无电气干扰的郊区;E—宇宙噪声

中的主要干扰源。图中所提供的各种区域的噪声系数中值,是经过许多地区的测量才确定下来的,因此可以用来作为通信线路设计时的干扰指标。

图 5.16 中还给出了宇宙噪声(从 10MHz 开始)随频率变化的曲线。从图中可以看出,它只是在无电气干扰的农村区域和频率高于 10MHz 的情况下,才开始对通信产生影响。在其他地区,由于其他干扰源所产生的噪声均值均超过宇宙噪声,所以,短波线路的设计往往不考虑这项噪声。

3. 电台干扰

电台干扰是指与本电台工作频率相近的其他无线电台的干扰,包括敌人有意识释放的同频干扰。由于短波波段频带非常窄,而且用户很多,因此电台干扰就成为影响短波通信顺畅的主要干扰源。特别是军事通信,电台干扰尤为严重。因此抗电台干扰已成为设计短波通信系统需要考虑的首要问题。

4. 抗干扰途径

对上述各种外部干扰,在进行短波通信系统设计时应予以区别对待。

对于大气噪声,在系统设计中需要进行计算,并以此为基础,再根据系统所要求的信噪比,确定接收点最小信号功率。

人为噪声因为计算非常困难,所以在系统设计中,通常采用加大最小信号功率的办法。如接收中心设在工业城市内,需要把以上计算的最小功率提高 10dB,以克服工业干扰的影响。必须指出,在可能条件下,接收中心最好设在远离城市的郊外地区,这是最有效的抗工业干扰措施。

目前,短波通信系统中抗电台干扰的途径,大致有下列几个方面:

(1) 采用实时选频系统。在实时选频系统中,通常把干扰水平的大小作为选择频率的一个重要因素,所以由实时选频系统所提供的优质频率,实际上已经躲开了干扰,使系统工作在传输条件良好的弱干扰或无干扰的频道上。近年来出现的高频自适应通信系统,还具有"自动频道切换"功能(即自动信道切换功能)。也就是说,遇到严重干扰时,通信系统将做出切换信道的响应。

(2) 尽可能提高系统的频率稳定度,以压缩接收机的通频带(压缩接收机的通频带,对于减弱大气噪声的影响也是有利的)。

(3) 采用定向天线或自适应调零天线。前者由于方向性很强,减弱了其他方向来的干扰;后者由于零点能自动地对准干扰方向,从而躲开了干扰。

(4) 采用抗电台干扰能力强的调制和键控体制。如时频调制就是一种抗电台干扰能力很强的调制体制。

(5) 采用"跳频"通信和"突发传输"技术。

5.1.2.4 短波信道的传输损耗

在短波无线电传输中,能量的损耗主要来自三个方面:自由空间传播损耗、电离层吸收损耗和多跳地面反射损耗。

除了这三种损耗以外,通常把其他损耗(如极化损耗、电离层偏移吸收损耗等)统称为额外系统损耗。所以电离层传播损耗 L_s 可以表示为:

$$L_s = L_{b0} + L_a + L_g + Y_p \tag{5-4}$$

式中，L_{b0} 为自由空间传播损耗(dB)；L_a 为电离层吸收损耗(dB)；L_g 为多跳地面反射损耗(dB)；Y_p 为额外系统损耗(dB)。

1. 自由空间传播损耗

自由空间传播的损耗是由于电波逐渐远离发射点，能量在越来越大的空间内扩散，以至于接收点电场强度随着距离的增加而减弱所引起。

2. 电离层吸收损耗

在短波电波经电离层的反射到达接收点的过程中，电离层吸收了一部分能量，因此，信号有损耗，这种损耗就是电离层吸收损耗。

电离层的吸收损耗与电子密度及气体密度有关：电子密度越大，电子与气体分子碰撞的机会就越多，被吸收的能量就越大；气体密度越大，则每个电子单位时间内碰撞的次数增加，损耗也就相应加大。此外，吸收损耗还和电波的频率有关：频率越高，吸收损耗越小；频率越低，吸收损耗越大。

通常电离层的吸收损耗可分为两种：一是远离电波反射区(如低电离层的 D、E 层)的吸收损耗，这种吸收损耗称为非偏移吸收损耗；二是在电波反射区附近的吸收损耗，这种吸收损耗称为偏移吸收损耗。一般偏移吸收损耗≤1dB(但对于高仰角的射线例外)，可以忽略。非偏移吸收损耗是电波穿透 D、E 层时，电子与分子的碰撞引起的电能量吸收。这种吸收因电离层本身的随机变化而显得相当复杂。

电离层吸收损耗 L_a 的计算相当复杂，在工程计算中往往采用半经验公式或其简化式，但即使用简化式，其计算起来也相当繁琐，通常用图表进行计算。详细情况可查阅有关资料。

对于多跳传播模式，可逐一求出各路的每跳电离层损耗，然后相加，即得出在通信线路的电离层总损耗。

3. 多跳地面反射损耗

在天波多跳传播(即二次以上的反射)模式中，传播损耗不仅要考虑电波二次进入电离层的损耗，还要考虑地面反射的损耗。

大量实验数据表明，这种由于地面反射引起的信号功率损耗是与电波的极化、工作频率、射线仰角以及地质情况有关的。在工程计算中，可假定入射波为杂乱极化，电波能量在水平极化和垂直极化上均匀分布，由此可导出多跳地面反射损耗 L_g 的计算公式为：

$$L_g = 10\lg\left(\frac{|R_V|^2 + |R_H|^2}{2}\right) \quad \text{dB} \tag{5-5}$$

式中，R_V 为垂直极化反射系数；R_H 为水平极化反射系数。R_V、R_H 分别用下式计算：

$$R_V = \frac{\varepsilon_r'\sin\delta - \sqrt{\varepsilon_r' - \cos^2\delta}}{\varepsilon_r'\sin\delta + \sqrt{\varepsilon_r' - \cos^2\delta}} \tag{5-6}$$

$$R_H = \frac{\sin\delta - \sqrt{\varepsilon_r' - \cos^2\delta}}{\sin\delta + \sqrt{\varepsilon_r' - \cos^2\delta}} \tag{5-7}$$

式中 δ 为射线仰角；ε_r 为大地的相对复介电常数，$\varepsilon_r' = \varepsilon_r - j60\lambda\sigma$；$\lambda$ 为波长(m)；σ 为地表面导电率$(\Omega \cdot m)^{-1}$。

如果传播模式为多跳传播，并设 n 为跳数时，则应将利用经验性公式计算出的 L_g 乘以 $(n-1)$，即得多次地面反射损耗的总和值。

4. 额外系统损耗

电离层是一种随机的时空变化的色散媒质,很多随机因素都对电场强度产生影响。在天波传输中,除了上述自由空间传播损耗、电离层吸收损耗、多跳地面反射损耗外,还有一些其他损耗,如电离层球面聚焦、偏移吸收、极化损耗、多径干涉、中纬度地区冬季异常增加的"冬季异常吸收",以及至今尚未明确的其他吸收造成的损耗。然而,这些损耗人们还不能计算。为了使工程估计更准确,更切合实际,引入了额外损耗的概念。

额外系统损耗不是一个稳定参数,它的数值与地磁纬度、季节、本地时间、路径长度等都有关系,准确计算其损耗值非常困难。在工程计算中,通常用经过反复校核的统计值来进行估算,而且要适当加一些裕量。

表 5-1 列出了额外系统损耗 Y_p 的估计值。表中的时间为反射点的本地时间。

表 5-1　额外系统损耗 Y_p 的估计值

本地时间	Y_p(dB)
22 时至 04 时	18
04 时至 10 时	16.6
10 时至 16 时	15.4
16 时至 22 时	16.6

5.1.3　短波单边带通信技术

短波通信中常用的调制方式很多,就载波(Carrier)的调制而言,一般分为调幅(AM)和调频(FM),但短波通信中最常用的调制方式为调幅单边带制,它是在调幅制的基础上发展起来的一种通信体制。与常规的调幅通信相比,单边带通信具有发射功率小、占用频带窄、能够进行多路通信等优点,因而在短波通信中得到广泛应用。

单边带调制(SSB)是从调幅双边带调制(DSB)发展而来的。下面将从调幅双边带调制入手介绍单边带通信的基本原理。

调制信号、调幅信号、单边带信号的频谱 $F(\omega)$ 如图 5.17 所示。

用频谱如图 5.17(a)所示的调制信号对频率为 ω_c 的载波进行调幅后,所得调幅双边带信号由载频、上边带(USB)、下边带(LSB)三部分组成,其频谱如图 5.17(b)所示。被传递的信息就包含在两个边带之中,且每一个边带都含有完整的信息,因此只需发送其中任一个边带就可以不失真地传送信息,载波和另一个边带都可以被抑制掉,其频谱如图 5.17(c)所示。由此可见,从理论上讲利用单边带信号可以无失真地传送信息。当然,接收机必须采用相干解调方法,才能把消息从单边带信号中解调出来。这种利用单边带信号传递消息的通信方式称为"单边带通信",而这种调制体制称为"单边带调制"。

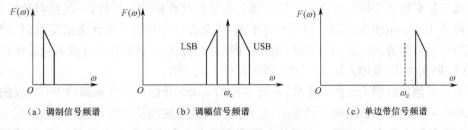

　(a) 调制信号频谱　　　　　(b) 调幅信号频谱　　　　　(c) 单边带信号频谱

图 5.17　调制信号、调幅信号、单边带信号频谱图

利用单边带信号传递信息,可以利用上边带,也可利用下边带,这种只用一个边带的传输方式称为"原型单边带制",目前已很少采用。在短波单边带通信中最常用的方式是"独立边带(ISB)制"。这种方式中发射机仍然发射两个边带,但与调幅双边带的不同之处在于它的两个边带信号中含有不同的调制信息。图 5.18 画出了原型单边带制和独立边带制的频谱。

不论是原型单边带制,还是独立单边带制,在目前大部分单边带通信设备中,载频通常是被完全抑制的。但是也有些单边带通信设备,载频并没有被完全抑制,而是发送一个低电平的载频。因此,单边带通信体制中,又可分为导频制和非导频制两大类。导频制单边带发射机发送的高频信号频谱,如图 5.19 所示。

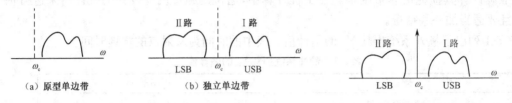

(a)原型单边带   (b)独立单边带

图 5.18   非导频制单边带信号的频谱   图 5.19   导频制单边带信号的频谱

5.1.4 短波及超短波通信的特点

1. 短波通信特点

短波通信主要靠电离层反射的天波传播(远距离通信)达到通信的目的。由于电离层的时变性,信号传播存在多种衰落和多径延时,使其接收信号存在随机性和不稳定性。从短波的实际通信效果来看,接收信号时强时弱,背景噪声较大,信噪比低,工作频率的选择非常重要。为了避开各种干扰,在短波信道上传输数据时,由于受到带宽和信号质量的限制,不宜传输高速率的数据。要使短波通信达到最佳的通信效果,在短波通信设备中采用了多种新技术,如高频自适应技术、跳频技术、传输数据时采用抗干扰性能强的调制解调制式和差错控制技术。短波通信具体特点如下。

(1)短波信道的时变和色散特性

无线电波是通过开放性的自然空间和地球传输的,地面、海洋、大气层、地球自身的电磁场及宇宙都将影响无线电波的传输特性。短波的波长较长,为 10~100m,相应的频率较低,为 1.5~30MHz。这个频段无线电波的传播主要有两种形式,即地波和天波。

地波传播的特点是波在行进过程中受地表面电导率 σ 和相对介电常数 ε 的影响产生衰减。一般 σ 和 ε 越大,损耗越小,因此在海上地波传输的距离将远比陆地上的距离远。地波传输的损耗将随频率的升高而增大,即使是在频率较低的短波频段,发射功率不特别大时,传输距离也只能达到几十千米。

天波是依靠电离层的一次或多次反射而实现远距离传输的。通常,一次反射传输最大地面距离可达 4000km,多次反射可传输上万千米,甚至作环球传播。因此电离层反射传播是短波通信的主要传播方式。正因为如此,电离层的结构、特性、变化规律对短波通信系统的构成、信号形式、调制样式、处理方法及应用范围都有重大的影响。

电离层是地球高层大气的一部分,从离地面约 50km 开始一直延伸到约 1000km 的高度。在此区域内存在大量的自由电子和离子,它们能使无线电波改变速度,发生折射、反射和散射,产生极化面旋转并吸收其能量。大气的电离层主要由太阳辐射中的紫外线和 X 射线所引起,太阳高能带电粒子和银河宇宙射线也对大气电离产生重要影响。由于太阳辐射穿透大气层不同区域的能力不同,以及太阳辐射的昼夜、季节变化,使电离层按电子密度分布的不同在高度和经纬度上存在着明显差别,形成了不同的密度层。根据无线电波在电离层中传播的理论,频率较高的无线电波要从电子密度较高的电离层才能反射回地面,并且能否反射还与入射角有关。因此,不同频率的无线电波传输的路径不同,相对应的地面传输距离也不同;频率太高会穿透电离层而不能返回地面;频率太低会因为损耗太大而不能保证通信质量,即存在所谓最高可用频率和最低可用频率,只有处在它们之间的频率以一定的角度入射才能正常工作。在距发射机不太远的一个环形的区域内,由于入射角度太大,天波不能返回,而地波又因距离太远达不到,从而形成所谓的寂静区。电离层中的电子和离子密度在空间各处也不相同,这种不均匀性会产生无线电波的多路径、衰落、相位起伏、多普勒频移等不利的影响。但问题的严重性并不仅限于此,而在于影响电离层的因素并不都具有确定的严格规律,太阳耀斑等电离源的突变、非平衡动力学过程、不稳定的磁流动力学过程,以及地面核试验、高空核试验、大功率短波雷达加热等自然和人为的因素都会引起电离层的突然扰动。这些有规律的或随机的、突变式的变化都将严重地影响短波的传输,甚至中断通信。总体来说,短波信道是一种在时域、频域、空域上都有变化的色散信道,这种信道的不稳定性使短波具有频带窄、容量小、速率低、相互干扰严重等特点。

对电波传播规律的认识和掌握,是短波通信应用的首要前提和重要基础。人们对电离层特性及其对短波传播影响规律的认识的每一次深化,都推动了短波通信技术与应用的飞跃。

(2) 通信距离远

利用天波传播,短波单次反射最大地面传输距离可达 4000km,多次反射可达上万千米,甚至作环球传播。特别在低纬度地区,短波通信的可用频段变宽,最高可用频率较高,受粒子沉降事件和地磁暴的影响较小。而卫星通信在低纬度地区受电离层或对流层的闪烁影响较大,所以在这些地区短波通信比较实用。在驻外使领馆、极地考察和远洋航天测量船岸船通信中,短波通信得到了广泛的应用。特别是短波频率自适应技术的发展和应用,极大地提高了岸船短波通信的可靠性和有效性。一些实验结果表明:在一天 24 小时内万千米级的岸船通信可通信时间大于 90％。自适应选频保证了系统总是在最佳的信道上工作,大大减少了发射功率,节省了能源,改善了电磁环境。

(3) 技术成熟

短波通信工作频率低,元器件要求低,技术成熟,制造简单,设备体积小,价格便宜,在商业、交通、工业、邮政等国民经济各个部门及军事领域中得到广泛的应用。

(4) 顽存性强

短波通信设备目标小,架设容易,机动性强,不易被摧毁,即使遭到破坏也容易更换修复。又由于其造价相对较低,可以大量装备,所以系统顽存性强。

卫星通信系统同样具有远距离通信的能力,而且容量大,传输可靠,曾经挤占了很多短波通信的传统领地。虽然卫星通信有一些固有的缺点,如一次性电源及轨道姿态保持所需能源的寿命有限,卫星及其星上设备的可维护性差,基本建设投资大,周期长等,但是,从整体上来看卫星通信的优点突出,得到了用户的广泛认同,近年来发展迅速,并且还将继续保持其强劲的发展势头。近 10 年来,多次高技术局部战争的现实一方面突出地显示了卫星通信对指挥部队,控制、支持高技术兵器的重要作用,但同时也暴露了其轨道不能保密、地面接收系统庞大、易受攻击且一旦遭到破坏短期内系统很难修复的弱点。

短波是唯一不受网络枢纽和有源中继体制制约的远程通信手段,一旦发生战争或灾害,各种通信网络都可能受到破坏,卫星也可能受到攻击。与此相比,短波通信不仅成本低廉、容易实现,更重要的是具有天然的不易被"摧毁"的"中继系统"——电离层。卫星中继系统可能发生故障或被摧毁,而电离层这个中继系统,除非高空原子弹爆炸才可能使它中断,何况高空原子弹爆炸也仅仅是有限的电离层区域内短时间影响电离密度。

无论哪种通信方式,其抗毁能力和自主通信能力与短波无可相比。而一旦战争爆发,作战中保持一条炸不断、打不烂的指挥通信线路是争取战争胜利的决定性因素之一。因此,短波通信突出的顽存性强的特点,受到了高度的重视,世界各国的军方都制定了相应的发展短波通信的计划。随着对短波通信传输特性研究的深入,一系列自适应新技术投入使用,短波通信技术及装备取得了很大进展,短波通信原有的缺点,已有不少得到了克服,短波通信链路的质量大大提高,短波通信迎来了它的又一个高速发展的新阶段。可以预言,短波通信将在未来战争中发挥更大的作用。

(5)信道拥挤

短波波段信道拥挤,频带窄,因此要求采用特殊的调制方式,如单边带调制。这种体制比调幅节省一半带宽,由于抑制了不携带信息的载波,因而节省了发射功率。但短波信道的时变和色散特性,使通信可用的瞬间频带较窄,限制了传输的速率。

(6)天线匹配困难

短波频段从 1.5~30MHz,相对应的波长从 200~10m,覆盖了多个倍频程,研制高效宽带的天线以满足高速全频段跳频,并保证良好的阻抗匹配有很大的困难。

2. 超短波通信特点

超短波通信受地形、地物、环境干扰等因素的影响,与短波通信相比有其特殊之处。超短波一般利用视距直线传播,应用于移动通信。由于移动台不断地运动,因而其接收信号强度和相位随时间、地点不断变化。由于受地形、地物的影响,电波多径传播造成瑞利衰落,建筑物、树木等造成阴影衰落,并且由运动产生多普勒频移,等等诸多因素使接收的信号极不稳定,其起伏幅度可达 30dB 以上,所以超短波通信设备应具有良好的抗衰落性能。但与短波通信的信号质量相比,超短波通信的信号质量较好,带宽大于短波信道,故信噪比高,更有利于传输综合业务信息。超短波也存在各种干扰,故现代军事超短波设备一般采用中速或高速跳频技术,既有利于抗干扰,也有利于传输信息的保密。

5.2　短波自适应选频技术

5.2.1　短波自适应选频的基本概念

5.2.1.1　基本概念

在通信技术高度发展的今天,短波通信由于有着通信距离远、机动性好、顽存性强,以及具有多种通信能力等不容忽视的独特优点,仍然是无线电通信的主要技术手段之一。短波通信也存在着信道的时变色散特性和高电平干扰等弱点。为了提高短波通信的质量,最根本的途径是"实时地避开干扰,找出具有良好传播条件的信道",完成这一任务的关键是采用自适应技术。

通常人们将实时信道估值(Real Time Channel Evaluation,RTCE)技术与自适应技术合在一起,统称为短波自适应技术。从广义上讲,所谓自适应,就是能够连续测量信号和系统变化,自动改变系统结构和参数,使系统能自行适应环境的变化和抵御人为干扰。因此,短波自适应的含义很广,它包括自适应选频、自适应跳频、自适应功率控制、自适应数据速率、自适应调零天线、自适应调制解调器、自适应均衡、自适应网关,等等。从狭义来讲,我们一般说的高频自适应,就是指频率自适应,短波自适应通信技术主要是针对短波信道的缺陷而发展起来的频率自适应技术。

短波通信主要是靠无线电波经电离层反射来实现的。电离层是一个时变信道,为了使短波通信质量保持一定的水平,通信系统就必须作相应调整以适应电离层的变化。当短波通信系统建成以后,电台的发射机功率和接收机灵敏度就确定了,天线也不能随意变化,只能通过调整工作频率来适应电离层的变化。用同一套电台和天线,选用不同频率,通信效果可能差异很大。所以,在短波通信系统中工作频率的选择是非常重要的,如果不能根据短波传播机理正确地选择频率,通信效果就很难达到最佳,有时甚至不能正常通信。

频率选择有一定规律可寻。一般来说:日频高于夜频(相差约一半)、远距离频率高于近距离、夏季频率高于冬季、南方地区使用频率高于北方,等等。另外,在东西方向进行远距离通信时,因为受地球自转影响,最好采用异频收发才能取得良好通信效果。如果所用的工作频率不能顺畅通信时,可按照以下经验变换频率:

(1) 接近日出时,若夜频通信效果不好,可改用较高的频率;

(2) 接近日落时,若日频通信效果不好,可改用较低的频率;

(3) 在日落时,信号先逐渐增强,而后突然中断,可改用较低频率;

(4) 工作中如信号逐渐衰弱,以致消失,可提高工作频率;

(5) 遇到磁暴时,可选用比平常低一些的频率。

传统的短波无线电通信都是人工进行频率选择,即根据以往的工作记录以及长期频率预测和短期频率预报提供的最佳频率信息,双方预先制定好频率—时间呼叫表,以定时、定频方式进行通信联络。通信时双方根据频率—时间呼叫表,在可能提供传播的一段频率中的一小组信道上,由发送端操作员在不同频率上轮流地发送呼叫信号,同时接收端操作员利用一组接收机同时监视这些信道,一旦收到发送端的呼叫,则人工选择一个最佳的接收频道,发回应答信号。

但是,要准确地预测电离层的传输频率,并使通信效果始终保持良好非常困难。这种利用人工选频建立短波通信线路的方法,需要凭借操作人员的经验,不仅时效低,而且对短波通信使用人员的专业素质要求很高,从而影响了短波通信的质量和广泛应用。尤其当出现电离层骚扰、太阳黑子爆发和电离层"爆变"等异常现象时,这种联络的方法往往是失败的,常常造成通信中断。必须指出,在遭受原子攻击的数天内,电离层处于强烈变化之中,在高频范围内可以使用的频率范围很窄,甚至只有几百千赫。而且,这一频率范围还在剧烈的变化之中,大约在数分钟内可用频段就要来回移动。在这种情况下,电台之间用人工建立通信线路实际上是不可能的。此时,就要利用信令技术来沟通高频电离层通信,即利用自适应选频技术建立通信线路,这是自适应选频通信所包含的重要基本概念。

所谓自适应选频(也称为实时选频技术或频率自适应技术)就是通过实时测量信道特性的变化,以实时信道估值(RTCE)为基础,自动选择最佳通信频道,使系统适应环境变化,从而始终保持优良通信效果的技术。采用 RTCE 技术是自适应选频无线电通信系统最主要的标志,它使通信系统具有和高频传输媒质相匹配的自适应能力。

5.2.1.2　自适应选频的主要技术

自适应选频包括以下几个方面的技术。

1. 实时信道估算（RTCE）技术

RTCE技术是发展自适应通信系统的核心技术。目前,世界上已产生的各种型号的短波自适应选频系统都采用了RTCE技术对线路质量进行分析。

RTCE是一个术语,它的定义可叙述为"对一组通信信道的适当参数进行实时测量,并利用所得参数定量描述这组信道的状态和对传输某种通信业务的能力"的过程。在高频自适应通信系统中称它为线路质量分析(Link Quality Analysis,LQA)。

由上述定义可以看出,RTCE的主要目的是对所希望选用的频率进行实时考察,看看哪个频率最适合用户使用。为了实现这个目标,信道估算的实施方法和考虑问题的出发点,采用了与长期预测及短期预测不同的途径。RTCE的特点是,不考虑电离层的结构和具体变化,从特定的通信模型出发,实时处理到达接收端不同频率的信号,并根据诸如接收信号的能量、信噪比、多径展宽、多普勒展宽等信道参数的情况,以及不同通信质量要求(如数字通信误码率等级要求),选择通信使用的频段和频率。因此,广义上说,实时频率预测好像一种在短波信道上实时进行的同步扫频通信,只不过所传递的消息和对信息的解释是为了评价信道质量,及时给出通信频率而已。显然,这种在短波通信电路上进行的频率实时预报和选择,要比建立在统计学基础上的长期预测和短期预测准确。它的突出优点是:

(1) 可以提供高质量的通信电路,提高传递信息的准确度;

(2) 采用实时频率分配和调用,可以扩大用户数量;

(3) 可以使高质量通信干线的利用率提高;

(4) 在任何电离层和干扰的情况下,总可以为每个用户、每条电路提供可利用的频率资源。因而,在电缆、卫星通信中断时,短波通信能够担负起紧急通信任务。

对实时信道估算的要求是准确、迅速,而这两个要求又相互矛盾。要求实时信道估算准确,就要尽可能多地测量一些电离层信道参数,如信噪比、多径时延、频率扩散、衰落速率、衰落深度、衰落持续时间、衰落密度、频率偏移、噪声/干扰统计特性、频率和振幅、谐波失真,等等。但在实际工程中,测量这样多的参数并进行实时数据处理,势必延长系统的运转周期,同时要求信号处理器具有很高的运算速度,这在经济上是不合算的。研究表明,只需对通信影响大的信噪比、多径时延和误码率三个参数进行测量就可以较全面地反映信道的质量。

2. 自适应信号处理技术

在短波自适应选频通信系统中,自适应信号处理器是系统的核心部件,实时探测的电离层信道参数在这里计算处理。它要求计算速度快、准确,当探测参数多时,计算处理的任务就相当繁重。采用什么样的信号形式进行电离层信道探测? 探测哪些参数? 如何快速准确地进行计算、分析和处理? 这些就是自适应信号处理技术要研究的内容。

目前,国际上研制成功的高速编程信号处理器,采用FFT算法来提取多种电离层信道参数,估算各种传输速率所需要的各种质量等级的频率,供通信实时应用。研制自适应信号处理芯片,利用微处理机的软硬件技术实现高速编程信号处理器是发展方向。利用自适应信号处理芯片,可使自适应短波通信系统复杂程度降低,体积减小,成本减少,由于信号处理芯片是可编程的,因此可以根据不同的自适应功能要求编程,改变信号处理器的软硬件功能,以适应不同系统的要求。

3. 自适应控制技术

在短波自适应通信系统中,自适应控制器是系统的指挥中心,是系统成败的关键。自适应控制系统是一种特殊的非线性控制系统,系统本身的特性(结构和参数)、环境及干扰特性存在某种不确定性。在系统运行期间,系统本身只能在线积累有关信息,进行系统结构有关参数的修正和控制,使系统处于所要求的最佳状态。

由于短波信道是一种极不稳定的时变信道,所以短波自适应系统属于随机自适应控制系统。通常,随机自适应控制系统是由被测对象、辨识器和控制器三部分组成。辨识器根据系统输入/输出数据进行采样后,辨识出被测对象参数,根据系统运行的数据及一定的辨识算法,实时计算被控对象未知参数的估值和未知状态的估值,再根据事先选定的性能指标,综合出相应的控制作用。由于控制作用是根据这些变化着的环境及系统的数据不断辨识、不断综合出新的规律,因此系统具有一定的适应能力。目前,参数估计和状态估算的方法很多,最优控制算法也很多,因而组成相应的随机自适应控制系统也是非常灵活的。

在短波自适应通信系统中,随着自适应功能不断增强,控制的参数也不断增加,辨识器的功能和形式也逐渐增多,控制能力势必要增大,因此自适应控制器也相应复杂起来,需要自适应设计者统观全局、综合分析,以尽可能减少被测对象,以简单可行而又有效的辨识方法,获得尽可能多的自适应控制能力。

4. 全自动频率管理技术

短波自适应通信系统存在一些缺点,最主要的是在有限的探索信道上进行信道评估。因此有可能在信道拥挤的夜间,选不出合适的频率来。信道测试表明,在选频性能上,频率管理系统优于短波自适应通信系统。例如,曾用 Chirp 频率管理系统和"Autolink"短波自适应通信系统做选频对比试验,Chirp 系统(探测频率点为 10000 个),在几分钟内总可以找到安静的信道,但"Autolink"系统(探测频率点为 50 个),很难保障所选最佳频率为安静频率点。"如何实现频率管理系统和通信系统相结合"问题的解决成为充分发挥频率管理系统优点,解决它和通信系统分离问题的关键。

Don. O. Weddle 等人提出了一种实现短波系统全自动频率管理的方法,这种方法的基础是连续不断地测量,连续不断地预测,连续不断地分配频率和连续不断地控制。测量、预测、分配、控制的整个过程在不停地进行,24 小时的频率规划也在不断地更新和完善,从而能使网内各条通信线路自适应跟踪传播媒质的变化。

5.2.1.3　频率自适应的分类

在短波无线电通信中采用 RTCE 技术来完成与高频媒介的匹配经历了两个阶段:

① 在独立的探测系统中采用 RTCE 技术,可为某一特定的短波通信线路提供最佳频率信息。如早期的公共用户无线电传输探测系统(CURTS)和后来的 Chirp 探测系统等。显然,它们都不能精确地实现每时每刻与高频媒介匹配。

② 在通信系统直接采用 RTCE 技术,以求更精确地跟踪高频媒介的短期变化。尤其是它能对人为干扰连续监视并实时地做出响应。显然这种功能是各种独立探测系统所不具备的。20 世纪 80 年代以来,出现了一些被称为高频自适应通信系统的新型高频通信设备,初步实现了上述功能。如联邦德国生产的 ALIS 系统、美国生产的 RF7100D 电台等,在跟踪高频媒介的短期变化上,有了一定程度的提高。

但不论是哪一种高频自适应,实现的基本方法都是利用 RTCE 技术来测量和分析各种环境参数,根据综合分析和计算的结果,建立一条工作在最佳频率上的通信线路。

1. 频率自适应根据功能的分类

① 通信和探测分离的独立探测系统(在一些工厂的产品目录中称为"频率管理系统")

通信与探测分离的独立系统是最早投入使用的实时选频系统,也称为自适应频率管理系统,它利用独立的探测系统组成一定区域内的频率管理网络,在短波范围内对频率进行快速扫描探测,得到通信质量优劣的频率排序表,根据需要,统一分配给本区域内的各个用户。这种实时选频系统其实只对区域内的用户提供实时频率预报,通信与探测是由彼此独立的系统分别完成的。如美国在 20 世纪 80 年代初研制出的第二代战术频率管理系统 AN/TRQ-42(V),该系统成功地用于海湾战争,支撑短波通信网,取得了良好的效果。

② 通信和探测合为一体的高频自适应通信系统

融探测与通信为一体的短波自适应通信系统,是近年来微处理器技术和数字信号处理技术不断发展的产物。该系统对短波信道的探测、评估和通信一并完成。它利用微处理器控制技术,使短波通信系统实现自动选择频率、自动信道存储和自动天线调谐;利用数字信号处理技术,完成对实时探测的电离层信道参数的高速处理。这种电台的主要特征是,具备限定信道的实时信道估值功能,能对短波信道进行初步的探测,即线路质量分析(LQA),能够自动链路建立(ALE)。因此,它能实时选择出最佳的短波信道通信,减少短波信道的时变性、多径延时和噪声干扰等对通信的影响,使短波通信频率随信道条件变化而自适应地改变,确保通信始终在质量最佳信道上进行。由于 RTCE 是作为高频通信设备的一个嵌入式组成部分,在设计阶段已经综合到系统中,因而其成本大大降低,市场应用前景广泛。典型产品有美国 Harris 公司的 RF-7100 系列,加拿大 RACE 公司的 ARCE 系统,德国 Rohde&Schwartz 的 ALIS 系统,以色列 Tadiran 公司的 MESA 系统等。美国军方于 1988 年 9 月公布了 HF 自适应通信系统的军标 MIL-STD-188-141A,我国在 20 世纪 90 年代参照美军标准制定了国家军用标准 GJB2077,并以此规范了我国通用短波自适应通信设备。

2. 频率自适应根据所采用的 RTCE 技术的形式分类

① 采用"脉冲探测 RTCE"的高频自适应;

② 采用"Chirp 探测 RTCE"的高频自适应;

③ 采用"导频探测 RTCE"的高频自适应;

④ 采用"错误计数 RTCE"的高频自适应;

⑤ 采用"和传输信息共信道同时进行 RTCE"的高频自适应。

对于 RTCE 技术的有关内容可参阅相关书籍。

3. 频率自适应根据是否发射探测信号分类

① 主动式选频系统:这类系统均要发射探测信号来完成自适应选频;

② 被动式选频系统:这类系统无须发射探测信号,而是通过某种计算方法计算出电路的可通频段,在该可通频段内测量出安静频率作为通信频率。

5.2.2 短波自适应选频系统

5.2.2.1 短波自适应选频系统的发展

世界上第一个窄脉冲斜入射探测实时选频系统,是美国国防通信局为了给只有短波通信可利用的那些用户提供最佳信道而首先提出的公共用户无线电传输探测系统,即 CURTS。

早在 20 世纪 60 年代,美国国防通信局就为了研制这种系统制定了长远规划,投入了大量资金,进行了广泛的基础研究。并在横跨欧洲、亚洲和北美大陆,穿越太平洋、大西洋地区的范围上开展了系统网络的测试。转入 20 世纪 70 年代,CURTS 正式在太平洋地区的通信干线上运转,并不断改进、完善和扩大服务区域。在它的影响和带动下,又相继出现了一些其他的独立探测和频率管理系统,如 Chirp、CHEC 等探测系统。有实测数据表明,采用了无线电传输探测和频率管理系统后,短波通信在线路质量和频率资源利用方面都有很大提高。我国在 20 世纪 80 年代也研制了这类选频系统,投入运行,取得了良好的通信效果。

尽管早期的 CURTS 探测和后来的 Chirp 探测这类系统有众多优点,但像这样一种探测体制基本上独立于通信设备的 RTCE 系统,其庞大的设备、高昂的造价,显然不利于在短波通信电路上普遍推广应用。一种更为合适的选择是在通信系统中直接采用 RTCE 技术。事实上,进入 20 世纪 80 年代以来,世界各国所提出和研制的实时短波信道参数估算设备,基本上都属于这一类型。目前,世界上已有多种短波自适应通信系统,如美国 Harris 公司的 RF-7100、RF-7166,Rockwell-Collins 公司的 AN/ARC-190(又叫 SELSCAN 系统),德国 R/S 公司的 ALIS 系统,西门子公司的 CHX200 等,这些都是较为先进的自适应通信系统。短波自适应通信系统的基本组成框图如图 5.20 所示。

图 5.20　短波自适应通信系统的基本组成框图

5.2.2.2　短波自适应通信系统的基本功能

虽然短波自适应通信系统产品繁多,但基本功能大同小异。例如美国生产的 RF-7100 系列自适应通信系统,其商标为 Autolink,含义为能自动建立线路;又如德国生产的 ALIS 系统,全名为自动线路建立(Automatic Link Set-Up)。可见,短波自适应选频通信系统是利用信令技术沟通电离层,自动选择和建立线路的通信系统,它的基本功能可归纳为以下 4 个方面。

1. RTCE 功能

短波自适应通信能适应不断变化的传输媒质,具有 RTCE 功能。这种功能在短波自适应通信设备中称为线路质量分析(LQA)。为了简化设备,降低成本,LQA 都是在通信前或通信间隙中进行的,并且把 LQA 试验中获得的数据存储在 LQA 矩阵中。通信时可根据 LQA 矩阵中各信道的排列次序,择优选取工作频率。因此严格地讲,已不是实时选频,从矩阵中取出的最优频率,仍有可能无法沟通联络。考虑到设备不宜过于复杂,LQA 试验不在短波波段内所有信道上进行,而仅在有限的信道上进行。因为 LQA 试验一个循环所花费的时间太长,所以通常信道数不宜超过 50 个,一般以 10~20 个信道为宜。

2. 自动扫描接收功能

为了接收选择呼叫和进行 LQA 试验,网内所有电台都必须具有自动扫描接收功能。即在预先规定的一组信道上循环扫描,并在每一信道停顿期间等候呼叫信号或者 LQA 探测信号的出现。

3. 自动建立通信线路

短波自适应通信系统能根据 LQA 矩阵全自动地建立通信线路，这种功能也称 ALE（Automatic Link Establishment）。自动建立通信线路是短波自适应通信最终要解决的问题。它是基于接收自动扫描、选择呼叫和 LQA 综合运用的结果。这种信道估计和通信合为一体的特点，是高频自适应通信区别于 CURTS 探测系统和 Chirp 探测系统的重要标志。

自动建立通信线路的过程简单描述如下：

为了简单起见，假定通信线路上只有甲、乙两个电台，甲台为主叫，乙台为被叫。在线路未沟通时，甲、乙两台都处于"接收"状态。即甲、乙台都在规定的一组信道上进行自动扫描接收。扫描过程中每一信道上都要停顿一下，监视是否有呼叫信号。若甲台有信息发送乙台，则只要向乙台发出呼叫信号，即输入乙台呼叫号，并按下"呼叫"按钮。此时系统就自动地按照 LQA 矩阵内频率的排列次序，从得分最高的频率开始向乙台发出呼叫。呼叫发送完毕后，等待乙台发回的应答信号。若收不到应答信号，就自动转到得分次高的频率上发送呼叫信号。以此类推，一直到收到应答信号为止。对于乙台，在接收扫描过程中当发现某信道上有呼叫信号时，就立即停止扫描接收，检查该呼叫信号是否为本台呼叫，若不是本台呼叫，则自动地继续进行扫描接收；若检查结果确定为本台呼叫，就立即在该信道上（以相同的频率）给主呼发应答信号，通常就用本台呼号作为应答信号。此时接收机就由"接收"模式转入"等待"（STANDBY）模式，等待对方发送来的消息。甲台收到乙台发回的应答信号后，与发出的呼叫信号核对，确认是被叫的应答后，立即由"呼叫"模式转为"准备"（READY）模式，准备发送消息。到此，甲、乙两台的通信线路宣告建立，整个系统就变成传统的短波通信系统，甲、乙两台在优选的信道上进行单工方式的消息传送。

4. 信道自动切换功能

短波自适应通信能不断跟踪传输媒质的变化，以保证线路的传输质量。通信线路一旦建立以后，如何保证传输过程中线路的高质量就成了一个重要的问题。短波信道存在的随机干扰、选择性衰落、多径等都有可能使已建立的信道质量恶化，甚至达到不能工作的程度。所以短波自适应通信应具有信道自动切换功能。也就是说，即使在通信过程中，碰到电波传播条件变坏，或遇到严重干扰，自适应系统应能做出切换信道的响应，使通信频率自动跳到 LQA 矩阵中次佳的频率上。

5.2.2.3　自适应控制器

自适应控制器是短波自适应通信系统的核心部件，自适应通信过程中的 LQA、自动扫描接收、自动线路建立（ALE），以及信道自动切换等功能都由自适应控制器完成。其中自动线路建立（ALE）是指根据自适应规程，在两个或多个台站之间由自适应控制器自动选频呼叫建立台站间初始联系，加快台站间通信联系的速度。

自适应控制器的基础单元是一部微型计算机，通过编制相应的软件来完成选择呼叫、给信道排队和打分、扫描接收以及电台控制等功能。

图 5.21 和图 5.22 给出了自适应控制器在"呼叫"和"接收"状态时自动线路建立的流程图；图 5.23 给出了自适应控制器实现信道切换功能的流程图，供参考。

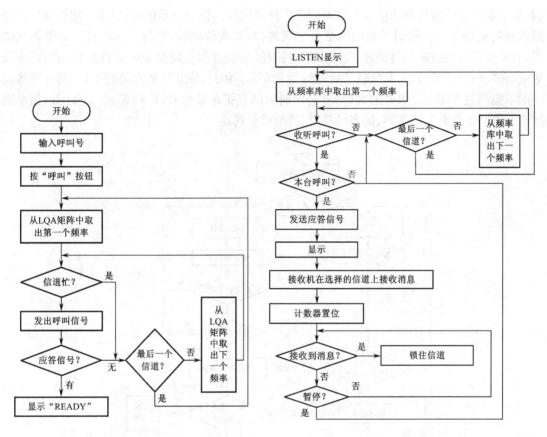

图 5.21　自适应控制器在"呼叫"
状态下的流程图

图 5.22　自适应控制器在"接收"
状态下的流程图

5.3　短波与超短波跳频通信技术

5.3.1　扩频通信

扩展频谱通信就是利用与信息不相关的伪随机码进行编码、调制,使射频信号频带宽度远大于信息信号(基带信号)频带宽度,在接收端用相同的伪随机码进行相关解调、解扩,从而恢复所传信息数据的一种通信方式,简称扩频通信(Spread Spectrum Communication,SSC)。

扩频通信系统主要包括:直接序列扩频系统(Direct Sequence Spread Spectrum,DSSS),跳频扩频系统(Frequency Hopping Spread Spectrum,FHSS),跳时扩频系统(Time Hopping Spread Spectrum,THSS),以及以上三种基本扩频方法的各种混合式扩频系统,如跳频和直接序列扩频的混合调制(FH/DS),跳时和跳频的混合调制(TH/FH),跳时和直接序列扩频的混合调制(TH/DS)。

用宽带扩频码信号直接对已由基带数字消息信号调制的载波进行二次调制,产生包含有欲传送消息的宽带扩频信号,称为直接序列扩频。采用直接序列扩频时,为了抑制载波,使干扰者难以检测,从而难以实施瞄准式干扰,消息调制和扩频调制都采用数字相位调制。最简单的是用二进制相移键控(BPSK),较为复杂的采用四相相移键控(QPSK)和偏移四相相移键控(OQPSK)。若要求带外辐射较小,也可采用最小频移键控(MSK)等。

直接序列扩频技术是一种抗干扰能力、抗截获能力和抗多径能力强的通信技术,在卫星通信、航空系统及蜂窝移动通信等领域得到了广泛的应用。在短波通信中,也是一项有着广泛应用前景的通信技术。但短波通信主要是靠天波传播,在传播时,对每一条路径的电波射线来说,它要受到自由空间传播损耗、电离层吸收损耗、地面反射损耗及系统额外损耗,具有"窗口效应"和"多孔性"等特点,其"窗口"带宽约为 2MHz。因此,在短波频段进行扩频,其扩频带宽一般不能超过 2MHz。如美国 SICOM 公司研制的直扩短波电台,扩频带宽 1.5MHz,信息速率达 58Kb/s,具有低截获率、抗多径效应、抗窄带干扰能力。

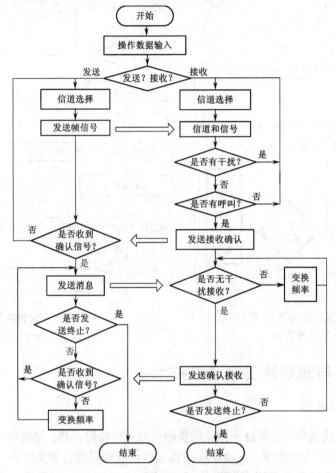

图 5.23　自适应控制器实现信道切换功能的流程图

此处我们重点介绍短波跳频扩频通信技术。

5.3.2　跳频通信技术

5.3.2.1　跳频通信的优点

跳频通信是扩展频谱通信的一种主要形式,特别适合于短波频段的工作环境,在军用电台中被大量采用。所谓跳频,是在收发双方约定的情况下不断改变载波频率而进行的通信,其载波频率改变的规律称作跳频图案。由于工作频率的改变受伪随机码的控制,因此跳频通信具有很强的抗截获、抗窃听及抗干扰能力。

跳频通信的主要优点有以下几点。

① 抗干扰性强。与定频电台不同,其工作频率在较宽的频率内随机跳动,可以有效地躲避定频窄带干扰;对于阻塞式干扰,跳频的带宽越宽,阻塞干扰的带宽也被迫展宽,使干扰功率谱密度下降,干扰效果降低。

② 抗截获。一个电台在多个频点工作,实战中大量电台同时工作形成的电磁环境更加复杂,造成对方分选识别特定电台的负担加重。

③ 码分多址通信,组网工作。在通信网中每个用户采用不同的码序列作为地址码,发信端可选用不同的码来选择通信对象。

④ 改善多路径、衰落工作状况。载波频率的快速跳变,具有频率分集的作用,只要跳变的频率间隔大于衰落信道的相关带宽,且驻留时间短,跳频通信系统就具有抗衰落的能力。

⑤ 便于和定频电台兼容。

5.3.2.2　跳频通信系统基本组成及原理

跳频通信系统的原理框图如图 5.24 所示。

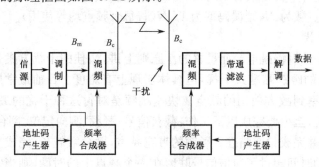

图 5.24　跳频通信系统原理框图

从图 5.24 可以看出,跳频系统和定频系统的主要差别在于多了一个地址码产生器,每个电台的地址码产生器输出一个与其他电台均不相同的伪随机序列地址码,去控制频率合成器的本振频率,使发送频率按伪随机序列跳变。在接收端同样的地址码序列被产生出来,而且使本地频率合成器输出的频率码和欲接收信号的频率码同步,将跳频信号又恢复到定频信号,经解调后得到原信息码。理想情况下信号不会损失。对定频瞄准式窄带干扰而言,只有当信号射频跳到与干扰频率一致的时刻干扰才起作用,这就是跳频通信抗干扰的原理。抗窄带瞄准式干扰的增益为 B_c/B_m,其中 B_m 为信息码调制后的带宽,B_c 为跳频后的射频带宽。

跳频系统的关键问题之一是收与发之间的码同步。同步的过程一般要经过伪码搜索、跟踪以及相干载波的相位精确同步等步骤。

5.3.2.3　短波跳频电台的主要参数

短波天波信道的不均匀和时变特性,短波频段波长长,相对带宽宽,天线辐射阻抗随频率变化剧烈的特点,使短波跳频通信在跳频速度和调频带宽上都受到极大的限制。短波跳频电台的主要参数如下。

① 跳频速度:

- 慢跳:一般电台在 30 跳/s 以下,少数达到 100 跳/s 至几百跳/s。
- 快跳:500 跳/s 以上。美国研制的 CHESS 电台可达 5000 跳/s。

② 跳频带宽：
- 部分频段跳频：现有的短波电台多数采用分频段跳频，跳频带宽一般是几十千赫至几百千赫。
- 全频段跳频：抗干扰能力强，是发展的主要方向，但受信道和天线阻抗匹配的影响大。

③ 频点数目：频点数目可达数千个，信号间隔多在 1～100kHz 范围内。

④ 组网数量。

⑤ 初始同步建立时间。

⑥ 跳频密钥量。

5.3.2.4 跳频系统抗干扰性能分析

1. 抗窄带干扰

（1）定频窄带干扰

跳频系统对付这种干扰是最有效的，只有当系统跳到干扰频率时，才受到干扰。若干扰只覆盖一个频点，总频点数为 N，则误码率为 $1/N$（若每个频点均等使用）。

（2）跟踪窄带干扰

这种干扰形式是针对慢跳电台而设置的。原则上讲，最佳的干扰方案是破译跳频电台的跳频图案，进行主动的跟踪瞄准式干扰，但具体实现上有难度。目前最常用的方法是快速测频，快速引导干扰频率到敌方使用的频点。快速跳频是对付这种干扰的最直接有效的方法。因为实现跟踪式干扰，至少要完成以下工作：截获信号、测频、测向定位、网台分选，然后确定干扰参数和引导方法，并完成频率瞄准。跳频的带宽越宽，网台数越长，完成上述工作所需的时间就越长。若所需的时间超过了通信信号驻留在一个频点上的时间，则当完成这一系列工作之前，对方已经跳到另一个频率上工作了，跟踪干扰就不可能实现。

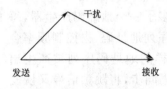

图 5.25 通信接收/发送、干扰三方相对位置图

对干扰者而言，另一个不利的因素是地理位置的固有限制。一般通信双方和干扰机三者处在一个三角形的三个顶点，如图 5.25 所示。收发之间的电波是直达波，干扰要先侦收到发射信号，再发出干扰到达接收机，电波走的是三角形的两个边，这意味着花费额外的时间。以上考虑的是视线传输，若考虑天波，则多走的路程会更长。当花费的额外时间超过一跳的驻留时间时，干扰不起作用。由于路径差和处理时间的因素，对跳频电台实施跟踪式干扰，其有效区域是有限的。

可见快速跳频对付跟踪干扰是最简单而又有效的方法，但通信方以增加技术难度和设备复杂度为代价。

2. 抗阻塞式干扰

阻塞式干扰是指干扰的频带覆盖所有工作频率的宽带干扰。然而这种全频段宽带阻塞需要付出极大的代价，我们作如下估算：设短波每 5kHz 一个信道，1.6～30MHz 将有 5640 个信道，堵塞每个信道若需要 10kW 功率，则宽带阻塞式干扰机将需要 56.4MW。需要指出的是，通信发射机可以精确地定位定向，接收方若只接收而不发射电波，其方位只能估计。因而通信干扰机的干扰天线方向图往往是宽开的，能量在空间的散布将降低干扰功率的效率。正是由于这些原因，实际上阻塞式干扰机往往采用部分频带干扰的方法。

设可供跳频系统选用的跳频数目为 N，干扰频数为 J，并设在被干扰的频点，干扰功率足以造成通信错误，则误码率 $P_e = J/N$。若 $N = 1000$，$J = 100$，则 $P_e = 0.1$，仍然按每个频点 10kW 计算，在上述条件下需要的功率为 1000kW。

以上例子告诉我们跳频电台对付阻塞式干扰最有效的方法是：

（1）扩大跳频带宽或跳频频点数。

（2）自适应地选择不被干扰的频点作为工作频点，去除被干扰频点。这种去除可以是不再使用，但意图太过暴露，可以采用在此频点不传信息的方法，欺骗引诱敌方继续干扰。

（3）为了改善误码率，也可采用多个频点多次传送同一个码元信息的方法，然后按多数判决。根据独立试验概率理论，m 次试验中有 k 次被干扰的概率为：

$$P = C_m^k p^k q^{m-k} \tag{5-8}$$

式中，p 为 1 次试验（1 个频点）被干扰的概率；q 为 1 次试验不被干扰的概率（$q = 1 - p$）；k 为判决门限。

在 m 次试验中被干扰的次数大于等于 k 时，即出现错误。因而，误码率 P_e 为：

$$P_e = \sum_{x=k}^{m} C_m^x p^x q^{m-x} \tag{5-9}$$

若设 $m = 5$，$k = 3$，$p = 0.1$，$q = 0.9$，则

$$P_e = \sum_{x=3}^{5} C_5^x (0.1)^x (0.9)^{5-x} = 0.855 \times 10^{-2} \tag{5-10}$$

误码率提高了一个量级，但降低了数据率，可以用提高跳频速度来补偿。

5.3.2.5　跳频通信关键技术

实现高速跳频和跳频电台组网工作的关键技术有以下三种：

① 频率合成技术。它主要用来产生快速变化、稳定准确、频谱纯度很高的频率源。

② 快速数字化天线调谐技术。由于短波传输性能依赖电离层的状况，在移动通信中短波频率低、波长长、受环境的限制，不可能采用复杂的宽带天线，因而天线的阻抗随频率变化激烈，必须采用数字化的天线匹配网络。

③ 跳频通信地址编码技术。多个电台组网，各电台的地址码采用不同的跳频序列，为了避免组网电台的相互干扰，同时增强抗人为干扰的能力，跳频系统地址码的优化选择有重要意义。

下面我们重点介绍频率合成技术和跳频通信地址编码技术。

5.3.3　频率合成技术

在电子系统中，频率合成器往往是系统的核心部件。在跳频通信中需要频率源精度和分辨率高，频谱纯，变频范围宽，频率变化速度快，控制容易，结构简单，性能稳定，其性能之高超出了一般水平，因而往往成为研制的难点。

5.3.3.1　频率合成方法概述

频率合成可分为相干合成和非相干合成两种方法。非相干合成是利用多个独立的晶体参考源来产生所需的频率。由于各个参考源是独立的，合成后的各输出频率之间也是不相关的。相干合成是由一个高稳定度和高准确度的标准信号源产生千百万个具有同一稳定度和准确度

的频率,这些频率与基准频率之间是完全相关的,各输出频率之间也是完全相关的。

相干频率合成可以分成三种方法:直接合成法、间接合成法、直接数字合成法。

1. 直接合成法

直接合成法又称纯合成法,是最早被采用的频率合成法。这种合成方法利用倍频(乘法)、分频(除法)、混频(加法与减法)及滤波,从单一参考频率产生多个所需的输出频率。直接合成法能够迅速改变产生的输出频率,具有很小的频率转换时间(小于 100ns)和很好的频率分辨率,但是这种方法产生的输出频点数量较少,杂散分量较多,需要仔细设计以避免产生寄生分量。而且,各单元间的电磁屏蔽必须很好,以防止交叉耦合。因此,直接合成器一般比较笨重,需要相当大的功率,所以这种频率合成法目前已基本不采用了。

2. 间接合成法

间接合成法又称锁相环路合成法,通过锁相环路来完成频率的加、减、乘、除运算。由于锁相环路具有滤波作用,通频带可以做得很窄,而且可以自动跟踪输入频率的变化,因此可以省去直接合成器中的滤波器,从而简化结构,降低价格,便于集成。基本锁相环原理图如图 5.26 所示。

基本锁相环是由鉴相器(PD)、低通滤波器(LPF)及压控振荡器(VCO)组成。PD 是相位比较装置,它把输入信号 $U_i(t)$ 与 VCO 输出信号 $U_o(t)$ 的相位进行比较,产生对应于两信号相位差的误差信号 $U_r(t)$。LPF 的作用是滤除误差电压中的高频成分和噪声,以保证环路达到需要的性能,增加环路的稳定性。VCO 的振荡频率受 LPF 输出的电压控制,使其频率向输入频率靠拢,直至频差消失,相位锁定。

将基本锁相环的结构稍加变化,就可得到频率合成器中经常使用的三种锁相环:倍频式锁相环、分频式锁相环、混频式锁相环。这三种锁相环的原理如图 5.27～图 5.29 所示。

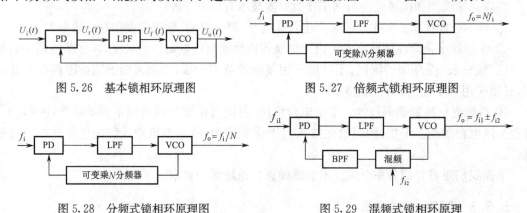

图 5.26　基本锁相环原理图　　　　图 5.27　倍频式锁相环原理图

图 5.28　分频式锁相环原理图　　　　图 5.29　混频式锁相环原理

由于锁相环需要经过频率捕捉和相位锁定过程才能达到稳定的工作状态,这使得间接合成器的频率转换速度与直接合成器的转换速度相比,大大降低。锁相环频率转换的典型时间为 20ms,比直接合成器(以 100ns 为准)大 200 倍。此外锁相环还可能出现失锁或错锁现象,其可靠性较差。锁相环中必须有 VCO,而 VCO 对机械震动十分敏感,由震动引起的相位抖动较大。锁相环对 VCO 控制线上的干扰信号和噪声也很敏感,需要特别注意对 VCO 的屏蔽。

3. 直接数字合成法

直接数字频率合成(DDS)是近年来迅速发展起来的一种新的频率合成方法,它将先进的数字信号处理理论与方法引入信号合成领域。其基本原理是使用稳定的参考时钟源,确定准确的采样时间,查表产生数字正弦采样值,最后经 D/A 转换和滤波平滑输出。由于绝大部分电路都是数字集成电路,因此这种方法具有简单、可靠、造价低廉、控制方便等突出优点。直接数字频率合成器的频率分辨率主要取决于输入相位累加器和波形存储器的容量,所以几乎是无限的。它的频率转换速度目前主要受 D/A 转换器限制,可达到小于几纳秒。这种频率合成法的主要缺点是:受器件水平限制,输出信号的频率上限不够高。但是,随着数字集成技术的飞速发展和各种新型器件的不断涌现,这一问题正在被逐渐解决。

5.3.3.2　DDS 原理

DDS 是采用数字化技术,通过控制相位变化速度来直接产生各种不同频率信号的一种频率合成方法。

DDS 的基本原理如图 5.30 所示。存储器中,存有一个正弦函数表,自变量为相位。在时钟控制下,依次读出与每个相位对应的正弦函数值,即得到采样的正弦离散信号,经 D/A 转换得到需要的模拟信号,改变时钟即可控制输出频率。设 $(0,2\pi)$ 内的相位点数为 2^N,时钟周期为 T_r,每个采样周期,相位增量为 $2\pi/2^N$,经过 2^N 个采样点,相位变化了 2π,则输出的频率为 $1/(2^N \times T_r)$。改变时钟周期来改变输出频率,只是为了理解原理的方便,实际上采用的是一个既简便又实用的方法:时钟频率不变,但在相位—正弦值存储器表中,每隔 K 个点读一次,那么读过 $(0,2\pi)$ 相位区间的时间缩小为原来的 $1/K$,即输出频率 $f_o = K/(2^N \times T_r) = K \times f_r/2^N$ 提高了 K 倍。当 $K=1$ 时,可得最低的频率分量,即 DDS 的最小频率分辨率 $f_{min} = f_r/2^N$;当 $K = 2^{N-1}$ 时,可得最高的输出频率 $f_{max} = f_r/2$。存储器的寻址也十分简单,只需附加一个相位累加器即可。

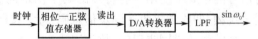

图 5.30　DDS 的基本原理图

一个实际 DDS 系统的基本组成如图 5.31 所示。

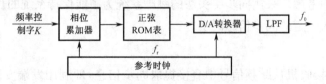

图 5.31　DDS 系统的基本组成

5.3.4　地址码编码及组网技术

5.3.4.1　基本概念

用来控制载频跳变的地址码序列称为跳频序列。在跳频序列的控制下,载频跳变的规律称为跳频图案。表示跳频规律的方法有两种:一种是时频矩阵表示法,如图 5.32 所示,横坐标表示时隙,纵坐标表示频隙;另一种方法是序列表示法,用符号或数字表示。图 5.32 对应的序列表示为:

〈0 2 5 7 6 3 4 1〉

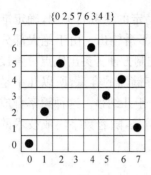

图 5.32　时频矩阵表示法

5.3.4.2　跳频序列的作用

跳频序列的作用主要体现在以下两个方面：

① 控制频率跳变实现频谱的扩展。发射端和接收端以同样的规律控制频率的变化，在实现同步后保证完善的接收。对敌方而言，此规律是未知的，因而给频率瞄准干扰造成了困难。

② 作为地址码，特定的用户采用特定的序列，发射端要向该用户发送信息，就采用该用户的地址码控制跳频规律，保证特定用户正确接收，而其他用户不能接收。当许多用户在同频段同时跳频组网工作时，跳频序列是区分每个用户的唯一标志。

5.3.4.3　跳频系统的同步方法

当收发双方采用同一个跳频序列时，系统的正常工作还有赖于时间同步的保证。同步的含义是：跳频图案相同，跳变的频率序列（也称频率表）相同，跳变的起止时刻（也称相位）相同。因此，为了实现收/发双方的跳频同步，收端首先必须获得有关发端的跳频同步信息，它包括采用什么样的跳频图案，使用何种频率序列，在什么时刻从哪一个频率上开始起跳，并且还需要不断地校正收端本地时钟，使其与发端时钟一致。

根据收端获得的发端同步信息和校对时钟的方法不同而有各种不同的跳频同步方式，主要有同步字头法和自同步法等。

1. 同步字头法

同步字头法是在发射信号的格式中使用一组特殊的码字携带同步信息，接收机从跳频信号中提取同步信息实现同步跳频，即收端接收此同步信息码字后，按同步信息的指令进行时钟校准和跳频。因为是在通信之前先传送同步码字，故称同步字头法。与自同步法相比，同步字头法具有快速建立同步的优点而存在同步信息不够隐蔽的缺点。

为了使同步信息隐蔽，应采用尽量短的同步字头，但是同步字头太短又影响传送的同步信息量的多少，需折中考虑。采用同步字头法的跳频系统为了能保持系统的长时间同步，还需要在通信过程中，插入一定的同步信息码字。

2. 自同步法

自同步法则由接收机从跳频信号中直接提取同步信息，即利用发端发送的数字信息序列中隐含的同步信息，在接收端将其提取出来从而获得同步信息实现跳频。此法发射机不必传送专门的跳频同步信息，因此具有节省信号频率资源和功率资源的优点。自同步法具有同步信息隐蔽的优点，但是存在同步建立时间长的缺点。

由于发端发送的数字信息序列中所能隐含的同步信息是非常有限的，所以在接收端所能提取的同步信息就更少了。此法只适用于简单跳频图案的跳频系统，并且系统同步建立的时间较长。

5.3.4.4　跳频系统的组网方式

利用跳频图案的良好正交性和随机性，可以在一个宽的频带内容纳多个跳频电台，达到频谱资源共享的目的，从而提高频谱的有效利用率。为了使跳频电台更好地发挥其性能，可将多个电台组成通信网络,完成专向通信或网络通信。跳频通信网根据跳频图案可分为正交和非正交两种。如果网内各用户所用的跳频图案在时域上不重叠,即在每一个时刻各用户使用的频率点都不相同(称为正交),则组成的网络称为正交跳频网。如果网内各用户所用的跳频图案在时域上发生重叠,则称为非正交跳频网。

此外,根据跳频网的同步方式,跳频电台的组网方法又有同步组网和异步组网之分。正交跳频网为了使跳频图案不发生重叠,要求全网做到严格定时,故一般采用同步组网方式。从严格意义上讲,正交跳频网是同步正交跳频网,一般简称为同步网。非正交跳频网的跳频图案可能会发生重叠,即用户之间在某一时刻跳频频率可能会发生碰撞(重合),因而可能会产生相互干扰。不过,这种干扰通过精心选择跳频图案和采用异步组网方式,是完全可以减少到最低限度的。因此,非正交跳频网常采用异步组网方式。异步非正交跳频网一般简称为异步网。

1. 同步组网

同步组网时,跳频通信系统中各用户都使用同一张频率表,但每个用户的频率顺序不同;各用户具有统一的时间基准,在统一的时钟下实施同步跳频,同步发射信号。

例如,现有 5 个跳频频率:f_1、f_2、f_3、f_4 和 f_5,若要设计 5 个跳频电台,则可按表 5-2 和表 5-3确定网内各用户的跳频序列。只要网内各用户在统一的时钟下进行跳频,虽然各用户频率集相同,但顺序不同。这样,在任一瞬间,均不会发生频率碰撞。

<table>
<tr><td colspan="6">表 5-2　正交跳频序列 1</td></tr>
<tr><td>序列 1</td><td>1</td><td>2</td><td>3</td><td>4</td><td>5</td></tr>
<tr><td>序列 2</td><td>2</td><td>3</td><td>4</td><td>5</td><td>1</td></tr>
<tr><td>序列 3</td><td>3</td><td>4</td><td>5</td><td>1</td><td>2</td></tr>
<tr><td>序列 4</td><td>4</td><td>5</td><td>1</td><td>2</td><td>3</td></tr>
<tr><td>序列 5</td><td>5</td><td>1</td><td>2</td><td>3</td><td>4</td></tr>
</table>

<table>
<tr><td colspan="6">表 5-3　正交跳频序列 2</td></tr>
<tr><td>序列 1</td><td>1</td><td>3</td><td>2</td><td>5</td><td>4</td></tr>
<tr><td>序列 2</td><td>2</td><td>4</td><td>3</td><td>1</td><td>5</td></tr>
<tr><td>序列 3</td><td>3</td><td>5</td><td>4</td><td>2</td><td>1</td></tr>
<tr><td>序列 4</td><td>4</td><td>1</td><td>5</td><td>3</td><td>2</td></tr>
<tr><td>序列 5</td><td>5</td><td>2</td><td>1</td><td>4</td><td>3</td></tr>
</table>

同步组网具有如下特点:

① 频率利用率高,同时工作的用户数最多。网内各用户都使用同一张频率表(但频率顺序不同),理论上讲,有多少个跳频频率就可有多少个跳频电台,即用户数等于可用的频隙数,可以证明这是同时工作允许的最多用户数。

② 同步正交组网相互干扰最小。虽然网内各用户使用同一个频率点(隙)集合,仍可以做到互不干扰。因为跳频图案正交,任一时刻,网内各用户不会发生频率重叠,因而不会发生用户之间的干扰。当然,这里忽略了传输距离不同的影响。

③ 安全性能差。同步组网必须使用统一的密钥,一旦泄露,整个网络的跳频图案都会被暴露无遗;各电台必须"步调一致",否则,只要有一个电台不同步,将会造成全网失步而瘫痪。

④ 频率表的选择难度大。一旦某个频率受到干扰或效果不佳,则换频必须是全局性的。

⑤ 建网速度比较慢。同步组网方式下,建网时需要所有电台都响应同步信号,才能将各电台的跳频图案完全同步起来,因而,建网速度比较慢。

虽然同步组网方式具有同时工作的用户数最多、组网相互干扰最小等优点,但需要精确时统,若进一步考虑各站之间距离的差异,要实现同步组网是很困难的。目前使用的跳频电台很少采用同步组网方式,多采用异步组网。

2. 异步组网

异步组网时,系统中没有统一的时间基准。由于各用户互不同步,因而会产生网内用户在同一时隙使用相同的频率,从而产生相互干扰。通过精心选择跳频图案和采用异步方式组网,可以减少网间频率重叠的概率。如表 5-3 中,在异步情况下,可能会产生严重的相互干扰。但若将最后一列去除,得到新的跳频序列,如表 5-4 所示。从中不难发现,不管时间如何延迟,任意两个用户只能有一个频点发生碰撞,产生相互干扰,这样的码序列就可以用来做异步组网用。

表 5-4 正交跳频序列 3

序列 1	1	3	2	5
序列 2	2	4	3	1
序列 3	3	5	4	2
序列 4	4	1	5	3
序列 5	5	2	1	4

异步组网具有如下特点:

① 组网速度快。由于异步组网不需要全网的定时同步,同步实现较简单方便。

② 抗干扰能力强、保密性能好。网内各用户的密钥相互独立,每个用户都有各自不同的跳频图案。

③ 对定时精度的要求低。异步组网不需要全网的定时同步,同时用户入网方便且组网灵活。

④ 由于可能存在频率碰撞问题,因此各用户的频率表选择难度大。

采用异步组网的方法,各用户按各自的时间和跳频序列工作。由于各跳频电台之间没有统一的时间标准,因而异步组网时,如果多用户采用同一频率表,频率序列虽不同,但也有可能发生频率碰撞。显然,这种频率碰撞的机会是随着网内用户数量的增加而增多的。毋庸置疑,异步组网工作时,为了实现多用户之间互不干扰,频率表的选择以及频率序列(即密钥)的选择就成了异步组网的关键,这正是跳频通信在应用上的主要研究方向。

5.3.4.5 跳频序列设计的一般要求

从以上分析可以看出,跳频序列的选择对组网性能有很大的影响。系统设计时,一般应满足以下要求:

① 每一个跳频序列都尽可能地使用所有可能的频隙,实现大的频率扩展比,以取得最大的处理增益。

② 跳频序列集合中的任意两个跳频序列,在所有相对时延下发生频隙重合的次数尽可能少,这将减小相互之间的干扰。

③ 跳频序列集合中的任意一个序列,与其本身时延后序列的频隙重合次数尽可能少,这就是要求自相关特性好,以提高同步性能。

④ 网内的用户要尽可能多,即可选用的跳频序列数目要尽可能多。

⑤ 跳频序列族的数目要尽可能多,以便在使用中随时更换,提高系统的保密性。

⑥ 为了提高抗窄带干扰的能力,要求相邻两跳之间的频率间隙要大。

⑦ 各频隙在一个跳频序列周期中出现的次数基本相同,以提高抗干扰性。

⑧ 跳频应具有较好的随机性和线性复杂度,以防止敌方用线性预测的方法来预测未来跳频的频率。

⑨ 跳频序列的产生应比较容易。

以上这些要求往往是相互矛盾的,在实际应用中,根据使用的重点要求,折中进行选择。

常用跳频码的形式有:基于 m 和 M 序列构造的跳频序列族,使用 RS 编码的跳频序列族,以及基于 Bent 函数等方法构成的跳频序列族。

5.3.5　短波跳频通信技术的发展

自 20 世纪 80 年代以来,短波跳频通信技术得到了不断的发展,先后经历了常规跳频、自适应跳频和高速跳频三个阶段。

5.3.5.1　短波通信常规跳频技术体制

1. 常规跳频技术概述

短波常规跳频通信即中低速跳频通信,它是在短波通信中运用最早、型号和产品最多的一种抗干扰技术体制。其基本思想是,在多个射频信道上(总带宽从几十千赫兹到几兆赫兹),以每秒几到几十跳的速率,按复杂的跳频图案进行跳频来躲避敌方的干扰,可以传跳频明话、密话(模拟)、中低速数据。自 1980 年以来,美、英、法等国都相继有短波跳频电台产品问世。如 1982 年英国生产的 SCIMITAR－H 短波跳频电台,其跳频带宽为 500kHz,跳速为 20 跳/s;JAGUAR－H 短波跳频电台,跳频带宽为 400kHz,跳速为 10～15 跳/s;美国生产的 SOUTH-COM 电台,跳速为 10 跳/s;HARRIS 公司生产的 RF－5000 系列跳频电台,带宽可变,最宽可达 1MHz,跳速为 10 跳/s。

2. 常规跳频通信体制存在的问题

(1) 跳速低

现有收/发信机(或电台)其信道切换时间不可能做到很小,且模拟信号在时间轴上很难进行压缩存储和扩展恢复,故信道切换势必会造成信号的损失。譬如当切换时间为 10ms,跳速达 20 跳/s 时,语音损失达 20%,信道切换引起的信号恶化在跳速增高时增大,为获取一定强度的有用信号,并克服多径效应的影响,每一跳周期必须有足够的驻留时间;同时,功放的上升和下降时间一直是制约跳速的重要因素。例如对于 100W 的功率输出,功率上升和下降的时间之和为毫秒数量级,仅功放的响应时间就将系统的跳速限制在每秒几十跳的范围内;另外,在传统短波跳频中,采用同步跳频模式,跳速越高,同步越困难。因而跳速不能做得太高,一般只能做到每秒几十跳。

(2) 跳频带宽窄

天调阻抗匹配时间的制约。由于短波天线插入阻抗随频率的改变而变化很大,所以通常采用自动天调来实现天线与电台功放之间的阻抗匹配。由于天调调谐需要一定时间,在传统短波跳频通信系统中,一般采用先在中心频率上让天调调谐完毕后,跳频频率在该中心频率附近一定的带宽内跳变,在跳频工作过程中,天调不再进行调谐工作,以节约频率切换时间,但却限制了跳频带宽,一般为小于 256kHz。

5.3.5.2　短波自适应跳频体制

1. 自适应跳频技术概述

跳频技术广泛应用于军事通信领域的缘由是,抗干扰能力强;可进行多址通信;通信时不易被发现、截获,符合现代电子战条件下电子反对抗的要求。跳频技术自问世以来,一直广泛应用于超短波通信,而不能应用于短波通信,这主要因为传统的短波通信采用定时定频模式进行通信联络,并且短波信道自身存在着一些难以克服问题。进入 20 世纪 80 年代,随着数字技术和实时选频技术的日趋成熟,以及突发通信技术在短波波段范围内的广泛应用和发展,短波自适应跳频技术应运而生。短波跳频不是在预先确定的频段而是在短波全频段上进行,并且仅仅是在那些无干扰频率或未被占用的频率上进行。也就是说,先用干扰频谱分析处理技术在整个短波频段范围内找出无干扰频率点,再在这些频率上进行跳频。人们把这种干扰频谱分析技术与跳频技术相结合的产物,形象地称为"天空跳跃者"自适应跳频技术。这种体制的跳频电台较之固定频段跳频电台,通信距离更远,信号质量更好,信号隐蔽性更强。

自适应跳频通信可分为三种类型:

① 跳频技术与频率自适应功能相结合,在跳频同步建立前,通信双方首先在预定的频率集中,通过自适应功能选出"好的频率"作为跳频中心频率,然后在该频率附近跳变。

② 跳频技术与频率自适应功能相结合,在跳频同步建立前,通信双方首先在预定的频率集中,通过自适应功能选出适应跳频用的"好的频率"作为跳频频率表。

③ 跳频通信过程中,自动进行频谱分析,不断将"坏频率"从跳频频率表中剔除,将"好的频率"增加到频率表中,自适应地改变跳频图案,以提高通信系统的抗干扰性能并尽可能增加系统的隐蔽性。目前,短波跳频通信装备主要是第一类型。

2. 自适应跳频体制的特点

与常规跳频体制相比,自适应跳频有以下特点:

① "智能化"程度高,避免了"坏频率"的重复出现,抗干扰性能更好,传输数据时误码率更低,也就是说,可通率得到提高。

② 若再和宽带跳频结合起来,则可大大提高抗干扰性能。

③ 由于需要搜索较多的信道,因此时间开销要大。

④ 多部电台组网时操作过程复杂,确定可用频率的时间较长。

3. 自适应跳频体制潜在的问题

自适应跳频较常规跳频抗干扰能力进一步增强,但由以上分析可以看出,这种抗干扰体制仍存在一些潜在的弱点:

① 频率易暴露。自适应跳频电台按照 LQA 技术,在指定信道上按一定的图案进行探测,实际上为敌人提供了自己使用频率的信息,暴露了自己在一定时期的工作频率,所以对于军事通信来说,这一点是比较严重的问题。

② 信道搜索时间过长。收/发双方保持通信良好的必要条件是:双方都工作在自己的安静频率点上,同时工作频率又都能保证良好的电离层传播特性。一般的自适应选频技术要做到以上两点非常不易。

例如,美军的 ALE 方法要在 100 个频率点上联机呼叫,每一个点上都要进行链路质量分析(LQA),选择其中最好的作为工作频率,双向通信要选择不同频率,据说建立信道至少要 8～12s,且频率大量暴露,还会造成一定的干扰。而自称是世界上最好战术电台的法国 TRC－3500,有先进的 SKYHOPPER 自适应跳频系统,选频时间也要 6～8s,如果用 AN/TLQ－17A 干扰机(美国干扰机,1～60MHz,2.5kW,能在 1s 内对 256 个预存频率点之一进行干扰)干扰这些"先进通信系统",在它们联机呼叫时就存储频率,一旦信道建立,在 1s 内即施放干扰,这些"先进通信系统"都将瘫痪。

③ 宽带跳频问题。宽带跳频技术仍没很好地解决,因而阻塞式干扰仍是它的一大威胁。

5.3.5.3　短波高速跳频技术

随着短波通信在现代军事通信中的地位不断提高,以及常规短波跳频通信体制暴露出越来越多的问题,各国都加大力量对短波跳频通信体制进行研究,主要基于以下几点考虑:

① 数字化是现代通信的发展趋势,短波跳频通信也必然要向数字化的方向发展;

② 为了提高抗干扰性能以及抗多径效应、抗衰落能力,提高跳频速率是一种有效的途径;

③ 要进一步增加通信信号的隐蔽性和抗干扰性,必须增加跳速;

④ 信号特征要尽量减少,要有很强的抗干扰和纠错能力;

⑤ 通信信号在同一频率上不应频繁出现。

基于上述几点考虑,在短波波段采用"宽带高速跳频技术体制"是很有价值的,国外开始研究新型的短波跳频通信电台,并已初见成效。现美国已研制出 HF2000 短波数据系统,跳速可达 2560 跳/s,数据传输速率达 2400b/s,1995 年美国 Lockhead Sandes 公司又研制的一种相关跳频增强型扩频(Correlated Hopping Enhanced Spread Spectrum)无线电台,简称 CHESS,跳速为 5000 跳/s,其中 200 跳用于信道探测,4800 跳用于数据传输,每跳传输 1~4bit 数据,数据传输速率为 4.8~19.2Kb/s。CHESS 把冗余度插入电台的跳频图案,以 4800b/s 的速率传输数据时,误码率为 1×10^{-5}。跳频带宽为 2.56MHz,跳频点数 512 个,跳频最小间隔为 5kHz。

CHESS 电台的出现宣告了短波波段,采用相关跳频技术,可以实现高速跳频,为在短波波段实现高性能的抗干扰加密数字化通信提供了有利条件。

5.3.5.4　短波扩频通信的应用与发展

扩频通信是随着军事通信中的应用而发展起来的。由于短波通信在军事领域存在特殊的意义,与短波通信固有的问题之间存在着非常突出的矛盾,扩频技术正是解决这些矛盾的主要手段之一。因此,在现代军事通信领域中,短波扩展频谱技术,特别是跳频技术得到了迅速发展和广泛应用。

当 20 世纪 70 年代末第一部跳频电台问世以后,就预示着其发展势头锐不可当。到了 80 年代,世界各国军队普遍装备跳频电台,20 世纪 90 年代,跳频通信如虎添翼,在军用跳频通信领域已相当成熟。业内人士指出,跳频通信是对抗无线电干扰的有效手段,称其为无线电通信的"杀手锏"。跳频通信是如此的神奇,以至于其问世至今的短短 30 年间,备受世界各国,特别是几大军事强国的青睐。

联合战术信息分发系统 JTIDS 是美军海、陆、空三军的一个战术无线网,它除提供海、陆、空三军间的通信,以及与机载预警控制系统间的通信和与远方司令部的通信,还为地面部队提供位置信息,可以知道本部队和友邻部队的位置,甚至敌方部队的位置。JTIDS 的抗干扰能力,主要是由于采用了直接序列扩频和跳频技术而获得的,其测距定位能力则是利用直接序列扩频技术而获得的。它是一个时分多址系统,也是一个 DS/FH 系统。

但是,目前主要短波跳频电台均存在跳速低,带宽窄,抗干扰能力还有限的缺点。随着 DSP 速度和性能的不断提高,短波全频段天线技术的成熟,在美军 CHESS 系统问世以来,短波高速跳频和软件无线电技术正在快速地发展。在不久的将来,具有实时频率自适应功能,跳速约为 5000 跳/s 的短波高速自适应跳频电台将大量投入使用。

5.4　短波与超短波通信系统组成及组网

5.4.1　现代短波通信系统

5.4.1.1　系统组成及工作原理

现代短波通信系统一般由带自适应链路建立功能的收发信主机、自动天线耦合器、电源以及一些扩展设备，如高速数据调制解调器、大功率功放（500W 以上）等部分组成，如图 5.33所示。

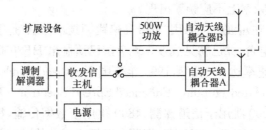

图 5.33　现代短波通信系统组成框图

1. 主机

收/发信机主机的主要作用与普通短波电台的收/发信机相比信道部分基本相同，其区别在于比普通电台多了一个自适应选件，能借助收/发信道完成自动链路建立。收/发信主机一般由收发信道部分、频率合成器部分、逻辑控制部分、电源和一些选件组成，其方框组成如图 5.34所示。

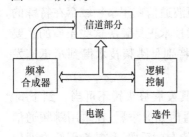

图 5.34　收/发信主机方框组成

信道部分一般包括选频滤波、频率变换、调制解调、音频功率放大、射频功率放大、AGC（自动增益控制）电路，ALC（自动电平控制）电路、收/发转换电路等，完成的主要功能是当处于发射状态时，将音频信号经音频放大送至调制器调制，形成单边带调制信号。一般再经两次频率变换（频率搬移），将信号搬移到工作频率上（1.6～30MHz），之后对射频信号进行线性放大，功率放大滤波保证有足够的纯信号功率输出，传递到天线上，向空间传播。当处于接收状态时，在天线上感应的射频信号加到选频网络，选择其有用信号，经射频放大或直接输入到混频器将射频信号进行频率变换（一般为两次混频），将信号搬移到低中频，对低中频信号进行解调，还原成音频信号，再经音频功放推动扬声器发声。为了使收信信号的输出稳定，发射时射频功率输出一致，信道部分必须加有 AGC 电路和 ALC 电路。

频率合成器一般由几个锁相环路组成，产生信道部分实现频率变换、调制解调所需的本振信号。现代频率合成器一般采用数字式频率合成技术，一部分设备采用直接数字频合 DDS 器件，使频率合成器的体积大大缩小。

现代通信设备中的逻辑控制电路一般采用单片机控制技术或嵌入式系统技术。逻辑控制电路一般包括微处理器系统（包括 CPU、程序存储器、数据存储器等），输入、输出电路，键盘控制电路，数字显示电路以及扩展电路的接口等。逻辑控制电路将控制整个设备的工作状态，协调与扩展电路的联系。扩展能力的强弱是体现设备先进性的较重要的标志。

电源部分提供主机内各部分的直流电源。根据用户的不同要求,完成某一个或某几个特殊要求,可选择不同的选件。如 RF－3200 电台可选用 RF－3272 自适应控制器,完成 ALE(自动链路建立)功能。

2. 天调(自动天线耦合器)

随着频率变化,天线将呈不同的特性阻抗,自动天线耦合器的作用就是将变化的阻抗通过天线耦合器的匹配网络与功放输出阻抗完全匹配,使天线得到最大功率,提高发射效率。目前,自动天线耦合器主要由射频信号检测器部分、匹配网络部分和微处理器系统等电路组成,其框图如图 5.35 所示。

射频信号检测器部分一般由 3 个检测器电路组成,分别对射频信号的相位、阻抗及驻波比进行检测,并将检测的数据送给微处理器系统作为调谐匹配的依据。检测器的精度直接影响调谐的准确性。

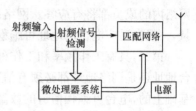

图 5.35　自动天线耦合器方框图

匹配网络一般由可变串联电感、可变并联电容等元件组成。在微处理器系统中处理运算,输出驱动继电器的控制信息,使相应的电感、电容接入匹配电路达到天线与功放输出阻抗匹配的目的。

微处理器系统是由单片机组成的电路系统,是自动天线耦合器的核心,其作用是根据检测器所提供的信息进行判断、处理,输出一组控制匹配网络的数据,并调整其匹配网络参数,判断是否匹配,如未达到匹配目的,微处理器系统将再输出一组控制数据进行判断,直至网络参数满足匹配条件为止。在工作频率变化后,应重复上述调谐步骤,对所工作的频率完成调谐匹配功能。

3. 电源

电源为天线耦合器提供正常的工作电压。交—直流变换电源一般是中功率稳压电源,提供系统各部分的电源。较常见的有开关电源和线性稳压电源。

典型的短波通信设备有 RF－3200,它是美国 Harris 公司生产的自适应单边带电台,完全遵循 1045 协议。由于它采用的技术较先进,性能良好,是目前较典型的装备。

5.4.1.2　自适应电台组网

单工无线电台按不同的工作方式可分为固定频率方式工作的电台、跳频方式工作的电台以及分组交换方式工作的电台。它们相应地可以组成 3 个不同形式的网络结构,分别为定频无线电台网络结构、跳频电台网络结构以及分组无线电台网络结构。

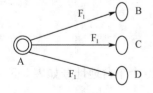

图 5.36　无线电台定频组网示意图

本节主要介绍自适应电台的组网方法。自适应电台的网络结构归类于定频无线电台网络结构,这主要是由于自适应电台通信链路一旦建立,通信双方实际上是在固定频率上工作,它既有定频无线电台网络的一些特点,但又不完全等同于单纯定频电台的工作方式,这里主要介绍自适应电台的组网方法。图 5.36 给出了其组网示意图,图中 A、B、C、D 为 4 个单工无线电台。

1. 自适应电台组网要求

自适应电台与普通电台的主要区别在于自适应电台有自身地址，以不同的自身地址区分网络成员，在通信双方建立通信链路时和对双方线路质量进行探测时都以自己的身份（自身地址）给对方识别。所以自适应电台组网包括以下要求。

第一，电台要有地址编程能力。地址一般包括单台地址和网络地址，单台地址是指各台自身地址的集合，包括自身地址和它站地址，单台地址可编程数量的多少将决定同频网中不重名电台的数量。自适应电台的单台地址可编程数一般设计为100～200个。网络地址是指将某几个单台地址的电台组成一个小网，这几个电台将拥有这一个网络地址，在进行网络呼叫时，网络内的成员都将有应答。网络地址可编程数量的多少将决定采用同类协议的电台组网的数量，一般自适应电台网地址可编程数为10～20个。

第二，具有工作频率和工作种类支持，这是自适应电台探测和呼叫的前提条件。无论是单台地址还是网络地址都必须有信道（频率、工种）支持。所以，自适应电台组网必须建立在信道基础上的，电台可编程信道的数量标志着在同一通信系统中同一时刻能够工作的频率点的个数。自适应电台可编程信道数设计一般为100～200个。

第三，要有统一的协议。只有自适应探测或呼叫格式一致，被呼台才可以进行相应的应答，通信链路才能正确建立，同时对于其他未被呼叫的电台而言仍然处于静默扫描状态，也不会觉得别人在通话，这是与普通电台定频通信一呼百应形式的重要区别。目前，全球较通用的自动链路建立的标准为美国联邦标准 FED－STD－1045 协议。除此之外，自适应电台还必须具备自动信道扫描功能、自动快速天线调谐功能等。

2. 自适应电台组网方法

自适应电台的组网首先要明确需要组网的自适应电台的总数量、组网个数、网络规模，此外还要明确分别用于专向通信和组网通信的电台数量，以此才能确定各单台的自身地址号和组网的网地址号。下面举一个简单实例说明自适应电台组网的基本方法。

例如：一个集团军下属有两个师、一个独立旅，各师下属 3 个团，各单位有一台自适应电台。现要求：

① 集团军与各师、旅、团能专向通信；
② 师与师、师与旅之间可以专向通信；
③ 集团军与各师、旅组成一个网络；
④ 各师与下属团组成一个网络，并能专向通信。

如何组织网络？可分为两个步骤：

① 确定单台地址和网络地址；
② 制订工作信道的数量和数值。

根据上述条件得知，这个集团军共有 10 部自适应电台，分别确定 10 个单台地址号如表 5-5 所示。

军与各师、旅、团之间，各师之间，师与旅之间可单呼，组成专向通信。

组成的网络有：

① 军、师、旅组成一个网，如 300 网成员有 4 个(100,110,120,130)；
② 一师与下属团组成一个网，如 301 网成员有 4 个(110,111,112,113)；
③ 二师与下属团组成一个网，如 302 网成员有 4 个(120,121,122,123)。

由上可知,一师(110)、二师(120)是两个网络的成员,也就是当某成员呼(300 网)时,一师(110)要应答;当某成员呼(301 网)时,一师(110)也要应答。二师(120)类似。

表 5-5　单台地址号

集团军电台地址号100	一师110	1 团　111
		2 团　112
		3 团　113
	二师120	4 团　121
		5 团　122
		6 团　123
	独立旅　130	

单台地址和网络地址确定后,可根据频率管理系统提供的可用频率点制订工作信道的数量和数值。当然,一条通信链路至少有两对工作频率点(一对日频、一对夜频),重要的通信方向应有备用信道。如上例中的集团军与师、旅之间可以备用 2～3 条信道。各网络采用多少、什么信道也要明确制定。将上例各通信链路分配好信道,如下所示。

100:1,2,3,4,5,6,7,8,9,10,11,12,13,14,15,16,17,18,37,38,39,40,41,42
110:1,2,3,4,19,20,21,22,23,24,25,26,27,28
120:5,6,7,8,19,20,29,30,31,32,33,34,35,36
130:9,10,11,12,21,22,29,30
111:13,14,23,24
112:15,16,25,26
113:17,18,27,28
121:31,32,37,38
122:33,34,39,40
123:35,36,41,42
300:(100,110,120,130)43,44,45
301:(110,111,112,113)46,47,48
302:(120,121,122,123)49,50,51

以上给出了各单台地址下的信道号和网络地址下的成员单台地址及信道号。把这些制订成联络文件,下发到各单位,各台按联络文件对自己的电台进行信道、单台地址和网地址编程,为实时通信做好准备工作。执行上述步骤后,各台就可以知道自身的地址、可进行专向通信的对象、所使用的信道,以及本台所属的网络(即是哪些网络的成员)。由上例可知,需要通信方向越多,通常所需的工作频率(信道)越多。如果实际使用的频率没有这么多,可以采用几个通信方向共用一条信道,但要进行两两专向通信时,为避免相互间的干扰,需要分时进行。

5.4.2　现代超短波通信系统

5.4.2.1　电台组成及工作原理

超短波电台一般用于战术近距离通信,其形式主要是车载、机载、背负、手持等,一般要求其体积小、质量轻、功能多、抗干扰能力强。超短波电台历经多年的发展,其电路形式变化不大。但就具体电路而言,新技术、新器件大量地应用于超短波电台,使超短波电台的性能和功能得到明显的提高和改善,特别是扩频通信技术在超短波电台中的应用,使得电台的抗干扰能力、组网能力都有了质的变化。

现代超短波电台的方框组成可归结为发信通道、接收通道、频率合成器、逻辑控制器、跳频单元、电源及其他辅助电路等,如图 5.37 所示。图中,发信通道部分主要由音频信号处理部分、锁相环调频单元、功放、滤波输出单元电路组成,其作用是将音频信号放大后送至锁相环对VCO调制(调频),形成调频波,再经功率放大、滤波后输出到天线。

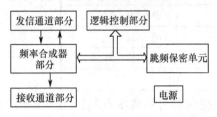

图 5.37　现代超短波通信系统组成框图

接收通道部分主要由高放、变频(一般为二次变频)组成。鉴频解调出音频信号,经音频放大推动耳机或扬声器。

频率合成器一般为数字频率合成器,在发射时完成调频功能,在接收时完成产生两个本振信号的任务,在逻辑控制单元或跳频保密单元的控制下改变其中心频率的高低或跳变。

逻辑控制部分是由微处理器及一些外设电路组成的控制电路,根据操作人员指令的需要对整机实施控制和管理。在跳频状态可以与跳频单元交换信息,实现跳频通信的工作方式。

跳频通信是战术无线电通信抗干扰措施的具体体现,在现代超短波电台中较普遍地采用跳频保密单元,有些还实现自适应跳频通信,跳频速度是跳频通信的重要指标,跳速越高,其抗电子干扰、抗截获、抗窃听的性能越好。

电源提供整机工作电源,背负式、手持式电台一般由电池供电。

5.4.2.2　跳频电台组网

1. 组网方式

跳频电台工作时,由于一个网内的电台都使用同一个"跳频图案",虽然此网和另一网的"图案"不同,但若在不同的"图案"中都选用 f_1、f_2、f_3 等频率,因为战术电台一般都在同一地域内工作,因此各网工作时,在某一瞬间可能发生同时在 f_1、f_2、f_3 等频率上工作的情况,则此瞬间的网与网之间发生"频率碰撞",造成相互干扰。跳频电台组网与两种情况有关。

（1）跳频频率数

跳频频率数是指实现跳频通信使用的信道频率数。跳频频率数越多,则组网时选用方便,灵活性大。组网时使用不同频率,不会相互碰撞。但是频率数与跳频组网数有关。若同时组网数不多,则可用有限的频率数满足组网需要。

（2）组网方式

组网方式有正交和非正交两种。所谓正交组网,是指各网在同一时钟全同步的情况下,各网的跳频是等角跳变的,也称为同步组网。如 1 号网按 f_1、f_2、f_3、f_4 次序跳变,2 号网按 f_2、f_3、f_4、f_1 次序跳变,3 号网按 f_3、f_4、f_1、f_2 次序跳变,4 号网按 f_4、f_1、f_2、f_3 次序跳变。由于是全同步,因此各网之间不可能发生频率碰撞,理论上有多少个频率就可组多少个网。但实际上战术电台的频率稳定度、准确度都不是很高,频率会发生漂移,因此完全正交也会逐步变为非正交。另外,建网的同步概率会影响正交组网。

同步组网的特点是所有网都要有相同的同步状态和相同的原始密钥,因此频率利用率高,网间干扰少。但缺点是建网时间长,安全性差。

非正交组网通常称为异步组网,即各网之间互不同步,这会产生网间的频率碰撞,形成自干扰。为了解决互相碰撞引起的通信质量下降,组网前要选择各网的频率表,使之互不相同。也可以将不同的分频段分配给各网使用,如第一分频段为 1 号网,第二分频段为 2 号网等。

异步组网方式的特点是每个网的密钥相互独立,每个网都有各自不同的跳频图案。因此抗干扰能力强、保密性能好,不易破译,同时建网时间快,同步实现较方便。其缺点是存在频率碰撞问题,但可以通过选择互相关性好的跳频码方法解决。

下面简单比较正交组网与非正交组网的特点:

① 频率利用率。正交组网的频率利用率高于非正交组网的频率利用率。

② 组网速度。正交网的建立必须基于网间时钟的同步,因此建网速度较慢,建立过程时间较长。非正交异步网各自独立,无此过程,故建网速度快。

③ 同步保持。正交网的同步保持要依靠网间时钟信息的频繁变换来实现,非正交异步网无须此要求。

④ 抗干扰性。两者差不多,正交网稍优。

⑤ 网间干扰。正交网在保持同步正交的情况下无网间干扰,而非正交异步网存在频率碰撞的可能。

⑥ 入网性能。已建立的正交网对任一迟后入网的电台都呈现异步状态,只有等到网内回答的时间基准信息被接受之后,才能被纳入网内跳频,因此正交网给迟后入网带来困难。

⑦ 保护性能。如跳频电台丢失,因正交网使用相同的密钥,故密钥易被发现和破坏。非正交异步网使用不同的密钥,其危险性小得多。

⑧ 系统复杂性。用于正交组网的电台比较复杂(包括器件的品种和数量多,软件也较复杂)。

总之,非正交异步网较正交同步网有更多优点,在实际中应用得较广泛。

2. 超短波跳频电台的组网形式

超短波跳频电台的跳速快,同步保持时间短,同步概率高,所以一般采用每次通信时先发同步信号的方式来组网,即电台平时处于搜索状态,每次按下 PTT,电台首先发出同步信号以同步网内的所有电台,当网内电台均处于同步状态后再通信。通信完毕,所有电台回到搜索状态,等待下一次同步。

如采用异步非正交组网方式,各网按各自的时间和跳频序列工作。由于各跳频网之间没有统一的时间标准,因而异步网工作时,如果多网采用同一个频率集,会产生频率碰撞。当然,少量电台采用同一频率集工作时,频率碰撞的机会很小;采用同一频率集的电台数量越大,发生频率碰撞的机会越多。

现代战争的特点是诸多军兵种联合作战。为了解决指挥和协同通信,通常采用组网方式,以实现多网电台互不干扰的通信。多网工作时,频率选择还要满足以下条件:

(1) 禁止选用与当地广播电台、电视台一致的频率;

(2) 相邻电台的工作频率不能恰好相差中频;

(3) 相邻电台不能用彼此的镜像频率发信;

(4) 同一台车内的几部电台同时工作时,彼此的频率间隔应大于最高工作频率的 10%;当最高工作频率低于 50MHz 时,频率间隔应不小于 5MHz;

(5) 同一台车内的几部电台,其工作频率的选择应避免互为谐波关系;

(6) 邻近固定频率的常规电台可能受到干扰,可以在制定频率表时删除可能产生干扰的频点或频段。

3. 跳频电台的组织运用

跳频通信本身是采用抗干扰技术的通信,但为了更好地发挥其通信能力,提高其抗干扰能力,必须深入研究通信组织管理,这一点在己方的技术明显处于劣势状态下尤其显得重要。做好跳频电台的组织应用,主要涉及以下几个方面的工作。

(1) 做好通信联络的准备工作

① 通信部门的准备。通信部门根据上级的通信指示和本部队所担任的任务,周密计划、组织,合理制定跳频电台通信保障计划和通信指示,下发部队,作为通信联络的依据。在制定通信文件时,要特别注意所用电台网号、密钥、TOD 的划分。

② 保密专室人员的准备。保密专室人员应合理划分频段,产生一至两张频率表,以避免重复使用频率或频率表跨度不符合规定要求而造成相互干扰;密钥要根据上级指示启用;跳频参数的加注由专室人员使用专门的注入器注入,这是跳频通信一个非常重要的环节;制订紧急加注预案,以处理参数丢失或泄密等意外和突发事件,预案应包括参数的内容、注入方法、原始参数的处理等。

③ 使用者的准备。使用者在实施通信联络前,除完成对电台的常规检查外,要注意检查电台的信道参数和跳频参数。

(2) 建立专向、网络、转信通信等组织形式

① 专向通信。应由主台先发信,校对属台的时钟,以实现专向通信的时间同步。

② 网络通信。主要用于保障主台与多个属台之间的通信,网络通信中最高指挥员所在的电台为主台,其余电台为属台。

③ 转信通信。各网之间可以通过转信建立联络方式。

(3) 频率的使用

对于战术电台,在频率使用上,最好和敌方使用同样的频段。因为我方使用与敌方同样的频段,当敌方施放干扰时,干扰机距我方远,而离敌方近,如施放宽带干扰,首先干扰的是敌方自己;如施放窄带干扰,我方用跳频通信即可避免之;如我方频率隐蔽在敌方使用频率之下,可完全受到保护。

(4) 跳频电台进行组网时应考虑的因素

如果是几部电台采用同一频率集工作,频率碰撞概率极小,不会影响电台的同步和正常通信,可以忽略不计;如果在跳频电台通信范围内有几十部甚至上百部电台采用同一频率集工作,频率碰撞概率增加,可能影响正常的同步和通信,因而应考虑采用不同频率集的方法。

在同一频率集内,若要求每两部或 3 部电台组成一个网,并且组的网数不多时,可以通过改变网号或改变密钥号或改变 TOD 的方法来组网。

任何一个抗干扰系统的目的,都是迫使敌方要想成功地干扰我方通信必须付出比我方采用该抗干扰系统大得多的代价。一个成功的抗干扰系统设计者总是力图使干扰者在战术环境下利用现有手段难以干扰通信,以致不得不在增援电子对抗力量和巨额投资方面做出折中。如果抗干扰系统在受敌方压制的恶劣环境条件下能保证我方战场指挥控制的最低限度的通信要求,那么这个系统设计就是十分成功的,要做到这一点,系统必须具有低截获概率特性和足够的抗干扰能力。据称,在野战条件下,布置在宽 60km,纵深 30km 的地域内,美军的一个陆军师拥有 3300 部电台,组成 350 个通信网。我军大体上也拥有同等数量的电台和网络。野战通信这种与敌方接近、布置地域狭小、电台拥挤、多发射源以及许多无线电通信设备的天线的方向性不强的状况,都给抗干扰增加了难度。所以,必须坚持主动、多变、善变的方针,把对抗

和反对抗相结合,硬抗和巧抗相结合,佯动和寂静相结合等,充分发挥跳频电台的特点和优势,保障我军的通信畅通无阻,高效快捷。

习题与思考题

5.1　对短波通信有影响的电离层有哪几个导电层? 它们的高度各为多少? 在电离层平静时,随时间变化有些什么规律?

5.2　无线电波在非均匀媒质中传播时会发生哪些现象? 各有什么产生条件?

5.3　无线电波传播有哪些方式? 选用的条件分别是什么?

5.4　试从电离层的变化规律,说明短波通信选择工作频率的重要性。

5.5　短波通信中产生多径传输的原因是什么? 何谓粗多径效应? 何谓细多径效应?

5.6　短波传播中的寂静区是如何形成的?

5.7　MUF 与 OWF 有何异同点,实际工作频率选择时,应如何选择。

5.8　一般地说,短波通信可用的日频与夜频选择有何规律,为什么?

5.9　短波无线电传输中,能量损耗主要来自哪几个方面?

5.10　短波通信有哪些特点? 为什么?

5.11　短波单边带通信的基本原理是什么?

5.12　什么是自适应选频技术? 它主要包括哪几个技术? 各完成什么功能?

5.13　短波自适应通信系统有哪些基本功能?

5.14　短波跳频通信有哪些优点? 为什么?

5.15　短波跳频通信系统中,可以采用什么方法对付定频窄带干扰、跟踪窄带干扰和阻塞式干扰?

5.16　简述 DDS 的基本原理。

5.17　什么是跳频图案?

5.18　跳频序列的主要作用有哪些?

5.19　自适应跳频体制有哪些潜在问题?

5.20　现代超短波电台通信系统组成?

第6章　军事通信网

通信就是信息的传递与交换,是社会发展的基础。随着网络化时代的到来,人们对信息的需求与日俱增,对通信的要求也越来越高。通信网的建立应满足这些要求,并不断完善,以便做到信息传递的快速、可靠、多样、经济。

未来战争必然是一场高技术条件下的现代化战争。现代战争对信息传递的要求,使军事通信系统成为军队战斗力的重要组成部分。一方面,通信技术的最新研究成果往往迅速被用于军事通信;另一方面,对军事通信越来越多的特殊要求又推动通信技术向新的领域发展。通信技术的飞速发展和广泛应用已成为新军事革命的重要组成部分。军事通信网正向着数字化、综合化、智能化、宽带化等方面发展。

6.1　通信网的基本概念

6.1.1　通信网的概念、构成要素及功能

点与点之间建立通信系统是通信的最基本形式,尽管这样的通信系统有很多,但还是不能称为通信网,只有将多个通信系统(传输系统)通过交换系统按一定的拓扑模式组合在一起才能称为通信网。

6.1.1.1　通信网的概念

通信网是由一定数量的节点(包括终端节点、交换节点)和连接这些节点的传输系统有机地组织在一起的,按约定的信令或协议实现两个或多个规定点间信息传输的通信系统。也就是说,通信网是相互依存、相互制约的许多要素组成的有机整体,用以完成规定的功能。通信网的功能就是适应用户呼叫的需要,以一定的质量标准传输网内任意两个或多个用户的信息。信息的传输可以在两个用户之间进行,在两个计算机进程间进行,还可以在一个用户和一个设备间进行。这里一个重要的环节就是交换。交换的信息主要包括如下三类:

① 用户信息,如语音、数据、图像等。

② 控制信息,如信令信息、路由信息等。

③ 网络管理信息。

6.1.1.2　通信网的构成要素

实际的通信网是由软件或硬件按特定方式构成的一个通信系统,每一次通信都需要软、硬件设施的协调配合来完成。从硬件构成来看,现代通信网一般是由用户终端设备、传输系统和交换设备按照某一种结构组成的。图1.6给出了一般通信网组成示意图,即通信网的构成要素主要包括:终端设备、传输系统和交换设备。它们完成通信网的基本功能:接入、传输和交换。而其软件构成要素则包括各种规定,如协议、信令方案、控制、管理、网络结构、路由方案、编号方案、资费制度、质量标准等。它们主要完成通信网的控制、管理、运营和维护。在现代通信网中,协议(Protocol)已成为必不可少的支撑条件,它直接决定了网的性能。

（1）终端设备

终端设备是用户与通信网之间的接口设备，它包括基本通信系统模型中的“信源、信宿、变换器与反变换器的一部分”。最常见的终端设备有：各种电话、传真、无线终端如手机，各种数据终端、图像终端、汉字终端。局部的或小型的通信系统对公用通信网来说，也可以作为终端接入，如用户交换机、ISDN 终端、局域网、办公室自动化系统、计算机系统等。终端设备的功能主要有以下三种：

① 将待传送信息转换成适合传输的信号，或者反之将传输的信号转换成用户能够识别的信息；

② 与信道匹配的接口功能：即将信号与传输链路相匹配，由信号处理设备完成；

③ 信令的产生和识别：即用来产生和识别网内所需的信令，以完成一系列控制作用。

（2）传输系统

传输系统即传输链路。它是信息传输的通道，是连接网络节点的媒介。它一般包括基本通信系统模型中的“变换器、反变换器的一部分”。

传输系统包括连接网络节点的传输介质和相应的通信装置。传输介质分为有线和无线两大类，传输链路可以分为不同的类型，各有其不同的实现方式和适用范围。通信装置主要包括进行波形变换、调制/解调、多路复用等功能的设备。

传输系统一个主要的设计目标就是如何提高物理线路的使用效率，因此通常传输系统都采用了多路复用技术，如频分复用、时分复用、波分复用等。

另外，为了保证交换节点能正确接收和识别传输系统的数据流，交换节点必须与传输系统协调一致，这包括保持帧同步和位同步、遵守相同的传输体制（如 PDH、SDH）等。

（3）交换设备

交换设备是构成通信网的核心要素，在网中作为通信节点，它主要实现以下功能：

① 为信息提供交换的场所，完成各种交换业务、通信业务的业务执行功能。

② 完成通信终端设备或中继之间的接续转换，建立起连接发信终端和收信终端的通信链路。

③ 根据目的地址和网络状况，选择最优的中继路由。

④ 进行信息流控制。为避免信息拥塞和有效利用网络资源，节点之间必须实行流量控制。

⑤ 进行网络监视、控制和网络管理。

对不同业务的通信网，交换设备的性能要求不同。如对电话网交换的要求是不允许对通话的传输产生延时。因此，目前主要是采用直接接续通话的电路交换方式，也有用报文交换和分组交换方式。而对于主要用于计算机通信的数据网，由于计算机终端或数据终端可能有各种不同的速率，同时为了提高传输链路的利用率，可将输入信息流进行存储，然后再转发到所需要的链路上去，这种方式叫做存储转发交换方式。例如，分组交换就是利用存储转发方式进行交换，这种交换方式可以达到充分利用链路的目的。

6.1.1.3　通信网的功能

通信网要完成的一个基本功能就是为网内通信双方提供接续的通信路径，使处于不同地理位置的终端用户可以相互通信。为此，网络必须具备以下功能：

① 网络发送节点与目的节点之间确实存在物理传输媒介（当然通常都要经过中间节点）。

为通信双方提供信息交换通路。

②　协议变换。使具有不同字符、码型、格式、信令、协议、控制方法的终端用户能互相"听懂"对方。

③　寻址。被传输的信息,应标明地址,使之具备寻址能力,能够正确到达目的地。

④　路由选择。在始节点和目的节点间选择一条最佳通路。特别是当通信线路上的节点或链路出现故障或发生拥塞时,能提供迂回路由。

⑤　终端用户和传输网络间的信息速率匹配。

一般采用设置缓冲或进行输出分组流速率控制来解决。为输入信息提供缓冲,使之能够排队等待进行处理;为输出信息提供缓冲,直到其能经传输链路输出为止。为了使收端缓冲器不溢出或不经常等待发送信息,可采取输出分组流速率控制。

⑥　差错控制。由数据链路控制单元提供误码检测或纠错,乃至要求发端重发。

⑦　分组装拆(PAD)。在发端,由 PAD 将用户数据进行分组;在收端,PAD 将发送出的带有编号的信息分组或信息包,按其原样组装成用户信息。

上述功能实际说明了两个终端用户通过一条完整有效接续通路(链路)进行通信的过程。毫无疑问,网中通信双方必须成双成对出现,当然也可以多方会谈。因此,这些功能也必然在一个通信系统中成对地在通信双方接续进程中显现,才能在任何时候,任何情况下,进行两两通信。因此,不论网如何,就其网的基本功能来说,这些成对显现在通信双方的功能,都处于同等地位上,或者说它们都处于同一对等层次(Peer Layer)上。这也是通信网分层结构基本概念的由来。

6.1.2　通信网的分层结构

随着通信技术的发展和用户需求的日益多样化,现代通信网正处于变革与发展之中,网络类型及所提供的业务种类不断增加和更新,形成了复杂的通信网络体系。

为了更清晰地描述现代通信网的网络结构,在此引入网络的分层结构。网络的分层使网络规范与具体实施方法无关,从而简化了网络的规划和设计,使各层的功能相对独立。

6.1.2.1　网络结构的水平描述

水平描述是基于用户接入网络实际的物理连接来划分的。从信息传送过程来看,通信网可由下面三类网构成:用户驻地网(Customer Premises Network,CPN)或(Subscriber Premises Network,SPN)、接入网(Access Network,AN)、转接网(TN)或核心网(Center Network,CN),如图 6.1 所示。

(1) CPN

CPN 为用户驻地网,指用户驻地区域的用户终端到用户—网络接口(UNI)之间所包含的机线设备,是属于用户自己的网络。它由完成通信和控制功能的用户驻地布线系统组成。其任务就是将源信号原封不动地传给接入网,即要求它对源信号(速率、带宽、业务量)进行透明传输。

由于源信号性质的差异,即各种业务的基本特征不同,要求 CPN 在规模、终端数量和业务需求方面差异很大。

- 规模可大可小。CPN 可以大至公司、企业和大学校园,由局域网的所有设备组成;也可以小至普通居民住宅,仅由一部电话机和一对双绞线组成。

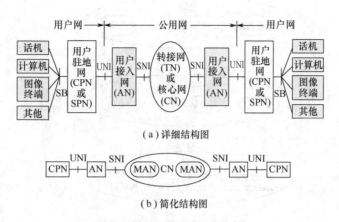

（a）详细结构图

（b）简化结构图

图 6.1　水平观点的网络结构

- 速率可高可低。高为 155Mb/s 速率的 STM—1。低为 64Kb/s 语音、192Kb/s 基本速率接入（Basic Rate Access，BRA）或 2.048Mb/s 一次群速率接入（Primary Rate Access，PRA）。
- 业务量可高可低。高，相当端口速率为 155Mbit/s 的 128 个端口 ATM 交换机支持的 2.0Gb/s 业务量；低，相当中速率多媒体终端支持，或未来无线终端相适配的 10～20Mb/s 业务量。

也就是说，CPN 必须灵活适应如此范围广泛的用户需要。

（2）核心网

核心网包含了交换网和传输网的功能，或者说包含了长途网和中继网的功能，在实际网络中一般分为省际干线（即一级干线）、省内干线（即二级干线）和局间中继网（即本地网或城域网 MAN）。

（3）接入网

接入网位于核心网和用户驻地网之间，包含了连接两者的所有设施设备与线路。接入网已经从功能和概念上替代了传统的用户环路结构，成为通信网的重要组成部分，被称为通信网的"最后一千米"。

（4）SNI

SNI，业务节点接口（Service Node Interface），通信网按水平描述方式还可以分为：局域网（Local Area Network，LAN）、城域网（Metropolitan Area Network，MAN）、广域网（Wide Area Network，WAN）等。

6.1.2.2　网络结构的垂直描述

随着通信技术的发展，现代通信网的构成有了很大的变化，其结构越来越复杂，功能也越来越细化。除了考虑通信网的水平分层结构之外，还可以从垂直的角度，按功能的不同对通信网进行描述。从网络垂直分层的观点来看，可根据不同的功能将网络分解成多个功能层，上下层之间的关系为客户—服务器关系。网络的垂直分层结构也是网络演进的争论焦点，开放系统互连（Open Systems Interconnection，OSI）七层模型是人们普遍认可的分层方式，但它显得太复杂。我们可以把 OSI 七层模型进行简化，在垂直结构上，根据功能将通信网分为应用层、业务网和传送网，如图 6.2 所示。

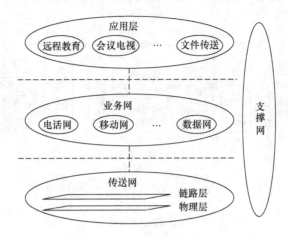

图 6.2　垂直观点的网络结构

在这一体系结构中,应用层面表示各种信息应用与服务种类;业务网层面为所支持各种信息服务的业务提供手段与装备,它是现代通信网的主体,是向用户提供诸如电话、电报、传真、数据、图像等各种通信业务的网络;传送网层面表示支持业务网的传送手段和基础设施,包括骨干传送网和接入网。此外还有支撑网用以支持全部三个层面的工作,提供保证通信网有效正常运行的各种控制和管理能力。

6.1.2.3　通信支撑网

按网络垂直分层结构,现代通信网按功能的不同可以分为业务网、传送网和支撑网。支撑网是为保证业务网正常运行,增强通信网功能,提高整个通信网的服务质量而形成的专门网。传统的通信支撑网包括信令网、同步网和电信管理网。

1. 信令网

信令是在电话机或其他终端与交换局、交换局与交换局、交换局与各种业务控制点及交换局与操作维护中心等之间,为了建立呼叫连接及各种控制而传送的专门信息,是控制交换机动作的操作命令。因此,可以说信令是为了通信双方建立连接和特殊的应用而设立的。在电话通信网上采用的各种信令都是用于控制呼叫连接的,包括各种状态监视和呼叫控制。随着现代通信网的发展,包括综合业务数字网、智能网及移动电话通信网的发展,要求传送的信令内容越来越多。

信令方式以协议或规约的形式体现,实现信令方式功能的设备称之为信令设备。各种特定的信令方式和相应的信令设备就构成了信令系统。信令系统在通信网的各节点(交换机、用户终端、操作中心和数据库)之间传输控制信息,以便建立和终止各设备之间的连接。

信令可根据不同的分类标准进行分类。如果按信令的工作区域划分可分为用户线信令、局间信令。用户信令是用户与交换机之间传递的信令,在"用户线"上传递。主要包括用户向交换机发送的监视信号和选择信号,以及交换机向用户发送的铃流和忙音等信号。因为每一条用户线都要配一套用户线信令设备,为了减少设备的复杂程度,降低成本,用户线信令一般较少,而且简单。对于常见的模拟电话用户线情况,这种信令包括:用户状态信令、选择信令、各种信号音。局间信令是在交换局间传送的信令,在"中继线"上传递。

根据局间信令与语音通路之间的关系可将局间信令分为两类:随路信令(Channel Associated Signaling,CAS)、公共信道信令(Common Channel Signaling,CCS)。原 CCITT 规范了一整套信令系统,从 CCITT No. 1～No. 7,分别适用于不同的中继系统。我国通信网中正在使用的有随路信令系统(即中国 1 号信令)和公共信道信令系统(即中国 7 号信令)。

(1) 随路信令

随路信令是指信令与语音在同一条通路上传送,信令设备与每条中继电路相连接。中国1 号信令系统是一种随路信令,是目前我国电话网中普遍采用的信令系统,其包括两类信令:一种是线路信令,包括模拟型线路信令和数字型线路信令,它采用逐段识别校正后转发的传送方式,简称逐段转发方式。该方式能避免信号因多段转发而造成的较大失真和衰减的累积而造成的接收错误,提高了信号的可靠性。另一种是记发器信令,它采用端到端的传送方式,这种方式传送速度快,但由于每次通话转接的段数不一定,各段传输的长途电话质量优劣也不同,要使信号在各种传输条件下都能准确传送,对信号设备的要求就很高,这样就增加了信号设备的复杂性。另外,经多段传输时,采用端到端传输方式会使信号失真逐段累积,使到达终端局的信号可靠性大大降低。接续过程中遇有长电路或低质电路时,转接局要转发全部记发器信令。中国 1 号信令系统适用于电话交换,能满足长、市电话网中全自动、半自动通话及带内数据传输的需要,线路信令和记发器信令均由前向和后向信令组成。

(2) 公共信道信令

公共信道信令简称共路信令,是指将信令信息通路与语音信息通路分开,将若干条中继电路的信令共享一条专门传送信令的通道。即是将一组话路所需的各种控制信号(局间信令)集中到一条与语音通路分开的公共信号数据连路上进行传送。此时,信令设备也相对集中,不必与每条中继线接口。公共信道信令系统本质上可视为一个在逻辑上与传送语音的电话网络相对独立的通信网,如图 6.3 所示。

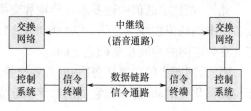

图 6.3　公共信道信令系统

共路信令系统由于语音和信令分开,可采用高速链路传送信令,因而具有传送速度快、呼叫建立时间短、信号容量大、容易扩容和设备利用率高等特点。

No. 7 信令系统是目前应用最为广泛的国际标准化的公共信道信令系统,它最佳地适用于数字通信网,能满足目前和未来呼叫控制、遥控、管理和维护等信令传递要求的通信网,并能在特定的业务网和多种业务网中做多方面的应用,它不仅适用于国际通信网,也适用于国内通信网。作为一个具有广泛应用前途的公共信道信令,是目前通信网中使用的主流信令。

随着通信技术的发展,通信网络的类型不断增加,每一个网络的信令由本身网络来传送和处理已经不再适应通信网迅速发展及互连互通的形势,因此需要建立一个公共的信令系统来统一传送和处理各种网络中的信令。信令网是为满足通信技术的发展、通信网功能的提升和通信业务扩展等需要,把相关控制功能进行综合而成的网络,它在规范相关通信网的发展中起重要作用。

2. 同步网

(1) 同步网的概念

同步是指信号之间在频率、相位上保持某种严格的特定关系。通信中的"同步"是指"数字信号"的发送方与接收方在频率、时间、相位上保持某种严格的、特定的关系,以保证正常的通信得以进行。

在数字通信网中,各节点之间的时钟频率不会严格一致,或者数字比特流在传输中受到相位漂移和抖动影响,数字交换机的缓冲器将产生上溢或下溢,导致传输的比特流中出现滑动损伤。滑码(又称滑动)发生的频繁程度取决于两局的时钟频率和局间数字传输码率。为了满足在网中传输各类信息的要求,就要有效地控制或减少滑动,控制滑动的措施就是进行同步。

我国的电信设备以往采用的是以交换机为同步中心、自上而下的主从同步方式。这种同步方式已经很难适应目前通信网发展的要求,暴露出很多缺陷与不足,因此需要单独建立同步网。

同步网根据通信网设备工作的需要,提供准确统一的时钟基准参考信号,保证通信网中所有工作设备协调一致的工作,即保证通信网同步工作。同步网是通信网正常运行的基础,也是保障各种业务网运行质量的重要手段。

(2) 网同步的主要任务

所谓网同步是指通过适当的措施使全网中的数字交换系统和数字传输系统工作于相同的时钟速率,实现时钟同步。即要求数字网中各种设备的时钟具有相同的频率,以相同时标来处理比特流。

网同步除了上述时钟频率的同步之外,还有一个相位同步问题。所谓相位同步是指发送信号和接收信号之间的相应比特应该对齐,相位同步可用缓冲存储器来补偿。

此外,在数字通信中还要求在传输和交换过程中保持帧的同步。所谓帧同步,就是在节点设备中准确地识别帧标志码,正确地划分比特流的信息段,以达到正确分路的目的。帧同步是建立在数字网的网同步基础之上的。

因而,网同步的主要任务有:同步各交换局的时钟频率,以减少各局因频差引起的滑动;将相位漂移化为滑动;使来自它局的数字流建立并保持帧同步。

3. 电信管理网(TMN)

随着世界电信技术的飞速发展,电信业务层出不穷,电信网规模越来越大,设备种类越来越多。同时为了降低网络成本,网络运营者纷纷引入多厂家设备,使电信网络管理越来越复杂。另外,为向用户快速、灵活地提供高质量、高可靠的电信服务,运营者也需要先进的技术和自动化的管理手段进行支撑。因此,电信网络管理的重要性日益突出。

电信网管理的目标是要最大限度地利用通信网资源,提高通信网运行质量和效率,向用户提供良好的通信服务。电信管理网是建立在基础电信网和业务网之上的管理网络,是实现电信网与通信业务管理的载体。电信管理网是电信支撑网的一个重要组成部分。

(1) TMN 定义

ITU-T 在 M. 3010 建议中指出,电信管理网的基本概念是提供一个有组织的网络结构,以取得各种类型的操作系统之间、操作系统与电信设备之间的互连。它是采用商定的具有标准协议和信息的接口进行管理信息交换的体系结构。提出 TMN 体系结构的目的是支撑电信业务的规划、配置、安装、操作及组织。

TMN 是一个综合、智能、标准化的电信管理系统,是一种独立于电信网而专门进行网络管理的网络,它使电信网的运行、管理和维护(Operation Administration Maintenance,OAM)过程实现了标准化、简单化和自动化。

所谓综合具有两层含义,一方面 TMN 对某一类网络进行综合管理,包括数据的采集,性能监视、分析,故障报告、定位及对网络的控制和保护;另一方面对各类电信网实施综合性的管理,即利用一个具备一系列标准接口的统一体系结构,提供一种有组织的网络结构,使各种类型的操作系统(网管系统)与电信设备互连起来以提供各种管理功能,实现电信网的标准化和自动化管理。

从理论和技术的角度来看,TMN 是一组原则和为实现这些原则中定义的目标而制定的一系列标准和规范;从逻辑和实施方面考虑,TMN 就是一个完整、独立的管理网络,它是由各种不同应用的管理系统,按照 TMN 的标准接口互连而成的网络,这个网络在有限点上与电信网接口、与电信网络互通,与通信网的关系是管与被管的关系,是管理网与被管理网的关系。TMN 由操作系统、工作站、数据通信网、网元组成,TMN 与电信网的总体关系如图 6.4 所示。

图 6.4　电信网的总体关系

图中:
- 网元是指网络中的设备,可以是交换设备、传输设备、交叉连接设备、信令设备。
- 操作系统代表实现各种管理功能的处理系统。
- 工作站代表实现人机界面的装置。
- 数据通信网则提供传输数据、管理数据的通道。它往往借助电信网来建立。数据通信网提供管理系统与被管理网元之间的数据通信能力。

TMN 的通信协议栈是以 OSI 的参考模型为基础的;此外,TMN 中采用了面向对象的设计方法,通过对对象的管理来实现对通信资源的管理;并且,TMN 中采用了管理者/代理的概念,通过代理来实现对被管对象的管理。

(2) 我国电信管理网系统

目前,我国电信网络的组成按专业划分可分为传输网、固定电话交换网、移动电话交换网、数字数据网(DDN)、数据通信网、数字同步网、No.7 信令网及电信管理网等,这些不同的专业网络也都有各自的网络管理系统,并对其各自专业网的网络运行和业务服务都起着一定的管理和监控作用。

6.2　通信网的传输与交换技术

从硬件构成来看,现代通信网一般是由用户终端设备、传输系统和交换设备按照某一种结构组成的,它们完成通信网的基本功能:接入、传输和交换。

6.2.1　传输技术

6.2.1.1　通信网传输质量指标和传输标准

通信网为用户提供信息的传输通道。一个通信网往往由许多独立的网组成网间互连,它们在统一规程下,能够互连互通,实现信息的有效传输。通信网的有效运行,除了遵循一些约定外,还应满足一些传输标准,达到一定的质量要求。传输标准,即网络按统一规则运行;质量标准,即网络运行达到一定质量要求。

1. 质量指标

通信质量即用户满意程度,一般对干线主干网要求高,而对支线要求低些。通信网的质量指标分接续质量和信息质量两大类。

(1) 接续质量

接续质量表明网络通信时接通的难易以及使用的优劣程度。具体指标主要有呼损(语音)、时延(数据)、设备故障率等。接续质量主要受网络资源容量和可靠性的限制,因此要提高接续质量主要靠增加网络资源,即增加线路数来解决。采取这种方法不仅可避免呼损,而且提高了可靠性,降低了时延,但同时提高了网络的费用。

例如,对电话网的接续标准,即应达到如下的下限指标。

➤ 呼损:市话小于 3%,长话小于 10%;

➤ 故障率:用户设备小于 1.5×10^{-6},交换设备和线路小于 $(2 \sim 6) \times 10^{-5}$;

➤ 接通时延:小于 1 分钟。

(2) 信息质量

信息质量是信号经过网络传输后到达接续终端的优劣程度,它主要受终端、信道失真和噪声限制。不同的通信业务,即不同信息有不同的质量标准或要求。

数据信息主要用误码率来衡量其质量。如终端为计算机时,要求其高的误码性能不能低于 10^{-9},其他数据终端酌情处理。语音和图像质量可以人的主观感受为标准来确定其具体的质量指标。对电话业务传输质量涉及的主要要求如下。

➤ 响度:电语音量;

➤ 清晰度:电话可懂度;

➤ 逼真度:电语音色。

为了达到这些质量指标要求,常用响度当量和传输损耗、信噪比、失真、串音等参数来具体衡量用户通信质量。

从用户角度考虑,希望传输质量越高越好,实际中具体的标准门限应结合性能价格比及用户满意程度综合考虑。作为全球的通信网,则应有统一的质量标准。

2. 传输标准

传输标准即网络运行准则,用以满足电信网标准化和网间互连的需要。在传输体制中,有关接口、同步、噪声分配方面均已逐步实现了标准化。如 SDH 复用体制就是一种传输体制标准。由于历史和经济利益等原因,目前许多通信网的传输标准尚未得到统一,这在未来的全球通信网中将得到逐步完善。

6.2.1.2　传输信道

信道就是信息的传输通道,它不仅包含了具体的传输媒质,而且还包含了发送设备和接收设备。从不同角度对传输信道有不同的分类方法,如有模拟信道和数字信道之分,专业线路和交换网线路之分,有线信道和无线信道之分,频分、时分或码分信道之分。

有线信道和无线信道各有优缺点,可以满足不同的场合和需要,正是二者的结合,才能把所有的通信设备联系起来,形成四通八达、灵活可靠的通信网,满足人们的各种通信要求。

在现代通信网传输系统中,无论是无线传输还是有线传输,通常一条信道所提供的带宽比传送信号所需要的带宽宽得多。为此,为了提高频带利用率,可以将一个信道分成多个子信道来传输多路信息,这就是信道复用或称多路复用技术。通常可在通信线路收发两端装备多路复用和解复用设备,用以实现多路信号的组合和分离,它们是信道的组成部分。

信道复用有多址接入复用和多路传输复用两种。它们的区别在于:多址接入复用中,多路信息各自经调制后随机送入信道,接入是一种随机过程,无须将各路信息集中起来后进行复用;而传输复用的各路信息需要集中后再实现信道复用。传输复用主要有三种实现方式,频分复用(Frequency Division Multiplex,FDM)、时分复用(Time Division Multiplex,TDM)、码分复用(Code Division Multiplex,CDM)。多路复用的依据是:如果多个用户信号相互正交(信道正交),则这些信号可以共享同一传输信道,接收端就通过这些信号在时域、频域或码域信道上的正交性,将同时通信的多路信号区分开来。FDM、TDM、CDM 用作信道接入时,对应的多址接入复用方式分别为 FDMA、TDMA、CDMA。

6.2.1.3　传输方式及传输控制方式

1. 传输方式

通信网中通信双方通信时,信号可以单向传输,也可双向传输,根据信号的传输方向、工作方式可分为单工、半双工、双工方式三种。双工方式提供了传输线路的最大功能,在数据通信中,为了按双工方式工作,调制解调器控制传输的协议也必须提供双工功能。

2. 传输控制方式

在通信网的传输中,尤其是在数字通信网的传输中,为了正确可靠地传送信息,必须实行传输控制——规定通信链路、保持同步和进行差错控制。因此,就应该有一整套规则规程,用来保证通信体系结构的数据链路层中网络相邻节点间按顺序正确地传送数据帧。

根据具体实施传输控制的比特传送方式的不同,可分串行和并行两种;依据传输线路收发两端是否需要比特时间一致,又可分同步、异步两种方式。

串行传输采用单信道,依次传送比特;并行传输则需要用与分组比特数相同的多信道同时传送比特。异步传输无须在收发两端实行比特专门同步,但要在发送分组的首尾加起止信号,一同传送,因此附加开销大,并且当噪声干扰起止信号时,可能会失去有用信息;同步传输,要求收、发两端比特、帧同步,附加开销较异步方式少许多,只是误码造成同步信号丢失后,将可能失去整个用户数据。

异步串行传输方式是一种常用的链路传输控制方式。在这种传输方式中,信息组成字符具有不规则的时间间隔,并在每组信息或字符的头尾各加有起始比特和终止比特,终止比特前,常加有校验位。例如,5 单位码电报的格式如图 6.5 所示。$D_起$、$D_止$、$D_校$ 分别为起始比特、终止比特和校验位,$D_N(N=0,1,2,3,4)$ 为信息(用户数据)码元。

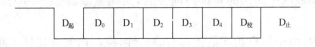

图 6.5　5 单位码电报格式

6.2.1.4　信道访问方式

1. 信道访问接入方式

在通信中,一个信道同一时刻只能允许一个用户占用进行通信。传输线路(或信道)可以是专用的,也可以是公用的;可以是点对点的,也可以是多点对多点的。用户通过"专用线路",

如用户线接入网络时,允许两节点在任何时间进行信息传输。而针对一条公用线路,无论有线或无线信道,都存在着访问共用媒质的竞争问题。为此每个要访问网络的用户需要采用一定的信道访问方式接入网络。信道访问两个基本要求:公平性——尽量保证多个节点公平使用信道;高利用率——充分利用有限的频带资源。

按照信道类型分,常用以下两种接入方式:

① 通过点对点线路接入网络,如用户线、微波线路。

② 通过多址接入方式,如卫星通信线路。网内不同地址的用户通过独立地访问一公共媒质或公共信道接入到网络,并通过某种方式区分不同的用户,以实现用户间的通信。这种访问公共信道的方式被称为多址接入方式或信道访问方式,常用的有 FDMA、TDMA、CDMA 以及 WDMA(Wave Division Multiplex Access)。多址接入方式通常是在广播信道中进行的,如无线通信、卫星通信、局域网等。此时,各用户之间通信必须遵循一个网络协议,称为多址接入协议。

按照信道占用方式分,有两种接入方案:固定分配接入、按需分配接入。

2. 固定分配接入

固定分配接入是指信道的分配在一次通信过程中保持不变,适用于支持用确定参数描述的业务。在通过点对点线路接入网络时,可在频域、时域或码域将公共信道划分为多个子信道,将这些子信道固定分配给用户。在通过多址方式接入网络时,则可采用固定的 FDMA、TDMA、CDMA、WDMA、SDMA 等将信道固定分配给用户。

3. 按需(动态)分配接入

按需分配接入是指信道的分配在一次通信过程中可能发生变化,适用于支持用统计特性描述的业务。

按需分配也称为动态分配接入方式,接入技术如动态 FDMA、TDMA、CDMA 方式等,其分配调度算法有两类:控制接入方式、随机接入方式。

(1) 控制接入方式

控制接入是一种非竞争信道访问机制,有集中式的中央控制方式和分散控制两种实现方式。

中央集中控制方式中,往往设置一节点控制线路工作,此控制节点称主节点或主站,被控制节点称子节点或子站。任何时刻,信息只能在主站与其某一子站间进行传输,主站向子站发询问信令,子站收到后,应答,方才可以利用信道通信。

分散控制方式中,采用轮询(Polling)办法,将访问权从一个用户传递给另一个用户,故亦称轮询访问方式。局域网中采用的轮询访问方式,又叫做令牌(Token)传递。如令牌总线和令牌环网。

控制接入方式中,由于用户访问信道具有确定性,控制访问方式是无冲突的。

(2) 随机接入方式

随机接入(或随机访问)方式是一种竞争信道访问机制,其中各个用户可随机地向公共媒质或公共信道发送信息,竞争访问(占用)信道。这实际上是一种更为自然的典型多址接入方式。该法第一次由夏威夷大学应用在无线连接的计算机网上,采用的随机接入技术,称为 ALOHA 接入方式。因此,ALOHA 就成了随机接入方式的代名词。进一步发展,出现了许多改进型 ALOHA 随机接入技术。目前,该法已广泛应用于蜂窝网络、卫星分组通信和局域网中。

随机接入方式可以按用户本身意愿去访问信道,发送信息。由于用户访问信道具有随机性,可能发生多用户同时竞争访问信道,造成"冲突"或"碰撞"(Collision),因此随机访问方式是有冲突的,必须设法进行缓解,为此产生了许多缓解冲突的算法,其中 ALOHA 技术、带有冲突检测的载波监听多址接入(Carrier Sense Multiple Access/Collision Detection,CSMA/CD)技术就是比较典型的随机访问算法。

很多无线数据接入采用随机接入方式,如无线局域网。随机接入方式大体上可分为基本的随机接入方式(基于 ALOHA 的接入方式)、基于监听的随机接入方式(基于 CSMA 的接入方式)、基于预约机制的随机接入方式。随机接入方式的性能很大程度上依赖于业务模型和网络的业务量大小,没有一种方式适用于所有的业务和网络。

尽管无冲突的多址接入方式不必考虑解决冲突的问题,但在某些情况下,根据流量负荷和混合情况的不同,采用有冲突的多址接入方式可能会更有益。

6.2.2 交换技术

为了进行相互通信,最简单的方法是用户间直接互连。这种不用交换,用户各自与其他任何用户都存在直达电路的网,称为全连接网。两用户间双向传输,需要两个通信系统,n 个用户的全连接网就要建立起 $n(n-1)$ 个通信系统。例如,要满足 5 个用户各自进行双向通信的要求,就必须具备 $5 \times (5-1) = -20$ 套通信系统。即每个用户应该有对另外 4 个用户进行通信的 4 套收发信设备和 4 套终端设备。显然这种不用交换设备的简单直接互连的网的通信是很不经济的。不但投资大,而且信道利用率也低,因为当一用户与某一用户通信时,其他信道必然空闲。对用户数多的大网,其矛盾尤为突出,并且网络结构相当复杂乃至无法实现。另外对增加用户或撤销用户也很麻烦。不过,对需要与许多节点同时通信,且业务量十分大的网,全连接仍然可行。现在运行的卫星通信网基本上是一个全连接网,它的各个地面站之间采用全连接网结构。

随着技术的发展,出现了交换机,通信用户之间通过交换机连接起来,无须通信双方直接互连,形成了主要由传输链路相互连接起来的网络交换机或节点组成的通信网。在交换机处理能力的极限范围内,这样的网能容纳大量的用户。这种形式的网不仅经济实用,利用率高,而且可以使许多通信用户方便地接入和拆除,它还能提供许多附加服务。

现在已经普遍使用的交换技术有电路交换和分组交换,以及在宽带网中广泛使用的异步传输模式(ATM)或 IP+ATM 模式等。

6.2.2.1 交换方式分类

语音、数据等不同的通信业务具有不同的特点,采用不同的交换方式。目前已出现了多种交换方式,如图 6.6 所示。

| 电路交换 | 多速率电路交换 | 快速电路交换 | ATM交换 | 快速分组交换 | 帧交换 | 分组交换 |

图 6.6 各种交换方式

在图 6.6 中,各种交换方式分布在一条连续线上。连续线的最左端为电路交换,属于电路传送模式(Circuit Transfer Mode,CTM),或称为同步传送模式(Synchronous Transfer Mode,STM);最右端为分组交换,属于分组传送模式(Packet Transfer Mode,PTM)。

电路交换与分组交换是两种截然不同的交换方式,体现了代表两大范畴的传送模式,因此位于连续线的左右两个极端。依次从左到右,多速率电路交换、快速电路交换属于电路传送模式的范畴;依次从右到左,帧交换、帧中继则属于分组传送模式的范畴。

连续线的中央为 ATM 交换,ATM 表示异步传送模式(Asynchronous Transfer Mode, ATM),可以看成是分组交换与电路交换的结合,兼具两者之特点。

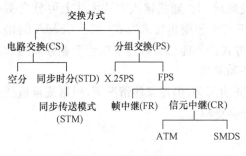

图 6.7　交换方式分类

图 6.7 更清楚地表示了主要的交换方式,即分为电路交换与分组交换两大类。电路交换有两种交换方式:空分交换和时分交换,时分交换采用同步时分复用和同步时分交换技术。空分交换是入线在空间位置上选择出线并建立连接的交换。n 条入线通过 $n \times m$ 接点矩阵选择到 m 条出线或某一指定出线,但接点同一时间只能为一次呼叫利用,直到通信结束才释放。时分交换基于同步时分复用技术,通过时隙交换网络完成信息的时隙交换,从而做到入线和出线间信息的交换。目前,电话网中的数字交换机采用时分交换或时分交换与空分交换结合的方式。

分组交换分为常规的基于 X.25 协议的分组交换与快速分组交换。快速分组交换(Fast Packet Switching,FPS)又分为帧中继与信元中继。信元中继的典型代表就是面向连接的 ATM 交换,无连接的交换型多兆比特数据业务(Switched Multi-megabit Data Service, SMDS)也属于信元中继。

6.2.2.2　交换方式的技术特征

面向连接与无连接、物理连接与逻辑连接、同步时分交换与异步时分交换以及不同层次的交换可以用来表明不同交换方式的主要技术特征。

1. 面向连接与无连接

面向连接(Connection Oriented,CO)是指两个用户之间的通信信息沿着预先建立的通路上传送。也就是说,面向连接必须先有一个建立过程,以在用户间建立一条固定不变的传送通路。面向连接引入了建立时延,但一旦通路建立后,信息交换的过程就比较简单。建立通路可以有信令建立和管理建立两种方式,信令建立是用户在呼叫时采用一定的信令方式来要求建立通路,管理建立则由网络的管理功能来预先建立,前者为交换型,后者为(半)永久型。

无连接(Connectionless,CL)则不用建立过程来预先建立通路,而是每当用户发送信息分组时,临时通过选路来传送这一分组。无连接没有建立时延,但每次选路的开销较大。

2. 物理连接与逻辑连接

面向连接的方式又可分为物理连接与逻辑连接。物理连接(Physical Connection)是在用户之间建立由其专用的物理通路,该物理通路可以是模拟通路,也可以是数字时分通路,例如某一个固定分配的时隙。物理连接可以保证时延等服务质量的要求,交换机理也较简单,但由于固定分配带宽,资源的利用效率低。

逻辑连接(Logical Connection)建立的是虚电路(Virtual Circuit;VC),虚电路并不独占线路,而是在一条物理线路上可以同时建立多个虚电路,也就是建立多个逻辑连接。

不论是物理连接还是逻辑连接,都需要先有建立过程,建立方式如前述可有交换型和永久型。

3. 同步时分交换与异步时分交换

采用电路交换方式的数字程控电话交换是同步时分(Synchronous Time Division,STD)交换的,ATM 交换则属于异步时分(Asynchronous Time Division,ATD)交换。

时分意味着复用,即一条物理链路可以由多个连接所共享,各自占用不同的时间位置。各个连接属于不同的呼叫,有各自的目的地,在交换的过程中必须加以区分,也就是要判别每个时间位置中的信息是属于哪个连接的。STD 是按照时间位置本身来区分的,这意味着每个建立的连接占有某条物理链路上固定的时间位置。以 PCM 30/32 路一次群的链路为简单的示例,每帧有 32 个时隙(Time Slot,TS),周而复始,假定在建立过程中将 TS8 分配给连接 A,则每帧的 TS8 始终是传送连接 A 的用户信息,直到连接拆除。

ATD 复用的各个时间位置相当于各个信元所占的位置,即一个信元占有一个时间位置。ATD 与 STD 不同的是,属于某个呼叫连接的多个信元不是占有固定的时间位置,而是按照该呼叫连接所需的带宽大小,占有或多或少的时间位置。也就是说,属于同一呼叫连接的信元,可以或密或疏地在复用链路上出现。因此说,它不是固定分配的同步方式,而是灵活分配的异步方式,从而可以适应各种不同带宽业务的要求。为便于比较,图 6.8 简明地表示了 STD 与 ATD 的概念。图(a)为 STD,A、B、C 表示不同的呼叫连接,占用了各自的固定时隙位置,图(b)为 ATD,X,Y,Z 表示不同的虚连接所属信元,时间位置灵活分配。

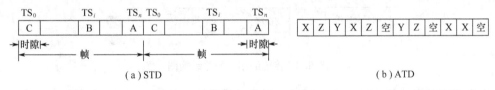

图 6.8　STD 与 ATD 的概念

既然 ATD 采用灵活的带宽分配,各个呼叫连接的信元不占有固定的位置,就不能按照时间位置来区别不同的连接,而要按照信元的信头中所含的用于选路的标识来区分不同的连接。实际上,这属于标记复用(Labelled Multiplexing)的方式。所谓标记复用,就是依靠每个分组(信元就是短分组)中所含的标记来区分各个连接的复用方式。标记可以是显式,直接表明目的地址,也可以是隐式,用建立过程中分配的"连接标识"来表示,总之标记可用来正确选路。相对于标记复用,STD 可称为非标记复用(Unlabelled Multiplexing)。

4. 不同层次的交换

对应于开放系统互连(Open System Interconnection,OSI)的参考模型,可以实现不同层次的交换方式,即物理层交换、链路层交换和网络层交换。

公用网中的电路交换和交叉连接系统的静态交换可以看成是物理层交换。

帧中继和信元中继(ATM 交换)属于链路层交换,专用网常用的以太网/令牌环交换也属于链路层交换。

基于 X.25 的分组交换、基于 IP 的选路以及 IP 交换、标签交换、多协议标记交换(MPLS)则属于网络层交换。支持 IP 选路的路由器执行的选路功能,实质上也属于广义的交换功能。

6.2.3　接入网技术

随着网络的发展和用户的需求,通信业务已由单一的语音业务发展到集语音、数据、图像和视频在内的多媒体综合数字业务,这就要求传输技术能够提供相应平台,以实现高速信息的传送。

在整个接入和传送线路中,通信主干网络越来越完善,功能越来越强,能够提供的业务不断增加。目前传输网已经基本实现了数字化和光纤化,交换网也基本实现了数字化和程控化,而传统的交换机到用户终端间的用户环路却越来越不适应当前及未来通信发展的需要。

在接入线路中,被称为"最后一公里"的用户线路段,由于原有的接入方式以直接的铜缆结构为主,形成了整个网络的瓶颈,因此限制了高速宽带信息的传递。随着新的接入技术的引入,如各种复用设备、数字交叉连接设备、用户环路传输设备、无源光网络等,用户环路由原来只具有点对点的简单线路结构,发展到具有交叉连接、复用、传输和管理等网络结构,形成接入网。

6.2.3.1　传统的用户环路

用户通过接入网接入网络。接入网是由传统的用户环路(用户线路)发展而来的。用户线是指用户终端到端局交换机之间的线路。传统用户环路的结构如图 6.9 所示。用户线路分为三段:馈线段、配线段和用户引入线段。

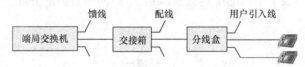

图 6.9　传统的用户环路结构图

用户线路的各个线缆段由不同规格的铜线电缆组成。从用户到交换机的铜线总长度随不同国家的电信体制、地理环境和用户分布而变化较大。但总的来说,一般限制在 4~5km,最长 6km 左右。

多数用户的线路上都存在着一个交接箱,有些用户的线路上还存在第二个交接箱。通常在用户住宅附近还有一个分线盒。一般地,交接箱的位置距离用户 1.5km 左右,分线盒的位置距用户 300m 以内。

端局交换机至交接箱的线路称为馈线段,馈线段部分是用户线路的主干线路,完成由端局交换机配线架到交接箱之间的连接。馈线电缆由主干电缆组成,长度几公里,一般为 3~5km(很少超过 10km)。

从交接箱至分线盒之间为配线段,一般由配线电缆组成。配线电缆一般为数百米,担负用户群的分配工作,完成配线区的分布。

用户终端设备一般由分线盒通过一对芯径为 0.3~0.5mm 的双绞线引入,这段线路称为引入段,一般为数十米。

6.2.3.2　接入网的定义

国际电信联盟(ITU-T)1994 年提出了以标准化、规范化的 V5 数字接口为标志的"接入网(Access Network,AN)"的概念,接入网是本地交换局与用户端设备(CPE)之间的实际系统,它可以部分或全部代替传统的本地用户线路网,可含复用、交叉连接和传输功能,一般不包括交换功能,而且应独立于交换机。传送对用户信令是透明的,不做处理。接入网所使用的传输媒体是多种多样的,它提供开放的 V5 标准接口,可灵活支持混合的不同接入类型和业务。

接入网有着严格的定义与定界。1995 年 7 月,ITU-T SG13(第 13 研究组)在通过的建议 G.902 中对接入网做出如下定义:接入网由业务节点接口(Service Node Interface,SNI)和相关用户网络接口(User Network Interface,UNI)之间的一系列传送实体(如线路设施和传输设施)组成,为传送电信业务提供所需传送承载能力的实施系统,可经由 Q3 接口配置和管理。接入网包括传输系统、复用设备、用户与网络接口设备以及数字交叉连接设备等。

接入网按传输介质分为有线接入网和无线接入网。有线接入网最早用线缆接入,后来用光纤与同轴混合接入(Hybrid Fiber Coax,HFC)、光纤接入和各种数字用户线(Digital Subscriber Line,DSL)等。

接入网是一种公共基础设施,在电信网中的位置如图 6.10 所示。

图中描述了目前国际上流行的一种电信网的划分方式。从图可以看出,接入网处于电信网的末端,直接与用户连接,可部分(主分线器或分线器至用户)或全部(端局机至用户)替代传统的用户本地环路,所以有人把接入网称为本地环路。

接入网的投资比重占整个电信网的 50% 左右。在接入网中,完成上述功能的是接入设备。接入设备主要解决业务节点到用户驻地网之间的信息传送。

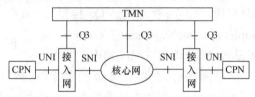

图 6.10　电信网组成示意图

CPN:用户驻地网　　UNI:用户网络接口　　SNI:业务节点接口　　TMN:电信管理网

根据所采用的技术的不同,有多种选择类型,包括:非对称数字用户线(ADSL)设备、无源光网络接入(PON)设备、无线接入设备等。

6.2.3.3　接入网的物理参考模型

接入网的物理参考模型如图 6.11 所示。通过模型图可以对接入网的实际划分有更清楚的了解。接入网一般是指:端局本地交换机(SW)或远端交换模块(RSU)至用户终端(TE)或用户驻地网(CPN)之间的实施系统。远端交换模块相当于把交换机的用户级延伸到靠近用

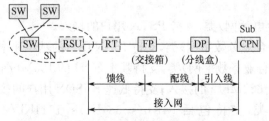

SW: 交换局(交换模块)　　RSU: 远端交换模块　　SN: 业务节点
RT: 远端设备　　FP: 灵活点　　DP: 分配点

图 6.11　接入网的物理参考模型

户的地方并常常含有一定的交换功能(主要是本地交换功能),从而能够利用数字复用传输技术,用一对双绞线或光纤来代替大对数的音频电缆,达到节约投资、节省管道空间和延长距离的目的。

灵活点(FP)和分配点(DP)在接入网中是两个非常重要的信号分路点,大致对应传统用户网中的交接箱和分线盒。馈线部分是指端局到灵活点之间的线路段。目前,有不少地方的馈线段已实现了光纤化。远端模块(RT)可以是数字环路载波系统(DLC)的远端复用器或集中器,其位置比较灵活。RSU 和 RT 可根据实际需要决定是否设置。配线段是指 FP 至 DP 之间的线路。引入线是 DP 至 CPN 之间的线路。在实际应用时,具体的物理配置根据情况可有不同程度的简化,如用户距离端局不远时,可采用用户与端局直连的方式,这是最简单的情况。接入网可使用不同的传输媒质,将各种不同的用户终端设备接入到用户网络业务节点,从而灵活地支持各种不同的多媒体业务。

6.2.3.4　接入网的定界

接入网的定界是其接口做出的,图 6.12 给出了接入网定界的示意图。

从图中可见,接入网所覆盖的范围可由三个接口定界,即网络侧经业务节点接口(SNI)与业务节点(SN)相连;用户侧经用户网络接口(UNI)与用户相连;管理侧经 Q3 接口与电信管理网(Telecommunication Management Network, TMN)相连,有时需经协调设备(MD)再与 TMN 相连。

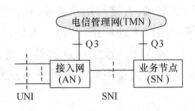

图 6.12　接入网的定界

其中业务节点 SN 属于核心网部分,是提供业务的实体,它是一种可以接入各种交换型和/或永久连接型电信业务的网络单元,例如本地交换机、IP 路由器、租用线业务节点、或特定配置情况下的视频点播和广播电视业务节点等。

允许一个接入网与多个业务节点相连,既可以接入多个分别支持不同特定业务的 SN,也可以接入支持相同业务的多个 SN。其中 SNI 可通过协调指配功能来实现 AN 和 SN 的联系,以及对 SN 分配接入的承载能力。

TMN 是收集、传输、处理和存储电信网运行、管理以及维护(OAM)信息的综合管理系统。

6.2.3.5　接入网的接入类型

接入网必须能够支持多种不同的接入类型以满足用户需求,其主要的接入类型有以下几种:

① PSTN(公共交换电话网)类,支持 PSTN 用户的接入。

② N-ISDN(窄带综合业务数字网)类,支持 ISDN 用户的基本速率接入、基群速率接入。

③ B-ISDN(宽带综合业务数字网)类,支持基于 SDH 的 155Mb/s 及 622Mb/s 的接入;支持基于信元 155Mb/s 及 622Mb/s 的接入;支持低速 B-ISDN 用户的接入。

④ 永久性租用线类,支持包括 64Kb/s,384Kb/s,1544Kb/s,1920Kb/s,1984Kb/s,2048Kb/s,34Mb/s,139Mb/s 和 SDH 虚容器 VC-12,VC-3,VC-4 及 ATM 虚通道的接入。

⑤ 数据业务网类,支持分组交换用户的各种速率接入。

⑥ 广播接入类,支持数字或模拟方式的广播视频和音频业务。

⑦ 交互式视像类,支持按需分配的数字视频和音频业务。

对用户而言,接入网在用户—接入网接口向其提供的承载能力是相同的。也就是说,用户设备相当于是直接接入业务节点的,因而用户不受接入实施方式的影响。从这个意义上讲,也称接入网对用户信息提供透明的传输。

6.2.3.6　接入网的主要接口

接入网有三种主要类型的接口,即用户与接入网相连的用户—网络接口(UNI),接入网与提供业务的业务节点相连的业务节点接口(SNI)和接入网与电信管理网相连接的维护管理接口(Q3)。

1. 用户网络接口(UNI)

用户网络接口是用户与接入网的接口,主要包括模拟二线音频接口(POTS)、64Kb/s 接口、2048Kb/s 基群接口、ISDN 基本速率接口(BRI)和 ISDN 基群速率接口(PRI)等。

UNI 分为两种类型,独享式 UNI 和共享式 UNI。独享式 UNI 指一个 UNI 仅能支持一个业务节点,共享式 UNI 指一个 UNI 支持多个业务节点的接入。

2. 业务节点接口(SNI)

业务节点接口 SNI 是接入网与提供业务的业务节点相连的接口,主要有两种业务节点接口:一是模拟接口(Z 接口),它对应于用户网络接口的模拟二线音频接口,可提供普通电话业务或模拟租用线业务;二是数字接口(V5 接口),包括 V5.1 接口和 V5.2 接口,以及对节点级的各种数据接口或针对宽带业务的各种接口。

为改善通信质量和服务水平,提高接入网的集中维护、管理和控制功能,加速接入网网络升级的进程,ITU-T 提出的 V5 接口建议使接入网的结构产生重大变革。通过 V5 标准接口,接入网与本地交换机采用数字直接相连,程控数字交换设备以数字传输方式连接用户端设备,使数字通道靠近或直接连接到用户,从而去除了接入网在交换机侧和用户侧两侧多余的数/模、模/数转换设备。ITU 已经先后提出了接入网的接口建议 G.964(V5.1 接口)、G.965(V5.2 接口)等一系列接入网技术标准,随着宽带接入网的发展要求,ITU 又制定和完善 VB5.1、VB5.2 宽带接口建议(G.967),以及 B-ISDN 的 UNI 接口(I.432)、宽带接入(G.966)等建议。

3. 维护管理接口(Q3)

(1) Q3 接口

维护管理接口(Q3 接口)是管理网与通信网各部分的标准接口。

作为通信网的一部分,接入网的网络管理应纳入电信管理网(TMN),便于管理网实施管理功能。接入网的网络管理系统可以看做是 TMN 中的网元管理,通过标准接口(Q3)与 TMN 相连,统一协调不同网元(如 AN,SN)关于 UPF,TF 和 SPF 的管理,形成用户所需的接入类型和接入承载能力。通过 Q3 接口,管理网可实施对接入网的运行、管理、维护和指配功能,其中对接入网来说,比较重要的是指配功能。

ITU-T 提出程控交换机与接入网的结合采用开放式数字接口,即 V5 接口。接入网通过 Q 接口与 TMN 相连,TMN 对接入网的管理实质上是对 V5 接口的管理,包括配置管理、故障管理、性能管理和安全管理等。

在接入网与交换设备互连之前,管理网通过 Q3 接口对 AN 进行安装测试(包括对用户端口的测试）。当接入网含有多个 V5 接口时，可通过 Q3 接口实施用户端口与不同的 V5 接口的关联，包括与 V5 接口内运载通路的关联。

AN 亦可通过适当的接口与协调设备（MD）相连，然后通过 MD 的 Q3 接口再与 TMN 相连。MD 的采用，对于不具有 Q3 接口的 AN 纳入今后 TMN 的管理提供了灵活性。Q3 接口应满足下列通信的需要：操作系统（OS）与网元（NE）之间；OS 与 MD 之间；OS 与适配器（QA）之间；TMN 内的 OS 之间。

（2）接入网网管的关键技术

为了保证接入网网管的顺利进行和开展，接入网网管必须很好解决以下关键技术：

① 支持多厂商设备环境下的标准管理接口技术。标准管理接口技术包括标准管理接口技术和标准管理接口测试技术两类。V5 接口的引入使接入网成为一个开放系统，设备生产厂家大量涌现，形成业务网和接入网的多厂商设备环境。要将多家生产厂商的多种设备统一进行管理，实现互连互通，这是接入网网管必须解决的关键技术之一，这些必将对接入网网管在各个接口上的管理提出更高的要求。

② 支持接入网网管系统可持续建设的网管体系结构技术。接入网在不断发展，新技术层出不穷，接入网的网管系统也要适应技术的发展而不断发展更新，这就对接入网网管的体系结构等方面提出了很高的要求。

6.2.3.7 接入网的接入技术

接入技术是随着用户业务需求的不断增长而发展起来的。传统的铜线用户环路技术只适合于传送音频信号，其对于日益增长的数据、视频等多媒体业务的传送成为了整个网络的瓶颈，因此限制了通信的整体的发展。为了满足用户的需求，新的接入技术应运而生。从长远发展来看，光纤传输是用户接入的最好的选择，但由于用户接入部分占整个通信网络总投资的 50％左右，为了保护用户的已有投资、节省资金，估计在一定时期内接入部分仍保持铜线与光纤及无线共存的局面。因此，针对上述三种不同的传输媒质，不同的接入技术可以满足不同的需求，尽可能地为用户提供多种业务的接入。如在原有的铜线上，通过采用几种数字信号处理技术，可以传送音频、数据等多种业务，而未来的通信网的发展趋势是其前端为无线网络，这样通过局域网（以太网）接入网络就成为了未来接入方式的一个发展方向。

接入技术可从不同方面进行分类，如有线接入和无线接入，或固定接入和多址接入，或宽带接入和窄带接入，等等。接入网的接入技术分类如表 6-1 所示。

表 6-1 接入网的接入技术分类

接入网	有线接入网	铜线接入技术	数字线对增容（DPG） 高比特率数字用户线（HDSL） 非对称数字用户线（ADSL） 甚高速率数字用户线（VDSL）
		LAN 接入技术	以太网接入：FTTX＋LAN
		光纤接入技术	光纤到路边（FTTC） 光纤到大楼（FTTB） 光纤到家（FTTH）
		混合光纤/同轴电缆（HFC）接入技术	

续表

接入网	无线接入网	固定无线接入技术	微波一点多址(DRMA)
			无线本地环路(WLL)
			直播卫星(DBS)
			多点多路分配业务(MMDS)
			本地多点分配业务(LMDS)
			甚小型天线地球站(VSAT)
			无线局域网(WLAN)
		移动接入技术	陆地移动通信
			无绳通信
			卫星通信
			集群调度
	综合接入网	FTTC＋HFC	
		有线＋无线	

下面对几种接入技术进行简要比较。

1. 铜线接入

宽带接入技术中的铜线接入是以现有电话线为传输媒体,在原有铜缆上利用先进的数字信号处理技术及调制解调技术提高传输速率和距离,它的优点在于充分利用现有的铜缆资源为用户提供服务。其缺点是带宽较小,传输速率和距离相互制约。为了进一步提高铜线传输速率,开发了各种 DSL 技术,统称为 xDSL 技术。xDSL 是美国贝尔通信研究所于 1989 年为推动视频点播(VOD)业务开发出的用户线高速传输技术,它也是一种调制技术,在双绞铜线的两端分别接入 xDSL 调制解调器,实现高速数据的传送。

基于双绞铜线的 xDSL 技术节省线路费用,经济易行,可以解决高速率数字信号在铜缆用户线上的传输问题。作为宽带接入的先期使用技术,打破了高速通信由光纤独揽的局面。

2. 光纤接入

由于光纤的频带宽、传输距离远、质量好,所以,它是接入网传输媒介的首选。以光纤为基础的接入网有 SDH、有源光网络接入(AON)、无源光网络接入(PON)、基于 ATM 传输技术的无源光网络(APON)、可交换的数字图像接入(SDV)等。

PON,特别是光纤到户(FTTH)是未来发展方向。未来将逐渐实现 FTTH,而 HFC 将逐渐从较大的节点向较小的节点发展,然后逐渐将光纤推进至分支点(FTTT)。实现 FTTH 后,就消除了 FTTC 中金属引入线和 HFC 中的同轴电缆,避免了金属腐蚀等问题,接入网的瓶颈也随之消失。但目前光纤传输在建造费用和与运行费用方面不能与目前的铜线网竞争,在目前新的宽带业务市场还不太确定的时候,投资者承担的风险较大。光纤到户将是一个漫长的过程,需要投入大量的资金和人力。因此,在近期内,运营商们还只能采用混合接入模式 HFC。

3. 混合接入 HFC

以光纤为基础的接入网还有 HFC 接入网。HFC 结构是光纤逐步推向用户的一种经济的演变策略,HFC 可以充分利用现有的公用天线电视(Community Antenna Television,CATV)同轴网络频带宽的特点,不需要重新敷设配线网,除了能提供传统的有线电视节目外,可在短时间内为用户提供电信业务和宽带交互式多媒体业务。由于网络是树形结构,既使是重新敷设或增大服务范围都很容易。因此,网络的造价较低。表 6-2 给出了 ADSL、HFC、以太网三种接入方式的比较。

表 6-2　ADSL、HFC、以太网三种宽带接入方式的比较

接入方式	ADSL	HFC	以太网接入
传输媒质	对绞电缆	光缆＋同轴电缆	光缆＋五类线
调制方式	DMT、CAP、QAM	上行:QPSK、S-CDMA 和跳频技术 下行:QAM	以太网帧格式
关键技术	DMT 调制、功率调整	反向通道噪声抑制、扩容	认证计费、网络安全、服务质量、网络管理
传输速率	上行:640Kb/s 下行:8Mb/s	上行:2～10Mb/s 下行:30～40Mb/s	10Mb/s、100Mb/s、1000Mb/s
频带划分	0～1.1MHz	0～1000MHz	
网络拓扑结构	星形、树形和环形	树形	总线形、环形、星形和树形结构
抗干扰能力	较差	较好	一般
技术性能	传输距离、普及受限	共享型网络,每节点用户数受限	与 IP 网无缝结合,可扩展性强
提供业务	传统语音＋数据	电视＋数据	数据
实际应用	基本普及,在传统电话网中有大量应用,可以利用原有对绞电缆	基本普及,但须双向改造;在有线电视中有大量应用,可以利用原有同轴电缆	正在逐渐推广;在中小企业用户接入中有大量应用,需安全重新布线

4. 无线接入

无线接入是整个通信网的重要组成部分,可以利用蜂窝系统作为接入,如 AMPS、GSM、NMT-900 等,也可以用卫星移动通信系统作为接入,还可以用微小区的 PCN 接入和一点多址接入。无线接入可分为移动接入和固定接入两种。

(1) 无线移动接入

无线移动接入又可分为高速移动接入和低速移动接入两种。

高速移动接入一般可用蜂窝系统、卫星移动通信系统和集群系统;低速移动接入可用 PCN 的微小区和微微小区,如 CFI、DECT、PHS、CDMA 的 WLL 系统、Air Loop 系统等。

(2) 固定无线接入

固定无线接入(Fixed Wireless Access,FWA)在技术上与低速移动接入相似,但它包括用无线传输的有线电话,如一点多址和点对点的通信。由于 FWA 在习惯上与本地环路相对应,因此也称无线本地环路(Wireless Local Loop,WLL)。

无线用户环路灵活、具有可移动性、不需要线路设施、安装维护简单快捷、使用方便,因此一般可应用在用户密度低、敷设电缆不方便、线路距离长的地域。在市区可用于应急场合,如用户要求装机时限短的一些应急通信、临时通信等。

无线接入网将通过引入 OFDM、MIMO 等新的技术实现更高容量、更大覆盖,并实现一定的移动性,与 3G 网络共存并互为补充。

不论通信网络是电路交换的,还是分组交换的,皆可看成为由传输链路经节点交换机构连接而成。实际的通信业务必须经过当地的区域网接入公用网,或者这一区域网必须与另一区域网相连,因此,不论国内或国际通信,往往都要横贯几个网进行,这就产生了不同的通信网间互联问题。网间互联可以通过"网关(Gateway)"或"网桥(Bridge)"实现,它可以将地理上分散的各个子网连接起来。网桥为数据链路层上的中继系统;网关为网络层以上层上的中继系统。

6.3　军事通信网基础

6.3.1　军事通信网的定义及分类

6.3.1.1　军事通信网定义

军事通信网是用于军事目的、保障作战指挥的通信网,它由国家的防务政策和军事理论决定,基本要求是能够保障作战指挥、协同动作、情报、武器系统控制、警报报知、后勤支持和日常管理等信息的准确传递。

6.3.1.2　军事通信网分类

从不同的角度军事通信有不同的分类。按通信手段的运用,可分为无线电通信、有线电通信、光通信、运动通信和简易信号通信;按通信任务,可分为指挥通信、协同通信、报知通信、后方通信;按通信保障的范围,可分为战略通信、战役通信和战术通信。此外,还有一种特殊的军事通信组织形态叫做通信枢纽。

1. 按通信手段分类

（1）无线电通信

无线电通信是军队作战指挥的主要通信手段;对飞机、舰艇、坦克等运动载体,无线电是唯一的通信手段。无线电通信具有建立迅速、机动灵活等优点。不足之处是传输的信号易被敌侦听截获、测向定位和干扰。无线电传播有不稳定性,严重时甚至会造成通信的中断。

（2）有线电通信

有线电通信专指利用金属导线传输信息达成的通信,是保障军队平时和战时作战指挥的重要通信手段。由于信息是沿导线传输的,电磁辐射较少,不易被敌截获,不易受自然和人为的干扰,保密性及通信质量好。但机动性、抗毁性较差,特别是暴露在地面上的通信线路易遭敌火力的破坏。

按传输线路的种类,有线电通信通常分为野战线路(野战被覆线和野战电缆线路)通信、架空明线通信、地下(海底)电缆通信等。野战线路通信机动性较好,易于敷设、撤收,一般用于野战条件下近距离通信,但通信容量小。架空明线通信容量较大,可实施远距离通信,但抗毁性差,随着光缆的发展,明线通信将日趋淘汰。

（3）光通信

光通信指利用光传输信息的通信方式。光通信频带宽,保密性好,抗电磁干扰能力强。按所用的光传输介质可分为光纤通信和无线光通信(含自由空间光通信、大气光通信和对潜光通信)。

光纤通信利用光导纤维作为传输媒介,是现代光通信的主用方式。光纤通信具有通信容量大、中继距离长、无电磁辐射、抗电磁干扰能力强、信号稳定可靠、保密性好等优点,广泛用于国防通信网的干线和支线传输,用于军事机关、国防基地、要塞、机场等的内部通信网,用于指挥所、武器平台等的局域通信网,也广泛运用于战术环境。光纤有单模和多模两类。单模光纤中继距离长,主要用于干线传输。多模光纤的无中继距离短,主要用于短距离和局域网的通信。

大气光通信是近地空间中的光通信,它以大气作为传输媒介。大气激光通信设备轻便、保密性好、抗干扰性能好;但由于波束窄,且传输质量易受天候和大气环境的影响,因此,军事上主要用于短距离的视距通信,在光缆或电缆通信中断时可用以代替抢通。在深空中,影响光传播的诸多不利因素不复存在,所以,深空是无线光通信的理想环境,深空飞行器、通信卫星之间利用激光构建星际链路的应用潜力十分巨大。

对潜光通信利用蓝绿激光在海水中的低损耗窗口传输信息,这一技术日前尚处于研究和开发阶段。

(4)运动通信和简易信号通信

运动通信虽然是一种较原始而又传统的通信手段,但直到现代在军事上仍有其价值。许多国家的军队都编有运动通信分队,并配有先进的交通工具。战场上需要无线电寂静时,运动通信的作用更为突出。简易信号通信易受天候、地形、战场环境等影响,通信距离近,一般只适用于营以下分队及空、海军近距离通信和导航,主要用于战术环境下传递简短命令、报告情况、识别敌我、指示目标、协同动作等,是军事通信的辅助手段。

2. 按通信任务分类

军事通信按任务可分为指挥通信、协同通信、报知通信和后方通信。

(1)指挥通信

指挥通信是按指挥关系建立用于保障军队作战指挥的通信。它包括战役、战斗编成内上下级之间的通信联络。指挥通信由各级司令部自上而下统一计划,按级组织;必要时,也可以越级。实施指挥通信通常是建立无线电台网和专向、多路无线电通信系统和有线电通信系统。20世纪80年代以来,地域通信网成为现代战役/战术指挥通信的主要形态,并运用无线电台指挥网络或专向以及其他通信手段,形成多层次的指挥通信体系。

(2)协同通信

协同通信是执行共同任务并有直接协同关系的各军兵种部队之间、友邻部队之间以及配合作战的其他部队之间按协同关系建立的通信联络。

协同通信通常由指挥协同作战的司令部统一组织,或由上级从参与协同作战的诸方之中指定某一方负责组织。组织协同通信一般有4种方式:

① 以无线电台为主,有协同关系的部(分)队使用相同体制的无线电台,组织成一个协同通信网;

② 在军兵种的无线电台体制不相同的情况下,通常互派代表携带各自的电台,达成间接的协同通信联络;

③ 当有协同关系的部(分)队使用的电台制式不同时,可以通过互连接口将不同制式的电台网互联起米,达成协同通信联络;

④ 在作战地域建立公共的通信网,有协同关系的部(分)队将各自的通信系统接入到公共通信网上,实现协同通信。

(3)报知通信

报知包括警报报知和情报报知,因此报知通信保障警报信号和情报信息的传递。警报有战略级、战役级警报之分;情报可分为空情、海情、气象、水文等。

警报报知通信通常运用大功率电台组织通播网,也可以建立有线电警报网。为使警报信息传递可靠,一般要组织多层次的警报传递网。情报报知通信一般运用无线电台、有线电台或其他手段建立通播网或专用网。

（4）后方通信

后方通信是为保障军队后方勤务指挥和战场技术保障勤务指挥,按照后方勤务部署、供应关系及技术保障关系建立的通信联络。它包括上下级后方(后勤)指挥所与上级派出的供应单位、地勤部(分)队、技术保障机关、技术保障部(分)队之间建立的通信联络。后方通信一般通过战略网、战役网及战术网实施。

3. 按通信保障的范围分类

按通信保障范围的不同,军事通信分为战略通信、战役通信和战术通信。同样一种通信业务网,比如电话网用于保障战略作战指挥时是战略通信的组成部分,而用于保障战役作战指挥时就又成为战役通信的组成部分。同样一种通信手段,比如无线电台,用于保障战役作战指挥时是战役通信的组成部分,而用于保障战斗作战指挥时就成为战术通信的组成部分。

（1）战略通信

战略通信的使命是保障实施战略指挥。它是以统帅部基本指挥所通信枢纽为中心,以固定通信设施为主体,运用大、中功率无线电台、地下(海底)电缆、地下(海底)光缆、卫星、架空明线、微波接力和散射等传输信道,连通全军军以上指挥所通信枢纽构成的全军干线通信网。

战略通信的基本任务:平时是保障国家防务,应笑　人突然袭击或突发事件、抢险救灾、科学试验、情报传递、教育训练和日常活动等通信联络;战时则保障战略警报信号和情报信息的传递,统帅部指挥战争全局和直接指挥重大战役(战斗)的通信联络,指挥自动化系统的信息传递,实施战略核反击的通信联络以及战略后方的通信联络。

（2）战役通信

战役通信的使命是在作战地区(海域、空域)保障战役指挥。它通常是保障师以上部队遂行战役作战。按战役规模,战役通信分为战区、方面军战役通信以及集团军战役通信和相应规模的海军、空军、第二炮兵战役通信。战区战役通信网以固定通信设施为主体,结合机动通信装备组成;方面军战役通信网以固定通信设施为基础,结合野战通信装备组成;而集团军战役通信网则以野战通信装备为主体,结合固定通信设施组成;海军、空军及第二炮兵战役通信网的组成分别与上述规模的网络相对应。

战役通信网中的固定通信设施是战略通信网的组成部分,而机动部分则是战区在战时开设的。

（3）战术通信

战术通信是为保障战斗指挥在战斗地区内建立的通信联络。按战斗规模,分为师(旅)、团、营战术通信网和相应规模的军兵种部队战术通信网。战术通信网是以野战通信装备为主,并利用战斗地区的既有通信设施。它主要由无线电台、有线电通信、无线接力通信和野战光缆通信设备组成,区域机动网设备也可用于师(旅)级战术通信。

（4）通信枢纽

通信枢纽是汇接、调度通信线路和传递、交换信息的中心。它是配置在某一地区的多种通信设备、通信人员的有机集合体,是军事通信网的重要组成部分,是通信兵遂行通信任务的一种基本战斗编组形式。按保障任务的不同,分为指挥所通信枢纽、干线通信枢纽和辅助通信枢纽。按设备安装与设置方式的不同，又可分为固定通信枢纽和野战通信枢纽。各级各类通信枢纽的组成要素和规模，根据保障的任务和范围不同而定。

① 固定通信枢纽是把大型通信设备和指挥自动化设备，安装配置在地面建筑物或坑道、隐蔽部等永备工事内的一种永久性通信枢纽。它是战略通信网的主体，是战役以上指挥机关汇接、调度通信线路和传输交换信息的中心，具有通信容量大、隐蔽性好、抗毁能力强、通信方向多、通信距离远等特点。要素之间连接复杂，一旦遭到破坏，修复时间长。固定通信枢纽通常由下列要素组成：有线电通信部分主要有载波站、光端站、长途交换站、市话自动交换站、保密站、数据通信站、长途台、长机室、传真站、自动化工作站、总配线室、电源室、会议电话室等；无线电通信部分主要有集中收信台、集中发信台、遥控室、微波接力通信站、散射通信站、卫星通信地球站、移动通信基地台、天线场、电源站等。固定通信枢纽的任务：战时主要保障统帅部、战区、方面军作战指挥的通信联络；平时主要保障部队战备值勤、教育训练、施工生产、抢险救灾、科学试验和支持国家经济建设的通信联络。

② 野战通信枢纽是把部队在编的野战通信装备和指挥自动化设备，安装配置在野战工事和各种车辆、飞机、舰船及其他运载工具内的可移动式通信枢纽。野战通信枢纽轻便、机动灵活、开设撤收较快。要素多的通信枢纽目标较大，易暴露指挥位置，需要加强伪装与防护。野战通信枢纽通常配置在指挥所地域，分为基本指挥所通信枢纽、辅助通信枢纽、预备指挥所通信枢纽、后方指挥所通信枢纽、前进指挥所通信枢纽、技术保障指挥所通信枢纽以及各兵种指挥所通信枢纽等。较大型的野战指挥所通信枢纽通常开设的要素有野战集中发信台（群）、集中收信台、无线电接力群、卫星通信地球站、无线双工移动通信中心站、载波站、传真站、综合终端站、电源站、自动化工作站、电报收发室、文件收发室以及通信枢纽值班室等。野战通信枢纽的主要任务是，保障指挥所内部的信息交换和指挥所对上级、下级和友邻指挥所或部队间的通信联络。

当基本指挥所通信枢纽对部署较远的部队不便直接实施联络时，通常建立辅助通信枢纽，它的基本任务是保障远离指挥所的部队建立通信联络，或用于增强迂回通信方向。

③ 干线通信枢纽。这是在长途干线的汇接点的基础上，设置交换设备、上下话路等设备而构成的通信枢纽。它是根据通信网的组成和作战指挥需要而建立的。基本任务是汇接和调度各方向的通信线路，并为就近部队指挥所提供入网服务，为过往和配置在附近地域的部队提供用户直接入网服务。

6.3.2　军事通信网的特点

军事通信网和民用通信网技术上有很大相似性，军事通信大量采用了民用通信技术，很多军事通信技术也转化为商业应用。但是军事通信是随战争的出现而产生的，军事通信网一开始就是围绕战争这个特殊的环境和任务发展的，因而它在许多方面有别于民用通信。

军事通信要求迅速、准确、保密和不间断。军事通信网主要解决如何充分保障战争条件下的指挥通畅问题，而民用通信网则更多地考虑如何为更多用户服务和更大的商业利益；军事通信网需要灵活抗毁的网络结构，而民用通信网通常建立以城市为中心的固定的等级网络结构；军事战术（役）通信网是地域通信网为主干的结构和机动无线电通信，而民用移动通信网是区域蜂窝结构。军事通信网和民用通信网相比更突出时效性、机动灵活性、安全保密性、通信电子防御能力、抗毁性和互通性。

军事通信与民用通信的上述差异促使当今世界上大多数国家都建立了独立于国家通信网的国防通信网系统，并以它作为军队指挥系统的重要组成部分。

军事通信网具有以下特点。

1. 时效性

军事行动要求兵贵神速、快速反应,夺取战斗胜利必须赢得最快速度。现代战争中,作战双方都力图通过高技术手段和兵力的快速机动赢得作战的主动权;战场呈现出瞬息万变、战机稍纵即逝的特征,时间的军事价值明显上升了,这对通信快速提出越来越高的要求。没有通信的及时性,指挥员难于及时掌握战场瞬息万变的情况,难于及时展开军事行动,就会贻误战机,造成严重的后果。以洲际导弹为例,从发射到命中几千千米以外的目标约 30 分钟,预警系统从发现识别目标,到反导弹拦截系统启动,部队的展开,都依赖于快速、准确的通信保障。据称美国总统战时指挥系统,向全球美军部队下达一级战备命令只需3~6 分钟。

通信网的时效性在技术上体现为:通信有效覆盖范围,从陆地、水面、水下、天空到外层空间;通信速率和容量,实现高速带宽传输,传输内容包括电话、数据、传真和图像等;通信高质量,实现低误码率和低失真传输。

2. 机动性

现代战争空间广阔,体现出协同合成作战式样的多元化、作战行动的高度机动和武器破坏杀伤力巨大,这种作战方式的空间性和动态性,决定着军事通信网应具有高度机动性和应变能力。无论是战略通信网或战术(役)通信网,在网络的结构形式上,要根据战场情况的发展变化,用辐射式、越级保障、区域保障和机动保障等方法有机结合起来使用。

军事通信网机动性在技术上要解决野战复杂地形情况下,部队高度运动中的通信问题,合同作战中协同单位的互通问题,通信设备快速拆装、开通和转移问题,以及机动的战术(役)通信网与相对固定的战略通信网、国家信息基础的互联问题。

3. 安全保密性

在现代信息社会中,战争从武器能量较量逐渐向信息作战方面转化。由于现代通信网基本由计算机系统组成,作战中敌方情报机关和军事信息侦查人员通过信息网络、电子侦察等各种渠道收集、窃取秘密信息。如截取破译传输中的机密信息;靠近通信枢纽,截收分析计算机、交换机和其他终端设备辐射出的电磁信号,获取机密信息;反复测试获取军事信息网入网口令;统计分析通信线路的通信流量、分组包,判断军事企图和指挥机关位置。派遣特工和策反人员,在计算机信息系统中窃取机密信息、删改信息和程序、设置病毒,使通信网中断或彻底瘫痪。所以通信网的安全保密不仅是对传输中军事通信内容的安全保护,而且还包括对军事通信网内部信息(网络配置信息和设备技术信息)、通信设施和军事通信组织的安全保护。后者甚至比通信内容安全更重要,通信设施位置和军事通信组织反映军队指挥关系、军事部署和战争(役)企图;通信网设施的破坏将彻底丧失作战的指挥控制。

军事通信网安全主要依靠严格的保密制度、密码技术和严密的通信组织管理。建立完善的通信和密码一体化保密通信网体系,完全完整的密钥产生分发管理体系,是现代军事通信网实现安全传递信息的基础。安全的军事通信网应解决信息传输保密、用户鉴别、访问控制和计算机病毒防治等主要安全问题。

4. 通信电子防御

军事通信电子防御,通常也称通信抗干扰,是保障通信电子设备和系统正常工作的措施和行为,是信息战的重要组成部分。电子战(电子对抗)已经是现代战争的新型作战领域,成为影响战争进程乃至战争胜负的重要因素。由于战时主要依赖无线电通信系统,通信电子防御主要指电磁频谱反截收、反侦察和反干扰,这是所有通信电子设备的共同任务。

军事通信电子防御涉及通信组织管理和通信技术,通信组织管理的原则通常有:

① 在保障正常通信的前提下,严格控制电磁辐射,减少通信设备开机的数量、种类、次数和时间,必要时实施无线电静默;

② 隐蔽频率,控制发射方向和尽量减小辐射功率;

③ 采用通信辐射欺骗,随机改变呼号,布置电子反射物和假通信目标反侦察措施;

④ 将不同种类的通信设备混合编制成网,增加通信网整体抗干扰能力;

⑤ 设置备用(隐蔽)通信网(台站),增强最坏条件下应急通信能力;

⑥ 积极主动摧毁和压制敌干扰设备。

在技术措施上,采用抗干扰能力强的通信技术体制、抗干扰电路设计,以加强通信设备的自身抗干扰性能。如采用扩频通信、猝发通信,减小信号被截获概率;采用快速跳频电台、多频分集接收、自适应天线和增加发射功率等方法,增强通信抗干扰能力;研制使用新频段通信装备。

5. 抗毁性

军事通信网的抗毁性,主要是指通信网对抗摧毁性攻击或永久性破坏的能力。现代战争中,对通信设施和军事电子系统的攻击通常是战争的序幕。如海湾战争,多国部队经过几个月的侦察,在战争开始,首先进行了多次长时间的电子干扰,接着通过反辐射导弹、巡航导弹、智能炸弹和航空轰炸,集中攻击伊拉克的防空雷达系统、国家电信大楼、十大通信设施和指挥控制系统,使伊军80%的指挥控制系统被毁,95%雷达系统无法运转,从而使多国部队完全掌握了战争信息主导权。

通信网的抗毁性也依赖通信组织管理和通信网技术。抗毁的通信组织管理原则主要有:隐蔽通信网主要枢纽、通信节点和设备,以防止侦察实现隐蔽求存;把通信网主要枢纽、通信节点和设备部署在坚固工事之中,实行中心机房和发射系统分离,以保护通信网主要设施;移动通信设施机动配置,变换阵地实现机动求存;部署假通信网台站和辐射源,以假护真;增加通信节点、传输信道的备份和冗余,提高抗毁性;加强内部各个环节安全管理,防止敌特破坏;主动先敌打击敌人侦察、控制和火力目标。通信网抗毁的技术手段上主要有:采用有较强抗毁能力的通信网络结构设计,通信机房电磁屏蔽和热辐射屏蔽,使用有源无源诱饵干扰敌精确攻击,反侦察天线技术,计算机防病毒技术,通信网部分被毁下自动重组织技术,故障检测和诊断技术等。

6. 互通性

军事通信网的互通性是指不同通信网或通信设施之间的互连互通能力。现代战争是一体化多兵种的立体战争,信息战涉及 C^4I 的各部分,如果各自的通信网和信息处理系统不能有效地解决互连互通问题,就不能把各军兵种、各武器装备凝结成一个整体,实现一致和协调的行动,难以形成强大的战斗力或贻误战机。

通信网的互通性解决,首先要求国家和军队建立权威的统一的管理协调机构,统一规划国家信息基础设施和军队 C^4I 的建设,实现军地通信网的融合,及和平时期和战时功能相互转化;统一全军的通信体制,实现通信装备的系列化和通用化;制定有关军事通信设备、计算机和通信网的接口、协议和规程等标准;解决通信网互通前提下情报信息的共享问题;完善通信网互连互通的技术组织和管理。

6.3.3　军事通信网的应用及安全

6.3.3.1　军事通信网在 C^3I 系统中的地位和作用

第二次世界大战以来,随着科学技术的飞速发展,新式武器大量出现,特别是火箭核武器和洲际导弹等大规模杀伤破坏性武器的出现,以及新的战斗领域——电子战的出现,使得几乎所有的国家(尤其是美国)都认识到建设一个生存力强、反应灵敏、能迅速准确传递作战命令的指挥、控制、通信和情报系统(即 C^3I 系统)的必要性和迫切性。

美国军、政首脑认为:如果没有一个可靠的、抗毁能力强,而且保密性能良好的指挥控制网同国家当局保持联系,那么战略武器是没有多少价值的。因为战略威慑力量的发挥相当大的程度上取决于是否具有一个可靠的、有抗毁能力的指挥、控制通信系统。

正因为这样,美国将 C^3I 系统的发展看得与武器系统的发展同等重要。只要简单分析一下主要国家近几年防务费用的分配和主要的设备采办计划,就不难看出,C^3I 系统是其中国防预算中增加最快的项目。而美国几乎按 10% 左右的年增长率增长。这里特别需要指出:在 C^3I 中,通信虽然只占一个 C,但实际上通信是系统的主体、载体或支持体,是系统的中枢神经系统。

为什么说"通信"是 C^3I 的中枢神经系统呢? 首先,应当从现代战争的特点出发来进行分析。现代战争的战场在地面、空中、海上水下乃至宇宙空间,是突然性很强、破坏性极大的立体战争。各级指挥人员(尤其是高级统帅机关的指挥员)为了实施有效的指挥和控制,务必随时与其他部队保持通信联络;同时,还必须不断获得有关敌方行动、己方部队的位置以及自己控制下的兵器的状况和各种情况。这本身意味着所有部队(从战略级到最低级的步兵分队)都必须装备各种相应的通信设备。这些设备可能是大型的通信中心,也可能是便携式无线电台或简单的手持式数据输入装置。而这一系列通信设备构成的通信网络所形成的信息流,犹如一个构造极为复杂、地位极为重要的中枢神经系统。

另外,随着 C^3I 系统的应用与发展,取得战争胜利对于可靠通信的依赖性大为增加。然而技术的飞速发展本身却又将通信引向另一方——军事通信必然伴随着一定的风险和招致打击。换句话说,在支援某一作战行动时,应当尽可能减少或避免通信。这是因为只要通信传输路径所包括的空间不是完全处于我军控制之下,则任一个军事单位进行通信,就有冒着被截获、利用、干扰、甚至被欺骗(加入假数据)的风险,其后果有可能暴露或破坏这次所要完成的使命。如果通信设备、通信线路被破坏或遭敌干扰,势必使指挥官失去对部队的控制。这时即使武器系统未完全失效也不可能发挥其应有的作用,如同一个人的大脑想要自己身体的某一部位动作,而一旦神经系统失灵,大脑的命令就无法传送和实现。

在明确了指挥、控制、通信和情报系统(C^3I 系统)的重要性,通信在 C^3I 系统中的地位以及通信行动可能招致的后果后,就不难明白在任一军事行动中的一对极为尖锐的矛盾,即要想通信招致的风险越小,通信在频率、空间和时间上就必须限制越严格、越狭小。但一旦通信用户之间距离越远,通信用户数量越多,用户之间需要交换的通信量就越大,限制通信的频率、空间和时间就越难办到。何况在未来战争中,军事行动的发展方向恰恰是投入部队数量多、分布地域广、需要交换的信息量大。这个矛盾客观上进一步凸现了通信在 C^3I 中的地位。为了克服这个矛盾,一些国家投入了大量的资金,发展和研制通信对抗和反对抗的设备,探索新的电子战技术。如采用复合传输方法(猝发传输、综合多路复用),使用伪随机噪声发生器,直接序列扩频和跳频技术，由微处理机控制的加密技术等。

这里必须指出：尽管大多数现代化 C^3I 网都利用各种先进技术来提高其抗敌干扰的能力，但从通信本身来讲，主要是依靠建立网络，即建立多路由、多手段、高度可靠的通信网——包括战略通信网和战术通信网，因为这是保证 C^3I 的整体效能的重要因素之一。

通信在 C^3I 系统中的地位和作用可以进一步通过美陆军指挥自动化系统（即美军新一代 C^3I 系统）来进行说明。美陆军的指挥自动化系统（历时 10 余年，耗资近 200 亿美元）按战场管理功能可分为两级：军以上称为陆军作战指挥系统（ABCS），它为陆军从前线到五角大楼提供无缝隙的指挥控制网；军以下（含军）的称为陆军战术指挥控制系统（ATCCS）。这两级的功能结构相同，均由五个功能分系统组成，在两级系统之间以及各级系统的五个功能分系统之间，由三种通信系统将整个陆军指挥控制系统（ACCS）在纵向与横向上联结成一个完整的整体。五个功能领域与三种通信系统的结构如图 6.13 所示，这就是负有盛名的五角星系统，称为"系统的系统"。这五个功能领域为：机动控制、火力支援、防空、情报/电子战、战斗勤务支援。每个功能领域都有自己的指挥控制分系统，即机动控制系统、高级野战炮兵数据系统、前方地域防空指挥控制与情报系统、全信源分析系统、战斗勤务支援控制系统。三种通信系统为移动用户设备（MSE）、战斗网无线电系统（SINCGARS）、数据分发系统（ADDS）。

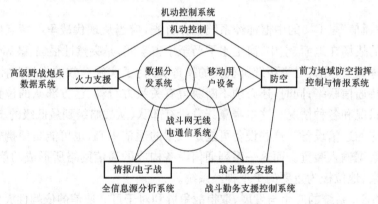

图 6.13　美陆军战术指挥控制系统

五角星形总体结构将每一个功能领域和其他的功能领域，以及其他军种的系统结合为一体，如图 6.14 所示。在陆军战术指挥控制系统中，机动控制系统是整个系统的核心部分，它是由陆军军、师主指挥所为核心组成的陆军指挥所体系；其他 4 个部分的作战活动都要接受机动控制系统内指挥所（指挥官）的监督与控制；三种通信系统则是整个陆军指挥控制系统的神经系统。

6.3.3.2　军事通信网的安全

1. 军事通信网安全问题

军事通信网是国家军事力量和军事指挥的神经系统，军事通信网安全防御是信息战的重要组成部分。军事通信网安全问题和民用网不同，军事通信网的破坏或重大军事信息的泄密，后果不是简单的经济损失，而可能将直接改变战争的进程，乃至影响国家的安危。所以军事通信网安全问题在日益信息化的社会中扮演着越来越重要的角色。军事通信网安全问题主要包括：

① 通信网实体的安全，它是指通信网设施、设备和传输媒体能够抵御战争打击、自然灾害

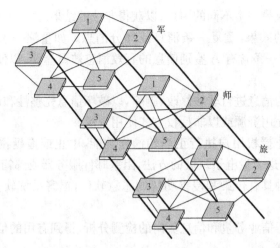

1——机动控制；2——火力支援；3——防空；4——情报/电子战；5——战斗勤务支援

图 6.14　美陆军战术指挥控制系统的总体结构

和人为破坏的能力，通信网的物理安全和完好性是其他一切的基础。

②　通信网运行安全，它是指保障通信网正常工作所提供的一系列安全措施，如安全等级管理、人员管理、操作规程、故障处理、系统备份和审计跟踪等。

③　通信网信息安全，它是指确保通信网中信息的完整性、保密性、可用性和可靠性。信息主要包括系统设备控制信息和用户信息，安全包括信息传输安全和信息存储运行安全。

军事通信网包括多种形式的网络，如电话网、分组交换网、军事信息互联网和地域网等，并且在向 B－ISDN 过渡。尽管国际上现有的大型通信网络并不完全遵守 ISO 参考模型分层，且没有严格的对应关系，但现代通信网是按层的方法设计描述的。老的、随路信令的电话网只在物理层传输，X. 25 网对应工作在物理、链路层，互联网则几乎涉及网络的所有层。不同通信网面临的安全也不完全相同，电路交换通信网通信加密主要是链路层或物理层，而互联网中通信安全除了链路层加密以外，还涉及节点的信息安全、应用程序端到端加密、路由安全控制机制和防火墙等安全措施。

现代军事通信网在向全数字化发展，特别是计算机已成为自动化指挥和军事通信网的重要部分。通信网的主要设备已经基本由计算机系统组成（通用计算机或由专用计算机系统），共同的特点是包含计算机基本硬件单元（CPU、DSP、存储器和 ASIC）和软件系统，如交换机、通信终端组成等。通信网的控制和管理系统更完全是计算机系统。所以通信网的安全技术问题从过去较单纯的链路传输加密，已演变成包括计算机系统安全的更广泛的安全问题，如通信系统和设备的访问控制问题、计算机病毒问题等。

2. 通信网安全的威胁

对通信网安全的威胁，可以分为偶发性威胁和故意攻击。偶发性威胁主要有自然灾害、系统故障、操作失误和硬、软件缺陷等；故意攻击则是有目的的攻击。对信息系统的攻击还常分为被动攻击和主动攻击两种，被动攻击不会改变系统和信息，只产生信息的泄露；主动攻击则将改变系统的状态、操作和系统原有信息。通信网中常见的代表性的安全威胁有：

①　窃取。直接窃取通信网系统资源（如软件、系统配置参数）和存储的信息。

②　截收。截收有价值的信息，主要在通信线路上，或利用设备的电磁辐射。

　　③ 冒充。一个用户假装成另一个不同的用户，以获得非法的结果。

　　④ 重演。为了达到非法的效果，重复一条消息或部分消息。如重演一条过时的命令给 A，让 A 做出错误的动作；又如一条含有 A 鉴别信息的有效消息被 B 重演，以便让接收者误认为自己正在和 A 联络。

　　⑤ 删改。对存储和传送的消息进行非法修改、删除，以破坏信息完整性和产生假消息。

　　⑥ 非法访问。未经授权使用资源或以非授权方式使用资源。

　　⑦ 服务拒绝。妨碍或阻止授权用户执行正当的操作功能，中止或拖延授权用户访问资源。如电子函件系统中采用发送大量电子垃圾的方法，阻塞邮件服务器或邮箱正常工作。

　　⑧ 计算机病毒。使用一种具有传染和侵害功能的恶意软件，损害系统软件或数据，破坏计算机系统正常运行。

　　⑨ 通信量分析。通过对通信业务量和信息流向的检测分析，得到有用的信息。如判断指挥中心位置、可能的战役方向等。

　　⑩ 陷门。通过设置系统某部分的软、硬件，使系统含有某种安全隐患，攻击者可通过启动隐患对系统正常运行产生影响。如在设备设置可按某种方式激活（如定时）的计算机病毒或硬件芯片，在战争爆发时彻底瘫痪通信设备。在军事电子设备及系统软件的进口中尤其要注意可能的陷门。计算机系统的特洛伊木马、逻辑炸弹基本也是相同的含义。

3. 通信网安全的对策

　　通信网安全面临的威胁是多方面的，所以其安全性也应采取相应的措施才能得以实现，其措施包括政策、责任、管理制度和密码技术应用等方面。通常的考虑：

　　① 保密性。防止信息窃取和传输过程中截收，主要采取信息加密和业务填充。业务填充是制造假的通信实例，产生欺骗性数据以对抗密码分析和通信量分析。

　　② 鉴别和不可抵赖。确定自称身份的合法性，包括身份和信息源的鉴别，防止冒充和重演。不可抵赖性指发信者和收信者两方面的不可抵赖，防止发信方否认已发送的消息或其内容，接收方否认已收到的消息或其内容。主要采取加密、数字签名和鉴别、公证等技术措施。

　　③ 访问控制。防止非法用户接入网络或使用资源，主要采取身份认证、口令机制结合访问控制表（矩阵）等手段实现；防止非授权的用户接近安全内核（系统或信息）。

　　④ 安全协议体系。至今的通信网协议只是针对通信功能的，安全协议的进展也只限于对某种具体攻击设计，希望找出一种能较好地同时解决网络通信和网络信息安全的协议体系。

　　⑤ 计算机病毒防治。现代通信网已经主要由计算机系统组成，实现对计算机病毒有效的预防、检测和消除，防止计算机病毒对通信计算机设备的危害。

　　⑥ 安全管理。制定网络安全策略，建立人员职责、设备操作许可证制度、操作规程、应急处理规程、故障和违章检测，以及划分数据保密等级与范围，确保每种行为只向有关责任人追查，确保在故障或受攻击等情况下系统的安全运行。

　　密码技术是实现通信网安全的最主要途径。以上安全措施的实现除安全管理外都依赖密码技术，也就是说通信网安全是把密码服务引入通信网体系中，最终实现通信技术和密码技术的一体化。

4. 通信网的通信保密

　　保密的基本思想是掩盖信息，使非授权者不能了解它的含义。需要被隐藏的消息通常称为明文，把明文变成第三方不可解读的形式就称为密文（或密码）；而这种隐藏明文的操作称为加密,把密文恢复成可读懂的明文称为解密;加/解密所依赖的一套法则叫做算法,决定算法工作的某种特殊信息称为密钥,如图 6.15 所示。

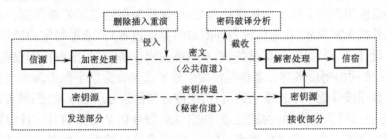

图 6.15　密码体系模型

通常情况下,发送者把明文和密钥按某个算法做加密处理;接收者再把密文和密钥按相对应的算法做解密处理,解密处理是加密的逆过程。收发双方的密钥是由某个专门的密钥管理机构安全分发。只有知道密钥才能从密文中解出明文,密钥在任何一个保密系统都是最关键的,必须严格保密。图 6.15 中的信源是各种形式的明文,可以是文字,也可以是图像,或者是数据、软件等。在现代计算机和通信系统中,信源都是经过预处理的电子信号。必须指出上图中的密码攻击者并不是密码系统的实际构成部分,这里在图中列出仅想说明在这个环节上是可能出现的。密文通常在不安全的信道上传输,如无线、卫星等,信道窃听者和合法收信人具有一样的密文接收能力。密码技术通常包括密码编码和密码分析两部分,密码编码技术是设计密码加解密体制,研究如何将明文安全地变换成某种形式的密文;而密码分析是在不掌握密钥的情况下,从密文中寻找密码体制的可能缺陷,推演出密钥和明文,研究如何破译的问题。

在理论上讨论保密和实际中的保密情况是有一定区别的。理论讨论时,我们往往忽略密码分析人员具有的时间、设备和资金等因素。实际上绝大多数情况下,解读密文的时间有极大的重要性,若加密者只要求在掩蔽时间内保密,而这“掩蔽时间”非常短暂,则费时的密码分析技术对窃听者来说没有多大的价值,尤其在许多战术环境中。因此理论上不保密的体制可能提供足够的实际保密。而相反理论上完全保密的体制在实际使用中可能轻易被对方攻破,因为完全保密和理论上不可破的概念忽视了许多极重要的实际因素。如对现代密码体制带来广泛影响的完全保密体制“一次一密的乱码本”,就没考虑乱码本是怎样传送的。所以考虑实际保密度时,我们不再考虑这体制是否能破开,而是考虑破开这个体制需要多长的时间和花费多大的代价。

假定一个密码体制是可破译的,但需要至少 10^{50} 个存储单元或运算次数,科学家做过估算,10^{50} 个存储单元,需要一个覆盖地球表面 10km 厚的存储器,其密集程度是每一个原子只分配一个比特位。所以我们认为这个体制是实际不可破的。10^{50} 的运算量在现有的计算条件下,也需要天文数字的运算时间,即使远小于 10^{50} 的 10^{18},如果以每 10^{-9}s 运算一次的高速计算机运算,也至少需要 30 年的时间才能破开,即有 30 年的掩蔽时间。

所以评价一个体制的实际保密度时,我们必须估计破译开它所需的运算次数或存储单元的数量。如果在希望的掩蔽时间内,对一个密码体制的最佳攻击方法,实际实现的计算资源是不可能的,我们称该密码体制是实际保密的,或计算安全的。现代的密码体制都是按实际保密设计的。

通信保密是通信网信息安全的一个重要环节,通常指信息传输过程中的保密处理,是密码技术在信息传输过程中的应用。首先,网中的通信保密和具体通信网体制有较大关系,其密码技术必须满足正常通信和通信环境的要求。如实时通信系统中的密码处理就不能破坏通信实时性;窄带语音信道加密必须受带宽的约束;移动通信中应满足设备便携的需要。其次,网中的通信保密要适应用户对实际安全程度的需要,如是战略级还是战术级保密。目前大部分保密通信设备或外挂保密单元(在通信设备外附加的保密设备)都依据特定的通信设备、通信协议和信道条件设计,例如,保密传真设备、战术卫星保密设备、视频图像加密设备、战术无线电台保密机和 X.25 网加密设备等。通信保密按信号形式可分为数字保密和模拟保密。数字保密是对计算机数据或以数字形式编码的语音、图像等其他信号的数字加密;模拟保密是针对模拟信号(窄带语音或模拟图像)的加密处理,加密以后信号仍是模拟信号。目前数字保密是通信中密码应用的主流。在一定通信速率限制下,以标准接口的数字加密设备可以一定程度通用,如美军新一代通用电话数字加密终端,在 9600b/s 以下速率工作,可与数字电话、传真、PC数据或其他数据设备相连。

习题与思考题

6.1 通信网是如何定义的?

6.2 简述通信网的构成要素及功能。

6.3 如何理解现代通信网络的分层结构及各层作用。

6.4 试述通信网的质量要求。

6.5 信道访问方式有哪几种? 各自的特点是什么?

6.6 举例说明无冲突的和有冲突的多址接入技术在实际中的应用。

6.7 给出接入网的定义,并举出目前应用的三种接入技术。

6.8 给出接入网定界图及接入网的物理参考模型图。

6.9 什么是战略通信网? 其基本任务是什么?

6.10 什么是战术通信网?

6.11 军事通信网有哪些分类?

6.12 军事通信网有哪些特点?

6.13 军事通信网的安全问题主要包括哪些内容?

第7章 数据链系统

信息技术的巨大发展对军事领域的武器装备、作战理论和组织编制等方面产生了巨大的影响，从而引发了一场新的军事革命，它的主要特点是：战场高度透明化、目标打击精确化、作战全球化。战争的焦点将集中在信息的争夺上，谁在信息战中取得优势，谁就能了解战场态势和敌我双方兵力部署，谁就能掌握主动权。

在现代信息化战场上，给指挥员提供实时或近实时的各种作战信息，需要借助数据通信手段，将指挥控制系统，计算机及各种数据终端组成综合的无缝网络，迅速、安全地自动传输和交换作战信息，实现信息资源共享。数据链就是将数字化战场上的指挥中心、各级指挥所、各参战部队和武器平台链接起来的一种信息处理、交换和分发系统；是获得信息优势，提高各作战平台快速反应能力和协同作战能力，实现作战指挥自动化的关键设备。数据链可以链接各作战平台、优化信息源、有效配置和使用作战能量；可以最大程度地提高武器平台的作战效能，使各武器平台之间实现横向组网，并融入信息网络系统，达到真正的信息资源共享。

数据链是现代高技术战争必需的一种装备，是现代信息战争制胜的关键武器。信息化战争离不开数据链，促进数据链系统的推广应用，形成适应信息化战争的综合作战能力和保障能力，已经成为现代军事领域重要的发展趋势。

7.1 战术数据链与信息化战争

信息化武器的一个重要特点是武器平台之间实现横向组网，并融入信息网络系统，做到信息资源共享，从而最大程度地提高武器平台的作战效能。传统的以坦克、战车、火炮和导弹为代表的陆基作战平台，以舰艇、潜艇为代表的海上作战平台，以飞机、直升机为代表的空中作战平台等，都必须在火力优势的基础上兼有现代信息优势，才能成为真正的高技术信息化武器装备。因此，一种链接各作战平台、优化信息资源、有效调配和使用作战能量的数据链，正日益受到各方重视并被用于链接整合军队各战斗单元。数据链将成为未来军队作战力量的"粘合剂"和"倍增器"。

鉴于数据链是现代战争的产物，直接为军事领域服务，一般认为，数据链是指：采用无线网络通信技术和应用协议，实现海、陆、空三军战术数据系统间的实时传输，使战区内各种指挥控制系统和各种作战平台无缝链接，融为一体，最大限度地提高作战效能，实现真正意义上的联合作战。数据链的基本特征是"无缝链接"和"实时传输"。"无缝链接"是从空域角度对数据链的描述，强调数据链的触角伸向数字化战场各参战部队乃至数字化单兵和各种作战平台，使他们共享战场信息资源，为联合作战提供一条互连互通的纽带。"实时传输"是从时域角度对数据链的描述，强调数据链传递信息速度快、时效高；"传感器至射手"的攻击过程非常短促，目标的发现和攻击几乎同时完成，发现目标即意味着目标被毁。

7.1.1 战术数据链的基本概念

随着喷气式飞机、导弹等高机动武器的出现，作战节奏加快，对信息的实时性要求日益迫切；随着雷达等各种传感器的迅速发展和广泛应用，信息种类不断增加，信息的规模不断扩大，语音通信在时效上和传输能力上已远远不能满足需要。战场态势的这些变化,客观上需要一种新的信息传输手段。于是战术数据链应运而生。

战术数据链的建设始于 20 世纪 50 年代,并首先装备于地面防空系统、海军舰艇,而后逐步扩展到飞机。美军于 50 年代中期启用的"赛其"防空预警系统,率先在雷达站与指挥控制中心间建立了点对点的数据链,使防空预警反应时间从 10 分钟缩短为 15 秒。随后,北约为"纳其"防空预警系统研制了点对点的 Link 1 数据链,使遍布欧洲的 84 座大型地面雷达站形成整体预警能力,50 年代末期,为解决空对空、地(舰)对空的空管数据传送问题,北约还研制了点对面、可进行单向数据传输的 Link 4 数据链,后经改进,使其具备了双向通信和一定的抗干扰能力。

为了实现多平台之间的情报信息交换,美国海军 20 世纪 60 年代开发了可在多舰、多机之间承担面对面数据交换的 Link 11 数据链,并得到了广泛应用。与此同时,为了解决装备 Link 11 数据链与未装备 Link 11 数据链舰艇间的战术数据传递问题,美军还研制了 Link 14 数据链。随着旧舰艇的退役,Link 14 数据链的使用量大为减少。越南战争后,针对战时各军种数据链无法互通,从而造成协同作战能力差的问题,美军开发了 Link 16 数据链,实现了战术数据链从单一军种到三军通用的一次跃升。

纵观数据链的发展历程,从数据传输的规模看,基本上是沿着从点对点、点对面,到面对面的途径发展;从数据传输的内容上看,是从单一类型报文的发送发展到多种类型报文的传递,出现了综合性战术数据链;从应用范围上看,基本上沿着从分头建立军种内的专用战术数据链到集中统一建立三军通用的战术链的方向发展。

战术数据链,在美国称为 TADIL(Tactical Data Information Link),在北约称为 Link,是采用无线电通信装备和数据通信规程,直接为作战指挥和武器控制系统提供支持、服务的数据通信与计算机控制密切结合的系统。当前战术数据链的特点是具有标准化的报文格式和传输特性,它不仅能实现机载、陆基和舰载战术数据系统之间的数据信息交换,而且可构成点对点、一点对多点的数据链路和网状数据链路,使作战平台的计算机系统组成战术数据传输、交换和信息处理网络,为指挥员和战斗人员同时提供有关的数据和完整的战场态势信息。数据链与一般通信系统最大的不同点就是不仅提供各种通信信道,而且提供标准格式的数据和控制报文,并可直接连向特定的指挥控制系统和武器控制系统。由于数据链大都有特定的用途和服务对象,故其通信协议和信息格式也不尽相同,通信距离也有较大差别。其主要目的是支持预警探测与情报侦察等战场信息源系统、指挥控制系统及武器系统的互联和互操作。通过数据链实现这三种系统的交链,特别是与武器平台的交链,从而形成体系对抗能力。

战术数据链的作用是把地理上分散的部队、传感器和武器系统联系起来,实现信息共享,实时掌握战场态势,缩短决策时间,从而提高指挥速度和协同作战能力,对敌方实施快速、精确、连续的打击。数据链按规定的消息格式和通信协议,在传感器、指控系统与武器系统之间实时传输和处理战术信息。它将信息获取、信息传递、信息处理、信息控制、预警探测、电子对抗等信息系统紧密地连接在一起,沟通所有作战单元,为指挥部门到基本作战单元提供所需要的各种信息,使战场成为对己方单向透明的战场。数据链和数据通信有较大的差别,它交换信息不只是从数据到数据,而是包含有一定的战术,即从思想到思想,它支持的是连续不断的信息交换,尤其是态势信息的交换。数据链有三要素:通道、消息标准和传输协议。数据链的基本功能是交换信息,因此通道是数据链的基础;为了实现计算机自动识别与处理,要用格式化的消息来传输数据,格式化消息标准是依据作战需求而确定的,是现代战争各种作战任务对支持信息的要求;传输协议是按照执行各种作战任务对信息的需求和方式,以信道能力为基础,为使战术数据交换达到规定的要求所做出的规定,只有依照它进行网络设计才能使数据链有序地工作和高效地完成任务。

数据链可以形成点对点数据链路和网状数据链路,使作战区域内各种指挥控制系统和作战平台的计算机系统组成战术数据传输、交换和信息处理网络,为作战指挥人员和战斗人员提供有关的数据和完整的战场战术态势图。数据链技术包括:高效、远距离光学通信,用于抗干扰通信的多波束自指零天线;数据融合技术,以及自动目标识别等。在现代数字化战场上,给指挥员提供实时或近实时的各种作战信息,需要借助数据通信手段,将指挥控制系统、计算机及各种数据终端组成综合的无缝网络,迅速、安全地自动传输和交换作战信息,实现信息资源共享。数据链将数字化战场上的指挥中心、各级指挥所、各参战部队和武器平台链接起来进行信息处理、交换和分发。作为 C^4ISR 系统的一个重要组成部分,利用无线信道在各级指挥所、舰艇、飞机及各种作战平台的指挥控制系统或战术平台,构成陆、海、空一体化的数据通信网络;按照规定的信息格式,实时、自动、保密地传输和交换各种作战数据,实现情报资源共享,为指挥员迅速、正确地决策提供整个战区统一、及时、准确的作战态势。美军的 E—2T 预警机,若以人工语音引导战斗机,只能进行 1~3 批目标的拦截作业,而 E—2C 预警机利用数据链配合 F—14 战斗机,可同时进行 100 个以上目标的拦截作业。目前,一些国家和地区军队装备的“标准密码数据链”、“战术数据情报链”、“高速计算机数据无线高频/超高频通信战术数据系统”、“联合战术信息分发系统”、“多功能信息分配系统”等,都属于数据链。机载平台上的战术数据链系统的最大通信距离可达 800km。如果使用卫星,则可进行全球通信。在未来数字化战场上,一架侦察直升机的机载传感器,借助雷达波束自动跟踪敌装甲纵队,同时通过调制解调器和数据链路,把敌坐标参数传给与之联网的攻击直升机或火力指挥中心。数分钟之内,敌坦克便会遭到攻击直升机或火力指挥中心协调的间瞄火力打击。而当一辆坦克向目标射击并发布战果时,己方所有坦克的计算机屏幕上会自动显示同样的信息。在决策层,数字化使指挥官们第一次有可能同时全面地掌握整个作战地区内发生的一切情况,然后以最佳方式协调战斗力等诸因素,并以前所未有的速度实施协同作战。

7.1.2　战术数据链的功能及特点

7.1.2.1　战术数据链的功能

战术数据链的基本作用是保证战场上各个作战单元之间迅速交换情报信息,共享各作战单元掌握的所有情报,实时监视战场态势,提高相互协同能力和整体作战效能。数据链作为军队指挥、控制和情报系统传输信息的工具和手段,是信息化战争中的一种重要通信方式。在数字化战场中,指挥中心、各级指挥所、各参战部队和武器平台通过“数据链”链接在一起,构成陆、海、空、天一体化的数据通信网络。在该网络中,各种信息按照规定的信息格式,实时、自动、保密地进行传输和交换,从而实现信息资源共享,为指挥员迅速、正确地决策提供整个战区统一、及时和准确的作战态势。

美国空军对战术数据链提出的总要求是:在恰当的时间提供恰当的信息,并以恰当的方式进行分发和显示,这样,作战人员就能够在恰当的时间、以恰当的方式、完成恰当的事情。目标则是利用战术数据链所提供的信息优势,加快和改进作战人员的决策过程。总之,战术数据链是大量重要作战能力的关键使能器。其功能总结如下:

（1）在需要的时间和需要的地点提供信息的能力。全球信息栅格和战场空间信息球描述了在需要的时间和地点提供准确、相关信息的能力。如今，全球信息栅格在主要的地基系统，如空军全球指挥控制系统和战区作战管理核心系统之间提供连通性。战术数据链是将空中平台与其他高机动和专用节点集成在一起的主要方式。

（2）快速准确地获取战场空间图片的能力、评估战场形势的能力、做出正确决策的能力、分配任务和重新分配任务的能力以及评估任务效果的能力。这些能力在发现、锁定、跟踪、瞄准、交战和评估，时间关键目标瞄准以及动态监视、评估、规划和执行概念中得以强调。战术数据链是向传感器平台和射手分发态势感知信息的主要方式，它们将射手、决策者和战场管理者连接到全球信息栅格，并提供了一种快速分配任务和重新分配任务的方式。另外，数据链还用于引导传感器平台去收集战场评估损伤信息，并快速地将战场损伤评估信息报文或图像分发出去。

（3）在传感器、决策者、射手和支援设施之间快速准确地交换信息的能力。战术数据链在机载平台和机载/地基节点间提供无缝连通。相关信息的图形化显示以及与飞机上其他系统（即导航、传感器和目标引导）的接口，大大降低了工作量，提高了准确性，并且极大地增强了战斗效率。

（4）支持全球打击特遣任务部队作战的能力。全球打击特遣任务部队作战概念强调多种战术数据链要求和能力，尤其在作战初始阶段、没有大范围的地基指挥控制基础结构情况下、在不成熟的战区作战时更强调这些功能。战术数据链能够使平台在机器一级集成和对话，能够融合无数的信息源，提高精确定位、识别和报告关键目标的能力。将视距数据链参与者连接成网络对预测战场空间态势、重新定位目标、时间关键目标瞄准、威胁更新和作战损伤评估报告来说是非常重要的。另外，为了连接途中的指挥官、参谋人员、支援和增援部队，向他们分发战区内的有用资源和信息，必须具备超视距数据链能力。如 F-22 提供空中优势，B-2 执行战略攻击和封锁、加油机提供空中加油、情报侦察监视平台定位目标并收集作战损伤评估以及指挥控制节点实施战场管理，所有这些资源必须一致工作，在视距和超视距资源之间快速、准确地交换任务关键信息。

战术数据链除了可用于像飞机、舰艇编队或地面控制站台等战术单位间、小范围区域内的数据交换、数据传送外，也可以通过飞机、卫星或地面中继站用于大范围的战区、甚至是战略级的国家指挥当局与整体武装力量间的数据传输。

7.1.2.2　战术数据链的特点

战术数据链从应用角度可分为以下三类：

（1）搜集和处理情报、传输战术数据、共享资源为主的数据链。这种数据链通常要求较高的数据率和较低的误码率，电子侦察机和预警机等一般选择这种数据链。

（2）常规命令的下达，战情的报告、请示勤务通信和空中战术行动的引导指挥等为主的数据链。这类数据链要求的数据率不高，但准确性、可靠性要高。歼击机、轰炸机、武装直升机等一般采用这种类型数据链。

（3）综合型机载数据链。这种数据链既具有搜集和处理情报、传输战术数据、共享资源的作用，同时也具有命令下达、战情报告、勤务通信以及空中战术行动引导指挥的功能，甚至能同时传送数字语音。这种链路不仅传输速率高，而且还具有抗干扰和保密的双重功能，是当前机载数据链的主流。

与一般的通信系统不同,数据链系统传输的主要信息是实时的格式化作战数据,包括各种目标参数及各种指挥引导数据。因此,数据链具有以下几个主要特点:

① 信息传输的实时性。对于目标信息和各种指挥引导信息来说,必须强调信息传输的实时性。数据链力求提高数据传输的速率,缩短各种机动目标信息的更新周期,以便及时显示目标的运动轨迹。

② 信息传输的可靠性。数据链系统要在保证作战信息实时传输的基本前提下,保证信息传输的可靠性。数据链系统主要通过无线信道来传输信息数据。在无线信道上,信号传输过程中存在着各种衰落现象,严重影响信号的正常接收。在语音通信时,收信人员可以借助听觉判断力,从被干扰的信号中正确识别信息。对于数据通信来说,接收的数据中将存在一定程度的误码。数据链系统采用了先进、高效和高性能的纠错编码技术降低数据传输的误码率。

③ 信息传输的安全性。为了不让敌方截获己方信息,数据链系统一般采用数据加密手段,确保信息安全传输。

④ 信息格式的一致性。为避免信息在网络间进行交换时因格式转换造成时延,保证信息的实时性,数据链系统规定了各种目标信息格式。指挥控制系统按格式编辑需要通过数据链系统传输的目标信息,以便于自动识别目标和对目标信息进行处理。

⑤ 通信协议的有效性。根据系统不同的体系结构,如点对点结构或者网络结构,数据链系统采用相应的通信协议。

⑥ 系统的自动化运行。数据链设备在设定其相应的工作方式后,系统将按相应的通信协议,在网络(通信)控制器的控制下自动运行。

7.1.3　战术数据链的未来发展方向

为了适应未来信息化战争的需求,战术数据链将朝着高速率、大容量、安全保密和抗干扰等方向发展,其功能将由单一通信功能向通信、导航、识别等功能综合化发展,由点对点通信向网络化发展;通过建立新的互通标准,实现与公共接口装置连接,实现和提高战术数据链的互通能力;为提高战术数据链的整体作战效能,战术数据链将向集成化和体系化方向发展。

7.1.3.1　加强不同数据链间的互通,实现多链路协同作战

美军在不同的时期,根据不同作战需要开发了一系列的战术数据链,但是新的数据链出现并不意味着旧的数据链将被立即取代,相反,在相当长的一段时间内它们是共存的;同时,由于技术原因和作战应用对象的不同,没有一种数据链能够满足所有作战要求,于是就形成了当前多种数据链路并存的局面。但是从现代战争的观点看,战场指挥与战场态势情报应该是统一的,各作战单位应该是分工合作的,这样才能形成体系对抗的优势。这就提出了多链路协同作战的问题。目前美军主要通过数据转发和各种各样的网关系统改进数据链之间的互通,以此实现多链路的协同作战。典型的网关系统有三军使用的防空系统集成器、美空军提出的"空中互联网"和美海军提出的多战术数据链处理器等。

1. 防空系统集成器(ADSI)

防空系统集成器是一个多链路指挥、控制和通信系统,是装载在计算机上的一组软件模块,提供空中态势图的多输入和综合显示。ADSI 能够处理多种战术数据链,如北约 Link 1、Link 11、Link 11B、Link 16,ATDL—1 及综合广播业务(IBS)等。它接收宽范围的多个雷达

输入,提供自动航迹初始化,同时将来自多个雷达的航迹综合成集中使用的战术图像。它还接收来自其他情报网的数据,将新数据与接收过的数据进行相关处理,以减少重复信息。它能自动完成空中任务程序对实时战术空中态势的相关处理。

2. 空中互联网

"空中互联网",即将各种使用不同数据链路的空中平台链接起来。例如,下一代的加油机将成为建立"空中互联网"的核心。只需要在加油机上安装一个翻译器,就能够将一种数据链路的信息无缝地翻译成另一种数据链路可以使用的信息。通过这种方法,使用Link 11、Link 16、协同作战能力(CEC)和陆军 EPLRS 无线电系统的平台就能够彼此接收和发送数据。

将"空中加油机"改造成一个信息平台的实现方案是:利用联合距离延伸(JRE)来交换超视距的态势感知和指挥控制信息,利用 Link 16 来交换视距范围内支持单元的态势感知信息,利用"滚装式超视距增强"(ROBE)通信装置在视距和超视距单元间交换信息。

3. 多战术数据链处理器(MTP)

美海军提出的多战术数字信息链路处理器将取代原来的指挥控制处理器(C2P)。它可应用于各种平台,如"宙斯盾"先进作战指挥系统、海上全球指挥控制系统、飞机、指挥舰、潜艇、岸上设施等,并已于 2005 年部署。

MTP 能够直接与 GCCS−M 接口交换战术数据。这样一些海上平台就不需要安装战斗系统来获取态势感知。MTP 提供开放系统环境,这是支持新功能(如 Link 22、JRE、动态网络管理、提高吞吐量)和其他改进的基础。MTP 提供单个人机接口,用于管理和控制多个战术数据网。美海军的先进战术数据链系统就是采用 MTP 来实现的。先进战术数据链系统实现了一个近实时链路网络,它可以近实时地传送航迹、部队状态信息、交战规则和协同数据以及部队的命令。Link 16/TADIL J 是该系统支柱,其他链路通过平台上配置的 MTP 来交换数据,从而保证能够包含战区中的所有平台。

7.1.3.2 传统的战术数据链系统向 J 序列战术数据链转移,数据链终端向联合战术无线电系统(JTRS)终端转移

美军历经 50 余年,先后研制装备了 40 余种数据链系统,形成了适应信息化作战需要的、通专结合、远近覆盖、保密、抗干扰、多频段的数据链装备体系。然而不同的数据链采用的报文标准不同,它们之间是不能直接互通的。为了实现互通,美军一方面通过各数据链标准、采用单一系列终端来整合原来各军种独立开发的互不兼容的"烟囱式"系统;另一方面是强调采用商用现成产品、模块化结构和软件可编程方法来降低成本、缩短研制周期、提高数据链终端的通用性和可扩展性。如美军经过多年的演变和完善,其通用战术数据链标准已逐步统一到 J 序列战术数据链上。

美国防部在 1998 年提出向 JTRS 转移。JTRS 通过开放性系统设计,采用通用硬件和软件模块结构来支持不同用户要求,其应用范围涉及 5 个领域:机载、地面移动、固定站、海上通信和个人通信,将来还要扩展到空间平台。由于 JTRS 是软件可编程的,并且能够与传统和未来的无线电台波形通信,所以可改进互通性。其硬件系统中的通用软件有助于实现多链路操作和简化网关功能,能够使来自不同军种的用户快速建立起可靠的通信,共享关键的态势感知和指挥控制信息。

JTRS 的结构将以美国防部制定的联合技术结构(JTA)标准为基础,其目标是:在技术上

适应和及时满足军种的无线通信要求,减少无线通信设备的品种,促进商用技术在国防通信中的应用。目前已经研制出 JTRS 终端的样机。

7.1.3.3　积极改进现有战术数据链,主要是改进升级 Link 16,以便最终融入 GIG 体系

美军在兼容现有装备的基础上,积极改进现有的战术数据链路,如开发新的频率资源,拓展数据链带宽,提高数据传输速率,改进网络结构,增大系统信息容量,提高抗干扰和抗截获能力,不断提升数据分发能力,从战术数据终端向联合信息分发系统演变,在与各种指挥控制系统及武器系统链接的同时,实现与战略网的互通。

由于 Link 16 可同时支持固定信息格式和可变信息格式,因此被美国防部指定为用于传输经过处理的 C^4I 信息和可应用武器信息的首要战术数据链,并确定为三军联合作战用数据链,同时它也装备到其他北约国家陆、海、空各种平台。Link 16 将成为未来美军与北约空对空、空对舰、空对地数据通信的主要方式。美空军计划逐步用 Link 16 取代空军应用计划发展(AFAPD)/改进型数据调制解调器(IDM)、TADIL A、TADIL B、TADIL C 等传统战术数据链。然而由于目前的 Link 16 网络是静态设计,缺乏灵活性,不能满足计划外的用户需求或用户带宽分配的变化,于是美军正在对 Link 16 进行改进,如提出采用时隙重新分配技术、提高数据吞吐量和动态网络管理技术三种方法来拓展 Link 16 带宽,提出扩展距离延伸(JRE)和卫星战术数字信息链路 J 等来扩展 Link 16 的通信距离,实现 Link 16 的超视距通信。

1. 扩展 Link 16 通信距离

Link 16 数据链虽然功能强大,但数据传输的有效距离比较有限,由于地球表面弯曲,就算以飞机进行信号中继,一般最多不超过 600km。如果进行超视距信息传输,除采用较不可靠的 HF 波段外,较好的方式是利用卫星作为通信中继站。为扩展 Link 16 的通信距离,英皇家海军开发了卫星战术数据链(STDL),美国海军进行了大量投资开发了卫星战术数字信息链路 J(S-TADIL J),美国空军也选择了一种方法,即联合距离延伸(JRE)。

S-TADIL J 是由 Link 16 衍生的,主要是替潜艇配备的战术数据系统(TDS)和指挥控制处理器(C2P)增加一个卫星链路界面,延伸 JTIDS 的传输距离,提供一个采用卫星中继的超视距数据链路。为提高数据链信道的利用率和使用灵活性,S-TADIL J 可用按需分配多址(DAMA)或非 DAMA 作业方式来分配信道。S-TADIL J 使用 UHF 波段,以单工同步传输数据,在 DAMA 模式下传输速率可达 2400/4800 b/s,非 DAMA 模式则为 2400/4800/9600 b/s,可使用加密装置对信息实施加密。

联合距离延伸(JRE)通过不同于 MIDS/JTIDS 的媒体来交换 J 序列 Link 16 报文,主要是为了获得超视距通信。JRE 相当于一种"网关"设备,可以接收来自一种战术数据链的数据信息,随后再将这些数据信息发送到战场上另一种数据链,或者直接传回美国本土的五角大楼。JRE 可以处理来自不同渠道的数据,例如卫星数据、国防部"保密 IP 路由网"或保密电话线传输的数据。

2. 拓展现有带宽

战术数据链带宽的扩展将使越来越多的作战人员能够随时随地发送和接收关键的战术信息,从而提高战场态势感知能力。为了满足用户数日益增长的需要,并尽可能扩展网络中心战的概念,美军将研究拓展 Link 16 现有带宽的更有效的方法。目前提出了三种拓展带宽的初始方案。

一是采用时隙重新分配技术。该技术使终端/主平台能够动态地满足主平台进行时隙分配的需要,而不会限制分配给特殊功能或网络参与群(NPG)的时隙。网络校正过程采用软件来实现,并只需要很少的操作员干预。目前的 Link 16 终端是根据成员的预定要求自动分配时隙的。

二是提高数据吞吐量。提高数据吞吐量的目的是将所选的数据速率提高到目前 Link 16 编码报文数据速率的 2.5～10 倍。提高数据吞吐量将利用目前 Link 16 波形、伪随机扩频和跳频技术,这样所发射的射频波形就具有与目前 Link 16 波形完全相同的时间特征和频谱特征。因此在 Link 16 频段中工作的其他设备,例如敌我识别(IFF)系统、战术空中导航(TACAN)系统,所面临的射频环境没有发生什么变化。提高数据吞吐量的功能将综合进JTIDS 终端和 MIDS 终端。

三是动态网络管理技术。目前 Link 16 的网络管理过程是一个静态过程,存在许多局限性和严重不足。其网络设计和管理过程只局限于少数专家,而且需要非常了解 Link 16 的时分多址结构;在应用的战术环境发生变化时,操作员无法干预网络或改变网络;此外,JTIDS 网络库的分配过程有时需花几天或几个星期的时间,而且战术指挥官不能获得实时监测能力。动态网络管理系统的开发将会消除这些限制,并最大程度地发挥 Link 16 的功能。动态网络管理系统通过修改 Link 16 网络设置来满足用户的意外进入和退出需要,而且也可以重新动态分配时隙,从而有效地使用现有带宽。

3. 融入 GIG 体系

如何将目前美军的数据链路融入 GIG 体系当中,美军正在研究,目前尚无定论。但方法无非有两种:一是采用网关与 GIG 接口。这就要求按 GIG 的兼容格式对 Link 16 传输的信息进行重新的格式化和传输。如果将 Link 16 报文传输作为 GIG 业务层的一项功能,重新格式化的过程将包括添加包头,对数据进行封装。这种方式是否富有效率,还有待考证。另一种方法则是全面研究一种新格式以获得良好的适应能力。

7.1.3.4 适应网络中心战作战要求,发展网络化战术数据链,构建一体化数据链体系结构

随着网络中心战理论的问世,美军数据链建设的重点也从终端设备的研发阶段转到数据链系统与指控系统的综合集成、平台加改装、战术应用软件开发和战术应用演练阶段。美军一方面加大对现有武器装备的信息化改造,扩大数据链的应用平台;另一方面加强网络化数据链的研制并积极构建一体化数据链体系结构。

1. 研制战术目标瞄准网络技术(TTNT)

美军现役的 Link 16 数据链采用类似蜂窝通信模式,可提供基本的语音和低速率数据通信;属于预先设置网络结构,使用范围及带宽受限,难以满足动态战场上多平台之间快速数据交换,以便精确定位和摧毁移动目标的要求。于是美军开始研发一种称作战术目标瞄准网络技术的战术数据链。TTNT 是一种高速动态网络技术,采用全数字通信模式,结构简单,可以自动组网,能够与 Link 16 等现有技术共存,支持上百个用户进行保密、抗干扰信号传输,在185km 内的数据传输速度达到 2Mb/s,延迟只有 2ms。TTNT 有两个主要目标:一是绝不会干扰 Link 16 通信,Link 16 网的建立和操作就像 TTNT 不存在一样,并且,TTNT 将采用 J 序

列报文集,这使得两个系统可以在报文一级实现无缝互通;二是 TTNT 的价格应尽可能低,即在飞机上安装 TTNT 的成本应非常低。

2. 研发网络化的公共数据链

公共数据链(CDL)用于情报、监视、侦察(ISR)平台向地面处理中心传递图像情报和信息情报数据,它是网络中心战传感器栅格的连接纽带。然而由于现役的 CDL 数据链是点对点数据链,只能在传感器和处理中心之间分发未经处理的情报数据,无法交换经过处理的指挥控制信息,不能适用网络中心战作战需要。因此美军各军种都在加紧研制新型公共数据链,如美空军开发的多平台战术公共数据链(MP-CDL)、美海军开发的海军公共数据链(CDL-N)等。

3. 构建一体化数据链体系结构

现代战争不仅要防空,而且要防导弹,包括弹道导弹和巡航导弹,还要防遥控飞行器和无人机,这就对数据传输速率、距离、容量等都提出了更高要求。因此,美军提出了借助于卫星通信远距离传输信道,构建一体化数据链的构想。一体化数据链系统体系结构大体上分为三个层次,其中最底层是陆、海、空和海军陆战队各军种本身的为一个局域服务的数据链;中层为 Link 16 数据链,它把局域数据链联成统一的数据链,把三军数据链联系在一起;上层为远距离数据链,把各个 Link 16 数据链联成国家甚至世界范围的数据链体系,在统一的网络管理下工作。这就解决了在大的战场区域和前后方之间的统一协调问题。其中远距离数据链也采用 Link 16 数据链的报文标准和结构,因此可以说是 Link 16 数据链的扩展。

数据链之间的互连,包括物理上的连接和数据链报文标准的互连。一体化数据链系统具有如下特点:

- 良好的可扩展性(理论上节点数不受限制);
- 良好的可升级能力;
- 分布式资源共享;
- 较强的抗摧毁能力;
- 灵活的组网方式(可根据不同的作战使用要求组成不同级别的战术网络数据链系统)。

7.1.4　战术数据链与其他系统的关系

数据链作为一种特殊的链接系统,与其他系统,特别是当今社会常见的通信系统、C³I 系统和战术互联网,究竟有何区别和联系呢?

7.1.4.1　战术数据链与通信系统的关系

数据链与通信系统较为相近,要准确区分二者的关系,还得从数据链的内涵和外延说起。数据链的内涵是以数据传输为媒介构成的链路总和,包括链路、链路节点和链路关系。数据链的外延是指由数据链接关系而构成的紧密战术链接关系。从内涵来看,数据链与通信系统相同处较多。但是,从外延来看,不同的功能特性是数据链与通信系统的分水岭。能够在不同的作战平台间形成紧密的战术链接关系,是数据链区分通信系统的质的差别。

7.1.4.2　战术数据链与战术 C³I 系统的关系

美军战术 C³I 系统是 20 世纪 80 年代初根据其"空地一体战"理论建设起来的战术指挥、

控制、通信和情报系统。它具有机动控制、火力支援、防空、情报侦察和电子战、战斗勤务支援等多项功能；具有移动用户设备、数据分发系统、战斗网无线电系统三个通信系统。其中数据分发系统包含战术数据链 Link 16(JTIDS)和增强型定位报告系统(EPLPS)，Link 16 用于高速数据分发，EPLPS 用于中速数据分发。由此可见，战术数据链是战术 C³I 系统的重要组成部分。战术 C³I 系统如图 7.1 所示。

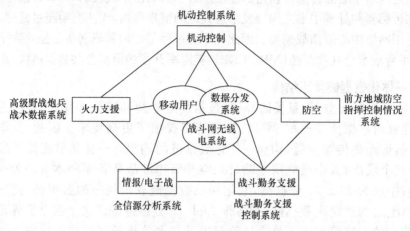

图 7.1　战术 C³I 系统

1985 年，美国军方提出了战术 C³I 系统必须可靠、安全、高生存力，必须能迅速搜集、分析和提供信息，必须能及时传达命令、协调支援，向部队发布指令等。战术数据链的特征符合这一要求。

7.1.4.3　战术数据链与战术互联网的关系

美军战术互联网是 20 世纪 90 年代初，按照其数字化战场和数字化部队建设的规划，用路由器将单信道地面与机载无线电系统(SINCGARS)用增强型定位报告系统(FPLRS)互连起来，使之不再是"烟囱"式系统，而是一个互通的网络。

《美陆军手册》对战术互联网的定义是："战术互联网是互连的战术无线电台、计算机硬件和软件的集合，它在机动、战斗勤务支援与指挥控制平台之间提供无缝隙态势感知和指挥控制数据交换。战术互联网最主要的功能是提供极其可靠的信息交换功能"。战术互联网的构成如图 7.2 所示。图中，MSE 为移动用户设备，EPLRS 为增强型定位报告系统，SINCGARS 为单信道地面和机载无线电系统，每条线路都有路由器或网关相连。

战术互联网由单信道地面车、机载无线电系统(SINCGARS)、增强型定位报告系统(EPLRS)、移动用户设备/战术分组网〔MSE/TPN〕、互联网控制器(INC)、战术多网网关(TMC)、卫星(MILSTAR/COMMERCIAL)、近期数字电台(NTDR)、局域网络路由器(LANR)、计算机和综合系统控制等组成。它分为三个层次：骨干网、本地网、接入网，战术数据链处于接入网的位置。

数据链就其作用来说与战术互联网非常接近，都是传输数字化的战术情报信息，构成一种战术关系；数据链采用多信道、多信息传输格式和多通道传输模式作为链接手段，与战术互联网的多协议、多路由等技术措施在表面看来有某种相似之处，但二者实质有较大差别。

（1）链接关系的"紧密"程度不同。依靠数据链完成战术链接是紧密的，强调的是在不同的链接对象间，依托一定的链接手段，构建一种"紧密"的战术链接关系，且依靠这种紧密的战

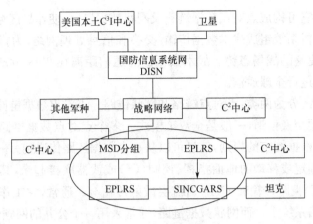

图 7.2　战术互联网的构成

术链接关系,将各个作战平台紧紧耦合,形成一个完整的战术共同体。战术互联网的基础是互联网,其落脚点还是一种网络平台,尽管依靠这种网络平台,也可建立某种战术链接关系,但紧密程度比起数据链的战术链接关系来讲,要逊色很多。

（2）链接目的不同。实现战术链接,是数据链的目的和使命。战术链接关系是以实现同一战术目的为前提,其链接关系服从战术共同体的需要。战术互联网实际上以"互联"为目的,其链接关系只能服从网络本身。

（3）网络协议设计不同。战术互联网的网络协议设计是按通信网络的概念设计的,协议重点考虑了网络节点间的连通关系,以及网络拓扑结构变化时各节点间路由的变化,网络管理信息占用较大的传输容量,网络效率较低。数据链网络协议设计重点考虑网络效率,网络协议相对简单,以保证战术信息传输的实时性。

（4）采取的信息编码不同。战术互联网没有采用高效的格式化信息编码,而是将终端信息打包后,按分组进行传输,信息的表示方法决定了其传输效率比数据链低。

（5）信息转发处理方式不同。战术互联网对信息的转发是从通信的概念上对信息进行转发处理。综合数据链对信息转发有其特殊的方法:首先对要转发的信息进行事先规划,分配固定的转发信道容量,保证转发信息的时效性;然后转发节点对信息进行分类处理,对有时效性的信息可做覆盖处理。

（6）信号波形设计原则不同。战术互联网的传输信息、网络协议、调制解调方式等方面在设计时一般不互相关联,而数据链在设计信号波形时一般将三者统一考虑,形成高效的数据链链接手段。

（7）信息差错的处理原则不相同。战术互联网对两个节点之间的传输差错一般要采用反馈重发进行差错控制,数据链一般将信道看作广播似的,在多个节点间不做点对点差错控制,数据的差错处理在数据链终端或指控系统中完成。

7.2　数据链的基本结构及报文标准

数据链是采用无线或有线通信设备和数据通信规程建立的数据通信网络,直接为指挥控制和武器系统提供支持服务,是数据通信与计算机控制密切结合的系统。它主要采用无线网络通信技术和应用协议,实现机载、陆基和舰载战术数据系统之间的数据信息交换及战术系统的各项功能;它包括一套通信协议（如频率协议、波形协议、链路与网络协议和保密标准）以及被交换信息的定义；它可构成点对点数据链路及网状数据链路，使作战区域内各种指挥控制系统、作战平台的计算机系统组成战术数据传输/交换和信息处理网络，为指挥人员与战斗人员提供有关的数据及完整的战场态势。战术数据链的通信距离在 20～1000km 之间，若与卫星通信一起使用，则可进行全球通信。

一般来说，数据链分为两类：点对点链路和网状链路。点对点数据链路是在两个单位之间建立一个公共的数据交换信道，一般是全双工模式。多个点对点数据链路可以通过中继和传递单元连接成网络，根据特定的规则，信息可以从一个数据链路传递到另一个数据链路。点对点数据链路可以把固定或移动的地面指挥、控制（C^2）或武器联接起来，其传输介质包括高频（HF）、特高频（UHF）视距传输和 UHF 对流层散射传输等。通常，它工作在两个单位之间能提供语音信道的通信系统上。而网状数据链路，通常采用一个公共的网频建立一个公共信道，以供许多单位分享。网状数据链路按其多单位联接方式可进一步分类，它适用于联接一个小范围的机动（机载或舰载）指挥、控制单元和武器单元，它一般工作在高频（HF）和特高频（UHF）数据传输介质上。

战术数据链的内涵十分丰富，从整体上讲，战术数据链有 4 个基本特征。第一，它是用于战斗空间的，这个空间的规模大概是半径为 300km 的立体球，当然随着卫星等远距离通信手段的介入，这个空间有进一步扩展的可能，但是在战术层面的意义上，作上述理解不会有太大的偏差。第二，完备成熟的战术数据链是一个网络，尽管其发展过程经过了从专用到通用、从线到面进而到网的过程。这个网络应该走向自组织、自同步和无节点，才能实现作战单元完全意义上的互连互通互操作。第三，它有一套完备的报文标准，标准中规定的参数是包括作战指挥、控制、侦察监视、作战管理、武器协调、联合行动等静态和动态描述和表征的集合。第四，战术数据链使用的信道和信号具有抗干扰能力强、效率高和保密性好等特点，例如采用多音频、跳频、突发等通信方式，并普遍使用加密设备。

战术数据链是一个综合的武器系统，综合的武器系统要求横跨平台的技术基础结构和作战基础结构。这些基础结构包括所有操作、维护和使用战术数据链能力的网络参与者都可使用的设备、软件、处理、服务和文档。战术数据链的基础结构包括以下内容，但又不局限于此：

- 训练；
- 操作员程序指南；
- 网络设计和管理；
- 互操作测试；
- 以网络为中心的系统工程；
- 平台实现指南；
- 信息交换标准；
- 问题的诊断和解决；
- 频谱支持；
- 密钥的生成和使用。

针对现代战争各种作战方式的不同需要，有各种类型的数据链，采用的无线通信设备、通信规程和应用协议差别也很大。不同数据链的用途和服务对象是不同的。本章重点在于共性较多、使用也较普遍的通用型战术数据链，如 Link 11、Link 16 等，而对一些专用战术数据链以及一些无法区分的战术数据链的工作原理不做详细介绍。

7.2.1　战术数据链系统的基本组成

战术数据链用于实时和近实时地交换战术数字信息。除少数数据链外,各种数据链的构成大同小异。其基本组成包括:

- 通信设备。通过所选媒介物理传递数据所必需的设备。
- 报文标准。报文标准定义所交换的信息内容。
- 人机接口。用于操作员输入和读出信息。
- 操作规程。管理和指导通过链路的信息的使用。

一个典型的数据链系统配置如图 7.3 所示。

显示/输入控制台 (用户)	计算机系统	加密设备	数据终端设备(DTS)	无线电台

图 7.3　典型的数据链系统配置

其中,计算机系统通常也是各种指挥自动化系统,如美海军战术数据系统的重要组成部分,所以人们也通常称计算机系统为战术数据系统(Tactical Data System)。它接收各种传感器和操作员发出的各种数据,并将其编排成标准的报文格式。计算机内的输入/输出缓存器,用于数据的存储分发,同时接收链路中其他战术数据系统突发来的各种数据。加密机是数据链路中的一种重要设备,用来确保网络中数据传输的安全。数据终端设备(Data Terminal Set)是数据链网络的核心部分,主要由调制解调器、网络控制器(以计算机为主)和可选的密码机等组成。通信规程、报文协议的实现都在数据终端机内,它控制着整个数据链的工作并负责与指挥控制或武器控制系统进行信息交换。该设备的主要功能是:检错与纠错、调制/解调、网络链接控制、与战术数据系统的接口控制、自身操作方式的控制(如点名呼叫、网络同步和测试、无线电静默等)。无线电收/发设备可以是功能独立的设备,也可以是多功能结合的设备,其收/发方式也不完全一样。

数据链是一个地域分布式的立体化空间网络系统,是将部队分布在广阔地域上的各级指挥所、参战部队和武器平台链接起来的信息处理、交换和分发系统。

数据链基本上都是利用无线信道在各类战术作战系统之间,按照统一规定的信息格式构成的计算机数据通信网络,主要包含信息标准、通信协议和传输信道三大基本要素。此外,还包括与信息源、指挥系统(包括信息处理、显示控制和指令生成)信息、武器平台的连接。其中,信息标准确定机器可以识别的格式化信息,传输的数据可用于控制武器平台,也可产生图形化的人机界面;通信协议确定链路的时隙分配方法,采用固定分配信道容量的形式;而传输信道确定信息的传输内容及模式。

我们知道,OSI 参考模型规定的网络协议包括应用层、表示层、会话层、传输层、网络层、链路层、物理层。下面从网络协议分层的角度出发,研究数据链系统与网络协议的对应关系。数据链系统的应用层支持各种战术任务需求,对信息的及时性、完整性和抗干扰性提出一定的要求。信息标准位于表示层,它的功能是用统一的标准和方法对数据编码,确保应用层所生成的报文可以被较低层接受。通信协议完成的功能相当于传输层和网络层,传输层提供一种介质,使得每个网络参与群的报文在特定的一组时隙里进行广播。网络层确定信息分组从源端到目的端的路由,保证报文到达正确的目的地。链路层完成数据链信息的汇编,根据优先方案来传输待发报文,并实现报文加密。传输信道位于系统的物理层,信息在这里进行调制和变频后,通过适当的天线(或转换器)被放大、滤波和传输,同时实现传输加密。需要指出的是,由于现有的数据链系统是在分层原则被广泛使用之前设计出来的,一些重要功能超越了层的界线。

战术数据链用于实时或近实时地交换战术数字信息。除少数数据链外,各种数据链的构成大同小异。一般来说,战术数据链系统包括通信设备、报文标准、人机接口和操作规程等。其中,通信设备是指通过所选媒介物理传递数据所必需的设备(如无线电台和相关的通信协议);报文标准定义所交换的信息内容(如格式和实现规则);人机接口用于操作员输入和读出信息(如转换开关和显示器);操作规程管理和指导通过链路交换的信息的使用。

7.2.2　战术数据链的设备特征

战术数据链系统由硬件和软件两部分组成。其软件部分实际上是一套协议规范,它对战术数据链的传输方式、传输的信息格式、各节点的组网方式,以及使用的硬件规格等进行了具体规定。而硬件部分是依照数据链协议规范来具体实现信息的交换。因此,不同制造厂商可以有不同的硬件设计、制造出相容于相同数据链规范协议的不同数据链终端组件。

实际使用时,通常是先由各使用单位依其战术需求选择其适用的数据链协议,再决定采用可相容于所选择数据链协议的终端机。相容于相同数据链协议的不同终端机之间虽然可互通互联,共同进行数据传输作业,但在规格与功能上却依需求或费用而有所差异,如有的终端同时拥有发送和接收的完整功能,而有的只能用于发送或接收信息。

美国海军舰载 Link 16 数据链系统由战术数据系统(TDS)计算机、指挥与控制处理器、JTIDS(Joint Tactical Information Distribution System)终端和 Link 16 天线组成。TDS 和 C2P 提供交换的战术数据,而 JTIDS 终端和天线则提供保密、抗干扰和大容量的波形。JTIDS 是 Link 16 的通信部分,可起到 Link 11 中数据终端机、无线电台及加密器的作用。C2P 是舰载 Link 16 系统独有的组件,其功能主要是转换报文格式,使 Link 16 的战术数据系统发送的战术数据不仅可在其他 Link 16 系统上传输使用,还可以在 Link 11 或 Link 4A 上使用。机载平台没有指挥控制处理器,不能转发链路间的数据。

7.2.3　战术数据链的通信标准

战术数据链区别于其他数据通信系统的特征主要有两个:一个是具有标准化的报文格式,另一个是具有标准化的传输特性。所以,每一条数据链基本都有一套完整的通信标准和报文标准。如美军使用的 TADIL A(Link 11),其通信标准遵循 MIL−STD−188−203−1A,报文标准遵循 MIL−STD−6011(或北约标准 STANAG 5511);TADIL J(Link 16)的通信标准遵循 JTIDS 和 MIDS,报文标准则遵循 MIL − STD − 6016(或北约标准 STANAG 5516&STANAG 5616)。

不同的数据链系统遵循的通信标准是不同的,采用的频率、调制方式、编码方式、传输速率及发射功率等都有很大的不同。如 Link 11 数据链采用 HF 或 UHF 两种无线电台。HF 无线电台采用调幅(AM)技术,UHF 无线电台使用调频(FM)技术。UHF 地对地通信视距大约为 20~30 英里,地对空通信视距是 175 英里。收发距离根据通信天线高度、发射功率和大气条件的变化而不同。Link 16 数据链的通信系统则采用 JTIDS 或 MIDS 来产生保密、抗干扰、大容量的波形,JTIDS/MIDS 工作在 Lx 波段,采用扩频、跳频等多种抗干扰措施来提高抗干扰性。而北约 7 国共同研制的 Link 22 则将 Link 11 和 Link 16 结合起来,既可采用 Link 11

单音波形，又可采用 Link 16 的 JTIDS 波形，从而具有更强的灵活性。还有一些数据链如美国报文文本格式则对其通信系统没有专门的规定和说明，可以采用多种通信系统来传送信息。

7.2.4　战术数据链的报文标准

严格科学的信息标准是关乎战术数据链的性能、功能和效率的最关键的要素之一，它在数据链系统中的地位不容忽视，在一定程度上，它决定了系统的功能和发展。

美军现役的战术数据链多达十几种。美军针对不同种类数据链的特性、应用需求和互操作性需求都采用了与之相适应的标准化数据链报文及报文格式，并为这些报文格式的实现、收发和转换制定了详细明确的操作规范。由于不同的数据链采用不同的报文标准，因此，不同的数据链之间不能直接互通信息。

只有采用标准的格式化报文才能确保"收发"双方对信息理解的一致性，战术信息传输的实时性和信息传输及处理的自动化，从而使战术数据链能够满足现代战争多平台〔包括同种和不同类型的平台）和多军种的无缝信息交换需求。

网络中心战要求指挥员能够快速处理来自多地域、不同种类的作战信息总和。而现有的几十种数据链，每种战术数据链都有各自相应的格式化报文，虽然它们在各自的领域内都能够发挥着极其重要的作用，但信息标准不统一，严重限制了战时信息的互通能力，不利于信息与资源的统一分配管理，直接影响到信息共享与融合。另外，随着现代科技的高速发展，各类战术终端设备越来越小型化，平台空间的限制也不允许多个标准的数据链设备同时存在。因此，美军一直在致力于构建能够互通、互连和互操作的一体化数据链体系，它的理想目标是实现用一种数据链满足所有的战术信息交换需求。

战术数据链报文标准是指为了实现与其他系统/设备的兼容和互通，该数据链系统/设备必须遵守的一套技术和程序参数。它包括数据通信协议和数据项实现规范。

每一种战术数据链都有一套完整的报文规范。具有标准化的报文格式是战术数据链的一个重要特点。战术数据链采用的格式化报文类型有两种：一种是面向比特的报文，另一种是面向字符的报文。

面向比特的报文就是指采用有序的比特序列来表示上下文信息。利用比特控制字段来构造信息并监督信息的相互交换。像 Link 4A、Link 11/11B、Link 16、Link 22 及 ATDL-1 等数据链就是采用面向比特的报文。

面向字符的报文则采用给定报文代码集合中所定义的字符结构来传送上下文信息。利用字符代码来构造数据并监督数据的相互交换。

就面向比特的报文而言，主要有固定格式、可变格式和自由正文三种类型。固定格式报文中所包含数据长度总是固定的，并由规定的标识符识别各种用途报文的格式和类型，它是数据链的主要报文形式，如 Link 11/Link 11B 采用的"M"系列报文、Link 4A 采用的"V"和"R"系列报文、Link 16 采用的"J"系列报文、Link 22 采用的"F"和"FJ"系列报文、ATDL-1（Army Tactical Data Link-1）采用的"B"系列报文等都是固定格式报文。可变格式类似于固定格式，但其报文的内容和长度是可变的。如可变报文格式（Variable Message Format）采用的"K"系列报文。自由正文没有格式限制，报文中的所有比特都可作为数据，主要用于数字语音交换。由于不同的数据链采用不同的报文标准，因此，不同的数据链之间不能直接互通信息。

美军自 Link 16 开始就非常重视数据链间的互操作性，其基本措施就是实现数据链间报文的互操作性，从定义报文格式开始就考虑到数据链间的互操作性。就目前的发展趋势来看，美军战术数据链报文未来的主要发展方向将是建立基于 J 系列报文的统一、可互操作报文体系。

下面以美军广泛使用的 Link 16 数据链采用的 J 序列报文为例加以详细说明。J 序列报文是美国防部制定的用于指挥控制系统的标准报文格式,是美军联合互通的基础;同时,它也是美军实施网络中心战的主要战术数据链。

J 序列报文标准是 Link 16 数据链固定格式报文所采用的标准,它是 Link 16 数据链的主要报文形式。J 系列报文的编号为 J$n\cdots m$,其中 n 是 J 系列报文中起始字的标识字段 5 比特对应的值 0~31,m 是子标识字段 3 比特对应的值 0~7。由此,32 种标识符与 8 种子标识符的组合共可定义 256 种报文格式。既然报文编号是以标识符与子标识符来定义的,那么按照报文格式是通过标识符和子标识符来进行识别的原理,反过来根据报文编号就可以识别出报文格式类别。即对于 J$n\cdots m$ 中任意一个确定的编号报文,都是这 256 种可能报文之一。由此也确定了该报文的类型。

在每个时隙的开始,要发送 35 比特的报头。报头后紧跟 1 个或多个报文。报头不是报文结构的一部分,但是其中包含的信息作用于时隙内所有报文。报头包含时隙类型、中继传输指示符、类型变更、保密数据单元(SDU)的序号和源跟踪号(TN)字段。SDU 序号字段由发送终端提供。源跟踪号字段由主系统(它识别该时隙内的报文始发者)提供。

Link 16 报文是面向功能的、长度可变的字串,每个字包括 75 比特(其中包括 5 个奇偶校验比特)。字的类型分为 3 种,即其起始字、扩展字和连续字。报文由一个起始字开始,后面跟随一个或多个扩展字。扩展字用于传送逻辑相关的数据字段组,其长度比起始字数据长。扩展字后面可跟随一个或多个连续字,连续字提供补充信息,但很少使用。一个 J 系列报文最多由 8 个字组成。字结构如下:每个 75 比特的字可以是一个起始字、一个扩展字或者一个连续字,对它们的区分是靠每个字中的字格式字段即 2 比特字头(第 0、1 位)来识别的。00 表示起始字,10 表示扩展字,01 表示连续字,11 表示可变报文格式字。每个 75 比特字有一个 5 比特奇偶校验(第 70~74 位)。在这三种字结构中,每种字所传信息位的多少及信息位的分布略有区别。

1. 起始字

每个起始字有 5 个比特的 J 系列信息标识和 3 比特的字标识,以及 3 比特的报文长度指示符。因此,在起始字中除去 2 比特字头、5 比特奇偶校验及上述各标识符,其信息字段只有 57 比特。5 比特的标识和 3 比特的子标识可以有 256 种组合。报文长度指示符表示起始字后面的扩展字和连续字的总数。因为报文长度指示字段有 3 比特,所以后面可以跟随 8 个字。

2. 扩展字

当要发送的数据字段组的长度超过起始字的有效位长度时,就会为该起始字确定扩展字。每个扩展字的格式为:除了 2 比特字头格式和 5 比特奇偶校验外,其余 68 位都为信息字段。由于扩展字中的数据字段是根据起始字中的标识与子标识的组合来确定和解释的,所以它们必须按顺序发送。例如:为一个给定的起始字而确定的 n 个扩展字中的第 j 个扩展字要发送,当 $i<j$ 时,所有 i 个扩展字都必须在第 j 个扩展字之前发送。如果任何一个扩展字需要重发,它必须是这个报文的最后一个扩展字。

3. 连续字

连续字用来提供补充信息以支持起始字和扩展字。连续字在最后一个扩展字之后发送,在没有扩展字发送时紧接在起始字之后发送。每个连续字含有一个 5 比特的连续字标识字段,用来唯一地识别连续字。连续字标识字段的值为 0~31,对于任何一个字标识,其连续字最多为 32 个。一个连续字除了 2 比特字头(第 0、1 位)、5 比特连续字标志(第 2~6 位)和 5 比特奇偶校验(第 70~74 位)外,其余 63 位(第 7~69 位)是信息字段。与扩展字不同,连续字是可以按任意顺序发送的,除非在特殊报文传输规则里另有规定。

有关 J 序列报文和字的描述可参看相应的参考文献,这里不做赘述。

7.3　Link 系列战术数据链

针对现代战争各种作战方式的不同需要,有多种类型的数据链,各种数据链都有其特定的用途和服务对象。美国和西方各国在不同的历史时期,根据当时的技术水平和不同的作战用途开发了种类繁多的战术数据链,如用于传输格式化报文信息的战术数字信息链(TADIL)、用于传输图像情报和信号情报的公共数据链/战术公共数据链(Common Data Link/Tactical Common Data Link)以及传输导弹修正指令用于武器引导的精确制导武器用数据链等。常用的战术数据链主要包括美军使用的战术数字信息链路系列(TADIL)和北约使用的 Link 系列。

战术数字信息链是美国国防部参联会批准的用于传输机器可读的数字化信息的标准通信链路。TADIL 通过一个或多个网络体系和多种通信媒体,将两个或多个指挥控制或武器系统连接在一起,从而进行战术信息的交换。到目前为止,美国已经研制出了几种战术数据链并装备了部队,它们分别是 Link Ⅰ、Link Ⅱ、Link Ⅲ、Link 4、Link 11、Link 16、Link 16A 和 Link 22。

Link 4A 是一种半双工或全双工飞机控制链路,供美军所有航空母舰上的舰载飞机使用。开始引入 Link 4A 时是为了支持自动着陆系统,后来发展成为通过交换状态和目标数据来协调 E22C"鹰眼"预警飞机和 F14A"雄猫"战斗机的手段,Link 4A 还用于校正航空母舰上的飞机惯性导航系统;Link 4C 是专用于 F14 战斗机的空空通信数据链。Link 11 是一条用于交换战术数据的数据链,使用战术数据信息链 A(TADIL A)的数据格式,用来连通参加作战的战术部队,如海上舰艇、飞机和岸上节点,主要采用高频传播,在视距范围内还使用特高频实现各种作战平台的互联,以轮询技术(也叫点名呼叫)形式,为各部队之间提供通信并交换数据信息。Link 14 是一条在高频和特高频两种频率上工作的数据链,它通过安装有 Link 11 的指定舰船以及其他的平台提供计算机控制的战术数据广播。Link 14 数据率较低,没有抗干扰能力,但它的简易性却有助于为非北约军队提供低级的互连工作。Link 16 使用战术数据信息链 J(TADIL J)的数据格式,支持各战斗群之间的综合通信、导航和敌友识别。美军的联合战术信息分配系统使用了 Link 16 数据链,采用具有抗干扰能力的特高频无线电设备,把海上部队、飞机和岸节点互连起来。Link 22 是为了克服 Link 11 的易损性和容量问题,由美国、加拿大、法国、德国、意大利、荷兰和英国联合研制。像 Link 16 一样,Link 22 不易受节点损失的危害,能够同时用 8 个信道在 HF 和 VHF 频段传送数据,并提供灵活的网络构建能力,其数据吞吐量比 Link 16 低,但比 Link 11 大。Link 22 是 Link 11 的改进,它可以更方便地和 Link 16 连接,它是北约下一代战术数据链。

7.3.1　Link 4 战术数据链

Link 4 战术数据链是用于作战飞机无线电指挥引导的非保密数据链,有 Link 4A 和 Link 4C 两种,工作在 UHF 频段,采用单频时分多址技术,使用串行传输标准和标准报文格式,数据率为 5000b/s。Link 4A 和 Link 4C 这两种数据链路在功能上完全不同。前者用于控制台—飞机之间的通信,后者用于战斗机—战斗机通信。Link 4A 在空中截击控制和空中交通管制作战中的作用和 Link 4C 在战斗机—战斗机作战中的作用计划将逐渐由 Link 16 承担。

Link 4A 是控制员到飞机的数据链,它采用 V 系列报文和 R 系列报文,支持自动控制舰载机着舰系统(ACLS)、空中交通管制(ATC)、空中截击控制(AIC)、攻击控制、地面控制轰炸系统(GCBS)和舰载机惯性导航系统(CAINS)。它有一个受限定的数据吞吐量,没有电子反对抗能力,适合于数量有限的参与者(最多 8 个)。

Link 4C 是战斗机—战斗机数据链,其研发工作始于 1984 年。Link 4C 采用 F 系列报文,提供一些电子反对抗措施。Link 4C 只安装在 F14 战斗机上,但 F14 不能同时利用 Link 4A 和 Link 4C 进行通信。在一个 Link 4C 网中,最多只能有 4 架飞机参与。

虽然上述两种战术数据链路的标准是用同一规范定义的。但是 Link 4C 链路的标准非常独特,且与 Link 4A 链路的标准不兼容,不能通过 Link 4C 链路发送 Link 4A 报文,反之亦然,目前,配有 Link 4A 链路设备的战斗机同时也配有 Link 4C 链路设备。

在操作中,Link 4C 可相互连接 2 架、3 架或 4 架战斗机。如果将参与 Link 4C 链路的某架飞机作为主机的话,其余的则作为从机。每一架参与 Link 4C 链路的飞机都被分配一个互不相同的地址。Link 4C 链路网络成员间可以在规定时隙内按指定频率相互进行数字通信。链路成员之间传送的数据报文中含有任务信息,这些信息包括本机位置以及目标与武器状态。报文数据更新速度的快慢取决于目标的数量。

下面重点介绍 Link 4A 的有关情况。

7.3.1.1 系统组成

Link 4A 系统通常把战术和支援飞机与飞机单元连接起来,它是半双工数字数据传输系统,传输速率为 5Kb/s,用以在控制站和受控飞机之间传输飞机控制和目标信息。系统能使控制站把目标数据和指令送到受控飞机。传输在单一射频载波上按串行时分复用的方式进行,各个报文以时序为基础传送。由控制站产生并发送的报文称为控制报文,回答控制报文的报文(返回控制站的报文)称为应答报文。

Link 4A 系统一般由控制站终端分系统、传输分系统和受控站终端分系统组成,如图 7.4 所示。一个典型的终端分系统包括:UHF 无线电设备、数据终端设备、计算机数据处理器和

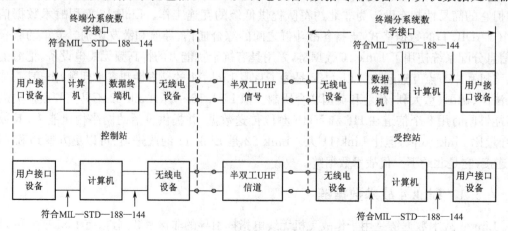

图 7.4　Link 4A 的组成框图

用户接口设备。在使用该链路的所有系统中,控制站终端和受控站终端用半双工模式运行,但控制站终端具有全双工操作能力。

7.3.1.2　基本特性

1. 报文标准

Link 4A 数据链的控制报文称为 V 序列,应答报文称为 R 序列报文。表 7-1 列出了 V 序列和 R 序列报文。尽管 Link 4A 链路发送的报文是非加密的,但是报文定义及其执行程序是保密的,报文中的具体信息和控制报文顺序的规则,可以在美国海军、美参谋长联席会议和北约组织颁布的下列三个文件中找到出处:①Link 4A 链路操作规范 OS2404.1;②战术数据信息链路 CSPUB6201.2 号;③北约组织(NATO)军用标准局(MAS)的标准化协议(STANAG),类目:用于飞机控制的战术数据链——Link 4A 链路,STANAG5504。所有 Link 4A 链路报文标准文件均是保密的。Link 4A 链路的工程标准是非保密性的,在美军标第MIL2STD2188220323 号:《子系统设计与工程标准 2 战术数字信息链路(TADIL)C 之标准》中有具体说明。该标准规定了控制台和机载设备实现 Link 4A 链路通信的技术要求及其接口关系。

表 7-1　V 序列和 R 序列报文类型

		报文类型
V 序列报文	V.0A	有地址的假报文
	V.0B	无地址的假报文
	V.1	目标数据交换报文(海军)
	V.2	飞机引导报文
	V.3	引导与具体控制报文
	V.5	交通管制报文
	V.6	自动着舰控制报文
	V.7	引导与具体控制报文
	V.18	精确指挥最终报文
	V.19	精确指挥初始报文
	V.31	惯性系统校准报文
	V.3121	突击控制报文
	MCM—1	测试报文
	MCM—2	测试报文
	UTM—3A	通用测试报文
	UTM—3B	通用测试报文
R 序列报文	R.0	飞机应答报文(海军)
	R.1	飞机应答报文(海军)
	R.2A	应答报文(战术数据)
	R.3B	应答报文(位置报文)
	R.3C	应答报文(目标速度报告)

2. 传输格式

每个 Link 4A 链路的传输均由 5 个不同部分组成,按其顺序分别为:同步脉冲串、保护间隔、起始位、数据、发射非键控位(Transmit unkey bit)。有时也将保护间隔与起始位合称为前置码。在控制报文中,同步脉冲串占 8 个时隙、保护间隔 4 个时隙,起始位一个时隙、数据段 56 个时隙、发射非监控位一个时隙。而在应答报文中,除数据段占 42 个时隙与控制报文不同以外,其余 4 部分所占据的时隙与控制报文完全相同。

3. 数字信号

Link 4A 数字信号由数据终端设备生成。控制站发往飞机的控制报文生成于控制站数据终端。应答报文是按照报文的要求,由具备双向通信能力的各类数字终端设备发出。Link 4A 数据链信号包括:协议信息,即报文中指定了具体飞机的地址;控制站与飞机间通信用的实际战术数据。

7.3.1.3 装备使用

Link 4A 链路于 20 世纪 50 年代末开始装备在美海军的早期 F24 型战斗机中,用作机载双向舰对空系统。到了 60 年代,其他舰载飞机也安装了 Link 4A 单向数据链,这些飞机包括 E22B 和 E22C、S23A、A26、A27、EA26A 以及 F24 改进型战斗机。70 年代,EA26B 飞机也安装了 Link 4A 链路。在目前美国军方和北约组织(NATO)使用的若干种战术数据链中,Link 4A 链路发挥着十分重要的作用,它可提供数字化的舰对空、空对舰及空对空战术通信。Link 4A 链路的最初设计初衷是用来替代战术飞机控制的音频通信,以后又将 Link 4A 链路应用扩展到了舰载平台与机载平台之间数字数据通信,其中包括:

① 航空母舰自动着舰系统(ACLS);

② 空中交通管制(ATC);

③ 空中拦截控制(AIC);

④ 攻击控制(STK);

⑤ 地面控制轰炸系统(GCBS);

⑥ 航空母舰惯性导航系统。

通过 Link 4A 数据链能够实现:

- 一个控制员控制多架飞机,能够对在两个控制台间进行转换的飞机进行信息传输,同时能够引导攻击机;
- 接收和显示由战斗机下行传送的超出舰船雷达视距的目标数据;
- 接收水面舰船向飞机提供机载雷达盲区的威胁目标信息;
- 对在航空母舰和海岸之间执行作战空中巡逻任务的飞机进行控制。Link 4A 以高可靠性、易于维护和操作、连接时间短等优点,在对空控制、训练以及作战管理方面得到了广泛的应用。

但 Link 4A 数据链也存在一些问题:

- 发送报文保密性不够好(但报文定义及执行程序是保密的);
- 抗干扰能力不强。

7.3.1.4 Link 4A 链路的改进

基于现代战争的需要,美海军正在实施改进现有战术系统计划,其目的是增加更多的战术数据,以满足相互交叉关联的威胁的要求、提高作战决策的全自动化水平。较早的战术数据链路系统亦称为作战指挥系统,这种以海军战术数据系统计算机为基础的系统,将被先进的作战指挥系统(ACDS)取代。随着这种先进的战术系统的出现,美海军计划,要求所有先进的作战指挥系统及宙斯盾舰艇都能支持三种战术数据链路(Link 4A、Link 11、Link 16 链路),并通过它们获取相关数据。为满足这个要求,就必须对这些舰载平台上的数据链路硬件和软件进行更新。该更新计划共分为两个阶段,第一阶段又称 0 阶段,第二阶段又称 1 阶段。其第一阶段(正在实施中)称为 4 型;第二阶段称为 5 型。改进后的战术数据链配置与现役战术数据链配置主要区别是将 AN/UYK243 型战术计算机引入整个战术数据链配置中。该型计算机实际上是一个指挥与控制处理器,它能将 Link 11 或 Link 16 中任一条链路发来的报文自动转换为对方链路所需的报文格式。但是,指挥与控制处理器不具备 Link 4A 链路数据终端设备与战术计算机间的双向传输能力,因此,对于 Link 4A 链路来说,外加硬件是必要的。在先进的作战指挥系统 0 阶段配置中,海军战术数据系统与三种战术数据链硬件加入一套控制处理器,Link 4A 链路数据通过控制器再传给海军战术数据系统。

另外在宙斯盾舰艇 4 型配置中加入了指挥与控制处理器和现有的武器控制系统。Link 4A 链路报文通过指挥与控制处理器再传送给武器控制系统。在 1 阶段的配置中,Link 4A 链路报文在传送给海军战术数据系统之前,在指挥与控制处理器中被转换成 N 系列报文。另外在宙斯盾舰艇 5 型配置中,包括 Link 4A 链路在内的所有战术数据链路都同指挥与控制处理器连接。武器控制器系统不再通过指挥与控制处理器和 Link 4A 链路设备直接连通,而代之以指挥与决策系统。

7.3.2　Link 11 战术数据链

Link 11 又叫战术数据信息链 A(TADIL A),于 20 世纪 70 年代投入使用,计划服役到 2015 年。TADIL A 主要用于实时交换电子战数据、空中/水面/水下的航迹,并传输命令、告警和指令信息。它是一条保密的网络化数字数据链路,采用并行传输和标准报文格式,在机载、地基和舰载战术数据系统之间交换数字信息。该数据链采用 M 序列报文,报文标准由美军标 MIL—STD—6011 和北约标准 STANAG 5511 定义,通信标准由美军标 MIL—STD—188—203—1A 定义。标准速率为 1200b/s 和 2400b/s,实际用 1364b/s 或 2250b/s。它通常在网络控制站的控制下,以轮询方式进行工作,也可以采用广播模式工作。TADIL A 使用 HF 和 UHF 频段。当使用 HF 频段时,能够覆盖信息发送地点周围 300 海里的区域;使用 UHF 频段时,能够提供舰对舰 25 海里、舰对空 150 海里的覆盖。

7.3.2.1　系统组成

Link 11 以帧为单位进行数据传送,每帧含有 30bit 数据,长度为 13.33ms 或 22ms,相应的数据率分别为 2.25Kb/s 或 1.364Kb/s。典型的 Link 11 系统组成如图 7.5 所示,它包括:作战指挥系统(Combat Direction System,CDS)计算机、保密设备、数据终端设备(DTS),HF 或 UHF 无线收发机。

下面分别介绍 Link 11 系统的各个组成部分。

(1) 作战指挥系统(CDS)计算机

CDS 计算机是作战指挥系统的中央处理器。维护一个航迹数据库是它众多工作程序中的一个,这些航迹信息可发送给 Link 11 网络的其他单元,CDS 计算机将宽度为 24 位的数据字发送给数据终端;同时,CDS 计算机也能接收来自 Link 11 网络中其他单元的航迹信息或其他信息。

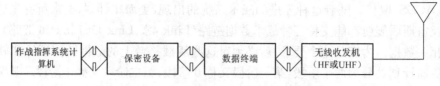

图 7.5　典型的 Link 11 系统组成图

（2）保密设备

Link 11 系统采用的加密装置和密码装置是密钥发生器 40 型（KG－40A）,当数据终端设备（DTS）发送数据时,KG－40A 接收来自 CDS 计算机的并行数据,并将数据加密后送给数据终端设备。当参与单元接收到数据时,KG－40A 从 DTS 接收加密的数据,并将数据解密后送给 CDS 计算机。

（3）数据终端

数据终端设备（DTS）是 Link 11 系统的心脏,它要完成编码、调制、解调和 Link 11 正常工作所需的控制功能。数据终端从 CDS 计算机接收 24 位数据字格式的数据,然后加上 6 位检错和纠错数据,再把形成的 30 位数据转换为一个音频信号后发送给无线电设备的发射部分。从无线电接收机接收到的射频信号中的音频信号经解调后再传送给 CDS 计算机。DTS 除了对数据进行编码和调制解调外,还要产生和识别控制链路发射类型和数目的协议数据,这些协议字包括传输开始、传输终止和要发射数据的下一个单元地址的代码。此外,DTS 控制着与 CDS 计算机的接口,DTS 有输入数据或请求输出数据时,它通过外部中断给 CDS 计算机发送信号。

（4）无线收发机

无线收发机将数据终端发送来的音频信号调制为能发射的射频信号。Link 11 系统可工作在 HF 和 UHF 两个频段上,当采用 HF 波段时,就采用单边带幅度调制,也就是单独的采用上边带（USB）或下边带（LSB）进行发射,这样可以克服传播过程中导致的信息失真。

7.3.2.2　基本特征

1. 报文标准

TADIL A 数据链的报文标准采用美军标 MIL－STD－6011 和北约标准 STANAG 5511 定义的 M 序列报文,但是各国和地区在实际使用 M 序列报文时有所不同。M 序列报文的具体分类列于表 7-2 中。

表 7-2　M 序列报文

报文类型	报文名称
M. 0	测试报文（Test message）
M. 1	数据基准位置报文（Data Reference Position message）
M. 81	数据基准位置扩展报文（Data Reference Position Amplify message）
M. 2	空中航迹位置报文（Air Track Position message）
M. 82	空中位置扩展报文（Air Position Amplify message）
M. 3	水面航迹位置报文（Surface Track Position message）

续表

报文类型	报文名称
M. 83	水面位置扩展报文(Surface Position Amplify message)
M. 4A	反潜战主要报文(ASW Primary message)
M. 84A	反潜战扩展报文(ASW Amplify message)
M. 4B	反潜战辅助报文(ASW secondary message)
M. 4C	反潜战主要声音报文(ASW Primary Acoustic message)
M. 84C	反潜战主要声音扩展报文(ASW Primary Acoustic Amplify message)
M. 4D	反潜战方位报文(ASW Bearing message)
M. 84D	反潜战方位扩展报文(ASW Bearing Amplify message)
M. 5	特殊点位置报文(Special Points Position message)
M. 85	特殊点扩展报文(Special Points Amplify message)
M. 6A	电子攻击截获数据报文(Electronic Attack Intercept Data message)
M. 6B	电子战支援主要报文(Electronic Warfare Support Primary message)
M. 86B	电子战支援扩展报文(Electronic Warfare Support Amplify message)
M. 6C	电子战支援参数报文(Electronic Warfare Support Parametric message)
N. 86C	电子战支援参数扩展报文(Electronic Warfare Support Parametric Amplify message)
M. 6D	电子战协调与控制报文(Electronic Warfare Coordination and Control message)
M. 86D	电子战协调与控制扩展报文(Electronic Warfare Coordination and Control Amplify message)
M. 7A/B	战区导弹防御报文(Theater Missile Defense message)
M. 87A/B	战区导弹防御扩展报文(Theater Missile Defence Amplify message)
M. 9A	管理报文(信息)(Management message(Information))
M. 9B	管理报文(配对/联合)(Management message(Pairing/Association))
M. 9C	管理报文(指示器)(Management message(Pointer))
M. 9D	管理报文(Link 11 监视器)(Link 11 Monitor)
M. 9E	管理报文(支持信息)(Management message(Supporting Information))
M. 9F(0)	概率范围区基本报文(ACT=0)(Area of Probability Basic message)
M. 89F(0)	概率范围区基本扩展报文(ACT=0)(Area of Probability Basic Amplify message)
M. 9F(1)	概率范围区辅助报文(ACT=0)(Area of Probability Secondary message)
M. 9G	数据链基准点位置报文(Data Link Reference Point Position message)
M. 10A	飞机控制报文(Aircraft Control message)
M. 11B	飞机任务状态报文(Aircraft Mission Status message)
M. 11C	反潜战飞机状态报文(ASW Aircraft Status message)
M. 11D	敌我识别(选择识别特性报文)(IFF/SIF message)
M. 11M	电子战/情报报文(EW/Intelligence message)
M. 811M	电子战/情报扩展报文(EW/Intelligence Amplify message)
M. 12	国家报文(National message)
M. 12. 23	文本报文(Text message)
M. 812. 23	文本扩展报文(Text Amplify message)
M. 12. 31	定时报文(Timing message)
M. 13	全球范围内的国家报文(Worldwide National message)
M. 14	武器/交战状态报文(Weapon/Engagement Status message)
M. 15	指挥报文(Command message)

　　TADIL A 数据链的报文格式主要有两种类型：一种是数据报文，用于目标信息和态势命令的发送；另一种是控制报文，用于校准网络。每个数据报文由 60bit 组成，其比特排列顺序是预先定好的。60bit 分为两帧，每帧 30bit。每一帧中的比特位置从 0～29 进行编号。每帧中有 6 个 bit 用于检错纠错，剩余的 24bit 用于传输信息。

2. 传输格式

　　TADIL A 数据链的每次传输都包括报头帧、相位参考帧及信息帧。

　　报头帧是每次传输的前 5 帧，是由 605Hz 和 2915Hz 两种单音构成的双音信号。605Hz 单音用于多普勒校正而 2915Hz 单音用于同步。2915Hz 单音在每个帧结束时，相位移动 180°，以便接收机能够检测到帧的跳变。

　　相位参考帧紧随报头之后发送，它由 16 各标称单音的混合而成，并作为第一信息帧的相位参考基准。

　　信息帧是控制码帧和数据信息帧组成的 16 个单音混合信号。第一个控制码帧紧随相位参考帧发出。

　　控制码帧控制链路运行，三种基本控制码包括起始码和地址码。每个控制码由两个 30bit 帧构成。只要控制码中每帧出错的比特数不大于 4，接收方就能够正确识别控制码。起始码紧跟相位参考帧，是信息段的头两帧，接收方利用它来通知战术数据系统计算机准备接收数据信息。停止码是紧跟最后一个数据信息帧的两帧长码，它表示信息结束。地址码，每一个网络参与单元（Participating Unit，PU）都由一个唯一的 6bit 地址（八进制 01～76）加以识别。

　　数据报文帧用于传输战术信息。数据报文包括任意数目的帧，每帧有 30bit 数据，数据报文紧随起始码发出。30bit 的数据帧是由来自战术数据系统计算机的 24bit 和来自数据终端机的 6bit 检错纠错码组成。跟在起始码之后的第一帧实际上是在密码发生器（KG-40A）中产生的。当报文数据的第一帧被加密时，把起始码传送给数据终端机。当第二帧被加密时，把报文的第一帧送到数据终端机。这样，数据从战术数据系统通过 KG 到数据终端机以"管线"传输。

3. 主要工作方式

　　为了有效实现自动联网数据通信，使网络各系统之间能有效地交换战术信息，TADIL A 采用"轮询"（Roll Call）网络工作方式。它指定一个站作为数据网控制站（Data Net Control Station，DNCS），网内其他成员称为从属站（或前哨站）。典型的 Link 11 网如图 7.6 所示。

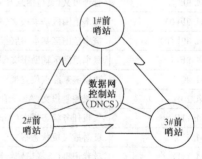

图 7.6　典型的 Link 11 网

7.3.2.3　系统工作模式

　　当一支部队需要建立 Link 11 网络时，部队的指挥官首先发送一个消息，该消息中包括了建立 Link 11 通信所必需的信息。包含的信息有：主频和从频列表、初始网络控制站的名称、初始 GRIDLOCK 参考单位、参与单元（PU）识别号和地址、初始链路参考点和其他所需的信息。任务一旦建立，警戒站（PS）就通知网络控制站（NCS）表示准备建立链路。为了和所有单元建立通信，NCS 要发射网络同步信号（NS）。如果 NCS 使用了正确同步时间（CR）（正常模式下），Net Sync 会验证 NCS 和所有警戒站之间的通信通道。没有收到 Net Sync 的警戒站将不能参与这个网络。Net Sync 之后进行网络测试,Net Test 是为了确保 Link 11 单元之间的连通性,不能接收到网络同步信号或网络测试信号的单元需要向 NCS 报告它们不能参与到网络中并采取校正行动。网络测试完成后,所有的警戒站都向 NCS 报告其状态,然后 NCS 命令所有的参与单元切换到轮询模式并开始链路操作。网络同步和网络测试是在网络初始化时进行,正常的工作模式是轮询模式。

Link 11 有 6 种工作模式,分别如下。

① 网络同步(Net Sync):人工启动后,网络控制站连续不断地发送报头数据,警戒站进行接收。

② 网络测试(Net Test):网络控制站发送一个已知的测试信号,所有警戒站通过比较接收到的测试信号和本地信号,来检验其设备的性能。

③ 轮询(Roll Call):Link 11 的常规工作方式,此时网络控制站按一定的顺序进行询问,参与单元作出响应进行自动报告,从而把数据传送到整个网。

④ 广播(Broadcast):在广播模式下,某个参与单元将不断地给网络中的所有成员发射一系列数据。广播模式由人工启动,启动后将一直自动的发送数据直到操作员人为停止。通过使用广播模式,其他警戒站可以在保持无线电沉寂的同时接收实时战术数据。

⑤ 简短广播(Short Broadcast):在简短广播模式下,警戒站或网络控制单元给网络中的其他成员发送数据。

⑥ 无线电沉寂(Radio Silence):在此方式下,无线电设备的自动切换开关和数据终端设备的音频输出是无效的,但接收能力不变。

Link 11 系统工作过程如下:

① 发射周期:CDS 计算机从不同的舰船传感器、导航系统和操作员入口接收数据并把数据存在数据库中,当 Link 11 需要发射时,CDS 计算机输出的并行数据先送到保密设备,保密设备将数据加密后送给 DTS,DTS 再把数字的数据转化为模拟的音频信号,然后无线电设备会自动打开发射机发射。

② 接收周期:接收机接收到射频信号后,先把射频信号解调为音频信号,并通过通信切换板传送给 DTS,DTS 再把音频信号解调成数字信息,数字信息经保密设备解密后送到 CDS 计算机处理。

7.3.2.4　装备使用

美国及其北约盟国和日本、韩国、泰国、新加坡、菲律宾及台湾地区等都配有 TADIL A 数据链。在英国,它被皇家海军、海军陆战队和皇家空军应用于舰船、舰－岸－舰缓冲站(SSSB)、E－3D 空中预警机、战术空中控制中心(TACC)等。在北约,主要用作海上数据链。由于它能够满足战区导弹防御的信息交换要求,因此地基 SAM(地空导弹)系统也装备有 TADIL A。TADIL A 在美军的装备使用情况如下:

美海军陆战队——战术空中控制中心(TACC)、战术空中作战中心(TAOC)、战术电子侦察处理和评估系统(TERPES)。

美空军——空中作战中心(AOC)、空军控制和报告中心/控制和报告单元(CRC/CRE)、E－3 机载预警与控制系统(AWACS)、RC－135“联合铆钉”等。

美陆军——爱国者、战区导弹防御战术作战中心(TMD TOC)。

美海军——航空母舰(CV)、导弹巡洋舰(CG)、导弹驱逐舰(DDG)、导弹护卫舰(FFG)、两栖通用攻击舰(LHA/LHD)、两栖指挥控制舰(LOC)、核动力潜艇(SSN)等。

7.3.3 Link 16 战术数据链

Link 16 战术数据链是保密、大容量、抗干扰、无节点的数据链路。采用联合战术信息分发系统/多功能信息分发系统(JTIDS/MIDS)传输特性和技术接口设计规划(TIDP)所规定的协议、约定和固定长度报文格式。它采用 J 序列报文,报文标准由美军标和北约标准定义,通信标准则遵循 JTIDS 和 MIDS 规定。Link 16 是一种比较新的数据链路,是美国防部用于指挥、控制和情报的主要战术数据链。Link 16 是在 20 世纪 70 年代当 JTIDS 还处于研制阶段的时候,美军根据未来作战的需要和为了充分发挥 JTIDS 的能力而制定的。它支持监视数据、电子战数据、战斗任务、武器分配和控制数据的交换。Link 16 并没有显著改变 Link 11 和 Link 4A 多年来支持的战术数据链信息交换的基本概念,相反,它对现有战术数据链的能力进行了某种技术和操作上的改进,并提供了一些其他数据链路缺乏的数据交换。它所实现的显著改进主要有:提高抗干扰能力,增强保密性,提高数据率(吞吐量),减小数据终端尺寸,允许在战斗机和攻击机上安装,具有数字化、抗干扰、保密语音功能,具有相对导航、精确定位和识别功能,并提高参与者数量。

7.3.3.1 系统组成

Link 16 是一个通信、导航和识别系统,支持战术指挥、控制、通信、计算机和情报(C^4I)系统。Link 16 的无线电发射和接收部分是 JTIDS(联合战术信息分发系统)或其后继者 MIDS(多功能信息分发系统)。

典型的舰载 Link 16 系统由战术数据系统(TDS)、指挥与控制处理器(C2P)、JTIDS 终端(或 MIDS 终端)和天线组成,如图 7.7 所示。TDS 和 C2P 提供交换的战术数据,而 JTIDS 终端则提供保密、抗干扰和大容量的波形。C2P 是 Link 16 独有的组件,其功能主要是转换报文格式,使 Link 16 的战术数据系统发送的战术数据不仅可在其他 Link 16 系统上传输使用,还可以在 Link 11 或 Link 4A 上使用。JTIDS 是 Link 16 的通信部分,可起到 Link 11 中数据终端机、无线电台及加密机的作用。

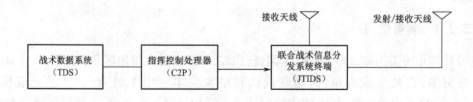

图 7.7 典型的 Link 16 舰载系统

机载 Link 16 系统与舰载 Link 16 系统有所不同。在飞机上,由于受到机内空间和载荷量的限制,要求机载 JTIDS 终端部分分开放置,而不是集中于一个大而重的舱内。另外,人机接口也要适合现有的控制和显示。但是两种平台上的 Link 16 系统完成的功能是一样的。机载 Link 16 系统的主要部件包括:任务计算机、JTIDS 终端和天线。任务计算机提供要交换的战术数据、JTIDS 终端提供保密、抗干扰、大容量波形。机载平台没有指挥控制处理器,不能转发链路间的数据。其任务计算机与 JTIDS 终端直接相连。

7.3.3.2　基本特性

1. 报文标准

Link 16 数据链采用 J 序列报文和自由文本来传递信息。J 序列报文由美军标和北约标准来定义。J 序列报文的具体分类如表 7-3 所示。

表 7-3　TADILJ 的报文类目

TADIL J 报文类目		
网络管理	**信息管理**	**威胁警告**
J0.0 初始进入	J7.0 航迹管理	J15.0 威胁报告
J0.1 测试	J7.1 数据更新请求	**气象**
J0.2 网络时间更新	J7.2 相关 (correlation)	J17.0 目标上空的天气
J0.3 时隙分配	J7.3 指示器	**国家使用**
J0.4 无线电中继控制	J7.4 跟踪识别器	J28.0 美国 1 (陆军)
J0.5 二次传播中继	J7.5IFF/SIF 管理	J28.1 美国 2 (海军)
J0.6 通信控制	J7.6 过滤器管理	J28.2 美国 3 (空军)
J0.7 时隙再分配	J7.7 联系	J28.20 文本报文
J1.0 联通询问	J8.0 单元指示符	J28.3 美国 4 (海军陆战队)
J1.1 连通状态	J8.1 任务相关器变化	J28.4 法国 1
J1.2 路径建立	**武器协调和管理**	J28.5 法国 2
J1.3 确认	J9.0 指挥	J28.6 美国 5 (国家安全局)
J1.4 通信状态	J9.1TMD 交战指挥	J28.7 英国 1
J1.5 网络控制初始化	J9.2ECCM 协调	J29.0 保留
J1.6 指定必要的参与群	J10.2 交战状况	J29.1 英国 2
参与者的精确定位与识别 (PPLI)	J10.3 移交	J29.3 西班牙 1
J2.0 间接接口单元 PPLI	J10.5 控制单元报告	J29.4 西班牙 2
J2.2 空中 PPLI	J10.6 组配	J29.5 加拿大
J2.3 水面 PPLI	**控制**	J29.7 澳大利亚
J2.4 水下 PPLI	J12.0 任务分配	J30.0 德国 1
J2.5 陆基点的 PPLI	J12.1 航向	J30.1 德国 2
J2.7 地面轨迹 PPLI	J12.2 飞机的准确方位	J30.2 意大利 1
监视	J12.3 飞机航迹	J30.3 意大利 2
J3.0 基准点	J12.4 控制单元改变	J30.4 意大利 3
J3.1 应急点	J12.5 目标/航迹相关	J30.5 法国 3 (陆军)
J3.2 空中航迹	J12.6 目标分类	J30.6 法国 4 (海军)
J3.3 水面航迹	J12.7 目标方位	J30.7 法国 5 (空军)
J3.4 水下航迹	**平台与系统状态**	**其他**
J3.5 陆基点或轨迹	J13.0 机场状况报告	J31.0 空中更换密钥管理
J3.6 空间轨迹	J13.2 空中平台和系统状态	J31.1 空中更换密钥
J3.7 电子战产品信息	J13.3 水面平台和系统状态	J31.7 无信息 (No Statment)
反潜战	J13.4 水下平台和系统状态	
J5.4 声方位与距离	J13.5 地面和系统状态	
情报	**电子战**	
J6.0 情报信息	J14.0 参数信息	
	J14.2 **电子战控制/协调**	

2. 技术特性

（1）时分多址

Link 16 采用向每个 JTIDS 单元(JU)分配单独时隙进行数据传输的网络设计,这样就不再需要网络控制站。它将一天 24 小时(1440 分钟)划分成 112.5 个时元,每个时元又划分称12 秒长的 64 个时帧,每个时帧又分成 1536 个时隙,每个时隙长 7.8125ms 用于数据传输。时隙和帧是 JTIDS 网络的两个基本时间单位。所有 JTIDS 系统成员每个时帧均分配一定数量的时隙,在这些时隙里发射一串脉冲信号,以广播它所收集到的情报或发出指挥和控制命令。其他终端机则接收信号,从中提取自己所需的信息。所分配时隙的多少要根据该参与单位的需要而定。为了防止被干扰,终端发射频率的每个脉冲都是变化的,频谱图案是伪随机的,由传输保密(TSEC)决定。Link 16 的 TDMA 体系结构如图 7.8 所示。

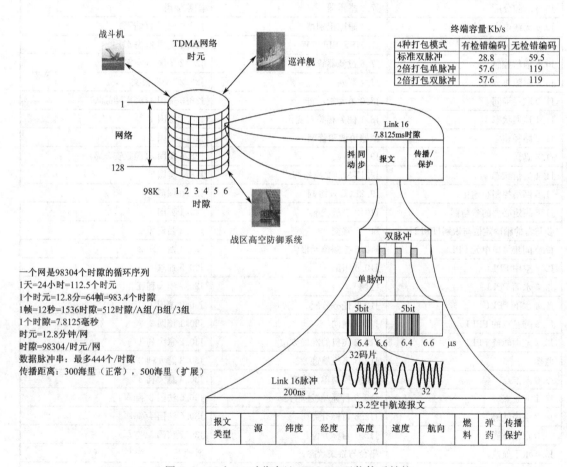

4种打包模式	终端容量 Kb/s	
	有检错编码	无检错编码
标准双脉冲	28.8	59.5
2倍打包单脉冲	57.6	119
2倍打包双脉冲	57.6	119

一个网是98304个时隙的循环序列
1天=24小时=112.5个时元
1个时元=12.8分=64帧=983.4个时隙
1帧=12秒=1536时隙=512时隙/A组/B组/3组
1个时隙=7.8125毫秒
时元=12.8分钟/网
时隙=98304/时元/网
数据脉冲串:最多444个/时隙
传播距离:300海里(正常),500海里(扩展)

图 7.8　Link 16 时分多址(TDMA)通信体系结构

（2）无节点的体系结构

节点是维持通信所必需的单元。在 Link 11 网络中,网络控制站就是一个节点。如果网络控制站停止工作,整个链路也随之停止工作。在 Link 16 中,没有关键节点。时隙被预先分配给每个参与者和链路功能,无需考虑任何特殊单元的参与。在 Link 16 中与主节点最相近的是NTR(网络时间参考)。NTR 主要用于启动网络,对于设备而言,作用是使其进入网络且与网络保持同步。网络建立以后,在没有 NTR 的情况下,网络仍能继续运行数小时。

（3）报文加密和传输加密

报文和传输都需要加密。报文是根据报文保密（MSEC）专用的密码变量，通过加密设备进行加密；而传输保密则是通过控制 JTIDS 专用波形的另一种密码变量来实现的。这种波形采用了直接序列扩频、跳频和抖动等措施降低被截获的概率。一个单元欲接收另一个单元的传输，它们必须被分配给相同的 TSEC 密码变量。一个单元要想解密传输中包含的数据，它们就必须分配有相同的 MSEC 密码变量。

（4）网络参与群（NPG）

每帧中的时隙被分配给特定的功能。这些功能群被称为网络参与群。NPG 支持通信需求并允许网络设计者将由 J 系列报文执行的功能分开。网络功能先分给 NPG，然后分给加入 NPG 的用户。NPG 可分成两大类：一类用于交换战术数据，另一类用于网络维护和辅助操作。

（5）抗干扰

Link 16 具有很强的抗干扰能力，其波形能够对抗最好的瞄准式干扰机。为确保最强的抗干扰能力，其波形采用以下技术：

- 扩频；
- 跳频（77000 跳/s）；
- 检错和纠错（EDAC）编码；
- 脉冲冗余；
- 伪随机噪声编码；
- 数据交织；
- 自动数据打包；
- 内中继。

（6）多种接入方式

Link 16 网络使用争用、按键讲话（PTT）、专用和带时隙复用的专用 4 种接入方法。接入权限由网络设计和操作员如何使用系统来决定。

（7）栈网和多重网操作

为了提高通信容量，Link 16 采用栈网和多重网操作。在栈网和多重网操作中，同一时隙被分配给多个参与群，并通过网号加以识别。NPG 可以相同，也可以不同。如果 NPG 相同，这种结构就称为栈网。如果 NPG 不同，这种结构就称为多重网。

7.3.3.3　功能和特点

Link 16 的功能和特点是在 Link 11 和 Link 4A 的基础之上做了一些改进。具体是：

① 增强了抗干扰能力；

② 增强了信息安全；

③ 提高了数据速率；

④ 增加了信息交换的数量和量化率；

⑤ 减小了数据终端的尺寸，允许安装于战斗机和攻击机；

⑥ 数字化、抗干扰、加密语音；

⑦ 相对导航功能；

⑧ 精确入网单元定位与识别；

⑨ 无节点组网,增加了网络的灵活性和可靠性。

7.3.3.4　装备情况

美国海军计划要装备的 Link 16 平台比 Link 11 或 Link 4A 的平台要多,到 2015 年,美国海军装备的 JTIDS 平台数量将接近 5000 个。目前,美国海军已装备了 Link 16 系统的舰船有航空母舰(CV 和 CVN 级)、巡洋舰(CG 和 CGN 级)、驱逐舰(DDG 级)和两栖攻击舰(LHD 和 LHA 级)。海军飞机中安装了 Link 16 设备的有 E－2"鹰眼"预警机、F－14"雄猫"战斗机和 F/A－18"大黄蜂"战斗机。美国空军中 E－3A 预警机、E－8 联合监视目标攻击雷达系统飞机、空中 C3(ABCCC)飞机和 F－15 战斗机中使用了 Link 16 终端。美国陆军包括"爱国者"战区高空防御系统、地面联合战术系统、陆军战区导弹防御战术作战中心都使用的是改进型 JTIDS 级终端。

前面介绍了北约三种主要战术数据链 Link 4A、Link 11、Link 16 的基本情况,表 7-4 简要总结了这三种战术数据链使用的技术体制的相同点和不同点。

表 7-4　三种战术数据链使用的技术体制对比

链路名称	Link 4A	Link 11	Link 16
结构	时间分割多路传输	网状结构	时间分割多路存取
协议	指令/响应	轮询呼叫	预定时隙
组网方式	有节点组网	有节点组网	无节点组网,可以组成多个网
工作频段	VHF(225～399.975)	HF(2～30MHz) UHF(225～400MHz)	L(960～1215MHz)
信道间隔	25kHz	3kHz	3MHz
业务类型	语音;数据业务	语音;数据业务	数字保密语音;数据业务
消息类型	控制报文;应答报文	呼叫报文;响应报文;控制报文	非编码自由电文;固定格式;RTT报文;编码自由电文
报文标准	V 序列(控制报文)R 序列(应答报文)	M 序列	J 序列
抗干扰方式	无	无	多种抗干扰方式结合
帧结构	每帧为 32ms(同步脉冲串;保护性间隔;起始位;数据)	快数据率 13.3ms;慢数据率 22ms	每帧 12m;包括 1536 个时隙
时隙长度	200μs	无固定时隙结构	7.8125ms
数据率(Kb/s)	3.06	快数据率:2.25 慢数据率:1.364	标准结构帧:28.8 组合帧包 2:57.6 组合帧包 4:114.2
调制方式	FSK	HF:AM;UHF:FM	MSK
编码方式	无	差分正交相移监控/奇偶校验编码	RS/奇偶校验编码
作用距离	舰对空:170 海里 空对空:300 海里	HF:300 海里 UHF:25 海里(舰对舰)250 海里(舰对空)	300 海里(视距)接力时 500 海里
保密方式	保密性差	保密性较好	保密性好

7.3.4　Link 22 战术数据链

7.3.4.1　Link 22 数据链的产生

发展 Link 22 数据链是北约基于多方面因素考虑而做出的决定,其主要起因归结为两点:

① 现代战场信息交互量大,通信业务种类繁多,电磁环境复杂多变,作战平台种类极多,参战单位成分复杂,作战空间异常增大,Link 11 数据链很难适应其信息高速安全交互的需要;

② 现代先进的信号盲检测截获技术和解密技术很容易实现对 Link 11 数据链无线链路信号的成功截获破译,将 Link 11 数据链用于现代战争在很多情况下很难保证信息安全保密。为此北约决定对 Link 11 数据链进行改进,并在"能满足 1990 年 3 月 9 日北约集团所提出的要求,并能在无线电信号极其密集且受到严重威胁的通信环境下增加高优先级的预警与作战命令等战术数据成功传递的机会,能替代 Link 11 数据链并对 Link 16 数据链作以补充,能够和其他数据链系统兼容,改善联盟成员间的互操作性,信息交换安全高效且能增强指挥员(指挥)战场作战能力"的发展目标指引下形成了 Link 22 数据链。

7.3.4.2　Link 22 数据链的发展

北约改进 Link 11 数据链发展 Link 22 数据链的计划是以 1989 年的项目确立为开端并由此转入第一个设计研发阶段,在这一阶段主要做了两个方面的工作:

① 研究确定了 Link 22 数据链系统及其子系统的规范;

② 对 NILE(NATO Improved Link Eleven)参考系统 NRS(NILE Reference System)进行了筹划设计。

随着第一阶段的完成,由诺思罗普·格鲁曼公司下属的逻辑根公司组织实施的第二个阶段便开始了,这一阶段的工作主要是:设计开发一个系统网络控制器 SNC(System Network Controller)、NILE 参考系统 NRS 和多链路测试工具 MLTT(Multi Link Test Tool),并对它们的性能进行测试,形成一个生产维护网络控制器、NILE 参考系统和多链路测试工具的技术标准。其中系统网络控制器和 NILE 参考系统的研发工作于 2001 年 1 月完成,多链路测试工具的研发工作在 2002 年完成。随着该阶段工作的完成,NILE 计划进入了最后一个阶段——服役维护阶段,此阶段对 NILE 产品(包括系统网络控制器软件、多链路测试工具软件的一些组件、NILE 参考系统的软件与硬件和起源于 NILE 开发项目的相关文献)所需要进行的修正、维护和配置控制做了详细的规定。

7.3.4.3　Link 22 数据链的装备使用

北约 Link 11 数据链改进工作计划主要集中在系统设计与体系结构上。依据 Link 11 数据链改进计划,各个参与国综合、生产并实现 Link 22 数据链是它们自己的责任。7 个参与 Link 11 数据链改进计划的国家都处于不同的发展阶段,目前美国海军是唯一打算采用 Link 22 数据链的部队。虽然起初可能只有不到 5% 的美军作战平台使用 Link 22 数据链,美国海军还是计划在海面的指挥控制平台上安装使用 Link 22 数据链以满足超视距交换战术数据的要求。其他美国军队在未来 Link 11B 数据链过时时可以采用 Link 22 数据链。英国皇家海军和德国海军正通过发展多链路处理器并将其配备到现在的战术数据链系统以便将来能够扩展到 Link 22 数据链系统。

7.3.4.4　Link 22 数据链改进了 Link 11 数据链性能

Link 11 数据链是用 20 世纪 50 年代的技术设计的,技术相对落后,将它用于现代战场存在一些明显的不足:

① 缺乏电磁防护措施、检/纠错性能较差,信息安全问题突出;

② 系统通信容量不足,许多战场重要信息无法得到及时处理传送;

③ 不能支持大规模用户,大范围内的信息共享与交互实现极其困难;

④ 系统鲁棒性较差,网络运转依靠在每一个用户单元和网络控制站之间双向接续维持,正常运转维持困难;

⑤ 建链过程不够灵活、速度较慢;

⑥ 消息标准规定不够全面,战术诸元精度低,互操作问题突出。

针对 Link 11 数据链存在的不足,Link 22 数据链做了如下的改进:

(1) 采用现代加密技术、可选择支持低截获概率的无线功率控制技术和可选择支持跳频发射技术来降低信号被对手截获检测的概率,保证信息安全保密,选择应用自适应阵列天线提供对电磁冲突和人为干扰的附加抑制,使用可选的消息确认与多次重传的信息传输工作方式增强消息传递的可靠性确保信号的成功接收,采用 CRC-16 循环冗余校验与奇偶校验进行残差检查,并根据信号发送波形要求对 RS 编码或循环编码进行选择使用,增加协作方准确无误恢复信息的概率。

(2) 采用 QPSK 和 8PSK 的信号调制格式,符号速率增加为 2.400Kb/s,实现了对 Link 11 数据链 1.800Kb/s 的用户数据速率的重大提高,以 HF 固定频率模式工作时用户数据速率最高可达 4.053Kb/s,以 UHF 固定频率模式工作时用户数据速率最高可达 12.667Kb/s;同时,一个 Link 22 数据链终端可在 4 个网中工作,在三个 HF 固定频率和一个 UHF 固定频率的典型网络配置情况下,总速率可达 24.826Kb/s;在两个 HF 固定频率和两个 UHF 固定频率的典型网络配置情况下,总速率则可达 33.440Kb/s。另外,Link 22 数据链便于同时交换防空作战、反潜作战、反舰作战、电子战、战术弹道导弹防御等战术数据信息,适应现代战场多维、多元信息交互的要求。

(3) Link 22 数据链将地址范围由 Link 11 数据链的 001～176 扩充为 00001～77777,将跟踪编号由 Link 11 数据链的 0200～7777 扩充为 00200～ZZ777,并排除了 Link 11 数据链的网络参与单元编号、跟踪编号和跟踪编号块的分配限制,同时它的终端能同时支持多达 4 个不同的网络,在一个扩展的职能范围内能支持多达 8 个网络和 125 个用户单元,这为实现大范围内的信息共享与交互提供了条件。

(4) 采用时分多址方式排除了 Link 11 数据链在每一个用户单元和网络控制站之间依靠双向接续维持网络正常运转的问题,改善了数据链系统运转的可靠性增加了系统总体覆盖范围;同时它通过时间分集、频率分集和天线角度分集为用户单元提供一定的冗余度,增强消息传递的可靠性,通过对多个频率上网络运作情况的比较分析选择最优的系统工作频率,提供系统的鲁棒性。

(5) 网络管理采用自动化职能化技术,支持动态时分多址能自动实现时隙分配的最优化,支持快速接入、优先级中断和自动实现网络接入延迟等操作,网络管理更加灵活,建链速度加快。

（6）采用改进的消息标准，增加了对陆上及友方定位识别跟踪的支持，提高了许多战术诸元的精度（定位精度由 Link 11 数据链的 457m 提高到 10m，速度精度由 Link 11 数据链的51km/h 提高到4km/h），使用了和 Link 16 数据链相同的数据单元和位置度量坐标系，各终端有相同的位置和敌方信息索引报告，这使它成功排除了许多 Link 11 数据链所固有的消息翻译和互操作问题，易于实现数据转发。

7.3.4.5　Link 22 数据链补充了 Link 16 数据链的功能

虽然 Link 22 数据链和 Link 16 数据链都是 J 系列战术数据链，但是它们的不同作用特征使它们互相弥补。

（1）Link 16 数据链主要是防空作战数据链，经常需要依靠空中中继达到所需的通信覆盖范围；而 Link 22 数据链主要用于海上反潜作战和反舰作战，由于它的 HF 频带具有远距离通信能力并且舰到舰的中继作用也扩展了它的连通范围。尤其是在电磁环境高度密集与发生冲突的情况下，Link 22 数据链还能为 Link 16 数据链释放附加的通信容量。

（2）和 Link 16 数据链的使用相适应，Link 16 数据链一般情况下具有比 Link 22 数据链更高的数据吞吐率。Link 16 数据链的平均网络通信容量为 57.6Kb/s（最大 238.08Kb/s，最小 28.8Kb/s），而 Link 22 数据链的最大网络通信容量只有 33.44Kb/s。

（3）Link 16 数据链的网络结构在短运作时间内将基本固定在它的初始搭建框架之下（除非运用网络时隙再分配）；相比之下，Link 22 数据链由于其网络管理单元具有自动化网络管理功能而更易进行重新配置。

（4）虽然 Link 22 数据链没有相对导航功能并且只能支持最多 125 个参与单元，但是它提供了对高优先级消息快速发送的方法，并能方便地实现和 Link 16 数据链之间的信息交互。

7.3.4.6　Link 22 数据链的运作

1. 消息和消息传递

Link 22 数据链中的消息可以是它新定义的 F 系列消息，也可以是承载于其上的 Link 16 数据链的 J 系列消息（称为 FJ 系列消息），每一条消息都不依赖其他任何消息，并且任一条消息都由一个或多个 72bit 的信元组成。网络操作信息的交换使用和成员定位与身份识别、监视、电子战、情报、武器控制、任务管理和成员状态有关的消息。信息管理消息包括跟踪管理、更新请求、相关性、指针、跟踪标识、信息过滤等消息。武器协调与控制消息包括武器使用指挥、武器作战使用状态、武器移交、武器控制和武器搭配等信息。网络中的战术消息被赋予一个生存时间以便使过时的信息不再被中继，技术信息也经过系统终端发送以方便网络管理。消息的传递灵活可靠，支持多种寻址方式（点到点，Point to Point）寻址、依据无线电发射频率单跳区分用户（Radio Frequency Neighbourcast）寻址、在超网范围内广播洪泛（Totalcast，全局播）寻址、依据任务区域子网 MASN（Mission Area Sub－Network）寻址、动态单元列表（Dynamic List of Units）寻址），当用户有较高的信息接收概率要求时，系统可以采用基于消息重传的可靠性协议。

2. 网络接入

Link 22 数据链采用时分多址的网络接入访问机制。在其网络循环结构中每个网络单元被分配一定的时隙用于向外传输信息（少数可能例外）。这一时隙分配工作由网络管理单元在网络初始化期间经过计算自动完成或者由每一个网络单元使用共同的算法决定。其时隙的分配可以是固定不变的也可以是动态变化的。在动态分配情况下,用一个自动的算法将那些有剩余通信容量的网络单元所贡献出来的时隙或部分时隙分配给那些要求更多通信容量的网络单元。这使得其网络能够依据信道容量需求情况的变化、信道接入所容许的最大时延的变化以及其他可能的变化自动进行重新配置从而保证了网络循环适时达到最优。

3. 中继

中继作用用于连接相互之间不能直接通信的网络单元。被选定执行中继功能的单元通过先接收需要中继的信息并在随后分配给自己的时隙中转发这一信息实现中继。中继策略必须在展开数据链之前确定,它包括指定中继单元,为这些单元分配足够的通信容量以及决定是否允许自动选择中继单元。

4. 网络管理

Link 22 数据链所用的时分多址结构是无节点的,在没有网络管理员时它能继续运转。不过网络管理单元提供自动的网络管理功能,在最高层次上有一个超网网络管理单元,它集中了扩展任务区域内所有网络的管理功能:负责发出网络关闭的指令、网络重置及再次初始化指令、网络单元脱离与加入网络的指令、安全保密指令、允许新入网的单元加入超网的指令、指定其他网络管理单元的指令、对网络单元中继功能的设置指令、无线电静默指令和通知改变单元状态的指令。在这个超网网络管理单元下是其他管理各自网络(单网)的网络管理单元,这些网络管理单元执行超网网络管理单元的命令。

5. 网络规划

Link 22 数据链协议复杂、通信业务种类多、各类信息在网络中的流量与流向不尽相同、网络节点和网络信息类型及其相对重要程度随具体作战情况变化而变化,为了能使其和具体的作战环境相适应,在展开 Link 22 数据链超网之前需要做大量的网络规划工作:如网络将要包括哪些单元、各单元将要扮演什么角色、所需的通信容量如何、运用什么中继策略、需要建立哪些任务区域子网。

7.3.4.7 Link 22 数据链系统终端结构

Link 22 数据链终端由战术数据系统(TDS)、数据链路处理器(DLP)、系统网络控制器(SNC)、链路级通信安全单元(LLC)、信号处理控制器 SPC 和射频终端(Radio)六部分组成。其结构图如图 7.9 所示。

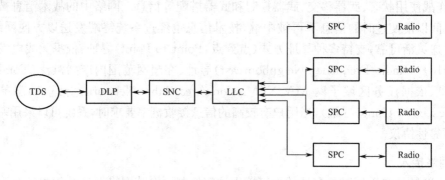

图 7.9　Link 22 数据链系统终端结构图

战术数据系统是 Link 22 数据链的消息来源与消息接收器。数据链路处理器将 Link 22 数据链系统和战术数据系统相连接或和其他数据链相连实现数据转发的目的。数据链路处理器也与系统网络控制器相连用于产生和格式化战术信息、进行数据格式翻译和语法选择——实现表示层的功能。系统网络控制器提供消息传递服务，它和网络与单元管理密切相关，执行动态的时分多址、中继与路由、滞后的单元/业务接入功能。当网络变得拥挤时它通过询问数据链路处理器"哪一个消息可以丢弃"而删除不重要的消息执行流量控制职能。它和数据链路处理器、链路级通信安全单元、时钟源相连。链路级通信安全单元是一个加密设备，它通过日期时间和用户地址加密提供网络级通信安全，同时它也提供数据完整性验证，能为系统网络控制器和可达 4 个信号处理控制器提供接口。信号处理控制器执行调制解调、检/纠错功能。在 HF 段以固定频率方式工作时它以 $1.493 \sim 4.053\text{Kb/s}$ 的速率发送/接收数据信息，在 HF 段以跳频方式工作时它以 $0.500 \sim 2.200\text{Kb/s}$ 的速率发送/接收数据信息，在 UHF 段以固定频率方式工作时它以 12.667Kb/s 的速率发送/接收数据信息。射频终端在物理上提供了单元之间的空中连接。在 HF 段以跳频方式工作时的传输安全通过慢跳频射频终端来提供，在 UHF 段通过快跳频射频终端来提供。有可选的自适应阵列天线，能提供对电磁冲突和人为干扰的附加抑制，能减少天线形状不规则的影响，可实施无线发送功率控制但不执行自动功率控制算法。

7.4　数据链组网与应用

战术数据链网络采用网络技术中的总线技术，即通信节点以某种特定的协议方式共享同一传输介质——总线，对于数据链网络来说，这个总线就是无线频道。由于无线频道的频率资源是有限的，通信只能在一个或数个频率点上进行，如果同时要发言的节点数多于数据链规定的频率点数，那么就会发生冲突。因此，数据链的通信协议主要解决的问题就是节点如何利用共同的媒质进行互访而不发生冲突。

在总线网络中，有多种协议方式来实现访问共享介质而避免冲突，如轮询制、时分制、载波侦听冲突检测制、令牌循环制等。

数据链 Link 11 的网络协议采用的是轮询制；而 Link 16 采用的是时分制。

7.4.1　战术数据链的组网策略

在总线网络中，不同的实现共享介质访问和避免冲突协议制式对总线网络的性能有不同的影响。例如，轮询制可以有效地避免访问冲突，但它需要一个轮询中心节点，并且需要为轮询指令付出一定的资源开销，且中心节点的重要性使得它有可能成为网络可靠性的瓶颈；时分制对中心节点的依赖性不如轮询制那样严重，但固定的时隙分配会消耗网络资源，影响网络的流量；载波侦听制则不能完全避免访问冲突，当节点数量增加时，冲突风险也随之增加，从而消耗网络资源；令牌循环制可构成无中心的网络，但令牌传递的可靠性常会成为网络稳定的瓶颈等等。制式的选择取决于不同的应用场合对网络各种指标的折中取舍。

数据链技术继承了上述串行总线技术的主要特征，并针对无线电传输的特点进行了适应性改造。这些改造主要体现在如下几个方面。

① 增加适配无线电信道传输特性的调制解调器及差错控制模块；

② 将原来驻留在计算机中的总线协议管理程序模块集成到数据链设备中以确保协议的一致性和独立性；

③ 增加了数据加/解密功能以保护数据在空间传播时的安全。

不同类型的数据链可能采用不同的技术组合来实现特定的目标。最常见的组网方式有轮询制和时分制。例如外军常见的 Link 11,Link 4A 就是采用轮询制,而外军的 Link 16 则采用时分制(TDMA)。无论是采用轮询制,还是时分制的数据链系统,在每一个特定的时刻仅允许有一个成员处于发送状态,而其他的成员则必须处于接收状态,以免造成冲突和干扰。从这个角度看,在每一个特定的时刻,发送节点向全体成员"广播"自己的数据包,而其余的接收节点则接收这个"广播"数据包,并根据数据包中所包含的地址信息确定是否对该数据包的其余信息进行处理。这种协议规则简化了数据包的寻址过程和网络的路由处理算法,使数据链成为一种"全连通"的网络。但这也同时造成了数据链网络的接收节点不能自动返回确认信息,不宜采用"反馈重发(ARQ)"机制实现无差错传输等弱点。

在协议细节上,不同的数据链则根据使用需求进行了针对性设计,例如:

① 根据无线电路较容易出现"掉线"的问题设计了相应的脱网检测和迟(再)入网处理等协议;

② 对工作于超短波视距传播电路上的数据链为扩展覆盖区域设计了转发处理协议;

③ 为适应拓扑结构不断变化的移动应用场合,一些数据链系统还设计了必要的自适应转发协议;

④ 为提高网络的吞吐量,充分利用网络带宽,一些数据链系统还设计了相应的动态时隙分配协议等。

数据链系统的基本设计目标是为了解决战场上各战术平台上的计算机间的战术数据交换,因此数据的互操作性和及时性是数据链设计中必须着力保证的技术指标。为确保这两项指标的实现,数据链网络通常都制订了严格的数据格式和互操作规程;同时,为保证战术数据交换的及时性,通常不允许某个节点长时间的占用网络资源,因此数据链传输协议中通常采用较短的数据帧(数据包)长度和紧凑的、面向比特的信息编码,并在协议管理上禁止节点长时间的占用电路。而简洁高效是使数据链能够适应特定的战术应用需求所必须遵循的一个设计原则。

由于数据链的各个成员节点必须能够共同连接到一个公共的传输媒介上,因此,受到传输媒介特性的限制,数据链的有效作用范围通常会受到相应的限制。对于工作于短波地波传输媒介上的数据链的作用范围被限制在地波传播可达区域,并且所有成员都能够相互沟通的范围内。而工作于超短波的数据链则受到超短波视距传播特性的限制,在无中继的情况下,其作用范围通常被限制在所有成员相互视线可达的范围内。

采用中继手段包括空中中继时,中继的跳数通常不宜太多,以免严重影响其最主要的实时数据交换性能。

此外,由于受到无线电路传输带宽的限制,在满足一定的实时性要求的前提下,同一个数据链网络内的节点数量将受到限制。根据数据链工作频段及电路带宽的不同,一个数据链网络中的节点数目通常为几个到十几个,一般不会超过 100 个。

如上所述,数据链的组网策略使得通过数据链交换的信息难以做到无差错传输,因此数据链在使用时必须依靠其所连接的数据终端设备进行进一步的数据处理,依靠诸如数据相关性等高层数据特征剔除或减少传输误差所造成的影响。

7.4.2　网络层技术体制

7.4.2.1　轮询制

采用轮询网络工作方式的数据链网络,它的活动成员总数一般不超过 16 个(不含静默站)。网络中设有一个主站(又称为网控站),其他的为从属站或静默站。每一个网络成员都被指定一个唯一的地址码。主站是网络的管理者,为所有地址码建立一个轮换呼叫序列。从站是其地址被列在主站呼叫名单中并进行轮询的成员。静默站虽然也有自己的地址,并且该地址也保存在主站的成员名单中,但它们并没有被列入呼叫名单,因此仅能接收数据链的信息,不参与轮询。从这个意义上说,静默站也可以看成是那些没有被轮询的从站。原则上主站可以随时修改自己的轮询名单,将静默站转为从站或将从站转为静默站。

每个站以时分方式共用一个频率进行信息发送,任何时刻内只有一个站在其分配的时隙内用网频发送信息,在不发送时,每个站都监测该频率,以了解其他站的发送情况。

1. 轮询技术体制网络的拓扑结构

(1) 星形网

星形网是在通信点分布比较分散的情况下,选择一个通信业务较为集中且位置适中的用户作为骨干节点,呈辐射状连接各用户而组成的网络结构。星形网是军事通信网的传统组织形式,在无线通信中使用较为普遍。它通常按照用户的上下级隶属关系,以上级指挥机关或指挥舰为中心,使用无线信道直接连接所属部队用户。星形网络的结构形式如图 7.10 所示。

星形网络结构的主要特点:一是网络内通信链和指挥链保持一致。指挥中心可以和编组内的其他成员之间共享数据,也可以和远程指挥机构共享数据情报信息,实现了编组内和编组间的数据互通;二是骨干节点和指挥所同时开设,建网比较快速,进行网络结构调整比较方便;三是采用这种结构能够节省频带,星形网内用户通信时,网内的所有用户都处于同一频率,一次只允许一对用户通信或一个用户对其他用户广播通信;另外,由于星形网内用户所用的频率相同,网络交换和控制自动化程度较低,容易引起用户之间发生通信碰撞,降低了通信的时效。

(2) 混合网

进行数据链通信时,也可组建成混合网络。混合网实际上是多个星形网的组合变形,在性能上与星形网基本相同,但在网络的可靠性上比星形网络有所改善。混合网的每个骨干节点均能与其他骨干节点通信,当有某个节点遭破坏时,其他骨干节点之间仍能正常通信。其结构示意如图 7.11 所示。

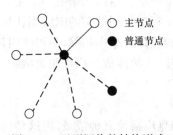

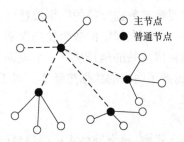

图 7.10　星形网络的结构形式　　　　图 7.11　混合网结构示意图

由图可见,混合网络是由多个星形网络组合而成,其网内成员较多,结构也比较复杂。混合网内每个编组都有自己的指挥中心(骨干节点),组内成员(普通节点)和指挥中心之间可相互通信,指挥中心之间也可以进行通信,共享数据情报信息。混合网结构配置比较简单,有一定的抗毁能力,但随着网络成员数量的增多,通信链路就会成倍地递增,对数据网络的管理和协调就会越来越复杂。

2. 工作方式

主—从混合网络的工作方式主要有三种,分别是寻址呼叫(轮询)方式、广播方式和测试方式。

(1) 寻址呼叫(轮询)方式

主站采用点名呼叫协议,控制网络成员共享同一个频率资源。除主站可以主动向网络发送信息外,从站必须在收到主站的点名呼叫后,才能够响应主站的呼叫,向网络发送应答信息。所有未被呼叫到的从站都处于收听状态,接收其他网络成员发送的信息。如果主信息需要发送,它可以在一个轮询周期中为自己安排一个发送时段,待发送完成后转入点名呼叫状态。从站可以将自己需要发送的信息与应答信息一起发送到网上,主站会监听这些信息,并在从站完成本次信息发送后才呼叫下一个从站。这种组网协议要求所有网络成员都能够相互收听到对方的信息,网络成员以广播方式将自己的信息广播给其他网络成员,从而组成混合网,主站呼叫从站的顺序可以由主站现场编程确定。

主站完成一次对所有从站的点名呼叫过程所经历的时间称为轮询周期。显然,轮询周期的长度与网络成员数、每个网络成员所发送的信息长度以及网络所采用的传输速率等因素有关。由于每次轮询过程中,每个站所发送的信息长度不尽相同,因而,一般情况一下,轮询周期并不是一个常数。主站呼叫从站的顺序可以由主站现场编程确定,原则上每个成员在一个轮询周期中一般仅有一次"发言"机会,因此,轮询周期的长短会影响到每个成员的数据更新率。有的数据链允许在一个轮询周期中对少数从站多次点名,以提高这些从站的数据更新率,但这样做会导致轮询周期加长,从而降低了其他成员的数据更新率。轮询周期越长,网络的数据更新率就越低。在数据链的作战应用中,这些因素都是必须综合考虑的。

允许正在运行的网络动态接受新的成员,即具有所谓随机入网或迟入网功能。这个功能是通过主站在轮询周期中插入一定长度的"空白"时段来实现的。准备申请入网的成员首先监听网络的呼叫/应答信息,并注意探测"空白时段"。一旦探测到空白时段,就占用该时段向主站发出入网申请及自己的地址信息。主站在确认申请者为合法用户时,接受这个申请,并将该站列入下一轮点名呼叫名单中,并在下一轮点名呼叫过程中点名呼叫该站。申请者接收到主站对自己的点名呼叫则证实自己已经成功入网。显然,插入的"空白"时段延长了轮询周期,这对提高网络的数据更新率是不利的。

那些不再需要参与数据交换的网络成员可以退出网络。退出网络的办法是不响应主站对自己的点名呼叫。主站在规定的数个轮询周期中都没有接收到该站的响应则认为该从站已经退出网络。主站将该从站的地址从下一个轮询周期的轮询名单中扣除,不再呼叫该站,从而缩短了轮询周期,提高了网络的数据更新率。对于那些因为故障或战损而脱离网络的成员,这个办法也同样有效。

(2) 广播方式

虽然在轮询方式中,每个网络成员都将自己的信息广播给其他成员,但这种广播仅在被询问到时才开始,并仅广播一次。而这里所说的广播方式则是指网络成员有紧急信息且需要在一定时间内持续自主广播这些信息时采用的一种工作方式。在这种工作方式中,需要进行持续广播的成员在轮询中向主站发出广播请求信息,主站在收到请求后,中断正常的轮询,并为需要广播信息的从站安排一段事先规定的时间段通知该从站,该从站收到允许广播的通知后,开始自主广播直到规定的时间段结束。规定的广播时间段结束后,该从站结束广播转入正常的轮询收听状态,主站则重新开始点名呼叫,网络返回到正常的轮询方式。

（3）测试方式

测试方式用于在数据链开通准备过程中检验网络成员间的设置是否正确,所选择的工作频率是否存在干扰等。在网络工作过程中,如果必要,主站也可以通过勤务命令转入测试方式。在测试方式中,主站向网络发送规定的伪随机测试码,各从站利用该码建立同步,检测接收误码率,并在随后的主站轮询中报告接收情况,供主站对网络的工作质量做出判断。

7.4.2.2　时分多址体制

Link 16 的通信系统是以时分多址工作方式组网的,每个成员都按统一的系统时基同步工作。用户间的交换不需要经过中心台的控制和中继,从而组成一个无中心节点网络,使得无论哪一个用户受到破坏也不会削弱系统功能。网内任何一个终端均可以起到中继作用。因此,系统具有极强的生存能力。

时分多址是在一个宽带的无线载波上,把时间分成周期性的帧,每一帧再分割成若干时隙（无论帧或时隙都是互不重叠的）,每个时隙就是一个通信信道,分配给一个用户。系统根据一定的时隙分配原则,使各个用户在每帧内只能按指定的时隙向网内发射信号（突发信号）,在满足定时和同步的条件下,用户可以在各时隙中接收到其他用户的信号而互不干扰。

对于时分复用（TDM）更要考虑时间上的问题,所以我们要注意通信中的同步和定时问题,否则会因为时隙的错位和混乱而导致通信无法正常进行。由于 TDMA 分成时隙传输,使得收信机在每一突发脉冲序列上都得重新获得同步,为了把一个时隙和另一个时隙分开,必须有额外的保护时间。因此,TDMA 系统需要更多的开销。

采用时分复用（TDMA）带来的优点是抗干扰能力增强,频率利用率有所提高,系统容量增大。

（1）时分复用（TDM）的工作原理

在数字通信中,PCM 和 △M 或其他模拟信号的数字化传输,一般都采用时分复用方式来提高信道的传输效率。时分复用的主要特点是利用不同时隙在同一信道传输各路不同信号。

（2）Link 16 的时分多址技术

Link 16 数据链是一种无基站式的时分多址（TDMA）保密无线网络。其已经逐渐成为美军部署指挥、火力控制的基础通信手段。

Link 16 采用向每个 JTIDS 单元（JU）分配单独时隙进行数据传输的网络设计,这样就不再需要网络控制站。它将一天的 24 小时（1440 分钟）划分成 112.5 个时元,每个时元又划分成 64 个时帧,每个时帧长 12 秒,每个时帧又分成 1536 个时隙,每个时隙长 7.8125ms 用于数据传输。时隙和时帧是 JTIDS 网络的两个基本时间单位。所有 JTIDS 系统成员每个时帧均分配一定数量的时隙,在这些时隙里发射一串脉冲信号,以广播它所收集到的情报或发出指挥和控制命令,其他终端机则接收信号,从中提取自己所需的信息。即每个网络成员在 12 秒内至少一次与网络交换信息。

每个时隙都以粗同步头开始,接着精同步头、数据,最后是保护段。如表 7-5 所示。

表 7-5　普通时隙结构

同步头		报头			数据	保护
粗同步	精同步	消息号	用户号	时隙号		

这种无基站式的网络方式较主—控站网络方式的最大优势在于：主—控站网络在战时若主控站被破坏，那么网络通信就随之终止了，而无基站式的网络方式则不存在这样的问题。

7.4.3　战术数据链的应用

7.4.3.1　统一态势应用

统一态势是指在区域战术协同中，各作战单元（包括指挥所）能够看到一致的目标态势信息，即"你看到的，就是我看到的"。如图 7.12 所示，通过 Link16 数据链网络，可以在传感器、武器系统和指挥所等各个作战单元之间通过实时交换目标监视消息，形成统一态势，构成陆、海、空、天一体化的数据通信网络。数据链应用的目的是实现战场态势统一与共享，在统一态势的基础上实现战斗协同。联合作战指挥和武器平台控制中，统一态势是基础，它由参与数据链的指控单元分布处理，共同完成，不同于传统的集中式数据处理方法，要求组网各系统必须遵循严格一致的统一态势处理方法，协调一致地动态承担目标报告责任来实现。统一态势处理的实质是经过目标数据融合处理和报告职责的划分，形成统一的目标批号，确保在某一时刻由一个平台在目标监视 NPG 上报告该批目标，并且该目标参数的质量是最好的，从而形成统一的目标运动态势。

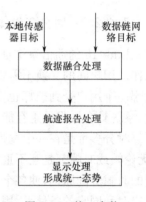

图 7.12　统一态势处理过程

统一态势处理技术通过战场态势信息的实时共享，为执行战术协同任务中，各军种兵力联合作战提供了资源共享，实现了多平台传感器协同探测、多平台火力协同打击、探测平台与武器平台的协同作战。统一态势处理的数据来源于本地传感器目标数据、平台精确定位消息、目标监视类消息（包括特殊点消息、空中航迹消息、水面航迹消息、水下航迹消息、威胁警报消息）。统一态势处理是"网络中心战"的核心技术，统一态势处理的实时性和准确性是实现"网络中心战"的关键。没有统一态势处理，就无法构建数字化战场，也就无法实现从平台中心战到网络中心战的转型。下面以 Link 16 数据链系统的统一航迹处理过程为例子进行说明。

1. 数据融合

数据融合的目的是对不同来源的目标航迹数据进行比对，确保在统一态势形成过程中，目标的显示和报告是唯一的，即消除由于各种误差引起的目标多名现象。数据融合过程主要包括时空对准、相关处理，它由参与数据链的指控平台分布处理、共同完成。

由于各平台的传感器的数据更新率不同，来自数据链网络的目标参数要经过远端 JU 进行处理、并等到发送数据的时隙才能在网络上报告，造成时延，因此，不同来源的同一目标参数采集时间不一致，其位置等参数存在误差。在进行融合处理时，为保证在数据融合时目标参数的一致性，需要采取相应的措施将不同来源目标的位置外推到同一个时刻。

通常，数据链网络和传感器采用的坐标系不一样，数据链网络目标参数采用地理坐标系（目标参数主要包括经度、纬度、高度等），而传感器目标参数采用极坐标系（主要包括方位角、高低角和目标与平台的距离)。为了便于计算,需将各坐标系一到大地坐标,形成统一航迹后再将大地坐标转换为接收系统的坐标系。

在坐标变换中,本平台极坐标系、目标地理坐标系、大地坐标系之间要进行相互转换。为保证变换的一致性,大地坐标系通常采用 WGS 84 世界大地坐标为标准。

航迹相关处理是形成统一态势的基础。由于数据链网络中的目标,包含来自多个平台多个传感器的目标,因此,应进行相关处理,确保目标在数据链网络中具有唯一性,即某一个目标只有一个目标编识号,其参数在某一时刻只有一个平台在报告。当某个平台的某个传感器接收到目标回波时,它需要将该本地目标和来自数据链网络的远端目标进行相关处理,以确定是不是新目标,如果是新目标,则要根据航迹起始算法产生新航迹;如果和已有目标符合相关条件,则认为是已有目标,应对该目标航迹数据进行更新。数据关联过程是将候选回波与已知目标航迹比较,最后确定是否是同一目标。每当接收到远端航迹报告,必须将该远端航迹与本地目标进行相关,决定该目标是不是本平台正在跟踪的目标。在相关过程中,航迹要与其他所有邻近的航迹作比较。在数据链上传送的目标都经过雷达处理机的处理,具有运动特征和敌我识别属性,这些都可以作为相关条件,以简化相关运算。

对远端航迹和本地航迹进行相关时,应使用以下标准。

① 位置:两条航迹离得越近,相关性越强。对于空中航迹,位置的比较还包括高度比较。

② 敌我属性:使用 IFF/SIF(敌我识别器)提供的数据。虽然代码通常对一架飞机是唯一的,但有时同一代码也可分给多架飞机,指挥员必须注意。

③ 运动:假如接收航迹与本地航迹以几乎相同的航向和速度运动,则它们具备极大的相关性。

④ 其他数据:如航迹编识号、平台编识号等。

在不超过两分钟的间隔时间内,平台对每条具有报告责任的航迹进行自动相关检查。这项检查包括数据链网络的所有参与平台以及其他本地和远端航迹。当收到一个新的远端航迹时,就会自动把这条航迹与本平台的本地航迹相比较,进行相关检查。

在做相关时,系统自动把两条航迹的数据合并成一条航迹,根据预先的优先选择准则保留数据。只要两条航迹间距超过一定的距离,就会禁止自动相关。对于不同系统,这个距离是不同的,取决于诸如雷达精度等一些因素。同时由于数据链上报告的目标都有某些明显的特征表示,也可以用于相关限制,以最大程度地减少相关计算的工作量。

这些限制主要包括以下几个方面:

① 当目标在不同的空间时可不进行相关;

② 当目标具有不同的敌我属性时可不进行相关;

③ 当目标都是本地的雷达目标时不进行相关。

2. 航迹报告

航迹报告主要是指在报告目标航迹时,在某一时刻,同一批目标只能由一个平台在报告,并且该平台报告的航迹数据质量是最高的。所有指控平台(C2JU)负责报告本地航迹。

航迹质量(TQ)是由发送航迹的单元确定对所报告的航迹位置信息可靠性的度量。量值在 0~15 之间。位置信息的可靠性用与每个 TQ 值关联的"位置精度"表示。与每个 TQ 值关联位置精度定义为:在报告时刻,实际定位的航迹点有 0.95 的概率落入的区域。

为了确保所报告的 TQ 能精确地反映报告平台的最佳位置精度估值(在 0.95 概率),TQ计算至少要考虑下列因素:

① 报告航迹的跟踪传感器设计精度;

② 在所报告的航迹上自最后一次传感器数据更新后过去的时间;

③ 最新计算的航迹速度;

④ JTIDS 终端提供的本单元当前地理位置质量。

报告责任用来确保在链路上报告的航迹,来自于拥有最佳目标位置数据的平台,报告责任由首先探测或首先建立航迹的平台启动,并且应从分配给该平台的航迹号块中为已经启动并报告的航迹指定一个航迹号。对于收到的某一远端航迹,如果本平台的传感器能够看到,即本地航迹表中有该航迹的数据,并且,TQ 比远端航迹高,则该平台应承担该航迹的报告责任;如果某平台持有本地航迹,并且持续段时间未收到远端航迹,则该平台也应承担该航迹的报告责任。

7.4.3.2 战术数据链在指挥控制中的作用

数据链不是孤立的系统,而是作为指挥控制体系里的一种通信手段,配合数据处理等系统以保障对部队实施有效地指挥控制。数据链有通信容量大、抗干扰能力强、传输速率快等特点,而且一些先进的战术数据链如 Link 16 还具有导航和识别等功能,可以使语音、文字、图形、图像等信息在瞬间得到传送。广阔的战场空间内,各级指挥机构、各作战单元与武器系统都能共享清晰、简明、完整的战场情报信息和态势信息,近实时地了解战场情况。战区指挥官利用现今的计算机系统、通信系统和其他技术装备连接在一起所构成的战场指挥控制网络,实时了解前线战况,观看实时的战场图像,甚至直接接收前方指挥官和一线武器平台及士兵的语音报告,并根据这些信息,快速做出决策;而前方战场上的士兵,充当了侦察员与战斗员的双重角色,在作战的关键时刻,可以直接与战场上的各级指挥员进行联系,接收各种有关信息,充分发挥其主动性和创造性。由于决策程序的简化,组织战斗时间的缩短,也增强了作战行动的实时性和主动性。

由于受到技术装备水平等因素的制约,传统的作战指挥体制大多是形同"树"状的结构,存在着层次多、信息传输慢、横向联系少,协同困难、整个结构易受局部影响及抗毁性差等缺陷。这种传统的垂直"烟囱"式指挥控制体制无法满足现代快节奏的信息化作战。信息化战争的突出特点就是快,战争的主要实施者是"基层"作战单元或单兵。如果战争中"上层"不能及时了解"基层"作战单元乃至单兵的情况,军队的"大脑"就不能掌握战争的进程,就不能"导演"战争。所以信息化战争要求指挥体制"扁平化",指挥控制系统不仅要构成网络化、一体化的指挥体制,增强指挥控制的可靠性和灵活性,而且要求大大提高信息获取、传输、处理和分发速度,达到实时性或近实时性。

为了适应信息化战争的需要,各国军队的指挥体制将加速向"扁平化"、"网络化"发展。在这方面,北约已大刀阔斧地对指挥体制进行了改革,加大了指挥体制"扁平化"的建设。在作战控制方面,外军将充分利用信息技术优势,建立"无缝隙"的指挥控制信息,真正实现三军互连、互通、互操作。如美军目前正在加紧建设的"全球信息栅格(GIG)",它将美军在全球范围内的计算机网、传感器网和武器平台联为一体。系统能根据每个用户的需求,向其"推荐"信息和作战知识。GIG 是由多个系统构成的大系统,全球指挥控制系统(GCCS)是其中的重要组成部分。它强调分布式、网络式、覆盖全球的数据采集、处理和保护,并从数据中提炼出有用信息,使信息在所有入网的作战实体之间安全、畅通地流动,目的是为世界任何地方的美军提供端到端的信息互连能力。同时为非国防部用户和盟国的系统提供接口。GIG 系统的建成,必将使美军联合作战指挥控制能力跃上一个新台阶。

1. 战术数据链在美陆军战术指挥控制系统中的作用

为了实现战场数字化和打赢信息战,陆军对其指挥控制系统做了较大的调整,调整后的陆军指挥控制系统总称为陆军作战指挥系统(ABCS)。陆军作战指挥系统是陆军各级指挥与控制的有机融合。它包括从战区地面部队司令官、联合特遣部队司令官到单个士兵或武器平台。

陆军作战指挥系统是美国陆军数字化办公室推出的旨在通过数字化技术把美国陆军建设为 21 世纪部队的陆军数字化总体计划(ADMP)的重要组成部分,它从战略级到战术级的各层均采用无缝隙体系结构,结构复杂、功能齐全、适应性强、系统稳定性好,2004 年前后初步建成完备的典型的战场指挥自动化系统,为 21 世纪美军陆军部队提供适用的信息基础设施。

陆军作战指挥系统与战略作战和战术司令部链接。主要由三部分组成:军以上梯队使用的陆军全球指挥控制系统(GCCS-A);军、师级使用的陆军战术指挥控制系统(ATCCS);旅和旅以下部队使用的 21 世纪部队旅和旅以下作战指挥系统(FBCB2,含单兵 C^3I)。

(1) 陆军全球指挥控制系统

陆军全球指挥控制系统是美军全球指挥与控制系统(GCCS)的陆军部分,它把陆军与联合全球指挥控制系统(GCCS-J)链接起来。陆军通过该系统与联合部队共享作战态势图。该系统为陆军的计划、移动和部署提供一体化战略和战区级自动化指挥控制功能。这一系统目前正在通过下列系统的运用计划进行构建:陆军全球军事指挥控制系统(AWIS)、战略战区指挥控制系统(STCCS)以及军以上部队战斗勤务支援控制系统。主要目的是把这些独立的系统纳入一套模块化的应用系统中,在国防信息基础设施的通用操作环境中使用。

陆军全球军事指挥控制系统是一项主要针对美国军事力量进行作战和实施行政指挥控制的国家网络系统。它为部队部署的整个行动提供支援。战略战区指挥控制系统是美国陆军完成军以上部队指挥控制的手段。它是从属于陆军全球指挥控制系统的一套平战结合、能够快速向战时转换的软件系统,旨在帮助战区指挥官实施危机和战时军以上部队后勤保障及战役机动。军以上战斗勤务支援控制系统是陆军指挥和控制系统的 5 个功能系统之一,执行军以上战斗勤务支援控制系统的一些实质性功能。该系统为其他系统提供有关设备可用性的关键情报,使设备、人员和补给不断满足需求。

(2) 陆军战术指挥控制系统

陆军战术指挥控制系统作为陆军作战指挥系统的重要组成部分,被公认是功能完善的典型战术 C^3I 系统。该系统旨在提高战场重要功能领域指挥控制的自动化和一体化,主要装备于军以下部队。该系统可使指挥官在复杂的战场电子环境下,有效控制信息资源,协调作战行动。目前该系统正在按照信息战理论和战场数字化建设的需要进一步改进和完善。它将直接与陆军全球指挥控制系统相连接,为从营到战区的指挥控制提供一个无缝的体系结构。它包括 5 个独立的指挥控制分系统和三个通信系统。当系统全部投入使用时,将形成从陆军战术最高指挥官到单兵战壕的作战指挥和控制网络。5 个分系统是:机动控制系统(MCS),又称为机动系统;前方地域防空指挥、控制和情报系统($FAADC^2I$),其主要任务是防空;先进野战炮兵战术数据系统(AFATDS),用于火力支援控制系统;全源信息分析系统(ASAS),用于情报/电子战;战斗勤务支援控制系统(CSSCS),用于战斗勤务支援。这 5 个系统通过三个通信系统互连起来。这三个通信系统是:移动用户设备系统(MSE);单信道地面与机载无线电系统;陆军数据分发系统(ADDS)。5 个独立的指挥控制分系统通过这三个通信系统融合成一个简捷、紧凑的陆军各兵种合成的战场应用系统。其中 ADDS 主要担任 ATCCS 系统中的数据信息传输链路。

（3）21 世纪部队旅和旅以下作战指挥系统

FBCB2 是数字化指挥和控制系统，是美国 21 世纪战场数字化计划的一部分，为旅及旅以下战术单位（班）提供战场态势和指挥控制，目前已经被安装在 50 种不同的车辆上。FBCB2有助于形成贯穿整个战场空间的无缝作战指挥信息流，并能与外部指挥、控制和传感器系统互操作。

该系统的特点是通过战术互联网的通信基础结构将平台相互链接，传递态势感知数据和指挥控制报文。FBCB2 为各武器、战术车辆和战术作战中心提供近实时的态势感知。它完成位置的定位报告，通过战术互联网把这些报告分发给整个战场上的己方部队，并接收来自装备 FBCB2 的其他己方部队的类似报告，然后在每个平台的数字态势图上标出。该系统还接收和发送有关敌方地理位置的报告以及后勤和指挥控制信息。这些数据提供了一个通用的战场作战态势图像。FBCB2 的系统由计算机、电台、路由器及集成设备组成的车载式网络，用于提供综合的、准确的当前战场视图。

2. 战术数据链在美空军战术指挥控制系统中的作用

美军空军战术指挥控制系统主要有战术空军控制系统（TACS）、空军机载战场指挥控制中心（ABCCC）和空中机动司令部指挥与控制信息处理系统（AMCC^{2}IPS）等。

战术空军控制系统亦称空军航空作战指挥控制系统，是美国空军主要的 C^{4}I 系统，其核心是战术空军控制中心（TACC）。

机载战场指挥控制中心是一个集装箱式的指挥控制中心，现已发展到 ABCCC Ⅲ，并成为战术空军控制系统的构成部分。1993 年 ABCCC Ⅲ Ⅰ 配置了联合战术信息分发系统（JTIDS）。

空中机动司令部指挥与控制处理系统是一个集成的指挥系统，该系统支持空中机动司令部全球空运任务，未来将与航空港指挥与控制系统（APACCS）、应急战术自动规划系统（CTAPS）集成。

（1）战术空军控制系统

战术空军控制系统是美国空军主要的战术指挥控制系统。其主要任务是，保障战区内的战术空军部队单独作战或与地面部队联合作战时，实施及时有效的指挥控制，使战术空军部队完成夺取制空权、直接支援地面部队作战、摧毁对方军事设施或阻滞对方行动以及完成战区内的战术空运、空中侦察、搜索救生与空中交通管制等使命。该系统的核心部分是战术空军控制中心，这是美国空军战术作战部队指挥官的指挥所。

空军战区航空作战指挥体系及其指挥设施的组织机构，是根据集中指挥与分散实施的原则，按战区航空作战任务的需求，由如下 6 个分系统组成：战术空军控制中心分系统，防空作战与空中交通管制（空域管制）分系统，近距空中支援分系统，战术空运分系统，空中拦截分系统和战区空中指挥控制分系统。其中，战术空军控制中心分系统与防空作战与空中交通管制分系统是最主要的基本系统，是确保空军部队实施作战指挥必不可少的分系统，其他分系统视具体情况而定。战区内航空作战的指挥体系实际上就是战术空军控制系统的结构体系。由于各战区空军所承担的任务及所处的作战环境条件不同，实际结构会各不相同，但其指挥中心（所）的基本结构皆由 6 个基本分系统根据实际需要组合而成。

（2）机载战场指挥控制中心（ABCCC）

机载战场指挥控制中心是战术空中控制系统的组成部分，是战术空军控制中心和控制报告中心在空中的延伸。其主要任务是在战术空军控制系统地面设施指挥控制地域以外的前沿作战地域内,对执行各种战术航空作战任务的空中飞机实施指挥控制,也可以对地面战术空军控制中心的延伸扩展或紧急备用指挥中心使用。它不仅能够配合作战飞机完成空对空、空对地作战任务,而且能够加强地面部队相互间的联络与配合。

3. 战术数据链在美海军陆战队战术指挥控制系统中的作用

美国海军战术指挥控制系统分为岸上和海上两部分,即岸上海军战术指挥系统(NTCS-A-shore)和海上海军战术指挥系统(NTCS-Afloat)。岸上海军战术指挥系统主要由海军舰队指挥中心、海洋监视信息系统(OSIS)和岸基反潜战指挥中心(SACC)组成。岸上 NTCS 通过国防信息系统连成一个全球性系统,为海军各级指挥所提供战术、战备的技术信息,向海上部队下达命令,提供威胁判断、作战情报、定位数据等,其中,海军舰队指挥中心能对全球指挥控制系统、海洋监视信息系统、潜艇及其他信息源传输来的信息进行综合和显示,并向海军战术旗舰指挥中心提供有关区域的信息,如海洋监视报告、威胁摘要、环境数据等,甚至可以向海军战术旗舰指挥中心提供特殊的战术数据,如敌人作战系统的状态和能力。海洋监视信息系统由数个情报汇集中心组成,其中有几个中心配置在舰队指挥中心内,岸基反潜战指挥中心由很多节点组成,他们通过海军巡逻飞机向战区和舰队指挥人员提供海洋监视和反潜战信息。

海上 NTCS 是美国海军主要的海上 C^4I 战术信息管理系统,主要是战术旗舰指挥中心(TFCC)、海军战术数据系统(NTDS)/先进作战指挥系统(ACDS)、"宙斯盾"作战系统、联合海上指挥信息系统(JMCIS)、协同作战能力等。海上 NTCS 最终将发展成联合海上指挥信息系统(JMCIS),海军和海军陆战队的多个 C^4I 系统将综合到 JMCIS 体系结构中。JMCIS 最终将成为全球指挥控制系统的海上部分(GCCS-M)。美国海军现役舰艇至少 85% 已装置了基准型 JMCIS。

美国海军水面舰艇装备较多的是海军战术数据系统(NTDS),它与机载战术数据系统(ATDS)和海军陆战队战术数据系统(MTDS)接口。但 NTDS 现已逐渐被先进作战指挥系统(ACDS)取代。

（1）美海军全球指挥控制系统(GCCS-M)

GCCS-M 是美国海军已部署的指挥控制系统,也是美国 GCCS 系统和美海军"哥白尼"计划的重要组成部分。GCCS-M 通过接收、恢复和显示与当前战术态势有关的信息,帮助指挥员制定并增强作战人员的作战能力。通过外部通信信道、局域网以及与其他系统的直接接口,GCCS-M 接收、处理、显示和管理敌、我军的战备数据,以便近实时完成海军的所有任务(如战略威慑、海上控制和兵力投送等)。

GCCS-M 系统由岸上、海上、战术/机动以及多级安全这 4 个主要部分组成,它们结合起来向海军各种环境下的作战人员提供指挥和控制信息。

（2）海军战术数据系统(NTDS)/先进作战指挥系统(ACDS)

海军战术数据系统是美国乃至世界上研制最早、使用最广泛的海军舰载作战指挥系统,用于没有安装"宙斯盾"系统的水面舰艇、航空母舰以及两栖舰船,它可完成对目标的检测、识别、分类、情报综合、威胁评估及武器分配等。美国从 20 世纪 50 年代开始研制,1961 年开始装舰,1962 年服役。

NTDS 基于人机交互,有助于协调舰队防空、反潜作战和海上防空作战。NTDS 自动向指挥官提供当前战术态势的大范围图像,辅助并指导他们作战,及时拦截和摧毁潜在的敌人威胁。数字计算机和数字数据处理技术的运用缩短了反应时间。提高了部队的作战效率,其主要功能包括:

① 通过各种探测器、预警飞机、巡逻机等采集空中、海上、水下乃至路上的动态、静态信息、并对此进行快速、精确的信息处理和显示，为各级指挥人员提供战术决策依据；

② 指挥和控制舰载飞机的起降，并引导舰载飞机在半径 50 海里空域内拦截空中、海上来袭目标，以及引导反潜直升式飞机对水下敌方潜艇等进行搜索和攻击；

③ 组织和协调战斗群的电子设备、导弹等软、硬武器实施对作战区域的目标指示、目标分配；

④ 为舰上指挥人员和参谋人员提供实时指挥控制手段。

NTDS 由数据处理子系统、显示子系统、数据传输子系统等组成。

（3）美海军陆战队战术空中指挥中心（TACC）

战术空中指挥中心用做陆战队空陆特遣队（MAGTF）航空战斗分队的作战指挥中心。TACC 是一个 JTIDS 指挥控制单元（C2JU），参与监视、武器协调和语音数据交换。在海军陆战队空中指挥控制系统中，TACC 是上级机构，主要负责陆战队辖区内战术空中作战的监督、协调和控制。TACC 支持三种基本功能：指挥、作战和规划。

指挥功能由战术空中指挥官通过与上级、临近和下属司令部和机关的直接通信，以及与联络官及航空部队的协调来执行。

TACC 的作战功能确保有效和高效地执行空中任务命令（ATO）。它对每次预定飞行任务进行监控，对起飞时间、任务、弹药、飞机编号、类型、任务结果和返航时间加以记录。这种实时的态势感知使得指挥官能够迅速做出决策，将飞机转向更高优先级的任务或接到地面报警后紧急出动飞机。

TACC 的规划功能是生成 ATO。它能根据可用资源为空中支援请求提供飞机、机组人员、弹药、燃料等相应的设备或物资，并生成一份飞行时间表。

（4）海军陆战队战术空中作战中心（TAOC）

战术空中作战中心负责指定区域的空域控制和管理，并对出现的空中和空间航迹进行监视、探测、识别、跟踪和报告，它向友方飞机提供导航辅助、引导和全面控制。

TAOC 由防区防空作战设施、1～4 个战术空中作战模块、一部三维对空搜索雷达、一部二维对空搜索雷达、一个防空通信平台、机动发电机、通信设备、支援设备和人员组成。每个战术空中作战模块提供 4 个操作员控制台，每个控制台都能够执行系统初始化、监视、武器控制、空域管理、电子战和通信任务。

TAOC 对接收到的情报信息进行融合，并通过数据链与临近单元、受控飞机和地空导弹部队实时交换航迹信息。TAOC 雷达可以机动，传感器数据通过光缆或无线电链路提供给战术空中作战模块。

TAOC 能够控制其指定区域内的地空导弹发射，并通过数据通信或语音控制为战斗机提供地面控制拦截（GCI）能力。TAOC 从受控战斗机和地空导弹单元接收到的航迹数据通过数据链报告给其他接口参与者。如果 TACC 出现灾难性故障，则 TAOC 将承担起 TACC 的任务。承担此任务时，TAOC 就成为备用的战术空中指挥中心。TAOC 中安装了大量通信设备，可与其他军种指挥中心进行互通。

7.4.3.3　战术数据链在武器系统中的作用

信息化武器的一个重要特点是武器平台之间实现横向组网，并融入信息网络系统，做到信息资源共享，从而最大程度地提高武器平台的作战效能。传统的以坦克、战车、火炮和导弹为代表的陆基作战平台,以舰艇、潜艇为代表的海上作战平台,以飞机、直升机为代表的空中作战平台等,都必须在火力优势的基础上兼有现代信息优势,才能成为真正的高技术、信息化武器装备。因此,数据链作为一种链接各作战平台、优化信息资源、有效调配和使用作战能量的通信装备,正日益受到重视并用于链接、整合军队各战斗单元。

1. 武器平台

为武器平台加装战术数据链可以大大提高其作战效能。20 世纪 90 年代中期,美空军在一项特殊作战项目(OSP)中探讨了 F—15C 飞机使用 Link 16 的好处。其结果表明 F15—C 通过使用 Link 16 数据链,在空战中对空中目标的杀伤率在白天提高了 2.62 倍,在夜间提高了 2.60倍。

在现代高技术战争中,战争的节奏很快,战场形势瞬息万变,要求对地攻击飞机反应迅速,攻击准确。攻击飞机的反应速度受到多种因素的影响,如攻击飞机的战备情况、到目标的距离、获取信息的速度等。飞机装备数据链以后,就可以利用数据链为攻击飞机提供所需的全部信息。

数据链可实现数据的快速传输。快速的数据传输不但可以提高攻击飞机的反应速度,也是提高攻击精度的必要保证。攻击运动目标时,在武器飞行的过程中,目标的位置在不断地变化。武器装备数据链后,在飞行过程中就可以随时更新目标数据,从而大大提高攻击精度。另外,快速的数据传输在执行近距空中支援作战任务时尤为重要。在尽可能短的时间内为飞行员提供尽可能全面的目标信息,是保证攻击任务完成的必要条件。攻击飞机接到作战任务后,携带精确制导炸弹立即起飞。飞机从接到作战任务到起飞离地的时间很短,几乎没有准备的时间,飞行员了解作战任务是在飞机升空之后。攻击飞机利用保密的无线电通信系统和空中预警与指挥系统取得联系,获知作战任务的内容和使用的战术频率。在此过程中,侦察机在计算机上形成发给攻击飞机的作战指令,通过数据链与攻击飞机相连;侦察机通过全球定位系统对本机的位置进行精确定位,误差小于10m;侦察机工作人员利用数字照相机获取目标的清晰图像,利用激光测距仪确定目标的精确位置,将这些信息输入计算机,并通过数据链传输给攻击飞机。攻击飞机收到信息后进行解调,然后通过 1533bit 数据总线传给火控计算机进行瞄准计算。飞行员通过头盔显示器瞄准目标,同时飞机挂载的激光吊舱也指向目标,获取目标及其周围环境的图像。从侦察机传来的目标图像同时显示出来。飞行员将两个图像进行比较,最终确定目标,实施打击。

总的来说,数据链在空对空作战中,补充语音通信有如下影响:

① 数据链极大地增强了共享的态势感知,因为能够不断地了解友机和敌机的阵位,减少对无线电话语音通信的需求,这就意味着飞行员能够将注意力集中于战场空间和他们的行动上。

② 不论是否互相分开,每一个飞行员都能够看见其他飞行员的情况。

③ 这种共享的态势感知,使分散战术变得更加容易,而且可提高飞行效能,需要时,还能够使飞机更迅速地重新编组。

④ 在夜间和风雨条件下,对抗未装备数据链的对手时,表现出更加明显的互相支持。

⑤ 在检验数据链时,4 机(2 机)飞行通常取得理想的效果。这对第一轮的杀伤效果、与数量上处于优势的敌人交战、生存能力以及使用昂贵的飞机/导弹的成本效能,都有很强的积极作用。当一架 F15 无意中锁定另一架友方飞机时,整个错误会用图形显示出来,飞行员用很少的时间就发现了错误,避免可能的自相残杀。

2. 精确制导武器

精确制导武器是在现代局部战争的需求牵引和新技术革命推动下出现的高技术武器,在现代战争中起着至关重要的作用。为武器系统加装数据链,可使武器在发射到击中目标期间连续接收、处理目标信息、选择攻击目标。"战斧 4"导弹就是在"战斧"导弹基础上,加装了数据链设备,实现了数据双向通信能力。其特点一是具备快速精确打击能力。发射准备时间短,确定或改变攻击目标的时间仅需一分钟。导弹在飞行 400km 到达战场上空后能盘旋待机 2～3 小时,在接收到攻击命令后 5 分钟之内,根据侦察卫星、侦察机或岸上探测器提供的目标数据,可打击 $3000km^2$ 内的任何目标。二是导弹在飞行中能按照指令改变方向,攻击预定的目标或随时发现的目标。

在新型精确制导武器的发展中,信息平台技术是至关重要的。从导弹武器来讲,要精确打击固定和活动目标,其制导方式就必须由原来的纯惯性制导向惯性制导、指令制导和主动寻的等复合制导方式发展。而进一步提升打击效果、突破敌军防御,则需要实时获得导航定位、动态目标指示等信息,并实施中段变轨、末段修正等技术。在这些技术中,指令制导具有高度的灵活性和实时性,可以通过实时战场感知,多信息汇集融合、综合判断、高效指挥控制,达到及时修正、调整、控制导弹攻击目标的目的。这些功能只有建立相应的数据链系统才能保证。

导弹飞行控制数据链的主要功能,是实现对导弹飞行的复合精确制导和超视距控制,实时接收从卫星上发出的重新确定打击目标的命令和数据,掌握其飞行姿态,依据目标变化和战场态势变化信息,实施导航信息远程装订、指令接收、侦察数据与先验信息匹配、中段变轨突防、攻击目标再定位和改变等功能,提高导弹打击精度和命中目标概率。导弹飞行控制数据链是使武器平台与信息平台相结合的典型范例,加大了指挥系统对导弹打击过程的干预能力,使战争协同性更强、更灵活、优势更集中。根据导弹飞行控制数据链的使命,系统应由导弹飞控数据链终端(也称弹载数据链终端)、数据中继平台、地面数据链系统和地面战术指挥应用中心 4 个部分组成。

习题与思考题

7.1　总结战术数据链的概念及特点。

7.2　简述 Link 4、Link 11、Link 16 战术数据链的基本特征及其装备情况。

7.3　简述 Link 4、Link 11、Link 16 战术数据链技术体制的区别。

7.4　为什么要发展 Link 22 战术数据链,为什么说 Link 22 数据链是北约国家的下一代战术数据链?

7.5　战术数据链中网络管理的主要功能是什么?

7.6　简述北约 Link 16 战术数据链中网络管理的实施过程。

7.7　简述战术数据链在指挥控制中的作用。

7.8　简述战术数据链在武器系统中的作用。

参 考 文 献

[1] 郑林华,陆文远. 通信系统. 长沙:国防科技大学出版社,1999.

[2] 王秉钧,王少勇,孙学军. 通信系统. 西安:西安电子科技大学出版社,1999.

[3] 吴诗其,朱立东. 通信系统概述. 北京:清华大学出版社,2005.

[4] 及燕丽,王友村等. 现代通信系统. 北京:电子工业出版社,2001.

[5] 胡中豫. 现代短波通信. 北京:国防工业出版社,2003.

[6] 沈琪琪,朱德生. 短波通信. 西安:西安电子科技大学出版社,2001.

[7] 张尔扬,王莹. 短波通信技术. 北京:国防工业出版社,2002.

[8] 樊昌信. 通信原理教程. 北京:电子工业出版社,2004.

[9] 王永刚,刘玉文. 军事卫星及应用概论. 北京:国防工业出版社,2003.

[10] 何非常. 军事通信——现代战争的神经网络. 北京:国防工业出版社,2000.

[11] 林家薇,王兴亮等. 军事通信技术基础. 西安:西安电子科技大学出版社,2001.

[12] 范冰冰,邓革等. 军事通信网. 北京:国防工业出版社,2000.

[13] 叶酉荪,南庚. 军事通信网分析与系统集成. 北京:国防工业出版社,2000.

[14] 刘鹏,王立华. 走向军事网格时代. 北京:解放军出版社,2004.

[15] 冯忠国,赵小松. 美军网络中心战. 北京:国防大学出版社,2004.

[16] 孙义名,杨丽萍. 信息化战争中的战术数据链. 北京:北京邮电大学出版社,2005.

[17] 赵志法,鲁道海,冉隆科. 现代战术通信系统概述. 北京:国防工业出版社,1998.

[18] 何非常,周吉,李振帮. 军事通信. 北京:国防工业出版社,2000.

[19] 韩冰. 战术数据链的传输体制与工作模式. 哈尔滨:哈尔滨工业大学硕士学位论文,2005.

[20] 董占奇,胡捍英. 解读22号数据链. 军事通信技术,2004年第4期.

[21] 何世彪. 美海军4A号数据链. 军事通信技术,2002年第3期.

[22] 李颖,赵洪利. 美军数据链的装备及发展. 装备指挥技术学院学报,2005年第5期.

[23] 余晓刚. 美军主要战术数据链介绍. 航空电子技术,2002第3期.

[24] 梁炎. Link22——北约国家的下一代战术数据链. 船舶电子工程,2006年第1期.

[25] 石文孝. 通信网理论与应用. 北京:电子工业出版社,2008.

[26] 王承恕. 通信网基础. 北京:人民邮电出版社,2004.

[27] 郑林华,厂宏,向良军. 现代通信系统. 北京:电子工业出版社. 2012年第三次印.

[28] 孙继银,付光远,车晓春,张宇翔. 战术数据链技术与系统. 北京:国防工业出版社,2007.

[29] 尹亚兰,谢井,王运栋. 战术数据链的技术与应用. 南京:海军指挥学院,2008.

[30] 韦乐平. 光同步数字传输网. 北京:人民邮电出版社,1993.

[31] 李履倍,沈建华. 北京:机械工业出版社,2007.